"十二五"职业教育国家规划教材
经全国职业教育教材审定委员会审定

自动化及仪表技术基础

第二版

薄永军 主编 李骁 吴镜锋 副主编 朱凤芝 主审

化学工业出版社
·北京·

本书较全面地介绍了电工学、电子学、自动化及仪表方面的有关知识，重点介绍了自动化及仪表技术的各方面知识，既在第三单元进行了综述和汇总相关基本知识，又分别介绍了测量及仪表知识、部分新型显示仪表、控制规律及仪表，对简单控制系统做了较全面的介绍，对其他各类控制系统、典型化工过程控制方案做了说明。通过八个综合训练任务培养学生基本的动手能力和读识、操作能力。

本书适用于无电工电子学基础，希望尽快掌握一些仪表、过程控制有关知识的学生，也可作为仪表工培训教材。

图书在版编目（CIP）数据

自动化及仪表技术基础/薄永军主编．—2版．—北京：化学工业出版社，2014.7

“十二五”职业教育国家规划教材

ISBN 978-7-122-20690-9

Ⅰ.①自… Ⅱ.①薄… Ⅲ.①自动化仪表-高等职业教育-教材 Ⅳ.①TH86

中国版本图书馆 CIP 数据核字（2014）第 099748 号

责任编辑：刘 哲　　装帧设计：尹琳琳

责任校对：吴 静

出版发行：化学工业出版社（北京市东城区青年湖南街 13 号　邮政编码 100011）

印　　装：大厂聚鑫印刷有限责任公司

787mm×1092mm　1/16　印张 14¾　字数 363 千字　2014 年 10 月北京第 2 版第 1 次印刷

购书咨询：010-64518888（传真：010-64519686）　售后服务：010-64518899

网　　址：http://www.cip.com.cn

凡购买本书，如有缺损质量问题，本社销售中心负责调换。

定　　价：32.00 元

前言

目前，高等职业教育蓬勃发展，为企事业单位培养了一大批技能型人才，在强调“以能力为本位，以技能为核心”的同时，也注重对人才的综合素质和全面能力的培养。当前，日新月异的自动化及仪表技术已经成为过程生产控制的重要手段，也是各专业人员在掌握本专业技能要求的基础上需要了解、掌握的一项重要技术。

对于非自动化及仪表类专业的人员，在现代化生产的今天，了解仪表及自动化的相关知识是非常必要的，但在开设相关课程时，讲授课时数要求减少，技能训练要求加强，对能力（技能）的要求较高，我们编写的《自动化及仪表技术基础》就是针对少课时教学要求，从岗位需求出发，对工艺类或非自动化及仪表类专业人员普及仪表知识，为其进一步了解生产、拓展专业能力打下一定基础。

本书适用于无任何电工、电子知识基础，又希望在短时间内掌握一些仪表、自动控制的相关知识的学生，以便在工作中辅助工艺类、设备类相关工作，为成为技术骨干或拓展知识打下基础。本书根据教育部对高职教育的有关要求，打破原有多版教材的知识结构，创新知识主链，凝练知识内容，以“必需、够用”为原则，精练地介绍了相关内容。

本书融合了电工、电子、自动化及仪表等内容，适用于非自动化及仪表专业类人员的知识普及或高职高专相关专业使用。特点是篇幅小、内容精、通俗易懂，书中加入一定的技能训练，使教学能在一个学期的70～80学时内完成；精选相关知识中基本的、常用的、技能性强的内容作为教材重点，注重以典型实例引出相关知识，简化概念。综合训练的八个典型任务，配套强化各单元知识，突出常用技能的训练。

其中，标“*”的单元或节，可视课时数设置作为选学内容。

本书由天津渤海职业技术学院薄永军主编，李骁、吴镜锋任副主编。其中，绪论、第三单元、第五单元、第六单元、第八单元由薄永军编写，第一单元、第二单元由吴镜锋编写，第四单元由李骁编写，第七单元由姜秀英、李骁编写，第九单元由李骁、薄永军及天津中河化工厂杨振山编写。全书由薄永军定稿，并制作电子教案（可免费在 www. cipedu. com. cn 下载）。全书由朱凤芝教授审阅。

因编者水平有限，书中难免存在不足之处，欢迎各位使用者、同行专家批评指正。

编者

2014年4月

目　录

绪 论

在工业生产，尤其是石油化工、化工生产中，生产过程大多是在密闭的管道和设备中进行的，是由生产设备、动力装置、自动化仪表设备来完成的。大多数物料是以液体或气体的状态连续地进行各种变化，通常具有高温、深冷、高压、易燃、易爆、有毒、腐蚀等特点，生产过程中，要对温度、压力、流量、物位及物体成分等参数进行实时检测和控制，才能保证安全稳定地连续生产，保证产品质量。

工艺或设备操作人员要维持生产的安全稳定进行，必须通过正确操作有关自动化仪器仪表来实现。作为专业技术人员，除掌握必要的工艺生产专业知识外，应了解一些动力装置的正确操作方法、日常供电和用电的基本常识，熟悉、掌握自动化基本知识以及常见电气设备和自动化仪表的性能，具有常用工业电器的使用能力、工程识图的能力、操作自控仪器仪表的能力、自动控制系统开停车能力、判断分析及初步处理系统故障的能力等。只有正确地使用和操作这些设备和仪表，才能确保工艺生产的安全运行，完成岗位的工作任务。

一、自动化及仪表

生产过程自动化是一门综合性的技术学科，它把自动控制、仪器仪表及计算机等专业的理论与技术服务于生产过程。在生产过程中，由于实现了自动化，人们通过自动化装置来管理生产，自动化装置与工艺及设备已结合成为有机的整体。因此，越来越多的工艺和设备技术人员认识到：学习仪表及自动化方面的知识，对于管理与开发现代化生产过程是十分必要的。

生产过程自动化，就是在生产设备、装置及管道上配置一些自动化装置，代替操作人员的部分直接劳动，使生产在不同程度上自动地进行，这种部分或全部地用自动化装置来管理和控制生产过程的办法，就称为生产过程自动化。化工自动化是化工生产过程自动化的简称，是一切具有化工类型生产过程（统称大化工）的自动化的统称。

为了了解生产过程自动化的基本要素，首先举一个例子。图 0-1 所示是一个液位储槽的人工控制与自动控制的示意图。

储槽在生产中常用作中间容器或成品罐，前一个工序来的物料流入槽中，而槽中的物料又送至下一个工序去加工或包装，显然，流入量（或流出量）的波动会引起槽内液位的波动，严重时会溢出或抽空。解决这个问题的办法，常以储槽液位为操作指标，以改变出口阀门开度为控制手段，如图 0-1(a) 所示。当液位上升时，将出口阀门开大，反之，当液位下降时，就关小出口阀门；为使储槽液位上升和下降都有足够的余地，可选择玻璃管液位计中间的某一点为正常工作时的液位高度，通过控制出口阀门开度而使液位保持在这一高度上，就不会出现液位过高而溢流至槽外或液体抽空，进而出现事故。

把上述过程实现自动化控制，如图 0-1(b) 所示，就要自动测量液位的值（变送器），分析判断其高低并驱动阀门的自动开关（控制器）。同时，为了人机交流的方便，应进行必要的指示和记录；在出现危险情况时，应有预警装置，能够在必要时自动采取应急措施。总之，在实现自动化控制中，应科学、合理、人性化地考虑生产、人员、设施的多种需求。

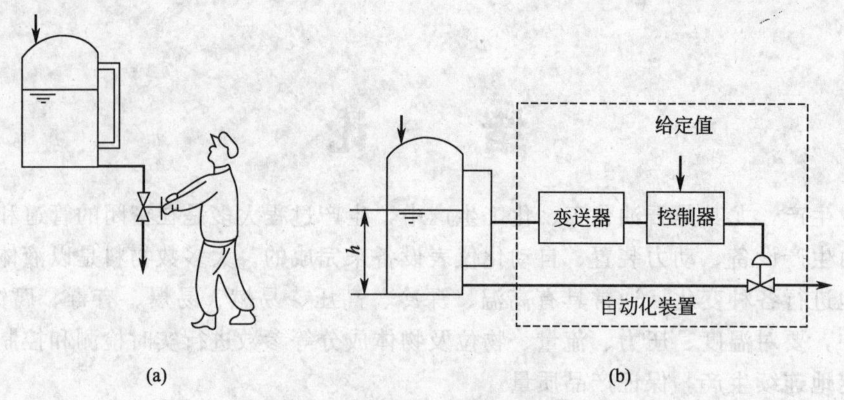

图 0-1　储槽液位控制示意图

在生产过程的自动控制中，需要测量与控制的参数是多种多样的，但主要的有热工量（压力、流量、物位、温度等）和成分（或物性）量。

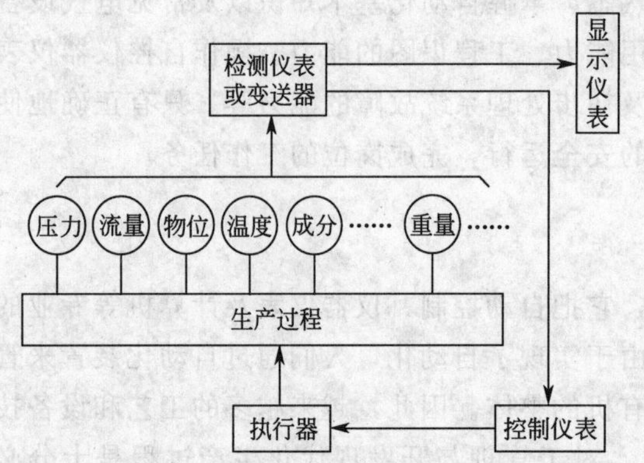

图 0-2　各类仪表之间的关系

自动化仪表按其功能不同，大致分成四个大类，即检测仪表（包括各种参数的测量和变送）、显示仪表（包括模拟量显示和数字量显示）、控制仪表（包括气动、电动控制仪表及数字式控制器）和执行器（包括气动、电动、液动等执行器）。这四大类仪表之间的关系如图 0-2 所示。

利用上述各类仪表，依据控制要求，可以构成自动检测、自动保护、自动操纵和自动控制等四种自动化系统。自动检测系统完成“了解”生产过程进行情况的任务；自动信号联锁保护系统是在工艺条件进入某种极限状态时，报警和采取安全措施，以免发生生产事故；自动操纵系统是按预先规定好的步骤进行某种周期性操纵；自动控制系统自动地排除各种干扰因素对工艺参数的影响，使它们始终保持在预先规定的数值上，保证生产维持在正常或最佳的工艺操作状态。因此，自动控制系统是自动化生产中的核心部分，是后面所学内容的主线，本书重点介绍自动检测系统与自动控制系统。

二、学习要求

本书分为两篇，第一篇是电工、电子学基础，第二篇是自动化及仪表技术，包括自动化及仪表基本知识、典型控制单元知识等，且根据高职高专特色，在“综合训练”中设置了多个典型任务供教学中使用，锻炼学生技能。在内容上，从“必需、够用”出发，力求简明扼要，深入浅出，注重以实例引出有关知识，以“龙头”知识为主导，降低理论要求，减少微观分析和理论、公式推导，注重特性和应用的介绍。也打破学科体系的完整性，整合教学内容，力求与生产实际相结合，体现高职高专培养岗位型、实用型、应用型人才的教育要求。

通过本书的学习，了解、掌握生产中常用电气设备、检测控制仪表以及生产过程自动化的基础知识，为今后在工作中正确使用和操作电气设备、仪器仪表打下基础，也为拓展专业知识、全面了解生产、成为专业技术骨干奠定基础。

本书所涉及内容及学习要求如下。

1. 电工学基础、电子学基础

介绍电工学和电子学的基本概念和简单的电路计算方法，了解和熟悉必要的相关知识，作为后续学习、理解电器及仪表有关电路的重要基础，也为以后工作中的知识拓展作铺垫；同时也介绍常用电器、电动机、电工仪表的应用，以及生产中常用的电气安全知识。

2. 自动化仪表

含测量仪表、显示仪表、控制仪表和执行器等。通过学习，应能了解主要工艺参数（压力、流量、物位及温度等）的测量方法、相关检测仪表的特性、结构及使用方法，熟悉常用控制仪表的作用原理、结构及同检测仪表的配合使用；能根据工艺要求，正确地选择和使用常见的测量仪表及控制仪表。教材中以典型的电气设备或仪表为“龙头”，兼及同类仪表，一般不进行内部电路分析，对工作原理和机械结构做适度介绍，学习重点放在掌握常用设备和仪表的用途及用法方面，强调工作中实际操作能力的培养。

3. 自动化系统知识

以熟练掌握简单控制系统为核心，进而解读其它类型控制系统，介绍生产过程自动控制系统的常用术语、一般构成、动作过程，简述常见化工生产过程的基本特性和常用控制方法，以及过程控制仪表对控制系统的作用及其操作方法，也介绍了工程常用图形符号及工艺控制流程图的读识方法。通过学习，应能了解生产过程自动化的初步知识，理解基本控制规律，懂得控制器参数对控制质量的影响；能根据工艺的需要，和自控设计人员共同讨论和提出合理的自动控制方案，能为自控设计提供正确的工艺条件和数据，能在生产开停车过程中初步掌握自动控制系统的投运及控制器的参数整定。

4. 典型单元控制方案

介绍生产中几个典型设备的基本原理、常用控制方案及动作原理。通过学习，可熟悉生产中典型设备的工艺过程，综合运用所学习的知识。

5. 综合训练

通过典型实训任务，巩固所学知识，了解各种仪器设备和仪表的结构，掌握相关工具、设备、仪器或仪表的使用、操作方法，形成高职高专人才的技能水平。也应深入工厂，有针对性地进行综合实训，将自己的专业知识、自动化及仪表知识融合为一体，提升操作与管理生产、设施的综合能力。

其中，标“*”的单元或节，可视课时数设置作为选学内容。

第一篇 电工电子学基础

第一单元 电工学基础

【单元学习目标】

1. 认知电路的基本概念、物理量、基本定律，正确识读简单电路图。
2. 熟悉交流电的概念、三要素及其表示方法。
3. 熟悉常用低压电器的用途、原理及其使用。
4. 熟练使用常用电工工具和电工测量仪表。
5. 掌握安全用电的基本知识，做到安全用电。

第一节 直 流 电 路

一、电路模型与基本物理量

1. 电路与电路模型

(1) 电路　电路即电流的流通路径，它是由一些电气设备或元件为了实现某一功能而按一定方式组合起来的。实际电路组成方式多种多样，但通常由电源（或信号源）、负载和中间环节（包括开关和导线等）三部分组成，如图 1-1 所示。

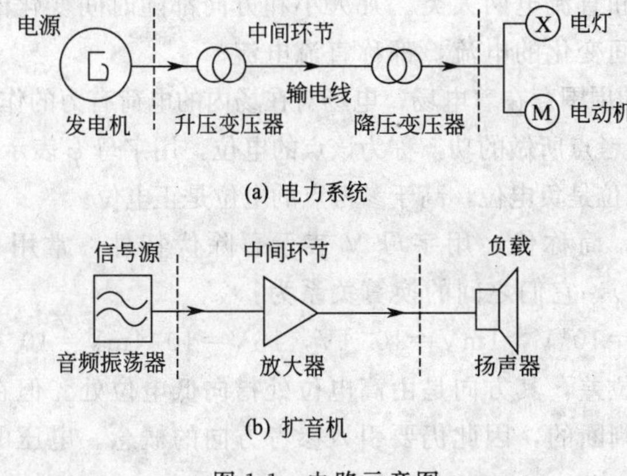

(a) 电力系统

(b) 扩音机

图 1-1　电路示意图

电源是将其他形式的能量转换成电能的装置。负载也称用电器，是将电能转换为其他形式能量的器件或设备，如电炉、电动机、扬声器等。中间环节是传输、分配、控制电能的部分，如变压器、输电线、放大器、开关等。

电路按其功能可分为两类：一类是用于电能的传输和转换，如电力系统；另一类是用于信号的传递和处理，如扩音系统。

（2）电路模型　实际电路中电气元件的品种繁多，在电路分析中为了简化分析和计算，通常在一定条件下把它近似地看作理想电路元件。用一个理想电路元件或几个理想电路元件的组合来代替实际电路中的具体元件，称为实际电路的模型化，即电路模型。图 1-2 就是手电筒的电路模型。本书后面在电路分析中讨论的电路都是电路模型。

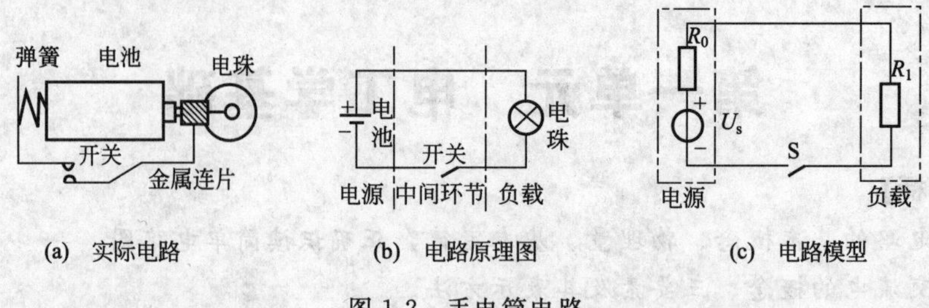

图 1-2　手电筒电路

2. 电路的基本物理量

（1）电流　电荷有规则地定向运动称为电流，习惯上规定以正电荷移动的方向为电流的方向。在电路分析中，往往很难事先判定电流的实际方向，这就引入了参考方向的概念，即任意假设某一支路中的电流方向（参考方向），把电流看作代数量，若计算结果为正，则表示电流实际方向与参考方向相同；若计算结果为负，则表示电流实际方向与参考方向相反。

用来衡量电流大小的物理量是电流强度，简称电流，用字母 I 或 i 表示。它表示单位时间内通过导体横截面的电量，可表示为

$$I=\frac{Q}{t}$$

电流的单位是安培，以字母 A 表示。此外，电流的常用单位还有千安（kA）、毫安（mA）、微安（μA），其换算关系为：

$$1\text{kA}=10^3\text{A},\ 1\text{mA}=10^{-3}\text{A},\ 1\mu\text{A}=10^{-3}\text{mA}=10^{-6}\text{A}$$

电流一般分交流电和直流电两大类。凡大小和方向都随时间变化的电流，则称交流或交变电流；凡方向不随时间变化的电流，都称直流电流。

（2）电位　带电体的周围存在着电场，电场对在场内的电荷有力的作用。电场力把单位正电荷从电场中的某点移到参考点所做的功，称为该点的电位，用字母 φ 表示。参考点的电位规定为零，因而低于参考点的电位是负电位，高于参考点的电位是正电位。

电位的单位是伏特，简称伏，用字母 V 表示。除伏特外，常用单位还有千伏（kV）、毫伏（mV）、微伏（μV），它们之间的换算关系为：

$$1\text{kV}=10^3\text{V},\ 1\text{mV}=10^{-3}\text{V},\ 1\mu\text{V}=10^{-3}\text{mV}=10^{-6}\text{V}$$

（3）电压　又称电位差，其方向是由高电位处指向低电位处。但在复杂电路中，电压的实际方向也是难以事先判断的，因此仍要引入参考方向的概念。电压的单位也是伏特。a、b 两点间的电压可表示为

$$U_{ab}=\varphi_a-\varphi_b$$

例 1-1　已知 $\varphi_a=20\text{V}$，$\varphi_b=-40\text{V}$，$\varphi_c=10\text{V}$，求 U_{ab} 和 U_{bc} 各为多少？

解　根据电压的定义可得

$$U_{ab}=\varphi_a-\varphi_b=20-(-40)=60(\text{V})$$
$$U_{bc}=\varphi_b-\varphi_c=-40-10=-50(\text{V})$$

(4) 电动势　在电源内部衡量非电场力做功本领大小的物理量，称为电动势。用符号 E 表示，单位为伏特。电源电动势仅存在于电源内部，方向由电源的负极指向电源的正极。

二、电路元件

电路元件主要分为有源元件和无源元件。

1. 有源元件

有源元件在电路中提供电能，如电源，用电动势和内电阻串联电路表示电源，如图 1-3 所示。电源外部开路时，电源端电压大小等于电源电动势。

2. 无源元件

无源元件是指耗能和储能元件，如电阻、电感、电容等。

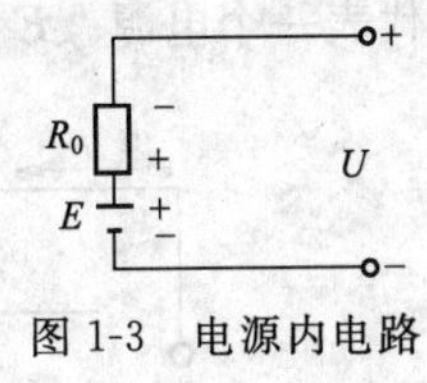

图 1-3　电源内电路

实际电路中负载元件种类很多，但归纳起来分为三类：一是消耗电能的，如各种电阻器、电灯、电炉等；二是存储磁场能量的，如各种电感线圈；三是存储电场能量的，如各种类型的电容器。

(1) 电阻　是反映导体对电流阻碍作用大小的物理量，用字母 R 表示。其单位是欧姆，简称欧，用字母 Ω 表示。除欧姆之外，常用的电阻单位还有千欧（kΩ）和兆欧（MΩ），其换算关系为：

$$1\text{k}\Omega=10^3\Omega，1\text{M}\Omega=10^3\text{k}\Omega=10^6\Omega$$

导体的电阻是客观存在的，对于长直金属导体，其电阻为：

$$R=\rho\frac{L}{S}$$

式中，L 是导体的长度；S 是导体的横截面积；ρ 是导体的电阻率。

(2) 电感　电感是衡量线圈产生自感磁通本领大小的物理量。把线圈中每通过单位电流所产生的自感磁通数，称作电感量，简称电感，用 L 表示，即

$$L=\frac{\Phi}{I}$$

国际规定：当线圈通过 1A 的电流，能够产生 1 韦伯（Wb）的自感磁通，则该线圈的电感就叫 1 亨利，简称亨，用字母 H 表示。在实际使用中，常采用较小的单位毫亨（mH)、微亨（μH），它们的换算关系为：

$$1\text{H}=10^3\text{mH}，1\text{mH}=10^3\mu\text{H}$$

对空心线圈，当结构一定时，L 为常数，这样的电感称为线性电感。对有铁芯的线圈，L 不是常数，叫非线性电感。

(3) 电容　两个导体之间充以绝缘介质就构成一个电容器。组成电容器的两个导体叫极板。电容器任一极板上所储存的电量 Q 与两极板间的电压 U 比值叫做电容器的电容量，用字母 C 表示，即

$$C=\frac{Q}{U}$$

如果在两极板间加 1V 电压，每极板所储存的电量为 1 库仑（C），则其电容量为 1 法拉（F）。常用较小的单位还有微法（μF）、皮法（pF）。其换算关系为：

$$1\text{F}=10^6\mu\text{F}，1\mu\text{F}=10^6\text{pF}$$

三、电路基本定律

1. 欧姆定律

(1) 部分电路欧姆定律　如图 1-4 所示，在电压与电流参考方向一致时，流过导体的电流与这段导体两端的电压成正比，与这段导体的电阻成反比，其表达式为

$$I=\frac{U}{R}$$

(2) 全电路欧姆定律　全电路是指含有电源的闭合电路，如图 1-5 所示。图中的虚线框内代表一个电源。E 代表电源电动势，R_0 代表电源内阻。

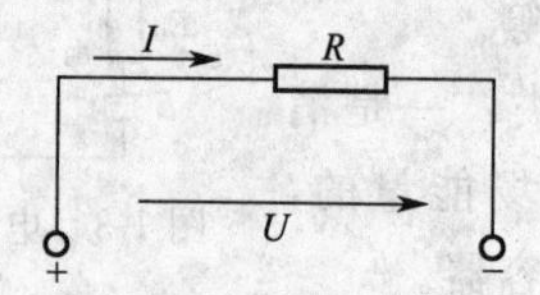

图 1-4　部分电路

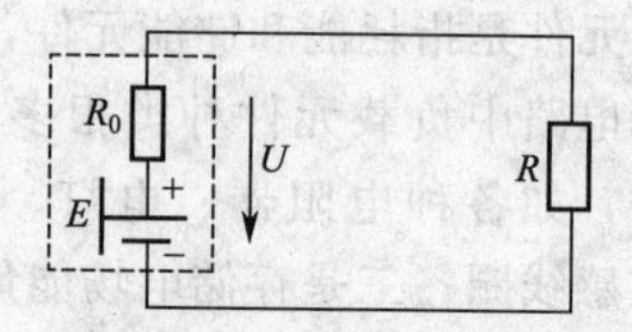

图 1-5　全电路

全电路欧姆定律的内容是：全电路中的电流与电源的电动势成正比，与整个电路（即内、外电路）的电阻成反比。其表达式为

$$I=\frac{E}{R+R_0}$$

2. 基尔霍夫定律

基尔霍夫定律主要用于解决复杂电路的分析和计算。有关电路结构的几个名词如下。

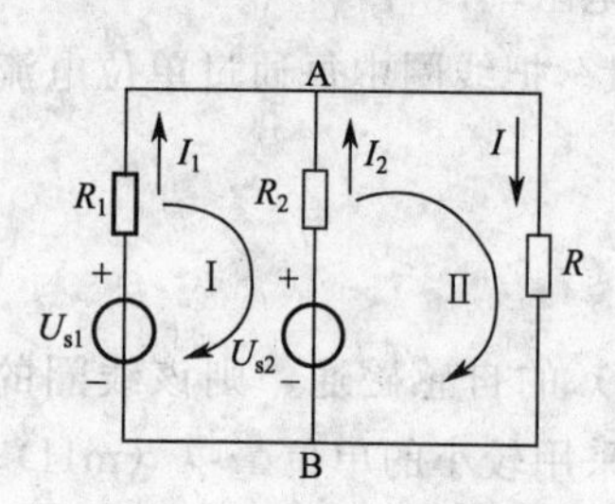

图 1-6　基尔霍夫定律电路

支路　电路中通过同一电流的每个分支叫做支路。

节点　电路中 3 条或 3 条以上支路的连接点称为节点。

回路　电路中的任一闭合路径称为回路。

在图 1-6 中，有 3 条支路、2 个节点和 3 个回路。

(1) 基尔霍夫第一定律（KCL，节点电流定律）　在任一瞬间，流入任一节点的电流之和恒等于流出该节点的电流之和。其数学表达式为

$$\sum I_{入}=\sum I_{出}\qquad 或\qquad \sum I=0$$

(2) 基尔霍夫第二定律（KVL，回路电压定律）　在任一瞬间，沿任意闭合回路绕行一周，在绕行方向上的电位升之和等于电位降之和。数学表达式为

$$\sum U_{升}=\sum U_{降}\quad 或\quad \sum U=0$$

可见，根据这一定律列方程时，首先要设定各支路电流的正方向和回路的绕行方向。

例 1-2　假设有两台直流发电机并联工作，共同供给 $R=24\Omega$ 的负载电阻（其电路如图 1-6 所示）。其中一台的理想电压源电压 $U_{s1}=130V$，内阻 $R_1=1\Omega$；另一台的理想电压源电压 $U_{s2}=117V$，内阻 $R_2=0.6\Omega$。试求负载电流 I。

解　设各支路电流参考方向和回路绕行方向如图 1-6 所示，根据基尔霍夫电流定律和电压定律分别列写电流方程和电压方程如下：

$$I_1+I_2-I=0$$

$$R_1I_1-R_2I_2=U_{s1}-U_{s2}$$

$$R_2I_2+RI=U_{s2}$$

将已知数据代入方程组可解得 $I=5\text{A}$（$I_1=10\text{A}$，$I_2=-5\text{A}$）。

上述以支路电流为未知量，利用基尔霍夫定律列写方程组进行求解的方法，称为支路电流法。

四、等效电路与电路计算

这里所说的等效是指外部等效，即等效电路与原电路对应端子间伏安关系相等。

1. 电阻的串、并联电路

（1）电阻的串联　在电路中，若两个或两个以上的电阻按顺序逐一相连，使电流只有一条通路。这种连接方式叫电阻的串联，如图 1-7 所示。

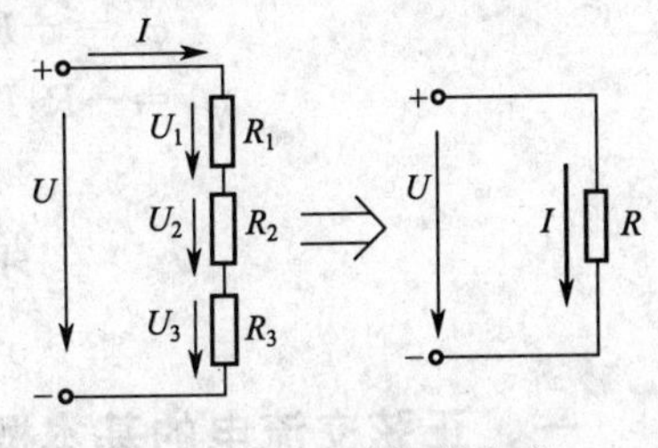

图 1-7　三个电阻的串联

电阻串联电路有以下特点。

① 串联电路中流过每个电阻的电流相等，即

$$I=I_1=I_2=\cdots=I_n$$

式中的脚标 n 表示第 n 个电阻（以下相同）。

② 电路两端的总电压等于各电阻两端的电压之和，即

$$U=U_1+U_2+\cdots+U_n$$

③ 串联电路的等效电阻（即总电阻）等于各串联电阻之和，即

$$R=R_1+R_2+\cdots+R_n$$

④ 在串联电路中，各电阻上分配的电压与各电阻值成正比，即分压公式为

$$U_n=\frac{R_n}{R}U$$

（2）电阻的并联　两个或两个以上电阻接在电路中相同的两点之间的连接方式，叫电阻的并联，如图 1-8 所示。电阻并联电路有以下特点。

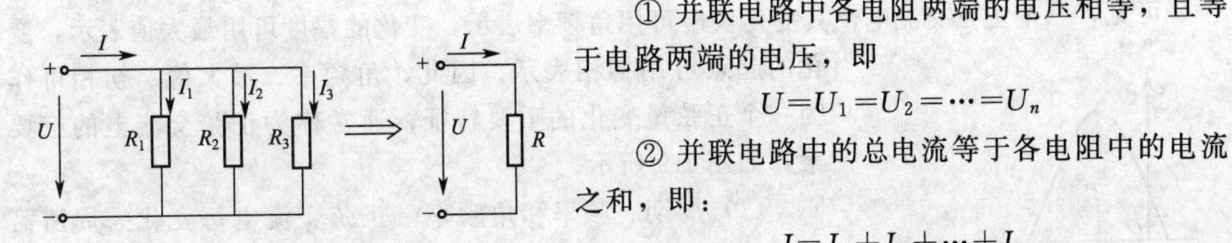

图 1-8　三个电阻的并联

① 并联电路中各电阻两端的电压相等，且等于电路两端的电压，即

$$U=U_1=U_2=\cdots=U_n$$

② 并联电路中的总电流等于各电阻中的电流之和，即：

$$I=I_1+I_2+\cdots+I_n$$

③ 并联电路的等效电阻（即总电阻）的倒数，等于各并联电阻的倒数之和，即：

$$\frac{1}{R}=\frac{1}{R_1}+\frac{1}{R_2}+\cdots+\frac{1}{R_n}$$

④ 在电阻并联支路中，各支路分配的电流与支路的电阻值成反比，即

$$I_n=\frac{R}{R_n}I$$

式中，$\frac{R}{R_n}$称为分流比。

2. 电路中电位的计算

在分析电子电路时，经常用到电位，电位的计算方法如下。

① 选定参考点（零电位点）。

② 标出电路中各元件两端的极性，计算各元件两端的电压。

③ 选择路径（可选最简路径）进行计算。要计算某点的电位，可从这点出发，通过一定的路径绕到参考点，该点的电位就等于此路径上全部电压的代数和（压降取正，压升取负）。

例 1-3 在图 1-6 中，若选 B 点为参考点，试计算 A 点电位。

解 图 1-6 中可选择 3 条不同的路径来计算 A 点电位，分别是

$$\varphi_A = RI = 24 \times 5 = 120(\text{V})$$

$$\varphi_A = -R_1 I_1 + U_{s1} = -1 \times 10 + 130 = 120(\text{V})$$

$$\varphi_A = -R_2 I_2 + U_{s2} = -0.6 \times (-5) + 117 = 120(\text{V})$$

第二节 正弦交流电路

一、正弦交流电的基本概念

1. 交流电的基本概念

所谓交流电是指大小和方向都随时间变化的电动势（电压或电流）。电力工程上所用的交流电大多是按正弦规律变化的，称为正弦交流电。习惯上所谓交流电也就是指正弦交流电。

2. 正弦交流电的基本物理量

正弦电流、正弦电压和正弦电动势都可以用数学式表示如下：

$$i = I_m \sin(\omega t + \varphi)$$

$$u = U_m \sin(\omega t + \varphi)$$

$$e = E_m \sin(\omega t + \varphi)$$

可见，一个正弦交流电，其变化快慢可用角频率表示，变化的幅度可用最大值表示，变化的起点可用初相表示。因此，角频率、最大值、初相可作为一个正弦量变化的重要特征，通常称为正弦交流电的三要素，如图 1-9 所示。

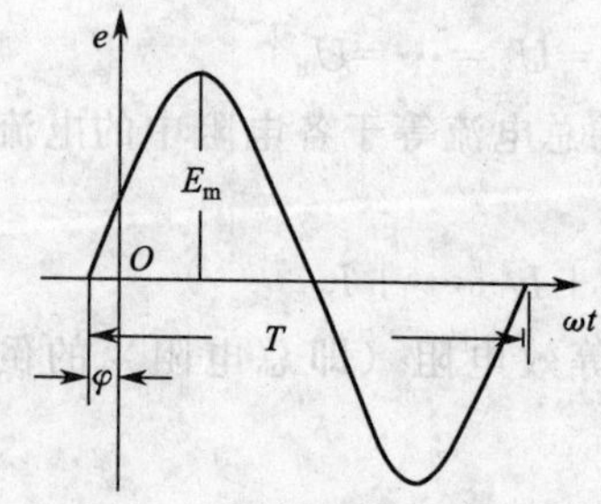

图 1-9 交流电的三要素

(1) 周期、频率和角频率 正弦交流电每变化一周所需的时间称为周期，用字母 T 表示，单位是秒（s）。比秒小的单位有毫秒（ms）、微秒（μs）和毫微秒（ns）。换算关系：$1\text{s} = 10^3\text{ms} = 10^6\mu\text{s} = 10^9\text{ns}$。

交流电在 1s 内变化的周期数叫频率，用字母 f 表示，单位是赫兹（Hz）。比赫兹大的单位是千赫（kHz）和兆赫（MHz）。换算关系：$1\text{MHz} = 10^3\text{kHz} = 10^6\text{Hz}$。

很显然，周期和频率是互为倒数的关系，即

$$f = \frac{1}{T} \quad \text{或} \quad T = \frac{1}{f}$$

此外，正弦量还用角频率 ω 表示变化的快慢，即交流电在 1s 内变化的角度，单位是弧度/秒（rad/s）。所以，角频率与频率和周期的关系为

$$\omega=2\pi f=\frac{2\pi}{T}$$

我国规定工农业及生活中所用的电源频率为 50Hz，简称工频，其周期为 0.02s。

(2) 瞬时值和最大值　交流电的大小是随时间变化的。把交流电在某一时刻的大小称为瞬时值，分别用字母 e、u 和 i 表示。最大的瞬时值为最大值，也称为振幅或峰值，分别用字母 E_m、U_m、I_m表示。

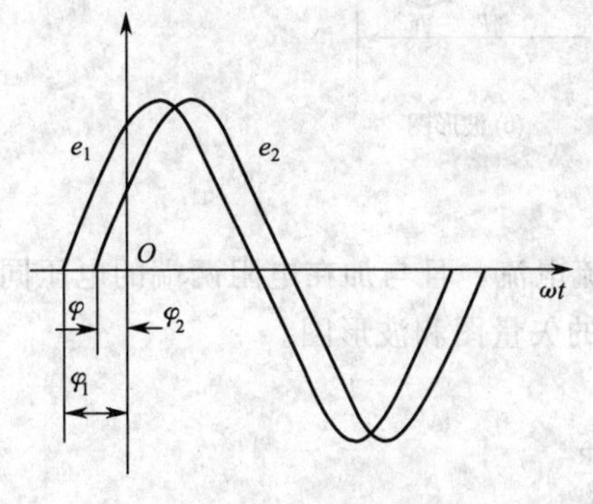

图 1-10　相位关系

(3) 初相位与相位差　正弦交流电的变化是连续的，并没有固定的起点和终点。计时起点的不同，正弦量在 $t=0$ 时初始值就不同，到达幅值所需要的时间也就不同。$t=0$ 时的相位角称为初相位或初相，如图 1-10 所示。把两个同频率交流电的相位之差，用字母 φ 表示，即

$$\varphi=(\omega t+\varphi_1)-(\omega t+\varphi_{2})=\varphi_1-\varphi_2$$

可见，两个同频率交流电的相位差就等于它们的初相之差。若两个正弦量相位差为正，则表示 e_1 超前 e_2。若两者相位差为负，则表示 e_1 滞后 e_2。若两者初相位相等，即相位差为零，则称为同相。若两者相位差为 180°，则称为反相。

(4) 交流电的有效值　交流电的大小是不断变化的，很难用某个数值作为衡量交流电大小的标准，为了方便计算和测量，常用一个称为有效值的量。所谓交流电的有效值，就是指在相同的条件下、相同的时间内，让交流电和直流电分别流经相同的电阻，如果它们所产生的热量相等，则把此直流电的数值定义为该交流电的有效值，换言之，把热效应相等的直流值定义为交流电的有效值。分别用 I、U、E 代表交流电流、电压和电动势的有效值。通过计算，正弦交流电的有效值与最大值的关系为

$$I=\frac{I_m}{\sqrt{2}}\approx 0.707I_m,\ U=\frac{U_m}{\sqrt{2}}\approx 0.707U_m,\ E=\frac{E_m}{\sqrt{2}}\approx 0.707E_m$$

一般无特殊说明时，交流电的大小都是指有效值。如交流电表测出的数值，各种用电器、仪表上所标注的电流、电压数值都是指有效值。

二、单相交流电路

由负载和单相交流电源组成的电路称为单相交流电路。与直流电路不同的是：分析各种交流电路，不但要确定电路中电压与电流之间的大小关系，而且要确定它们之间的相位关系。

1. 纯电阻电路

负载中仅有 R 参数（或 L、C 参数可以忽略不计）的交流电路，称为纯电阻电路，如白炽灯、电烙铁、电炉等组成的交流电路，如图 1-11 所示。

(1) 电流与电压的关系

① 相位关系　设加在电阻两端的电压为

$$U_R=U_{Rm}\sin\omega t$$

则

$$i=\frac{u_R}{R}=\frac{U_{Rm}\sin\omega t}{R}$$

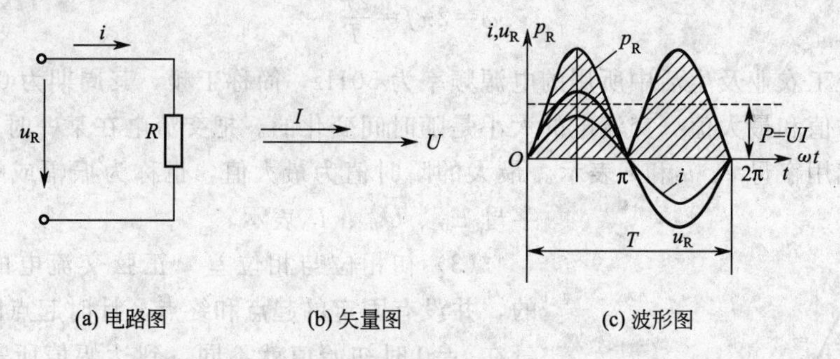

图 1-11　纯电阻电路

可见，电阻中通过的电流也是一个同频率的正弦交流电流，且与加在电阻两端的电压同相位。图 1-11(b) 和图 1-11(c) 分别给出了电流和电压的矢量图和波形图。

② 数量关系

$$I_{\mathrm{m}}=\frac{U_{\mathrm{Rm}}}{R} \quad 或 \quad I=\frac{U_{\mathrm{R}}}{R}$$

这说明在纯电阻电路中，电流与电压的瞬时值、最大值、有效值符合欧姆定律。

(2) 功率　在任一瞬间，电阻获取的瞬时功率用 p_{R} 表示为：

$$p_{\mathrm{R}}=u_{\mathrm{R}}i=\frac{U_{\mathrm{Rm}}^{2}}{R}\sin^{2}\omega t$$

其波形如图 1-11(c) 所示。由于电流和电压同相，因此 p_{R} 在任一瞬间数值都是正值或等于零，这就说明电阻总是要消耗功率，是耗能元件。

由于瞬时功率时刻变动，不便计算，通常用电阻在交流电一个周期内的功率的平均值来表示功率的大小，叫做平均功率。平均功率 P 的计算与直流电路相同，即

$$P=U_{\mathrm{R}}I=I^{2}R=\frac{U^{2}}{R}$$

2. 纯电感电路

由电阻很小的电感线圈组成的交流电路，可近似地看成是纯电感电路，见图 1-12。

(1) 电流与电压的关系

① 相位关系　当纯电感电路中有交变电流通过时，根据电磁感应定律和基尔霍夫电压定律，对于内阻很小的电源，则有

$$u_{\mathrm{L}}=-e_{\mathrm{L}}=L\frac{\Delta i}{\Delta t}$$

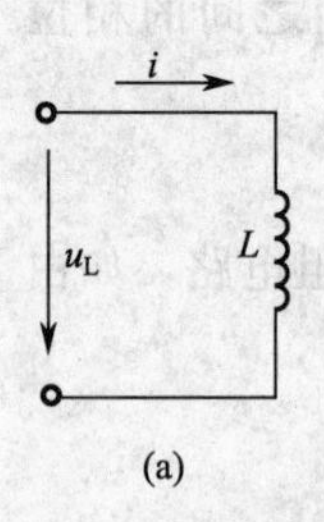

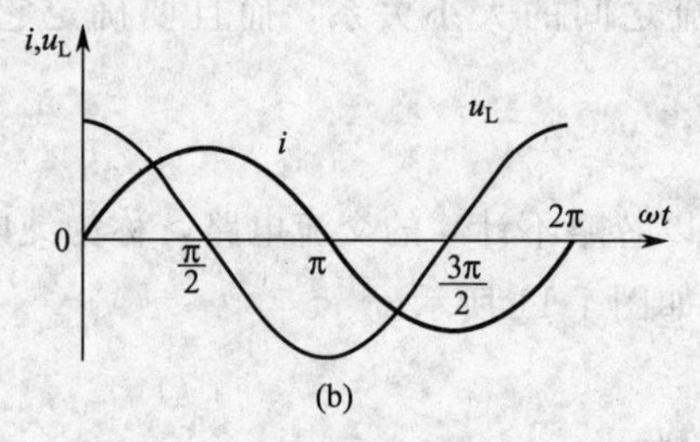

图 1-12　纯电感电路中的电压与电流

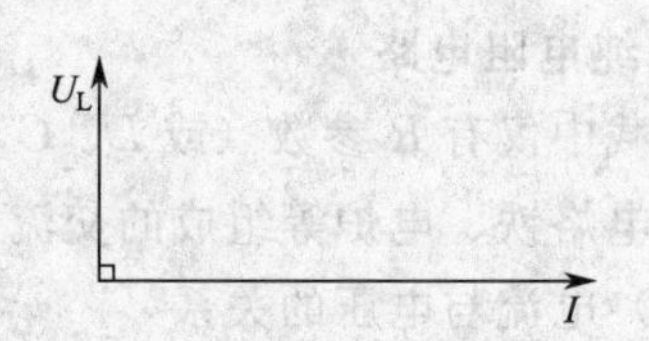

图 1-13　纯电感电路中的矢量关系

设电感 L 中流过的电流为

$$i=I_{\mathrm{m}}\sin\omega t$$

由数学推导可得

$$u_L = \omega L I_m \sin\left(\omega t + \frac{\pi}{2}\right)$$

由上式可知，纯电感电路中，电压 u_L 超前电流 i $\frac{\pi}{2}$，见图 1-12(b) 和图 1-13。

② 数量关系　同样由上式可知

$$U_{Lm} = \omega L I_m \quad 或 \quad U_L = \omega L I$$

对比纯电阻电路欧姆定律可知，ωL 与 R 相当，表示电感对交流电的阻碍作用，称为感抗，用 X_L 表示，单位是 Ω，即

$$X_L = \omega L = 2\pi f L$$

(2) 功率　纯电感电路的瞬时功率用 p_L 表示为

$$p_L = U_{Lm} \sin\left(\omega t + \frac{\pi}{2}\right) \times I_m \sin\omega t = U_L I \sin 2\omega t$$

由该式确定的功率曲线如图 1-14 所示。功率瞬时为正值，吸取电能，并以磁能形式储存于线圈中；瞬时为负值，将电感中磁能转换成电能送回电源。这种能量交换的速率称为电路的无功功率，用 Q_L 表示，数学表达式为

$$Q_L = U_L I = I^2 X_L = \frac{U_L^2}{X_L}$$

式中各物理量的单位分别用 V、A、Ω 时，无功功率的单位是乏 (var)。

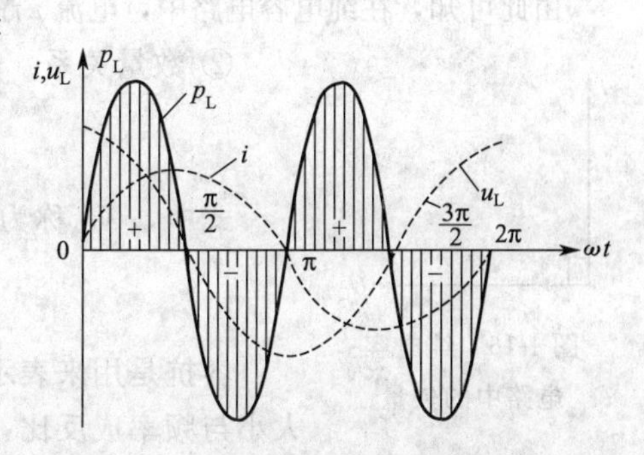

图 1-14　纯电感电路的功率曲线

必须指出，“无功”的含义是“交换”而不是“消耗”或“无用”，它是相对“有功”而言的。事实上，无功功率在生产实践中占有很重要的地位。具有电感性质的变压器、电动机等设备都是靠电磁转换工作的。

由于在一个周期内，纯电感电路的平均功率为零，也就是说，纯电感电路中没有能量损耗，只有电能和磁能周期性的转换，因此，电感元件是一种储能元件。

3. 纯电容电路

由介质损耗很小，绝缘电阻很大的电容组成的交流电路，可近似看成纯电容电路，如图 1-15 所示。

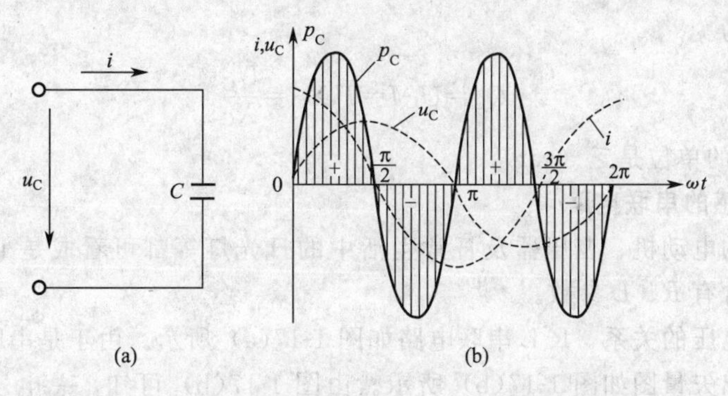

图 1-15　纯电容电路中的电压、电流和功率关系

(1) 电流与电压的关系

① 相位关系

$$C=\frac{Q}{U},\ Q=It \quad 或 \quad C\Delta u_C=\Delta q,\ \Delta q=i\Delta t$$

所以在 Δt 时间内流过电容的电流为

$$i=\frac{\Delta q}{\Delta t}=C\frac{\Delta u_C}{\Delta t}$$

设加在电容两端的电压

$$u_C=U_{Cm}\sin\omega t$$

由数学推导可得

$$i=\omega CU_{Cm}\left(\sin\omega t+\frac{\pi}{2}\right)$$

由此可知，在纯电容电路中，电流 i 超前电压 u_C 90°，如图 1-15(b) 和图 1-16 所示。

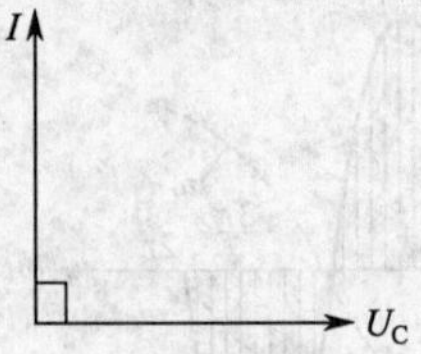

I U_C

图 1-16　纯电容电路中的矢量

② 数量关系　由上述电流公式可知

$$I_m=\omega CU_{Cm},\ I=\omega CU_C=\frac{U_C}{X_C}$$

式中，X_C 称为容抗，单位是 Ω，即

$$X_C=\frac{1}{\omega C}=\frac{1}{2\pi fC}$$

容抗是用来表示电容对电流阻碍作用大小的一个物理量。容抗的大小与频率成反比，当电容一定时，频率 f 愈高，则容抗 X_C 愈小。在直流电路中，因 $f=0$，故电容的容抗等于无限大。这表明电容接入直流电路时，在稳态下是处于断路状态，所以电容具有隔直通交作用。

与纯电感电路相似，容抗只表示电压和电流最大值或有效值之比，不等于它们瞬时值之比。

(2) 功率　采用和纯电感电路相似的方法，可求得纯电容电路的瞬时功率的解析式：

$$p_C=u_Ci=U_CI\sin2\omega t$$

根据上式可做出瞬时功率的波形图，如图 1-15(b) 所示。由瞬时功率的波形图可以看出，纯电容电路的平均功率为零，但是电容与电源进行着能量的交换：功率瞬时为正值，吸取电能转换成电场能，并储于电容器中；瞬时为负值，将电场能电能送回电源。和纯电感电路一样，瞬时功率的最大值被定义为电路的无功功率，用以表示电容和电源交换能量的规模。数学表达式为

$$Q_C=U_CI=I^2X_C=\frac{U_C^2}{X_C}$$

无功功率 Q_C 的单位是乏 (var)。

4. 电阻与电感的串联电路

工厂里常见的电动机、变压器及日常生活中的日光灯等都可看成是 R-L 串联电路。这种电路负载中仅含有 R、L 参数。

(1) 电流与电压的关系　R-L 串联电路如图 1-17(a) 所示。由于是串联电路，故以电流为参考矢量，作出矢量图如图 1-17(b) 所示。由图 1-17(b) 可知，总电压超前总电流一个角度 φ，且 $90°>\varphi>0°$。通常把这种电路称为感性电路，或者说负载是感性负载。

由矢量图可以看出总电压和各分电压的数量关系

$$U=\sqrt{U_R^2+U_L^2}$$

代入 $U_R=IR$，$U_L=IX_L$，可求得总电压和电流的数量关系

$$U=\sqrt{(IR)^2+(IX_L)^2}=I\sqrt{R^2+X_L^2}$$

令 $$Z=\sqrt{R^2+X_L^2}$$

可得常见欧姆定律形式

$$I=\frac{U}{Z}$$

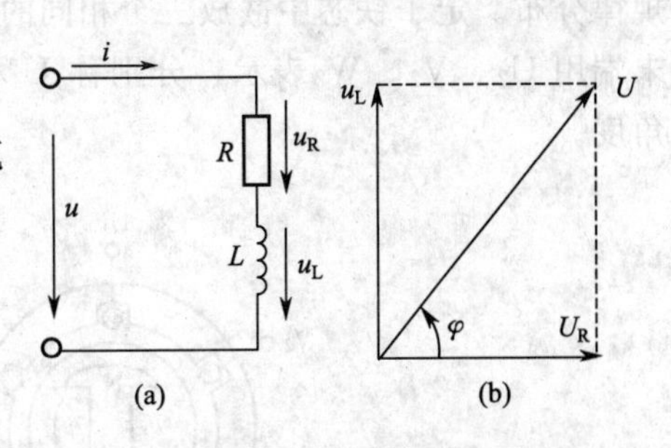

图 1-17　电阻与电感的串联电路及矢量图

式中，Z 在电路中起着阻碍电流通过的作用，称为电路的阻抗，单位为 Ω。上式称为交流电路的欧姆定律。电压超前电流的角度

$$\varphi=\arctan\frac{U_L}{U_R}$$

当电路参数 R、L 及 f、U 一定时，往往先求阻抗 Z，再求出电流 I 及电流和电压之间的相位关系 $\varphi=\arctan\frac{X_L}{R}$ 或 $\varphi=\arccos\frac{R}{Z}$。

（2）功率与功率因数　在 R-L 串联电路中，既有有功功率又有无功功率。电路中的有功功率就是电阻上消耗的功率，其大小为

$$P=U_R I=I^2 R=UI\cos\varphi$$

电路中的无功功率表示电感和电源交换能量的规模，其大小为

$$Q_L=U_L I=I^2 X_L=UI\sin\varphi$$

电源提供的总功率即电路两端的电压与电流有效值的乘积，叫视在功率，以 S 表示，其数学表达式为

$$S=UI$$

它表示交流电源的容量大小，其单位为伏安（V·A）。

把有功功率与视在功率的比值称作功率因数，用 $\cos\varphi$ 表示，则有

$$\cos\varphi=\frac{P}{S}=\frac{R}{Z}=\frac{U_R}{U}$$

它是交流电路的重要参数之一，表征了电源容量的利用率。由等式 $P=S\cos\varphi=UI\cos\varphi$ 可知，在额定的视在功率内，电路的功率因数越大，电源所发出的电能转换为热能或机械能就越多，而与电感或电容之间相互交换的能量就越少，电源的利用率就越高。另外，在同一电压下，要输送同一功率，功率因数越大，则线路中电流越小，线路中的能量损失也越小。电力系统中的用电器（如交流异步电动机等）多数是感性负载，功率因数往往较低，为提高电力系统的功率因数，通常采用并联补偿法，即在感性负载两端并联适当的电容。

三、三相交流电路

电能的产生、输送和分配一般都采用三相交流电，三相供电方式广泛应用于电力系统。

1. 三相电源的连接

（1）三相对称电动势的产生　三相对称电动势是由三相交流发电机产生的。图 1-18 为三相交流发电机示意图，主要由定子和转子组成。转子是电磁铁，其磁极表面的磁场按正弦

规律分布。定子铁芯中嵌放三个相同的对称绕组。三相绕组始端分别用 U_1、V_1、W_1 表示，末端用 U_2、V_2、W_2 表示，分别称 U 相、V 相、W 相。三个绕组在空间彼此相差 120°电角度。

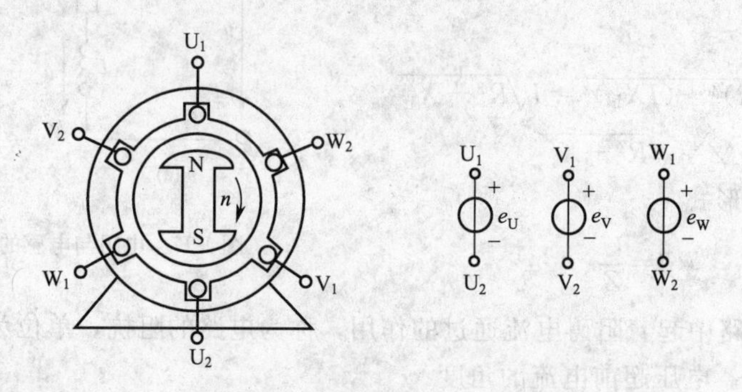

图 1-18　三相交流发电机示意图

当转子在原动机带动下以角速度 ω 做逆时针匀速转动时，在定子三相绕组中就能感应出三相正弦交流电动势，其解析式为

$$e_U = E_m \sin\omega t$$

$$e_V = E_m \sin(\omega t - 120°)$$

$$e_W = E_m \sin(\omega t + 120°)$$

e_U、e_V、e_W 的波形图和矢量图如图 1-19 所示。一般把三个大小相等、频率相同、相位彼此相差 120°的电动势称为三相对称电动势。以后在没有特别指明的情况下，所谓三相交流电就是指对称的三相交流电，而且规定每相电动势的正方向是从线圈的末端指向始端，如图 1-19(b) 所示。

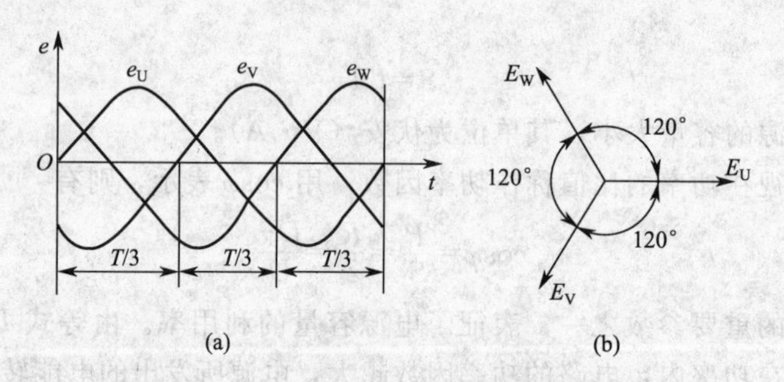

图 1-19　三相对称电动势的波形图和矢量图

三相交流电在相位上的先后次序称为相序。按 U→V→W 的次序循环下去的称为顺相序；按 U→W→V 的次序循环下去的称为逆相序。

(2) 三相电源的连接方式

① 星形连接　如图 1-20 所示，将发电机 3 个绕组的末端 U_2、V_2、W_2 连接在一起，成为一个公共点（称中性点），其余 3 个始端 U_1、V_1、W_1 作为输出端，这种接线方式称为星形连接法，用符号 Y 表示。其公共点即中性点，用符号 N 表示，从 N 引出的一根导线称为中线，也称零线，其裸导线可涂淡蓝色标志。从始端 U_1、V_1、W_1 引出的输电线叫做端线或相线，俗称火线，常用 L_1、L_2、L_3 表示，可分别用黄、绿、红三种颜色标志，这种接线方式称为三相四线制。为了简便，只画 4 根输电线表示相序，如图 1-20(b) 所示。

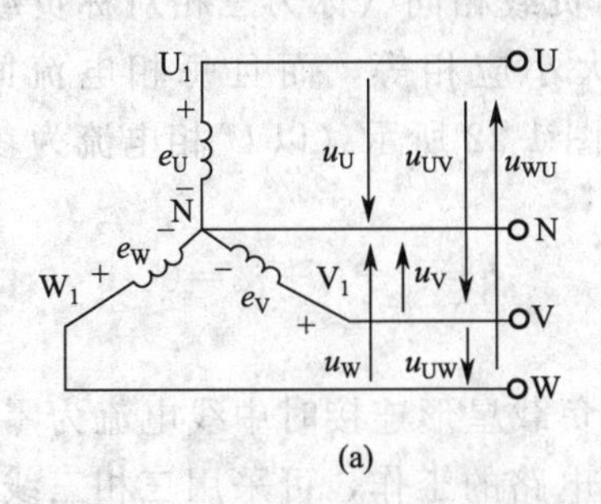

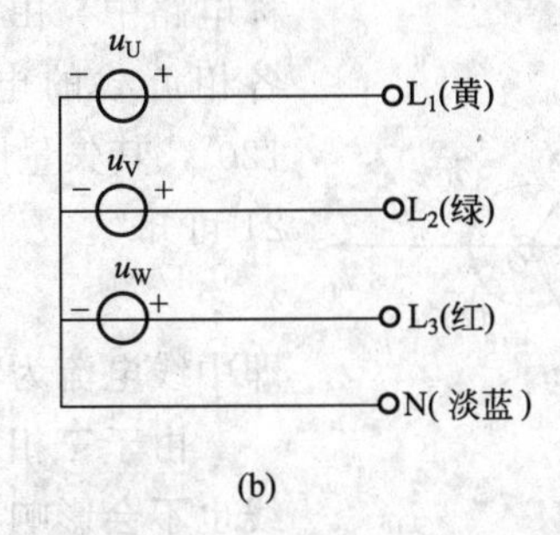

图 1-20　三相四线制电源

三相四线制可输送两种电压：一种是端线与端线之间的电压，叫线电压，分别写作 u_{UV}、u_{VW}、u_{WU}，且 $U_L=U_{UV}=U_{VW}=U_{WU}$；另一种是端线与中线间的电压，叫相电压，分别写作 u_U、u_V、u_W，且 $U_P=U_U=U_V=U_W$。根据理论计算，得知线电压与相电压在数值上的关系为 $U_L=\sqrt{3}U_P$，且两者的相位关系是：线电压超前所对应的相电压 30°角。

② 三角形连接　将发电机每相绕组的始端与另一相的末端依次相接的连接方式称为三角形连接，用符号△表示，且有

$$U_L=U_P$$

采用三角形连接的发电机容易产生环流，所以发电机绕组一般不采用三角形连接。

2. 三相负载的连接

三相电路中，负载的连接方式主要有 Y（星）形连接和△（三角）形连接两种。当三相负载的额定电压与电源的线电压相同时，应接成三角形；当三相负载的额定电压等于电源线电压的 $1/\sqrt{3}$时，应接成星形。

(1) Y 形连接　三相负载的星形连接如图1-21所示，图中 Z_u、Z_v、Z_w 为各负载的阻抗值，N′为负载的中性点。

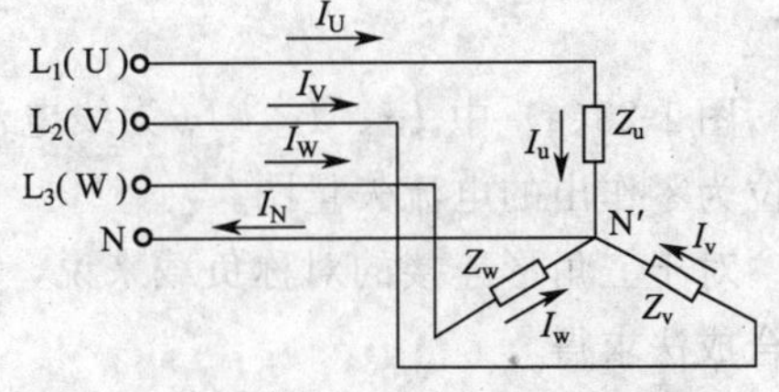

图 1-21　三相负载的星形连接

在忽略输电线上的电压降时，负载的相电压就等于电源的相电压，三相负载的线电压就是电源的线电压。星形负载接上电源后，就有电流产生。流过每相负载的电流叫做相电流，分别用 I_u、I_v、I_w 表示，统记为 I_P。把流过相线的电流叫做线电流，用 I_U、I_V、I_W表示，统记为 I_L。由图可见线电流的大小等于相电流，即

$$I_L=I_P$$

对于三相电路中的每一相来说，就是一个单相电路，所以各相电流与相电压的数量关系和相位关系都可以用单相电路的方法来讨论。设相电压为 U_P，该相的阻抗为 Z_P，按欧姆定律可得每相相电流，即

$$I_P=\frac{U_P}{Z_P}$$

对于感性负载来说，各相电流滞后对应电压的角度，可按下式计算

$$\varphi=\arctan\frac{X_L}{R}$$

式中，X_L和 R 为该相的感抗和电阻。

从图 1-21 中可以看出，负载为星形连接时，中线电流为各相电流的矢量和。在三相对

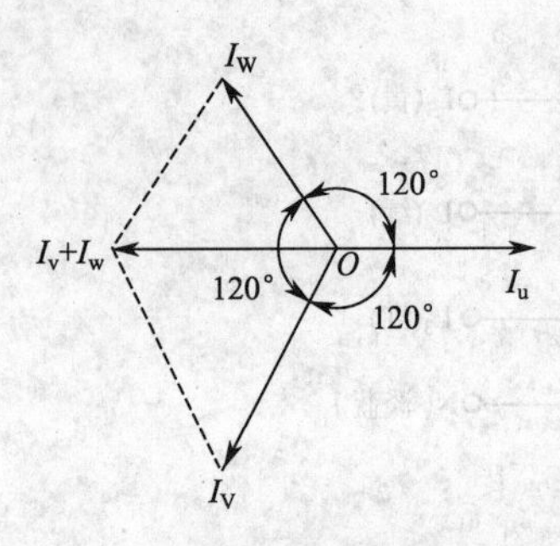

图 1-22　三相对称负载作星形连接时的电流矢量图

称电路中，由于各负载相同（称为三相对称负载），因此流过各相负载的电流大小应相等，而且每相电流间相位差仍为120°，其矢量图如图 1-22 所示（以 U 相电流为参考）。由图 1-21 可知

$$i_N = i_u + i_v + i_w = 0$$

即中线电流为零。

由于三相对称负载星形连接时中线电流为零，因此取消中线也不会影响三相电路的工作，可采用三相三线制。通常在高压输电时，由于三相负载都是对称的三相变压器，因此都采用三相三线制。当三相负载不对称时，各相电流的大小不一定相等，相位差也不一定为 120°，通过计算可知道此时中线电流不为零，中线不能取消。通常在低压供电系统中，由于三相负载经常要变动（如照明电路中的灯具经常要开和关），是不对称负载，因此当中线存在时，它就能平衡各相电压，保证三相成为三个互不影响的独立回路，此时各相负载电压等于电源的相电压，不会因负载变动而变动。但是当中线断开后，各相电压就不再相等了。经计算和实际测量都证明，阻抗较小的相电压低，阻抗大的相电压高，这可能烧坏接在相电压升高线路中的电器。所以在三相负载不对称的低压供电系统中，不允许在中线上安装熔断器或开关，而且中线常用钢丝制成，以免中线断开引起事故。当然，要力求三相负载平衡以减小中线电流。如在三相照明电路中，应尽量将照明负载平均分接在三相上，而不要集中接在某一相或两相上。

（2）三角形连接　三相负载对称或不对称都可接成三角形，如图 1-23 所示，且负载的相电压就是电源的线电压，即

$$U_L = U_P$$

图 1-23(a) 中 I_U、I_V、I_W为线电流，I_u、I_v、I_w 为相电流。图 1-23(b) 是以 I_u 的初相位为零作出的电流矢量图。

对于三角形连接的对称负载来说，线电流和相电流的关系可根据基尔霍夫第一定律及矢量合成法求得

$$I_L = \sqrt{3} I_P$$

从图 1-23(b) 可以看出，线电流总是滞后与之对应的相电流 30°。

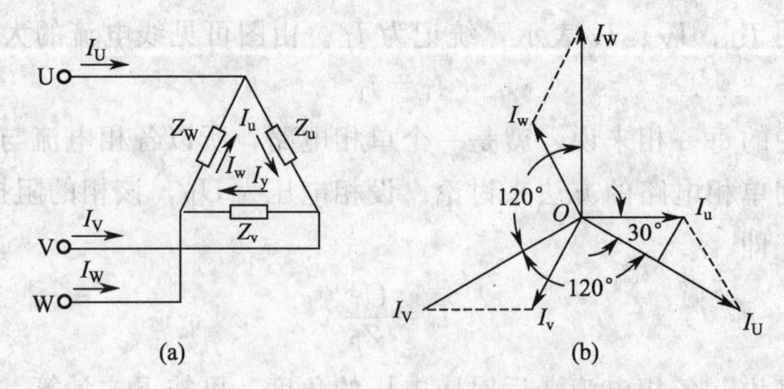

图 1-23　三相负载的三角形连接及电流矢量图

3. 三相负载的功率

在三相交流电路中，三相负载消耗的总功率为各相负载消耗功率之和，即

$$P = P_u + P_v + P_w = U_u I_u \cos\varphi_u + U_v I_v \cos\varphi_v + U_w I_w \cos\varphi_w$$

式中，U_u、U_v、U_w 为各相电压；I_u、I_v、I_w 为各相电流；$\cos\varphi_u$、$\cos\varphi_v$、$\cos\varphi_w$ 为各相功率因数。

在对称三相电路中，各相电压、相电流的有效值相等，功率因数也相等，因而上式变为

$$P=3U_P I_P \cos\varphi_P$$

在实际工作中，测量线电流比测量相电流要方便些（指△接的负载），因此三相功率的计算式通常用线电流、线电压表示。

对称负载不论是连成星形还是三角形，其总有功功率均为

$$P=\sqrt{3}U_L I_L \cos\varphi$$

要注意上式中的 φ 仍是相电压与相电流之间的相位差，而不是线电流和线电压间的相位差。

同理，可得到对称三相负载的无功功率和视在功率的数学式，它们分别为

$$Q=\sqrt{3}U_L I_L \cos\varphi$$

$$S=\sqrt{3}U_L I_L$$

第三节　常用电器与电动机

一、常用低压电器

低压电器指工作于交流 50Hz、额定交流电压 1200V 以下、额定直流电压 1500V 以下的电路中起通断、保护、控制或调节作用的电气设备。低压电器按用途或所控制的对象可概括为两大类。

① 低压配电电器，主要用于低压供电系统，如刀开关、转换开关、熔断器和低压断路器等。

② 低压控制电器，主要用于电力拖动控制系统，如接触器、继电器、控制按钮、行程开关等。

1. 刀开关

(1) 刀开关　刀开关是结构最简单的一种手动电器。主要用于成套配电设备中隔离电源，亦可用于不频繁接通和分断电路，有时也用来控制小容量电动机作不频繁的直接启动与停机。刀开关典型结构如图 1-24 所示。

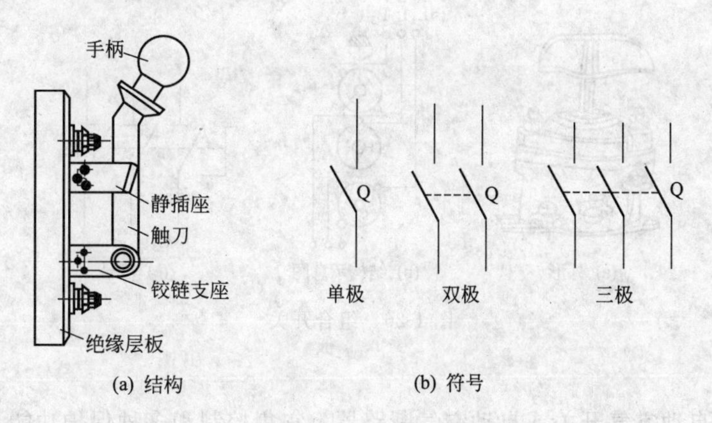

图 1-24　刀开关

低压刀开关，也称低压隔离刀闸，它有明显断开点的断合位置，可以保证检修人员的安

全。普通刀开关不能带负荷操作。

(2) 刀开关的安全使用

① 刀开关的额定电压应大于电路的额定电压，额定电流应大于负荷电流。

② 垂直安装，合闸时手柄向上。

③ 拉、合闸要迅速。

2. 负荷开关

负荷开关是将有简单灭弧装置的刀开关与熔断器组合在一起的手动开关。它主要包括HK系列瓷底胶盖闸刀开关和HH系列铁壳开关。在额定负荷范围内，可以不频繁地接通和分断用电设备。

瓷底胶盖闸刀开关又称开启式负荷开关，如图1-25(a) 所示，适用于照明、电热设备及小容量电动机控制线路中，供手动不频繁的接通和分断电路，并起短路保护。

铁壳开关又称封闭式负荷开关，如图1-25(b) 所示，可用于手动不频繁地接通和断开带负载的电路以及作为线路末端的短路保护，也可用于控制15kW以下的交流电动机不频繁地直接启动和停止。

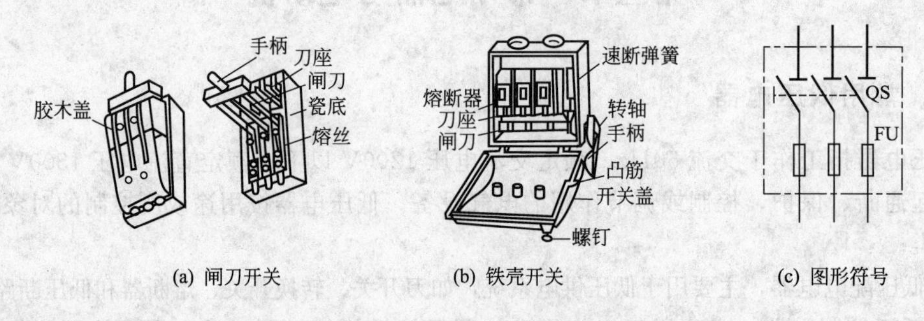

图1-25　闸刀开关与铁壳开关

刀开关的图形符号和文字符号如图1-25(c) 所示。

3. 组合开关

组合开关又称转换开关，也是一种刀开关，主要作为两种及以上电源或负载的转换和通断电路之用。其外形、结构及符号如图1-26所示。

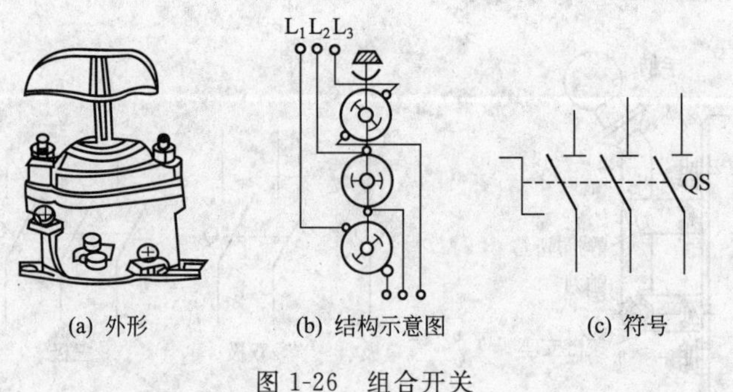

图1-26　组合开关

4. 断路器

断路器又称自动空气开关或自动空气断路器。它集控制和多种保护功能于一体，主要用于保护交流500V及直流440V以下低压配电系统中的电气设备，能切除过载、短路和欠电压等不正常情况的线路或设备。同时，也可用于不频繁地启动电动机及切换电路。

断路器按极数分为单极、双极、多极。有的和漏电保护器组装在一起，又可进行漏电保护。

（1）低压断路器的结构及原理　低压断路器主要由三部分组成：触头和灭弧系统，各种脱扣器（包括电磁脱扣器、欠压脱扣器、热脱扣器），操作机构和自由脱扣机构（包括锁链和搭钩）。低压断路器的按钮和触头接线柱分别引出壳外，其余各组成部分均在壳内。

低压断路器的工作原理如图 1-27 所示。

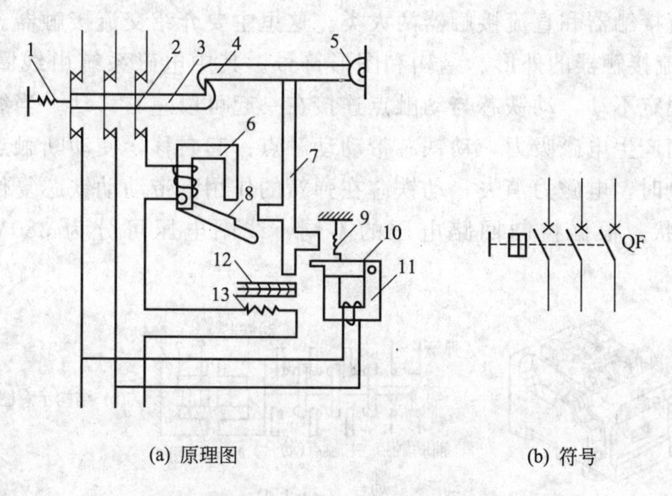

(a) 原理图　　(b) 符号

图 1-27　低压断路器原理及符号

1—主弹簧；2—主触头；3—锁链；4—搭钩；5—轴；6—电磁脱扣器；7—杠杆；8—电磁脱扣器衔铁；9—弹簧；10—欠压脱扣器衔铁；11—欠压脱扣器；12—双金属片；13—热元件

（2）DZ5-20 型低压断路器外形和结构　图 1-28 所示为塑料外壳式低压断路器，又称装置式低压断路器或塑壳式低压断路器，一般用作配电线路的保护开关，以及电动机和照明线路的控制开关等。

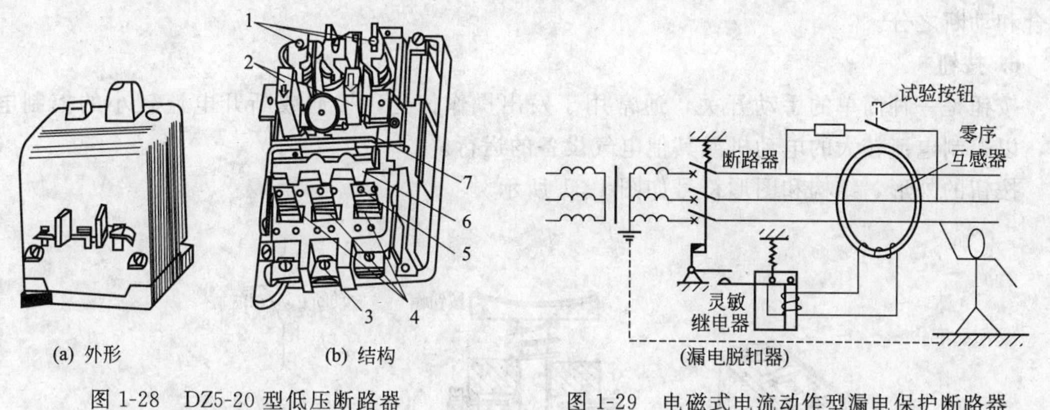

(a) 外形　　(b) 结构

图 1-28　DZ5-20 型低压断路器

1—电磁脱扣器；2—按钮；3—接线柱；4—热脱扣器；5—静触头；6—动触头；7—自由脱扣器

图 1-29　电磁式电流动作型漏电保护断路器

（3）漏电保护断路器　电磁式电流动作型漏电保护断路器原理如图 1-29 所示，它由断路器、零序电流互感器和漏电脱扣器组成。在正常运行时，互感器铁芯中合成磁场为零，二次线圈中没有感生电动势，也就无信号输出；当出现漏电或人身触电时，互感器铁芯中合成磁场不为零，二次线圈中感应出电流。漏电脱扣器受此电流激励，使断路器脱扣而断开电路。

5. 接触器

接触器是依靠电磁吸力使触点闭合或断开的自动开关。它不仅可用来频繁地接通或断开有负载的电路，而且能实现远距离控制，还具有失压保护的功能。它是电力拖动中最主要的控制电器之一，其主要控制对象是电动机。

接触器分交流接触器和直流接触器两大类。这里主要介绍交流接触器。

图 1-30 是交流接触器的外形、结构和图形符号。其中电磁系统由线圈、静铁芯和动铁芯组成。静铁芯固定不动，动铁芯与动触点连接在一起可以左右移动。当线圈通过额定电流时，静、动铁芯间产生电磁吸力，动铁芯带动动触点一起右移，使动断触点断开，动合触点闭合；当线圈断电时，电磁力消失，动铁芯在弹簧的作用下带动动铁芯复位，使动断触点和动合触点恢复原状。根据控制回路电压的不同，线圈电压可分为 380V、220V、127V、36V 等。

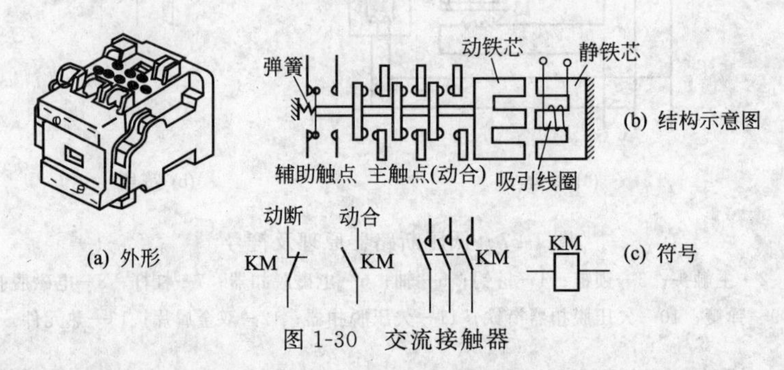

图 1-30 交流接触器

交流接触器的触点分主触点和辅助触点两种，一般都有 3 对主触点和 4 对辅助触点。3 对动合主触点接在电动机的主电路中，允许通过较大的电流。辅助触点接在控制电路中，只能通过较小的电流（一般为 5A），可完成一定的控制要求（如自锁、互锁等）。辅助触点有动合和动断之分。

6. 按钮

按钮是一种简单的手动开关，通常用于发出操作信号，接通或断开电流较小的控制电路，以控制电流较大的电动机或其他电气设备的运行。

按钮的外形、结构和图形符号如图 1-31 所示。

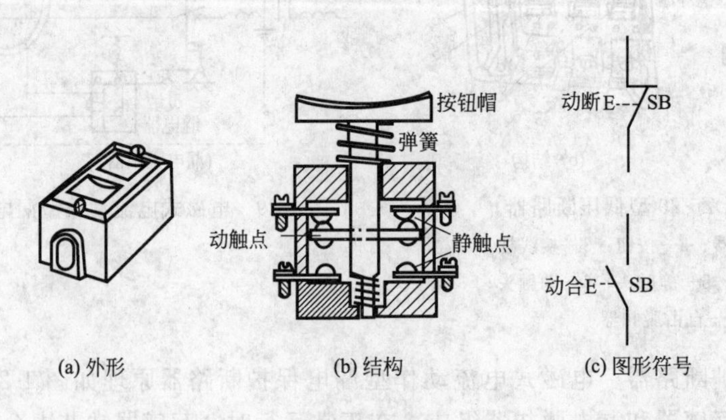

图 1-31 按钮

7. 熔断器

熔断器又称保险器，是防止电路短路的保护电器，它是串接在线路中的。熔断器内装有熔丝或熔片，选用熔丝时，在照明、电热等电路中，应使熔丝的额定电流等于或稍大于负载的额定电流；在异步电动机直接启动的电路中，应使熔丝的额定电流为电动机额定电流的2.5～3倍。

熔断器有瓷插式、螺旋式、管式等多种形式，几种典型熔断器的结构及其图形符号与文字符号如图1-32所示。

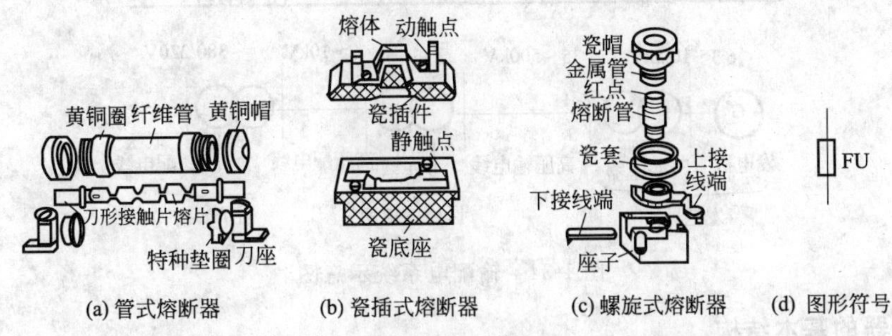

图1-32　熔断器

瓷插式熔断器常用于中、小容量的线路。管式熔断器多用于大容量的线路，一般动力负荷大于60A或照明负荷大于100A时，应采用管式熔断器。螺旋式熔断器只用于小容量的动力负荷。

8. 热继电器

热继电器是通过热元件利用电流的热效应进行工作的一种保护电器，主要用来作为电动机的过载保护。热继电器的外形、结构及符号如图1-33所示。

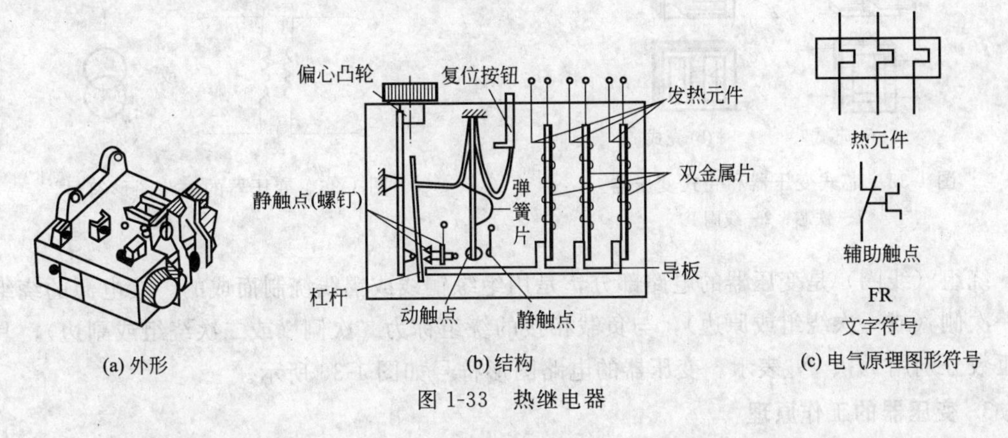

图1-33　热继电器

热继电器是根据整定电流来选定。所谓整定电流，就是热元件中通过的电流超过此值的20%时，热继电器在20min内动作。热继电器的整定电流应等于所保护的电动机的额定电流。

二、变压器

1. 变压器的种类和用途

变压器是一种用来改变交流电压、电流的静止电器，它以磁通为媒介传递能量，把某一数值的交流电压变换为同频率的另一数值的交流电压，它是实现电压、电流和阻抗变换的重要设备。图 1-34 为输配电系统示意图。

变压器的种类很多，按用途分，有输配电用的电力变压器，局部照明和控制电路用的控制变压器，调节电压用的自耦变压器，电加工用的电焊变压器和电炉变压器，测量电路用的仪用互感器以及电子设备中常用的电源变压器、耦合变压器等。

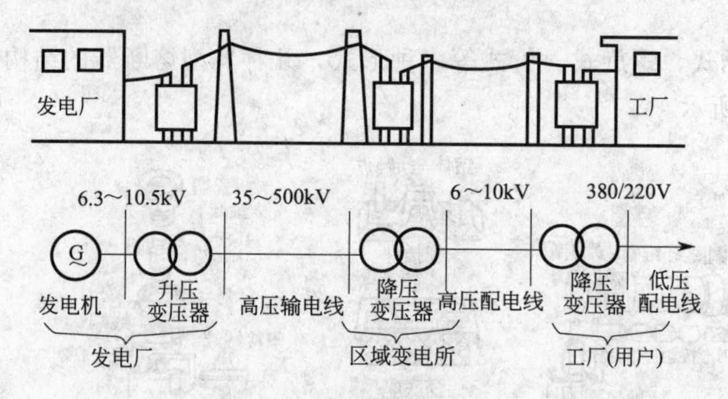

图 1-34　输配电系统示意图

2. 变压器的基本结构

各种变压器的基本结构大体相同，主要是由铁芯和两个套在铁芯上而又互相绝缘的绕组所构成。

铁芯是变压器的磁路部分，由硅钢片叠压而成。按铁芯的构造，变压器可分为芯式和壳式两种，如图 1-35 所示。

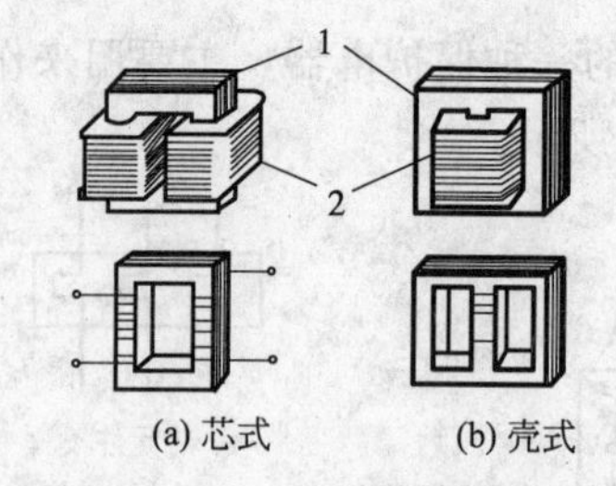

图 1-35　芯式变压器和壳式变压器

1—铁芯；2—线圈

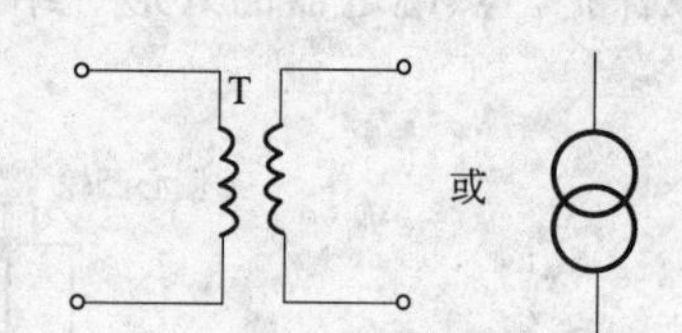

图 1-36　变压器的电路图形符号

绕组（线圈）是变压器的电路部分，是用绝缘铜线或铝线绕制而成的。接电源的绕组称为一次侧（或一次绕组或原边），与负载相接的绕组称为二次侧（或二次绕组或副边），其绕组匝数分别用 N_1、N_2 表示。变压器的电路图形符号如图 1-36 所示。

3. 变压器的工作原理

（1）变压原理　如图 1-37 所示，当变压器的一次侧接入交流电压 U_1，二次侧不接负载时，一次绕组中会流过交变电流 I_1，并在铁芯中产生交变主磁通 Φ_m，该磁通又在一、二次

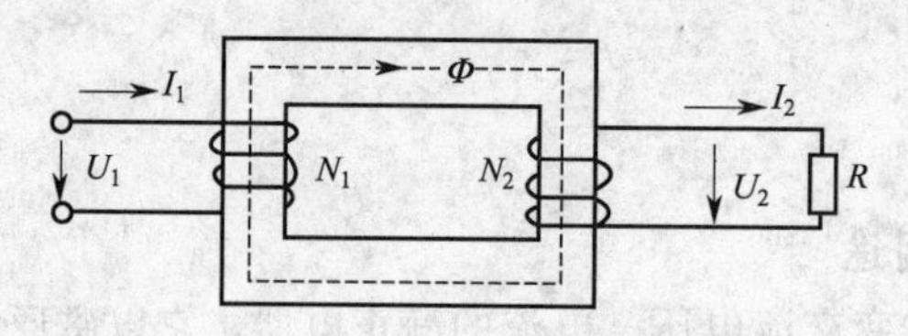

图 1-37　变压器的工作原理

绕组中产生感应电动势 E_1、E_2，它们的大小为

$$E_1 \approx 4.44 f N_1 \Phi_m$$

$$E_2 \approx 4.44 f N_2 \Phi_m$$

式中，f 为电源频率，N_1、N_2 为一、二次绕组匝数。

当忽略了变压器一次绕组的电阻和漏磁通时，$U_1 = E_1$。由于空载时二次侧开路，因此 $U_2 = E_2$，故有

$$\frac{U_1}{U_2} = \frac{E_1}{E_2} = \frac{N_1}{N_2} = K$$

式中，K 为变压器的电压比，或称匝数比，简称变比。

(2) 变流原理　如将变压器二次侧接上负载，则其闭合回路中就会有交变电流 I_2。由于变压器只起传递能量的作用，根据能量守恒原理，在忽略损耗时，有

$$I_1 U_1 = I_2 U_2$$

则

$$\frac{I_1}{I_2} = \frac{U_2}{U_1} = \frac{N_2}{N_1} = \frac{1}{K}$$

可见，变压器在带负载工作时，一、二次绕组内的电流之比近似等于它们匝数之比的倒数。改变变压器的匝数比，就可改变电流。

(3) 变压器的效率　变压器是一个传输电能、变换电压的电气设备，在其传递能量过程中，必然要有能量损耗，即铜损和铁损，所以输出功率 P_2 总要小于输入功率 P_1，它们两者之比的百分数称为变压器的效率，即

$$\eta = \frac{P_2}{P_1} \times 100\%$$

一般大型电力变压器散热条件好，效率可达 99%；小型变压器的效率可达70%～85%。

4. 电力变压器铭牌数据的含义

每台变压器都有一块铭牌，上面记载变压器的型号与各种额定数据，其意义如下。

(1) 型号　表示变压器的结构特点、额定容量和高压侧的电压等级。如：

S 7-500/10

三相——S

设计序号——7

500——额定容量，kV·A

10——高压侧额定电压，kV

(2) 额定电压　一次侧的额定电压是指加在一次绕组上的正常工作线电压值。二次侧的额定电压是指当一次侧所接电压为额定值，变压器空载时，二次侧线电压值。

(3) 额定电流　是根据容许发热条件而规定的满载电流值。在三相变压器中，铭牌上所表示的电流数值是变压器一、二次绕组线电流的额定值。

(4) 额定容量　是用来反映变压器传送最大电功率的能力。一台三相变压器的额定容量与它的输出电压 U_{2N} 和输出电流 I_{2N} 有关，用 S_N 表示，即 $S_N = \sqrt{3} U_{2N} I_{2N}$，单位为伏安（V·A）或千伏安（kV·A）。单相变压器 $S_N = U_{2N} I_{2N}$。

(5) 温升　是变压器额定运行状态时允许超过周围环境温度的值，它取决于变压器所用绝缘材料的等级。

5. 常用变压器

（1）仪用互感器　仪用互感器是一种测量用的设备，分电压互感器和电流互感器两种，它们的工作原理与变压器相同。

在实际工作中，直接测量高电压和大电流是比较困难的。在交流电路中，常用仪用互感器把高电压变为低电压，大电流变为小电流后再测量。使用互感器有两个目的：一是为了工作人员的安全，使测量回路与高压电网隔离；二是可以使用小量程的电流表、电压表分别测量大电流和高电压。

① 电压互感器　电压互感器实际上是一台降压变压器，使用时，一次绕组并联在被测电路上，二次绕组接电压表或电器的电压线圈，如图 1-38 所示。由于电压表或电压线圈阻抗很大，因此电压互感器运行时相当于变压器空载，所以有

$$K_U=\frac{U_1}{U_2}\approx\frac{E_1}{E_2}=\frac{N_1}{N_2}$$

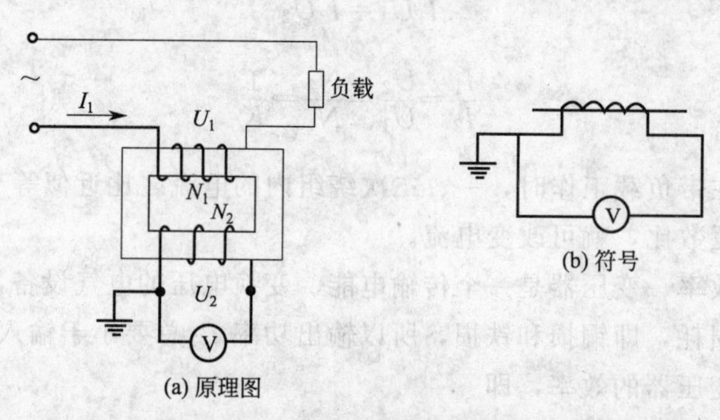

图 1-38　电压互感器原理图及其符号

通常电压互感器副边额定电压规定为 100V，其电压表表盘上刻度值直接标出被测的电压值。

在使用电压互感器时，副边不允许短路。为了安全起见，副边电路应加熔断器进行保护。同时，电压互感器的铁芯、金属外壳和副边绕组的一端必须可靠接地。

② 电流互感器　电流互感器实际上是一台将大电流变为小电流的升压变压器，其结构原理如图 1-39 所示。使用时，一次绕组串联在被测电路中，二次绕组与电流表或其他仪表或电器的电流线圈串接组成一个闭合回路。同样有

$$K=\frac{I_1}{I_2}\approx\frac{N_2}{N_1}$$

通常电流互感器副边额定电流规定为 5A，其电流表表盘上刻度值直接标出被测电流值。

由于电流表或电流线圈阻抗很小，因此电流互感器运行时副边近似于短路状态。使用时，为了测量准确和安全，副边不准开路；铁芯和副边绕组应有可靠的接地；互感器的准确度等级应比仪表的准确度高 2 级。

在工程中常用的钳形电流表，其外形结构如图 1-40 所示。它是由一个铁芯可以开、闭的电流互感器和一只电流表组装而成。测量时按下压块，即可使动铁芯张开，将被测导线套进钳形铁芯口内，这根载流导线就是电流互感器的原绕组（一匝）。电流表接在副绕组两端，其刻度是乘以变流比的换算值，即可直接读出被测电流的大小。钳形电流表用来测量正在运行中设备的电流，使用非常方便。

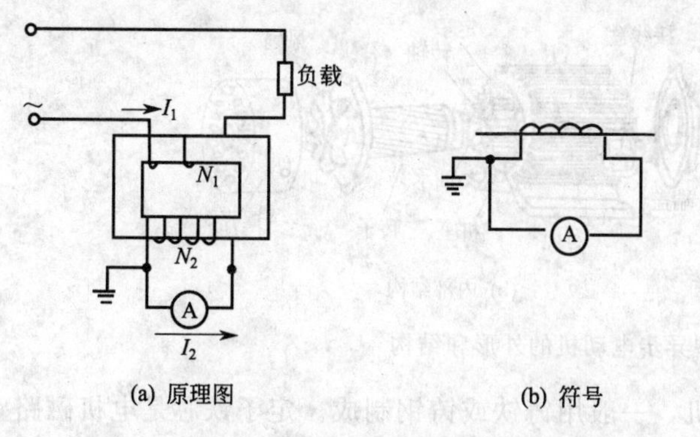

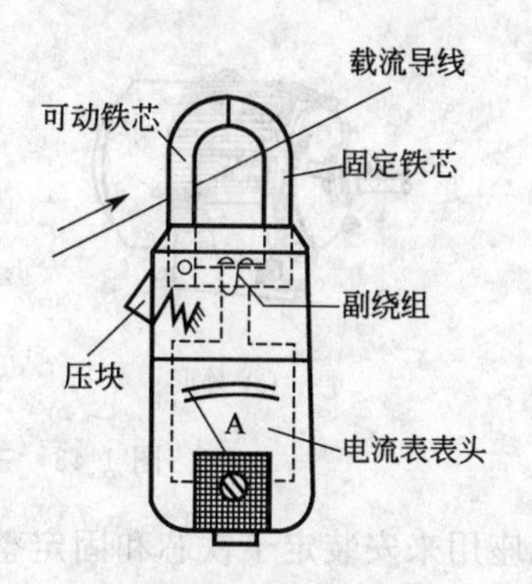

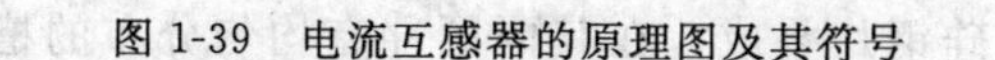

图 1-39　电流互感器的原理图及其符号　　图 1-40　钳形电流表

(2) 自耦变压器　自耦变压器的结构特点是原、副绕组共用一个绕组，如图 1-41 所示，所以原、副绕组之间除了有磁的联系外，还有电的直接联系。原绕组接电源 U_1，则副绕组电压为 U_2，且同样有

$$\frac{U_1}{U_2}=\frac{N_1}{N_2}=k$$

与普通变压器相比，自耦变压器用量少，重量轻，尺寸小，但由于原、副绕组在一起有电的直接联系，不能用于要求一、二次侧电路隔离的场合，因此自耦变压器不准作为安全照明变压器。使用时接线要正确，一、二次绕组不能对调使用，外壳必须接保护零（或接地）。

在实用中，为了得到连续可调的交流电压，常将自耦变压器的铁芯做成圆形，二次侧抽头做成滑动触头，可以自由滑动，如图 1-42 所示。当用手柄移动触头的位置时，就改变了二次绕组的匝数，调节了输出电压的大小。这种自耦变压器又称为自耦调压器。

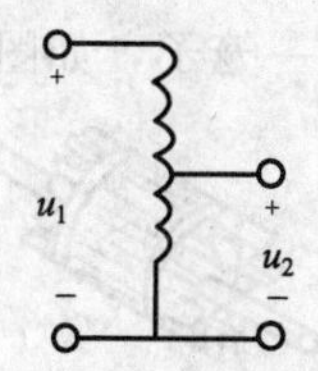

图 1-41　自耦变压器

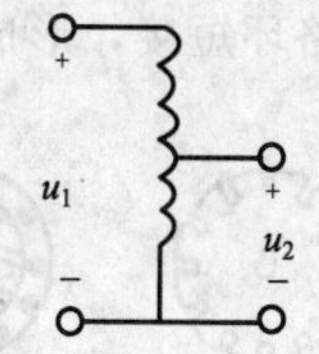

图 1-42　自耦调压器

三、电动机与简单控制电路

（一）电动机

1. 三相异步电动机

异步电动机是把交流电能转变为机械能的一种动力机械。它有许多突出的优点，如结构简单，制造、使用和维护方便，运行可靠，效率较高，价格低廉等，这些优点使得异步电动机成为生产和生活中应用最广泛的一种电动机。它被广泛地用作各类机床、水泵、风机、起重设备、加工设备、一般机械及家用电器的动力源。

(1) 三相异步电动机的结构　三相异步电动机由两个基本部分组成：一是固定不动的部分，称为定子；二是旋转部分，称为转子。定、转子之间由气隙隔开。根据转子结构的不同，分为笼型和绕线型两种。图 1-43 为三相笼型异步电动机的外形和内部结构图。

定子由定子铁芯、定子绕组和机座三部分组成。

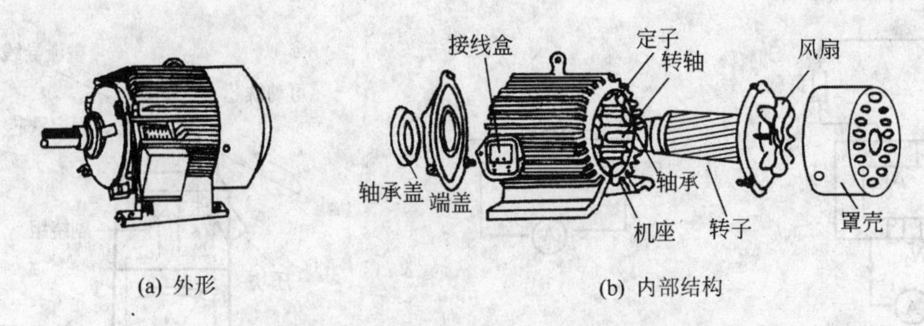

(a) 外形　　(b) 内部结构

图 1-43　三相笼型异步电动机的外形和结构

机座用来安装定子铁芯和固定整个电机，一般用铸铁或铸钢制成。定子铁芯是电机磁路的一部分，它由 0.5mm 厚、两面涂有绝缘漆的硅钢片叠成，在其内圆冲有均匀分布的槽，如图 1-44 所示，槽内嵌放三相对称绕组。定子绕组是电机的电路部分，用铜线缠绕而成。三相绕组根据需要可接成星（Y）形和三角（△）形，由接线盒的端子板引出。

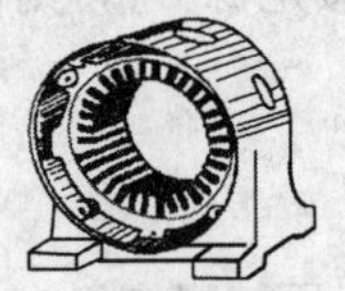

(a) 定子机座

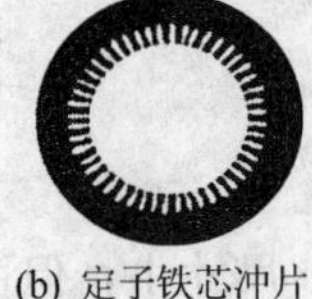

(b) 定子铁芯冲片

图 1-44　三相笼型异步电动机的定子

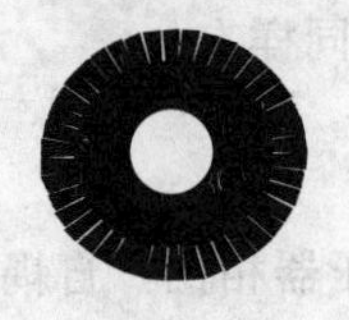

图 1-45　转子铁芯冲片

转子由转子铁芯、转子绕组和转轴三部分组成。

转子铁芯为圆柱形，也是由 0.5mm 厚、两面涂有绝缘漆的硅钢片叠成，在其外圆冲有均匀分布的槽，如图 1-45 所示。槽内嵌放转子绕组，转子铁芯装在转轴上。

笼型转子绕组与定子绕组不同，转子铁芯各槽内都嵌有铸铝导条（个别电机有用铜导条），端部有短路环短接，形成一个短接回路。去掉铁芯，形如一笼子，如图1-46所示。

(a) 硅钢片

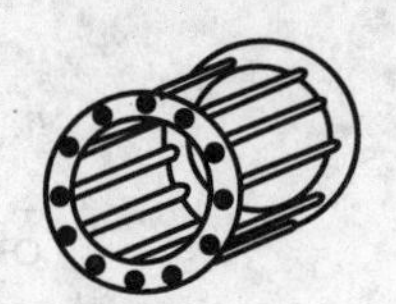

(b) 笼型绕组

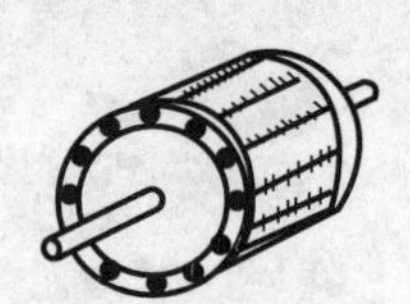

(c) 铜条转子

(d) 铸铝转子

图 1-46　笼型转子

绕线型转子绕组与定子绕组相似，在槽内嵌放三相绕组，通常为星（Y）形连接，绕组的 3 个端线接到装在轴上一端的 3 个滑环上，再通过一套电刷引出，以便与外电路相连，如图 1-47

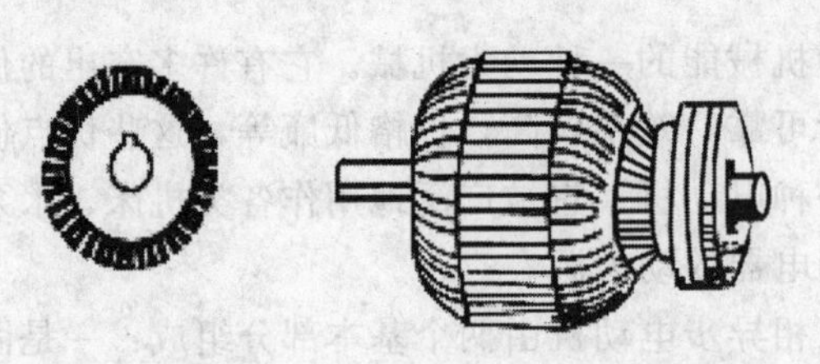

(a) 转子铁芯冲片　　(b) 转子

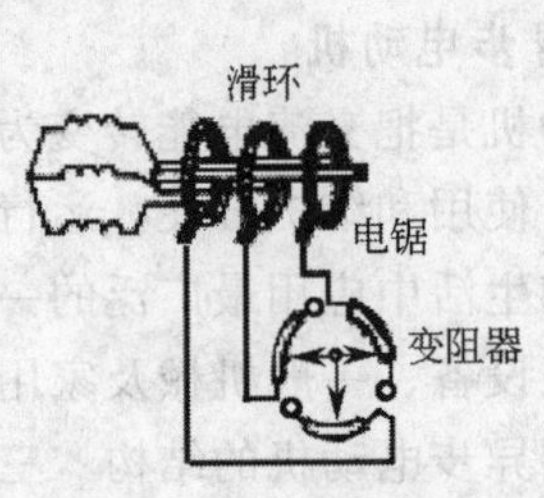

(c) 绕线型转子回路接线图

图 1-47　绕线型转子

所示。

转轴由中碳钢制成，其两端由轴承支撑着，用来输出转矩。

笼式电动机与绕线式电动机只是在转子的构造上不同，工作原理是一样的。

笼式电动机的构造简单，价格低廉，工作可靠，使用方便，在生产上得到广泛应用。

(2) 三相异步电动机的工作原理　异步电动机是通过电磁感应原理实现将电能转换为机械能的机械。三相异步电动机是利用旋转磁场和转子感生电流所产生的电磁转矩工作的。

三相异步电动机定子三相对称绕组接通三相电源，绕组中通入三相对称电流，三相对称电流共同产生的合成磁场随着电流的交变而在空间不断地旋转着，便产生旋转磁场，如图1-48所示。旋转磁场的旋转方向与三相电流的相序有关。如果旋转磁场具有 p 对磁极，电流变化一周，则旋转磁场就在空间转过 $1/p$ 转。如果定子绕组电流频率为 f_1，则旋转磁场每分钟的转速 n_1 为

$$n_1=\frac{60f_1}{p}$$

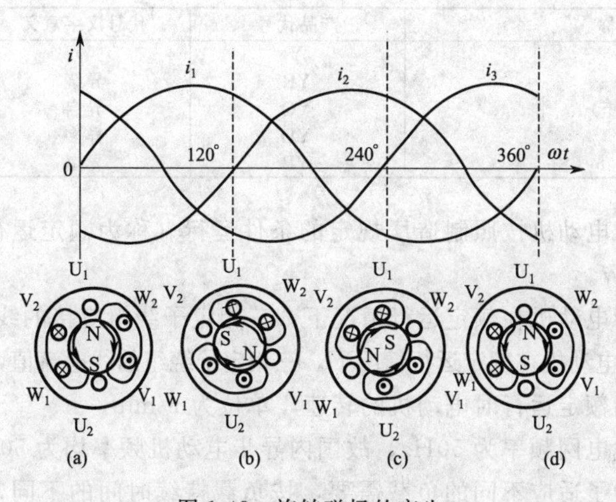

图 1-48　旋转磁场的产生

旋转磁场的转速 n_1，又称为同步转速，我国三相电源的频率为50Hz，因此两极磁场的转速是3000r/min。

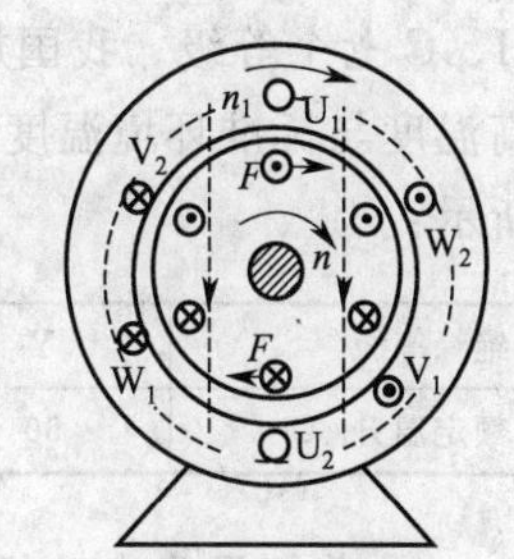

图 1-49　异步电动机工作原理图

旋转磁场切割转子导体，从而在导体中感应出电动势和电流，转子中电流同旋转磁场相互作用产生力矩，使电动机转动起来，如图1-49所示。电动机的转子转动方向和磁场的旋转方向是相同的，如果要使电动机反转，则必须改变磁场的旋转方向，即改变电动机三相绕组中三相电流的相序（对调三根电源线中的任意两根即可）。

不难看出，转子的转速 n 永远小于旋转磁场的转速（也称同步转速）n_1，即转子转速与磁场转速之间必须要有差别，这就是异步电动机名称的由来。

转子转速 n 与磁场转速 n_1 相差的程度用转差率 s 来表示，即

$$s=\frac{n_1-n}{n_1}$$

转差率是分析异步电动机运行的一个重要参数，它与负载情况有关，其变化范围在0～

1之间。转子转速越高，转差率越小。三相异步电动机在额定负载时，其转差率很小，为0.02～0.06。

（3）三相异步电动机铭牌　每台异步电动机的基座上都安装有一块铭牌，上面标有这台电动机的型号和主要技术数据。如一台三相异步电动机的铭牌数据如下：

三相异步电动机		
型号 Y160M-6	功率　7.5kW	频率　50Hz
电压 380V	电流　17A	接法　△
转速 970r/min	绝缘等级 B	工作方式连续
年　月　编号		××电机厂

其含义如下。

① 型号：电动机的型号是表示电动机的类型、用途和技术特征的代号，由大写汉语拼音字母和阿拉伯数字组成。常用三相异步电动机主要产品名称、代号及其意义见表1-1。

表1-1　三相异步电动机产品代号

产品名称	产品代号	代号汉字意义	老产品代号
三相异步电动机	Y	异	J、JO
绕线型三相异步电动机	YR	异绕	JR、JRO
三相异步电动机(高启动转矩)	YQ	异启	JQ、JQO
多速三相异步电动机	YD	异多	JD、JDO
隔爆型三相异步电动机	YB	异爆	JBO、JBS

② 额定功率：指电动机按照制造厂规定的条件运行（称为额定运行）时转轴上输出的机械功率，单位为kW。

③ 额定电压：指电动机在额定运行情况下，三相定子绕组应接的线电压值，单位为V。

④ 额定电流：指电动机在额定运行情况下，三相定子绕组的线电流值，单位为A。

⑤ 额定转速：指额定运行时电动机的转速，单位为r/min。

⑥ 额定频率：我电网频率为50Hz，故国内异步电动机频率均为50Hz。

⑦ 工作方式：为了适应不同的负载需要，按负载持续时间的不同，国家标准把电动机工作方式分成连续工作、短时工作和断续工作三种。

⑧ 绝缘等级和额定温升：绕组采用的绝缘材料按耐热程度共划分为Y、A、E、B、F、H、C七个等级。我国规定的标准环境温度为40℃，电机运行时因发热而升温，其允许的最高温度与标准环境温度之差称为额定温升。额定温升是由绝缘等级决定的，具体对应值如下所示：

绝缘等级	Y	A	E	B	F	H	C
额定温升/℃	50	65	80	90	110	140	＞140

2. 单相异步电动机

单相异步电动机由单相电源供电，在只有单相交流电源或负载所需功率较小的场合，如在电扇、电冰箱、洗衣机及某些电动工具上，常使用单相异步电动机。单相异步电动机的构造与三相笼式异步电动机相似，它的转子也是笼型，而定子绕组是单相的。

当定子绕组通入单相交流电时，便产生一个交变的脉动磁场。由于脉动磁场不能旋转，故不能产生电磁转矩，因此单相异步电动机不能自行启动。

为了使单相异步电动机通电后能产生旋转磁场而自行启动，常用的启动方法有电容式和罩极式两种。图 1-50 为电容式单相异步电动机工作原理图。

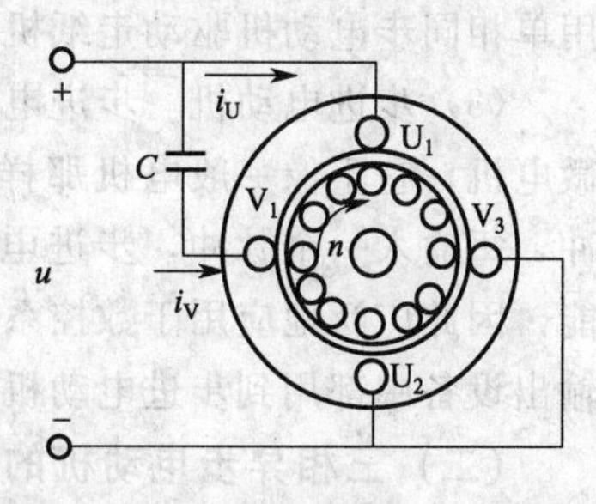

图 1-50 电容式单相异步电动机

单相异步电动机的定子上有两个绕组，一个称为工作绕组，另一个称为启动绕组。两绕组在空间相隔 90°。启动绕组回路中串接启动电容 C（作电流分相用），并与工作绕组并联在同一单相电源上，如图 1-50 所示。只要电容量选择适当，就可以使两绕组中电流之间的相位差 90°。当具有 90°相位差的两个电流分别通入在空间差 90°的两个绕组时，则会产生一个旋转磁场，如图 1-51 所示。在这个旋转磁场作用下，电动机的转子就在电磁转矩的作用下自行启动。

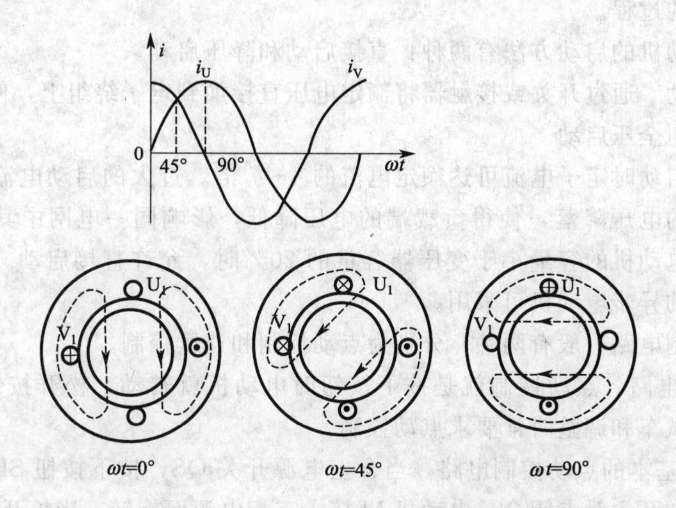

图 1-51 两相交流电产生的旋转磁场

电容式单相异步电动机启动后，启动绕组可以留在电路中，也可在转速上升到一定数值后利用离心开关的作用，切除启动绕组，只留下工作绕组工作，这时仍可产生转矩带动负载旋转。

电容式单相异步电动机也可以反向运行，这时只要利用一个转换开关，将工作绕组和启动绕组互换即可，如图 1-52 所示。

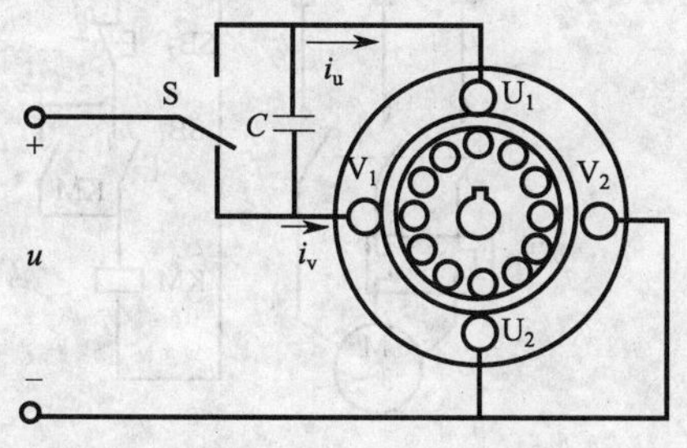

图 1-52 电容式单相异步电动机的正反转

单相异步电动机的效率较低，过载能力也较差，容量一般在 1kW 以下，常用于家用电器、小功率生产机械的驱动（如电钻、搅拌机、压缩机）及医疗器械和自动装置等。

3. 其他几种常用微电机用途简介

（1）交流伺服电动机　伺服电动机在自动控制系统和计算装置中作为执行元件，用来驱动控制对象，又名执行电机。其功能是把所接收的电信号转换为电动机轴上的角位移或角速度输出。改变信号电压可改变电动机的转角、转速和转向。伺服电动机按其使用的电源性质可分为交流和直流两大类。

（2）单相同步电动机　单相同步电动机属于微型电动机，其转速恒定，在一定范围内不受电源电压波动和负载力矩变化的影响，因而广泛使用于自动化仪表中。如电子电位差计中用单相同步电动机驱动走纸机构、打印机构等。

(3) 步进电动机　步进电动机也是一种将电信号转变为机械信号（角位移或线位移）的微电机，它不像一般电机那样连续旋转，而是一步一步地转动。它用专门的电源供给电脉冲，每输入一个脉冲，步进电动机移动一步，所以也称为脉冲电动机。由于它具有计数功能，因此广泛地应用于数控系统中，如数控机床、自动记录仪表、自动化调节系统及计算机输出设备中都用到步进电动机。

(二) 三相异步电动机的启动与正反转控制

1. 三相异步电动机的启动控制

电动机的启动就是把电动机的定子绕组与电源接通，使电动机的转子由静止加速到以一定转速稳定运行的过程。

笼型异步电动机的启动方法有两种：直接启动和降压启动。

(1) 直接启动　通过开关或接触器将额定电压直接加到定子绕组上，使电动机启动，就是直接启动，也叫全压启动。

电动机直接启动时定子电流可达额定电流的 4～7 倍。过大的启动电流在短时间内会在线路上造成较大的电压降落，使得负载端的电压降低，影响同一电网中其他负载的正常工作。因此，规定电动机的容量小于变压器容量的 20%时，允许直接启动。一般情况下，容量不大于 10kW 的异步电动机可采用。

直接启动控制电路一般有两种，分别为点动控制和连续控制。

① 点动控制电路。点动控制就是按下按钮时电动机就转动，松开按钮电动机就停转。生产机械在进行试车和调整时常要求点动控制。

图 1-53 是最基本的点动控制电路。当合上电源开关 QS，按下按钮 SB 时，接触器 KM 的线圈得电，其常开主触点闭合，电动机 M 接入三相电源而旋转；当松开 SB 时，KM 的线圈断电，主触点断开，电动机断电停止运转，实现了电动机的点动控制。

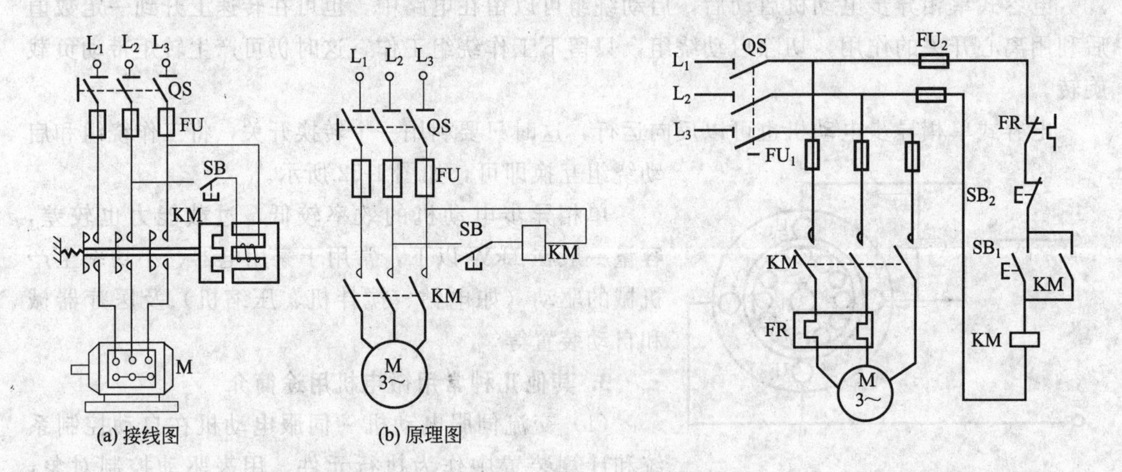

图 1-53　点动控制电路

图 1-54　连续运行控制电路

② 连续运行控制电路。大多数生产机械需要连续工作，如水泵、通风机、机床等。如图 1-54 所示，这是一个能够使电动机长时间运转的控制电路。当按下 SB_1，KM 线圈得电，KM 主触点闭合，电动机 M 通电运转；同时其动合辅助触点也闭合，它给 KM 线圈另外提供了一条通路，因此松开 SB_1 后，线圈能保持通电，于是电动机便可连续运行。接触器用自

己的动合辅助触点“锁住”自己的线圈电路，这种作用称为“自锁”，该触点称为“自锁触点”。

(2) 降压启动　如果笼型异步电动机的额定功率超出了允许直接启动的范围，则应采用降压启动。所谓降压启动，就是借助启动设备将电源电压适当降低后加在电动机定子绕组上进行启动，待电动机转速升高到接近稳定时，再使电压恢复到额定值，转入正常运行。

降压启动会使启动转矩大大减小，因此，一般只能在电动机空载或轻载的情况下启动，启动完毕后再加上机械负载。

目前常用的降压启动方法有三种：Y-△换接启动、自耦变压器降压启动（不做介绍）和软启动。

① Y-△换接启动控制电路。Y-△换接启动就是把正常工作时定子绕组作三角形连接的电动机，在启动时接成星形，待电动机转速上升后，再换接成三角形。这仅需要一只Y-△启动器，用手动和自动控制线路就可实现，如图1-55所示。

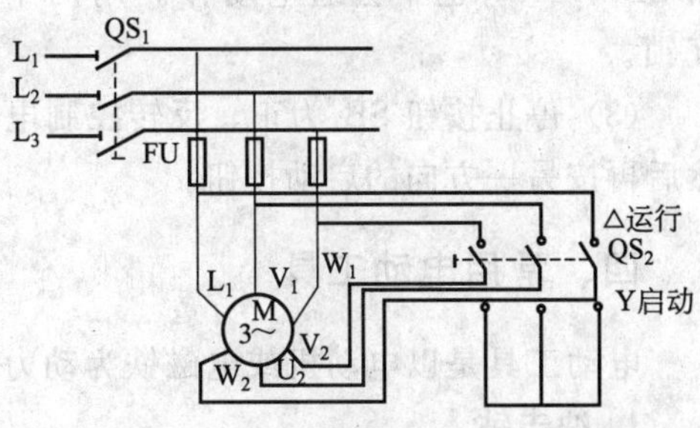

图1-55　手动Y-△降压启动控制电路

启动时，定子绕组的相电压降低到额定电压的$\frac{1}{\sqrt{3}}$倍，因此启动电流得以减小。该启动方法适用于电动机空载或轻载启动。

② 软启动。软启动是近年来随着电子技术的发展而出现的新技术，启动时通过软启动器（一种晶闸管调压装置）使电压从某一较低值逐渐上升至额定值，启动后再用旁路接触器KM使电动机投入正常运行。

2. 三相异步电动机的正反转控制

生产上许多设备需要正、反两个方向的运动，例如工作台的前进和后退，吊车的上升和下降等，都要求电动机能够正转和反转。由电动机原理可知，为了实现三相异步电动机的正、反转，只要将接到电源的三根连线中的任意两根对调即可。为此，可利用两个接触器和三个按钮组成正、反转控制电路，如图1-56所示。这个电路的特点如下。

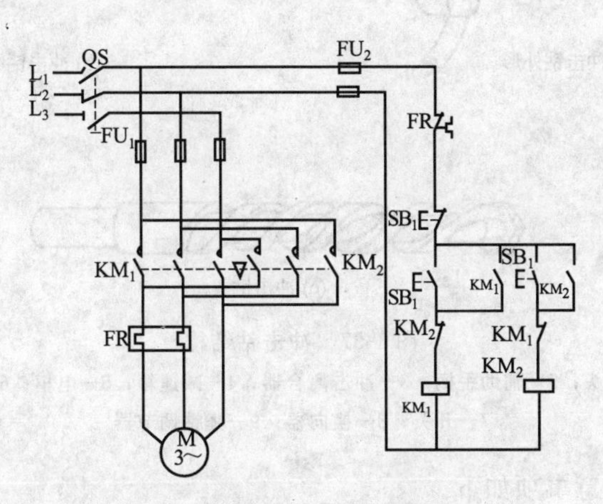

图1-56　接触器联锁正反转控制电路

(1) 采用两个接触器KM_1和KM_2来实现正、反转　KM_1为正转接触器，KM_2为反转接触器，两者接通时电源相序是不同的。在控制电路中，两个接触器的启动控制电路并联。

（2）不允许两个接触器同时工作　由图 1-56 可知，如果 KM_1 和 KM_2 的主触点同时闭合，将造成主电路 A、C 两相电源短路，引起严重事故。为此，在控制电路中，将两只接触器的动断辅助触点 KM_1 和 KM_2 分别串接在 KM_2 和 KM_1 的线圈电路中，这样当 KM_1 线圈通电，电动机正转时，其动断辅助触点 KM_1 将反转接触器 KM_2 线圈电路断开，这时即使误按反转启动按钮 SB_2，KM_2 也不会通电动作。同理，在 KM_2 线圈通电，电动机反转时，其动断辅助触点 KM_2 将 KM_1 线圈电路断开，这时即使误按正转启动按钮 SB_1，KM_1 也不会通电动作。用两个动断辅助触点互相制约对方的动作，称为电气互锁。

（3）停止按钮 SB_3 为正、反转控制电路共用　即要改变转向，必须先按停止按钮 SB_3，然后再按另一方向的启动按钮。

四、常用电动工具

电动工具是以电动机或电磁铁为动力，通过传动机构驱动工作头的一种机械化工具。

1. 冲击钻

冲击钻具有两种功能：一是可作为普通电钻使用，用时应把调节开关调到标记为“钻”的位置；二是可用来冲打砌块和砖墙等建筑面的孔洞和导线穿墙孔，这时应把调节开关调到标记为“锤”的位置，通常可冲打直径为 6～16mm 的圆孔。用冲击钻开錾墙孔时，需配专用的冲击钻头，规格按所需孔径选配，常用的直径有 6mm、8mm、10mm、12mm 和 16mm 等多种。冲击钻结构如图 1-57 所示。

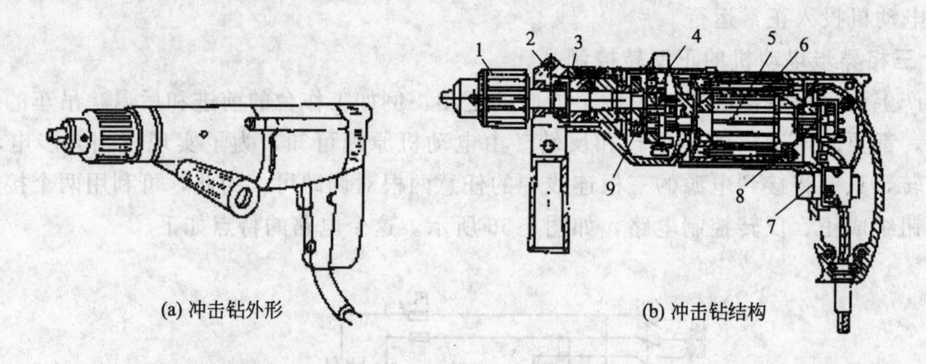

(a) 冲击钻外形　(b) 冲击钻结构

(c) 冲击钻头

图 1-57　冲击钻结构

1—钻夹头；2—辅助手柄；3—冲击离合器；4—减速箱；5—电枢；6—定子；7—开关；8—换向器；9—锤钻调节器

冲击钻的使用及注意事项如下。

① 冲击钻使用前必须保证软电线的完好，不可任意接长和拆换不同类型的软电线。

② 为了保证冲击钻正常工作，应保持换向器的清洁。当碳刷的有效长度小于 3mm 时，应及时更换。

③ 使用时应保持钻头锋利，待冲击钻正常运转后，才能钻或冲。在钻或冲的过程中不能用力过猛，不能单人操作。遇到转速变慢或突然刹住时，应立即减少用力，并及时退出或切断电源，防止过载。

④ 冲击钻内所有滚珠轴承和减速齿轮的润滑脂要经常保持清洁，并注意添换。

⑤ 冲击钻的塑料外壳要妥善保护，不能碰裂，勿与汽油及其他腐蚀溶剂接触。不适宜在含有易燃、易爆或腐蚀性气体及潮湿等特殊环境中使用。

⑥ 在使用时应使风路畅通，并防止铁屑等其他杂物进入而损坏。

⑦ 长期搁置不用的冲击钻，在使用前必须测量绝缘电阻应符合要求。

2. 电锤

电锤适用于混凝土、砖石等硬质建筑材料的钻孔。电锤的规格以最大钻孔直径表示。电锤结构如图 1-58 所示。

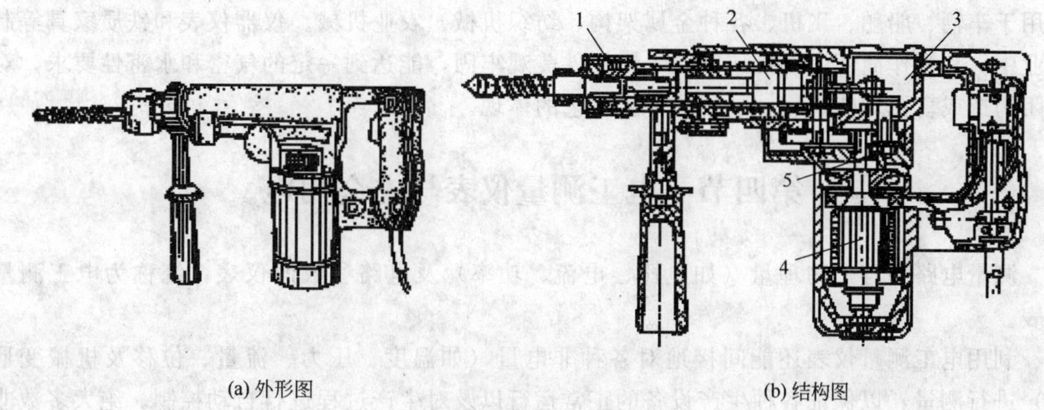

图 1-58 电锤结构

1—锤头；2—离合器；3—减速箱；4—电动机；5—传动装置

电锤使用及注意事项如下。

① 在使用前空转 1min，检查电锤各部分的状态，待传动灵活无障碍后，装上钻头开始工作。

② 装上钻头后，最好先将钻头顶在工作面上再开钻，避免空打而使锤头受冲击影响。装钻头时，只要将钻杆插进锤头孔，锤头槽内圆柱自动挂住钻杆便可工作。若要更换钻头，将弹簧套轻轻往后一拉，钻头即可拔出。

③ 电锤不仅能向下钻孔，也能向各个方向钻孔。向下钻孔时，只要双手紧握手柄，向下不需用力。向其他方向钻孔时只要稍许加力即可。用力过大对钻孔速度、钻头寿命等都有不利影响。

④ 辅助手柄上的定位杆是对钻孔深度有一定要求时采用的，当钻孔安装膨胀螺栓时，可用定位杆来控制钻孔深度。

⑤ 在操作过程中，如有不正常的声音，应立即停机，切断电源检查。若连续使用时间太长，电锤过热，也应停机，让其在空气中自行冷却后再使用，切不可用水喷浇冷却。

⑥ 电锤累计工作约 70h 时，应加一次润滑脂。将润滑脂注入活塞转套内和滚动轴承处。

⑦ 电锤须定期检查，使换向器部件光洁完好，通风道清洁畅通，清洗机械部分的每个

零件。重新装配时，活塞转套等配合面都要加润滑油，并注意不要将冲击活塞揿到压气活塞的底部，否则排除了气垫，电锤将不冲击。应将所有零件按原来位置装好。

⑧ 电锤应存放在干燥、清洁和没有腐蚀性气体的环境中，勿与汽油及其他溶剂接触。长期搁置不用的电锤，在使用前必须测量绕组与机壳之间的绝缘电阻，绝缘电阻不符合要求应干燥处理。

3. 电扳手

电扳手用于装卸螺纹连接件，已被广泛应用于汽车、阀门、水泵、纺织等制造业的装配工作中。据统计，在装配螺纹连接件中采用电动扳手，能提高劳动生产率 2～3 倍，并能将成本降低至原来的 1/2，并且减轻了劳动强度，提高了装配质量。

4. 电动拉铆枪

电动拉铆枪是一种铆接各种复杂管件、板件结构的新型铆接工具，它配以抽芯铝铆钉，适用于车辆、船舶、飞机、各种金属架构、纺织机械、农业机械、仪器仪表和铁质家具等制造业中。其操作简便，铆接速度快，铆接件美观牢固，能达到一定的气密和水密性要求，对封闭构造或盲孔均能铆接，是现代铆接工艺的体现。

第四节　电工测量仪表与安全用电

测量电路中各个物理量（如电压、电流、功率）及电路参数的仪表，统称为电工测量仪表。

利用电工测量仪表还能间接地对各种非电量（如温度、压力、流量、位移及机械变形等）进行测量，以保证各种生产设备的正常运行以及对生产过程进行自动控制。绝大多数非电量的检测都是利用传感器先转变为电信号（电压或电流），经放大后，再用电工测量仪表进行测量，从而反映出被测非电量的大小。因此电工测量技术在现代化生产中占有重要的地位。

一、电工测量仪表的分类

常用电工测量仪表有很多种，通常按下列方法分类。

按被测量的物理量分类，有电流表（又分为安培表、毫安表、微安表等）、电压表（又分为伏特表、毫伏表等）、功率表（瓦特表、千瓦表等）、电阻表（欧姆表、兆欧表等）以及电度表等。

按工作原理分类主要有磁电式仪表、电磁式仪表、电动式仪表、感应式仪表等。

按被测电流种类有直流仪表、交流仪表和交直流两用仪表。

此外，还可按仪表的准确度等级来分类。根据国家标准规定，指示仪表按准确度分为 0.1、0.2、0.5、1.0、1.5、2.5、5.0 等七个等级，其基本误差和使用场所如表 1-2 所示。表示准确度等级的数字越小，准确度越高。选择仪表的准确度应从测量的实际要求出发。

表 1-2　仪表的基本误差和使用场所

精度等级	0.1	0.2	0.5	1.0	1.5	2.5	5.0
基本误差	±0.1%	±0.2%	±0.5%	±1.0%	±1.5%	±2.5%	±5.0%
使用场所	标准表		实验用表		工程测量用表		

在电工测量仪表的标度盘上，除标有仪表类型、电流类型、准确度等级等符号外，还标有仪表的绝缘耐压强度、工作位置和端钮符号等，它们的含义见表 1-3。

表 1-3　电工测量仪表的标记符号

分类	符号	名称
被测量	(mA)	毫安表
	(V)	伏特表
	(kW)	千瓦表
	(MΩ)	兆欧表
	[kWh]	电度表
工作原理		磁电式仪表
		电磁式仪表
		电动式仪表
	(·)	感应式仪表

分类	符号	名称
准确度等级	1.5	以标度尺量限的百分数表示
	(1.5)	以指示值的百分数表示
被测电流	—	直流仪表
	~	交流仪表
	≈	交直流两用仪表
工作位置	⊥	垂直放置
	⌐¬	水平放置
	∠60°	倾斜 60°放置
绝缘试验	2kV	仪表经 2kV 耐压试验
端钮	+	正端钮
	−	负端钮
	*	公共端钮
调零器	⌒	调零器

二、电流、电压及功率的测量

1. 电流表

用来测量电流的仪表称为电流表。测量时应把电流表串联在被测电路中。为了使电流表的串入不影响电路原有的工作状态，电流表的内阻应远小于电路的负载电阻。因此，如果不慎将电流表并联在电路的两端，则电流表将被烧毁，因此绝不允许错误地将电流表并接在被测电路的两端。

(1) 直流电流的测量　直流电流的测量一般使用磁电式仪表。这种仪表的测量机构只能通过几十微安到几十毫安的电流。若被测电流不超过测量机构的容许值，可将表头直接与负载串联，如图 1-59(a) 所示；若被测电流超过测量机构的容许值，就需要在表头上并联一个称为分流器的低值电阻 R_A，如图 1-59(b) 所示。图中 R_0 为表头的内阻，当被测电流为 I 时，流过表头的电流为

$$I_0=I\frac{R_A}{R_A+R_0}$$

由此可得分流器的电阻为

$$R_A=\frac{R_0}{\frac{I}{I_0}-1}$$

由上式可知，需要扩大的量程越大，则分流电阻应越小。

使用直流电流表时应注意其正、负端的连接，标有“＋”号的接线端应为电流的流入

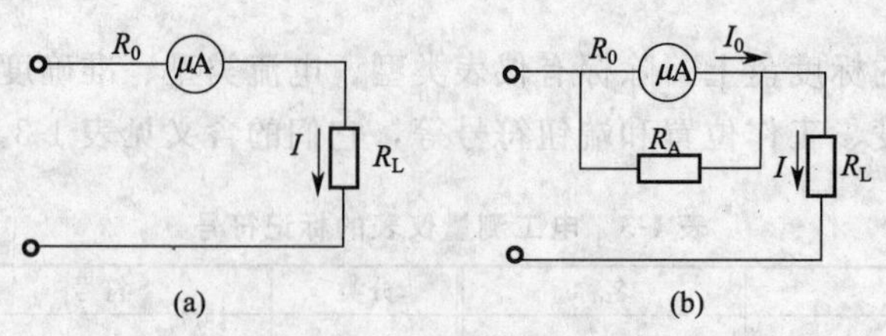

图 1-59　电流表与分流器

端，而标有“－”号的接线端则为电流的流出端，如果接错，会使指针反转，有可能把指针打弯。多量程直流电流表的共同端常标以“－”号，而其他接线端都属于“＋”端，分别标以相应的量程数。如双量程直流电流表的外形及原理图如图 1-60 所示。

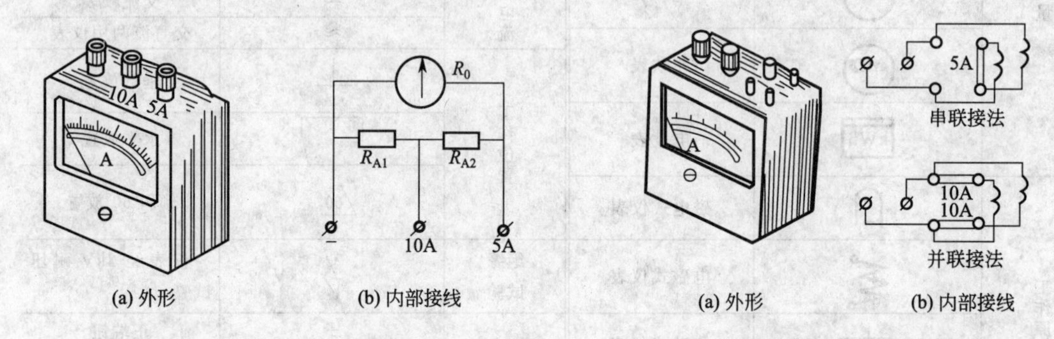

图 1-60　双量程直流电流表　　　　图 1-61　双量程交流电流表

(2) 交流电流的测量　交流电流的测量一般使用电磁式仪表，进行精密测量时使用电动式仪表。这两种仪表一般不并联分流器，而是将固定线圈绕组分成几段，用绕组的串、并联来实现。图 1-61 给出了双量程电流表改变量程的原理图。该电流表把固定线圈分成两部分，并分别与表盘上的 4 个接线柱相连。使用时可用铜片将两组线圈串联，这时电流表的量程为 5A；若用铜片将两组线圈并联时量程为 10A。

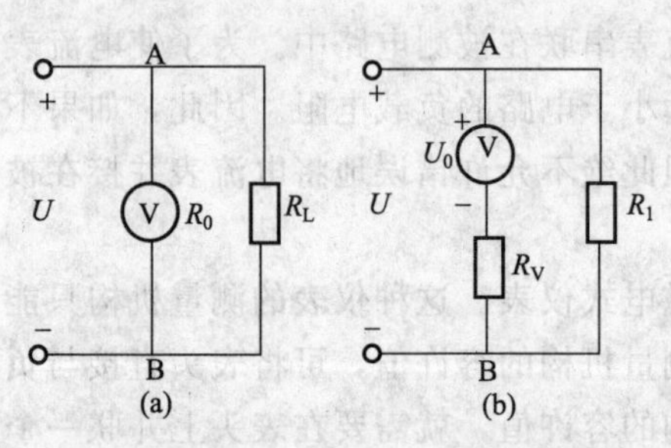

图 1-62　电压表与倍压器

工程上测量线路大电流时，常用电流互感器来扩大量程。其原理前已提及，此处不再赘述。

2. 电压表

用于测量电压的仪表称为电压表。测量电路中某两点（A、B）之间的电压时，应将电压表并联在这两点之间，如图 1-62(a) 所示。为了使电压表并入后不影响电路原来的工作状态，要求电压表的内阻远大于被测负载的电阻。由于测量机构本身的电阻是不大的，所以在电压表内都串有阻值很大的附加电阻。

(1) 直流电压的测量　直流电压的测量一般使用磁电式仪表，为了扩大量程，还要在表头中串入称为倍压器的高值电阻 R_V，如图 1-62(b) 所示。设电压表原来的量程为 U_0，扩大后的量程为 U，则电压量程扩大倍数为

$$\frac{U}{U_0}=\frac{R_0+R_V}{R_0}$$

由此可得倍压器的电阻为

$$R_V=R_0\left(\frac{U}{U_0}-1\right)$$

由上式可知，需要扩大的量程越大，则倍压器的电阻应越大。

测量直流电压应使“+”端与高电位点相连，“-”端与低电位点相连。

多量程电压表是在表内备有可供选择的多种阻值倍压器的电压表。图 1-63 所示为一个三量程的电压表。

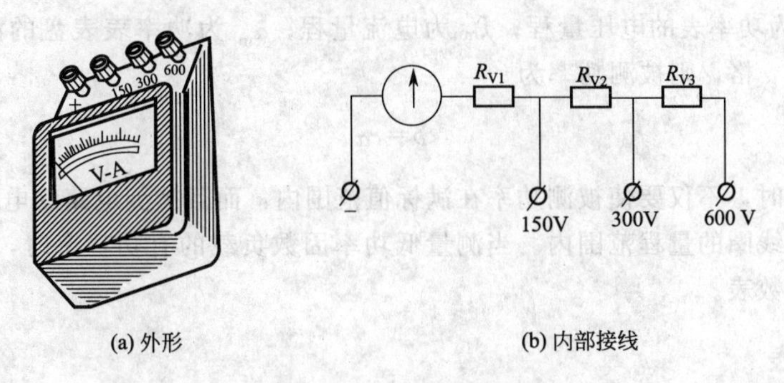

(a) 外形　　(b) 内部接线

图 1-63　三量程电压表

(2) 交流电压的测量　测量交流电压常使用电磁式仪表，它与磁电式电压表一样串有倍压器以扩大量程。工程上测量供电线路的高电压时，常采用电压互感器来扩大量程。其原理前已提及。

3. 功率表

功率表又称瓦特表。它是一种测量电路中电功率的常用电工仪表，可分为单相功率表和三相功率表，三相功率表又有有功功率和无功功率之分。另外，还有低功率因数表等特殊用途的功率表。

电功率由电路中的电压和电流决定，因此用来测量电功率的仪表必须具有两个线圈，一个用来反映电压，一个用来反映电流，其中电压线圈串有一定的附加电阻，如图 1-64 所示。使用功率表时，电流、电压都不许超过各自线圈的量程。改变两组电流线圈的串、并联连接方式，可以改变电流线圈的量程；改变串入电压线圈的附加电阻，可以改变电压线圈的量程。

功率表的接线方法如图 1-65 所示，电流线圈应与负载串联，电压线圈（包括附加电阻）应与负载并联。还要注意电流线圈和电压线圈的始端标记“±”或“*”，应把这两个始端接于电源的同一端，使通过这两个接线端电流的参考方向同为流进或同为流出，否则指针将要反偏而不能读数。

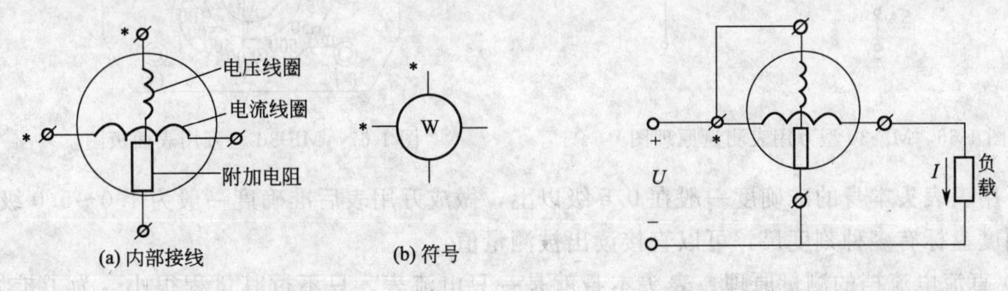

(a) 内部接线　　(b) 符号

图 1-64　功率表

图 1-65　功率表的接线方法

由于通过电流线圈的电流即为负载电流 I，通过电压线圈的电流与负载电压成正比，因此电动式功率表的偏转角 α 与 IU 的乘积成正比，即与负载的电功率成正比。只要测得指针的偏转格数，就可算出被测量的电功率数值。

功率表每一格所代表的瓦数称为分格常数，可按式计算为

$$c=\frac{U_{\mathrm{m}}I_{\mathrm{m}}}{\alpha_{\mathrm{m}}}$$

式中，U_{m} 为功率表的电压量程；I_{m} 为电流量程；α_{m} 为功率表表盘的满刻度格数。测量时若指针偏转 α 格，则被测功率为

$$p=c\alpha$$

选用功率表时，不仅要使被测功率在满标值范围内，而且被测电路的电压和电流都应在电压线圈和电流线圈的量程范围内。当测量低功率因数负载的有功功率时，为了减小误差，可采用低功率因数表。

三、万用表

万用表是一种多功能、多量程的便携式电工仪表，广泛应用于供电线路和电气设备的检修。一般的万用表可以测量直流电流、交直流电压、直流电阻和音频电平等，较高级的万用表还可测量交流电流、电感、电容以及晶体管的 β 值等。

1. 指针式万用表

(1) 指针式万用表的测量原理　指针式万用表由磁电式微安表和一些电阻、半导体二极管、干电池及转换开关组成。万用表中各种被测物理量及量程的选择是通过转换开关来实现的。万用表测量直流电流、电压、交流电压和电阻的简化原理电路如图 1-66 所示。图 1-67 为 MF-30 型万用表的面板图。

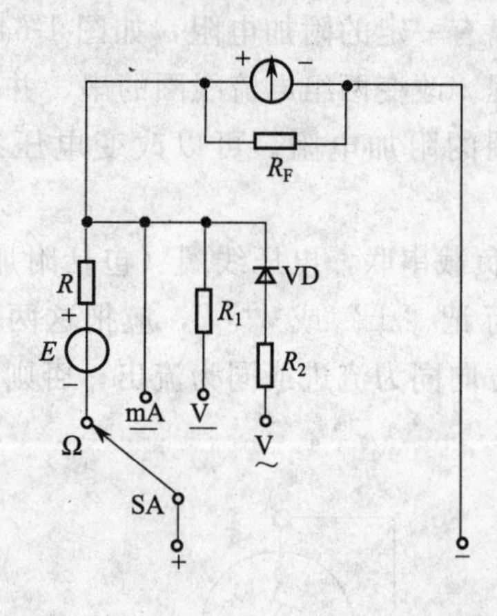

图 1-66　MF-30 型万用表测量原理图

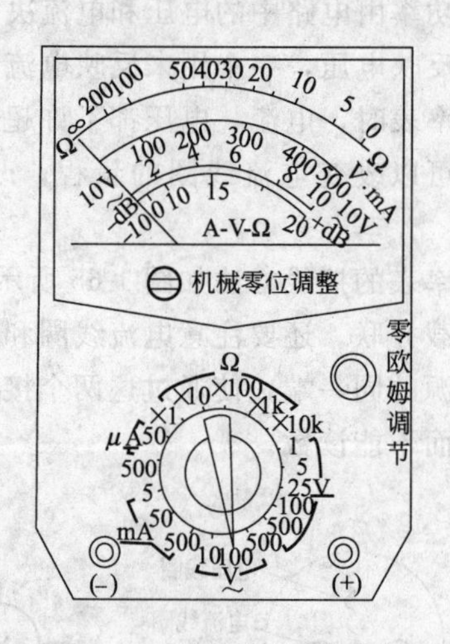

图 1-67　MF-30 型万用表面板图

万用表表头本身的准确度一般在 0.5 级以上，做成万用表后准确度一般为 1.0～5.0 级。表头刻度盘标有多种刻度尺，可以直接读出被测量值。

① 直流电流挡的测量原理。表头本身就是一只电流表，只不过其量程很小。为了扩大电流表的量程，在表头的两端并联一个电阻器 R_{F} 来实现分流，改变 R_{F} 值即可改变电流表的量程。

② 直流电压挡的测量原理。只要有电流流过表头，它就是一个量程为 $I_{\mathrm{g}}R_{\mathrm{g}}$ 的电压表，

但是量程很小。为了扩大量程，在表头上串联一个电阻 R_1 来实现分压，改变串联电阻的阻值即可改变电压表的量程。

③ 交流电压挡的测量原理。磁电式表头不能直接用来测量交流电压，如果需要测量交流电压，必须用整流电路将其变换为直流电压，整流后得到的直流电压与被测的交流电压之间有确定的数量关系。只要用磁电式表头将整流后的直流电压测量出来，即可得到交流电压的有效值。

④ 电阻挡的测量原理。在电压不变的情况下，若回路电阻增加一倍，则电流减为原来的一半。根据这个原理，可制作欧姆表。

(2) 万用表的使用和维护

① 插孔的选择。万用表有多个插孔。在测量低压的电流、电压和电阻时，将红表笔插入“+”极，黑表笔插入“−”极（在测量高压时，有的万用表需将红表笔插入“2500V”插孔中，黑表笔不动）。注意：测量时，将表放在绝缘良好的物体上；测直流电量时，注意正负极性，不要接反；测电流时，表应串在电路中；测电压时，表应与被测电路并联。

② 转换开关位置的选择。根据测量对象（电流、电压、电阻），将转换开关旋至所需位置上，如测量交流电压应转到相应的电压挡，测量直流电流应转到相应的电流挡。若不能预知交流还是直流、应先用交流挡测试，再改直流挡测试。用直流挡测试时，如果表没有指示，则为交流。

③ 量程的选择。根据被测电量的大致范围，将转换开关旋至适当的量程上，量程的选择应使指针指在量程满刻度的 1/2～2/3 范围内，这样读数较为准确。如果被测量值大小不详时，要先选择高挡进行试测，然后再转换到合适的量程。

④ 测量电阻。测量前应先进行欧姆调零。每选好一个量程时，都要先短接一下表笔，调节欧姆调零旋钮，使指针指在电阻标尺的零位上，如果调不到零位，则说明电池该更换了。测电阻时，必须切断被测电路的电源。如果被测电路有电容，应将电容放电后再进行测量。用欧姆挡判断晶体管极性时，应注意此时表笔的正负极性与表内电池的极性相反，即黑表笔是电池的正极，红表笔是电池的负极。此外，注意电阻挡的标尺是反方向刻度的。

⑤ 安全操作。在使用万用表时，不能用手去摸表棒的金属部分，以保证测量安全及测量的准确性。在用万用表测高电压时，不准带电转动转换开关，以防烧坏触点，损坏万用表。严禁在电流或电阻挡上测量电压。

万用表使用完毕，应将转换开关放在空挡或交流电压最高挡位上，不能将开关置于电阻挡上，以免两表笔被其他金属短接而使表内电池耗尽。如果万用表长期不用，应将电池取出以防电池腐蚀而破坏表内其他元件。

2. 数字式万用表

数字式万用表由于是以十进制数字直接显示，读数直接、简单、准确，分辨率高，输入阻抗高，功耗低，保护功能齐全，因而被广泛应用。

(1) 数字式万用表的结构原理　数字式万用表的核心部分为数字电压表（DVM），它只能测量直流电压，因此，各种参数的测量都是首先经过相应的变换器，将各参数转换成数字电压表可接受的直流电压，然后送给数字电压表 DVM。在 DVM 中，经过模/数（A/D）转换，变成数字量，然后利用电子计数器计数并以十进制数字显示被测参数。数字式万用表的一般结构框图如图 1-68 所示。其中在功能变换器中，主要有电流-电压变换器、交流-直流变换器、电阻-电压变换器等。

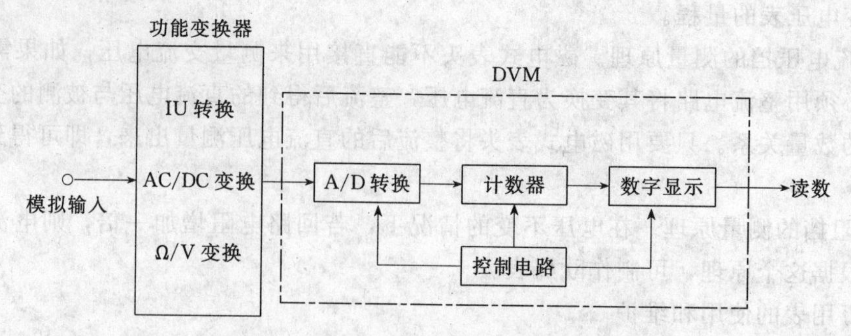

图 1-68　数字式万用表一般结构框图

(2) DT-830 型数字万用表使用方法　图 1-69 为 DT-830 型数字万用表面板图。

数字万用表的使用方法和注意事项与指针式万用表类同。所不同的是数字式万用表测量电压和电流时，也必须有干电池供电，因此数字式万用表多了一个电源开关。使用时应将电源开关置于“ON”位置，使电源接通，万用表可正常工作。测量完毕后应将电源开关拨至“OFF”位置，以免空耗电池。

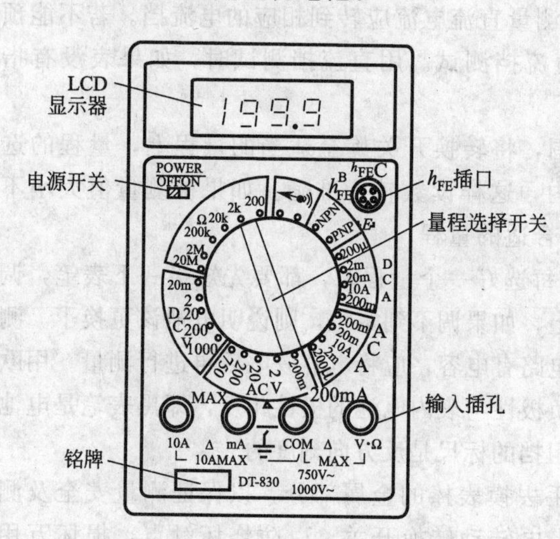

图 1-69　DT-830 型数字万用表面板

使用时，将黑表棒插入“COM”的公共插口，红表棒置于需要的插口。“V·Ω”插口用于测量电压或电阻，是经常使用的插口；“mA”插口用于测量 ≤ 200mA 的电流；“10A”用于测量 10A 的电流。

根据被测量的种类及大小，选择合适的量程挡。如果被测量超过所设定的量程，显示器出现最高位“1”，此时应将量程提高一挡，直到得到合适的读数。

四、安全用电知识

“安全”是利用电能为人类造福的前提，“安全第一，预防为主”是安全用电的基本方针。在使用电能的同时，必须注意安全用电，以保证人身、设备、电力系统三方面的安全，防止事故的发生。

1. 人体触电事故

(1) 电流对人体的伤害　触电伤害事故，是电流直接作用于人体而造成的伤害。这种伤害是多方面的，可以分为电击和电伤两种类型。

电击是指电流通过人体内部，直接影响呼吸、心脏及神经系统的正常功能，直接危及生命。380/220V 工频电压下的触电伤亡，绝大部分是电击所致。

电伤是电流的热效应、化学效应、机械效应对人体外部器官造成的伤害，电伤会使人体皮肤严重烧伤，放电部位骨节的坏死。电伤分电弧烧伤、电烙印和金属溅伤三种情况。

(2) 影响触电后果的因素　电流对人体的伤害程度与通过人体的电流大小、通电持续时间、电流的频率、电流通过人体的部位（途径）以及触电者的身体状况等多种因素有关。

通过人体的电流越大，人体的生理反应越强烈，对人体的伤害就越大。一般情况下，可取 30mA 为安全电流（人体所能承受而无致命危险的最大电流）。

人体电阻的大小是影响触电后果的重要物理因素。人的皮肤干燥或者皮肤较厚的部位其电阻值就高，皮肤出汗或皮肤较薄的部位电阻值就较低，则流过人体的电流就大，触电者也就越危险。

就一定的人体电阻而言，电压越高，电流越大。这里要指出的是人体电阻会随着作用于人体的电压升高而呈非线性急剧下降，致使通过人体的电流显著增大，使得电流对人体的伤害更加严重。我国规定适用于一般环境的安全电压为 36V。

工频电流对人体的伤害程度最为严重，直流电流对人体的伤害较轻，高频电流对人体的伤害程度远不及工频电流严重，但电压过高的高频电流仍会使人触电而死。

(3) 人体触电方式

① 两相触电　人体的不同部位同时与两根火线接触，如图 1-70(a) 所示，称为两相触电。这种触电的危险性最大。

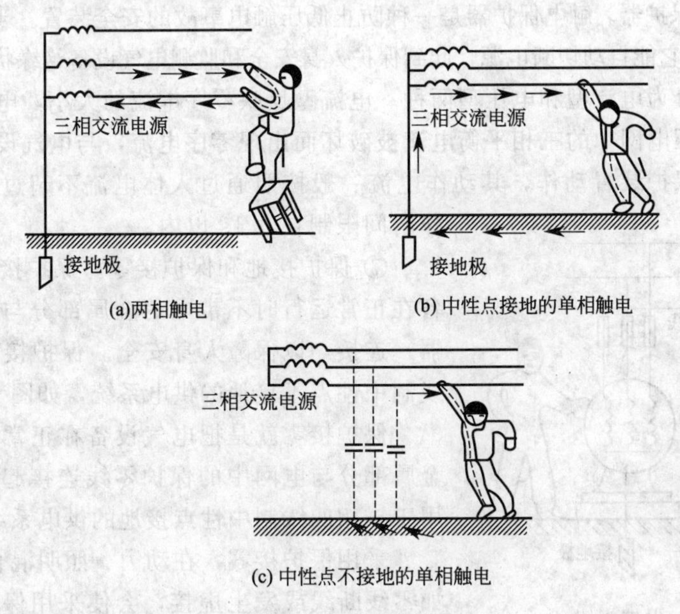

图 1-70　触电方式

② 单相触电　人体的一部分与一根相线（俗称火线）接触，另一部分与大地（或零线）接触而造成的触电，如图 1-70(b) 和图 1-70(c) 所示，称为单相触电。这种触电方式的危害性和脚与地面之间的绝缘好坏有很大关系，人体触电常为单相触电。

③ 跨步电压触电　高压电线断落在地面时，电流会从电线着地点向四周扩散。如果人站在高压电线着地点附近，人的两脚间就会有电压而使电流通过人体，从而造成跨步电压触电。线路电压越高，人离落地点越近，触电危险性越大。遇到这种情况，如果能单脚跳跃，就有可能脱离危险区。

2. 触电防护

(1) 触电类型　人体触电方式多种多样，一般可分直接接触触电（即人体直接触及或过分靠近正常带电体导致的触电）和间接接触触电（指人体触及正常情况下不带电而故障情况下变为带电的设备外露导体引起的触电）两种主要触电方式。此外，还有高压电场、高频电磁场、静电感应、雷击等对人体造成的伤害。

(2) 触电防护

① 绝缘。利用绝缘物把带电体封闭起来。良好的绝缘是保证设备和线路正常运行的必要条件，也是防止触电事故的重要措施。为了防止绝缘损坏造成事故，应当按照规定严格检查绝缘性能。

② 屏护。采用栅栏、遮拦、保护网等屏护措施将带电体间隔起来，可以有效地防止工作人员触及或过分接近带电体而遭受电击或电伤的危险。

③ 安全标志。在有触电危险的场所或容易产生误判断、误操作的地方，以及存在不安全因素的现场，设置醒目的文字或图形标志，提示人们识别、警惕危险因素。

④ 安全距离。安全距离的大小取决于电压的高低、设备的类型、安装的范方式等因素。

⑤ 安全电压。手提式照明灯、机床、工作台局部照明，在干燥的场所下使用要采用36V 安全电压；工作地点狭窄，管道、隧道内或特别潮湿环境，应采用 12V 安全电压。

安全电压的电源必须采用双绕组变压器或安全隔离变压器，严禁用自耦变压器代替。

⑥ 采用触电保护器。触电保护器是一种防止低压触电事故的安全装置。当发生人体触电或电气设备漏电时，它能自动切断电源，起到保护人身安全和监测电气设备绝缘状况的作用。

触电保护器分为电流型和电压型两种。电流型反映零序电流的大小，电压型反映对地电压的大小。当低压电网中的三相平衡电流被破坏而出现零序电流，与电气设备的外壳产生对地电压时，触电保护装置动作，其动作电流一般按照通过人体电流不超过 15mA 设计，动作时间限制在 0.1s 以内。

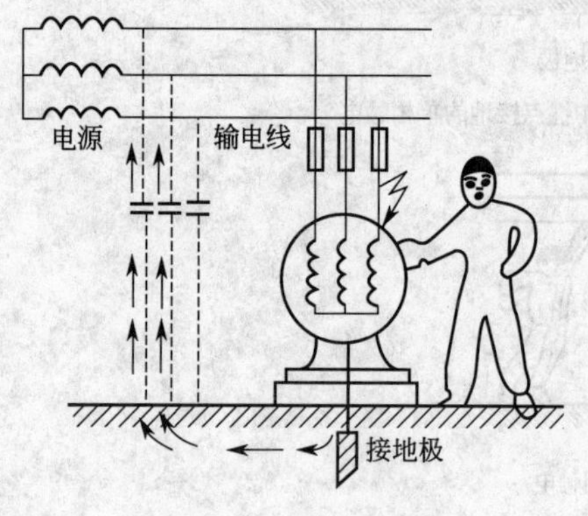

图 1-71 保护接地

⑦ 保护接地和保护接零。保护接地就是将电气设备在正常运行时不带电的金属部分与大地做金属（电器）连接，以保障人身安全。保护接地常用于三相三线制中性点不接地的供电系统，如图 1-71 所示。

保护接零就是把电气设备在正常情况下不带电的金属部分与电网中的保护零线连接起来。保护接零适用于三相四线制中性点接地的供电系统中。

采用保护接零，在动力、照明混合供电的系统中，如零线断线或发生虚接，会使采用保护接零的电气设备金属外壳带有 220V 的危险性电压。因此在三相四线制动力照明混合的系统中的零线（PEN）必须进行重复接地，如图 1-72 所示。

单相用电设备的保护接零采用三脚插头和三眼插座。把用电设备的外壳接在插头的粗脚或有接地标志的脚上，通过插座与零线相连，如图 1-72(b) 所示。

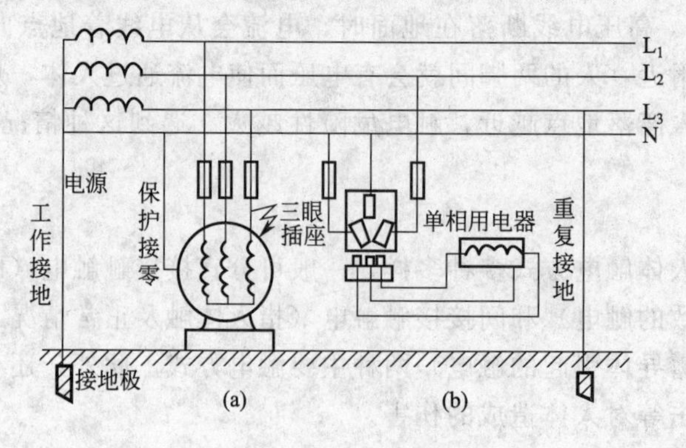

图 1-72 保护接零

由于三相四线制供电系统中的零线是单相负载的工作线路，因此在正常运行中零线上各点的电位并不相等。随着家用电器的普及，生活用电的不平衡日益严重。一旦零线断线，不仅电气设备不能正常工作，而且设备的金属外壳上还将带上危险电压。为此，要推广应用三相五线制供电，做到工作零线（N）与保护零线（PE）分开敷设，如图 1-73 所示。

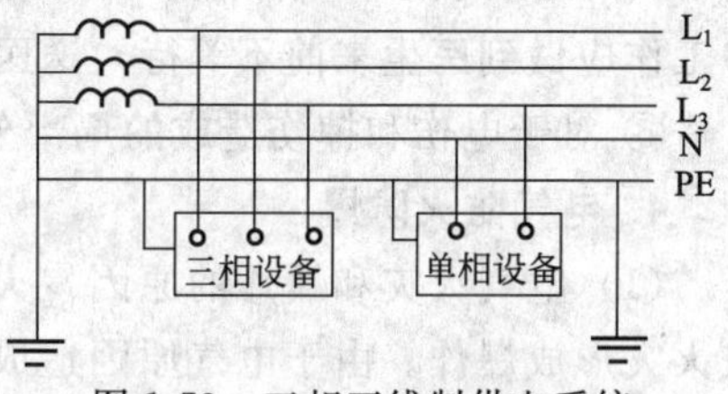

图 1-73　三相五线制供电系统

3. 触电急救

触电的现场急救是抢救触电者的关键。首先要使触电者迅速脱离电源，越快越好。电流作用时间越长，伤害就越重。在脱离电源的过程中，救护人员既要救人，也要注意保护自己。

正确的触电急救方法如下，可根据具体情况选择采用。

（1）脱离低压电源的方法

① 迅速切断电源，如拉开电源开关或刀闸开关。但应注意，普通拉线开关只能切断一相电源线，不一定切断的是相线，所以不能认为已切断了电源线。

② 如果电源开关或刀闸开关距触电者较远时，可用带有绝缘柄的电工钳或有干燥木柄的斧头、铁锹等将电源线切断。

③ 触电者由于肌肉痉挛，手指握紧导线不放松或导线缠绕在身上时，可首先用干燥的木板塞进触电者的身下，使其与地绝缘来隔断电源，然后再采取其他办法切断电源。

④ 导线搭落在触电者身上或压在身下时，可用干燥的木棒、竹竿挑开导线，或用干燥的绝缘绳索套拉导线或触电者，使其脱离电源。

⑤ 救护者可用一只手戴上绝缘手套或站在干燥的木板、木桌椅等绝缘物上，用一只手将触电者拉脱电源。

（2）脱离高压电源的方法

① 立即通知有关部门停电。

② 戴上绝缘手套，穿上绝缘靴，拉开高压断路器或用相应电压等级的绝缘工具拉开高压跌落式熔断器。

③ 抛掷裸金属软导线，造成线路短路，迫使保护装置动作，切断电源。

（3）触电者脱离电源时的注意事项

① 救护人员不得使用金属或其他潮湿的物品作为救护工具。

② 未采取任何绝缘措施，救护人员不得直接与触电者的皮肤和潮湿衣服接触。

③ 防止触电者脱离电源后可能出现的摔伤事故。

（4）现场救护　触电者脱离电源后，应立即就近移至干燥通风的场所，进行现场救护；同时，通知医务人员到现场并做好送往医院的准备工作。现场救护可按以下办法进行处理。

① 触电者所受伤害不太严重，神志清醒，只是有些心慌，四肢发麻，全身无力，一度昏迷，但未失去知觉，此时，应使触电者静卧休息，不要走动。同时严密观察，请医生前来或送医院诊治。

② 触电者失去知觉，但呼吸和心跳正常。此时，应使触电者舒适平卧，四周不要围人，保持空气流通，可解开其衣服以利呼吸，同时请医生前来或送医院诊治。

③ 触电者失去知觉，且呼吸和心跳均不正常。此时，应迅速对触电者进行人工呼吸或胸外心脏挤压，帮助其恢复呼吸功能，并请医生前来或送医院诊治。

④ 触电者呈假死症状，若呼吸停止，应立即进行人工呼吸；若心脏停止跳动，应立即进行胸外心脏挤压；若呼吸和心跳均已停止，应立即进行人工呼吸和胸外心脏挤压。现场救护工作应做到医生来前不等待，送医院途中不中断，否则，触电者将很快死亡。

⑤ 对于电伤和摔伤造成的局部外伤，在救护中也应做适当处理，防止触电者伤情加重。

4. 电气防火防爆

(1) 电气火灾和爆炸的原因　火灾和爆炸可以单独形成灾害，也可能由于爆炸形成火灾或火灾形成爆炸。由于电气原因造成引发源的有以下几种情况。

① 电气短路和设备过热。由于短路、过载、接触不良、机械摩擦、通风散热条件恶化等原因，都会使电气线路和电气设备整体或局部温度升高，从而引燃、引爆易燃易爆物质。

② 电火花和电弧。电火花是击穿放电现象，而大量的电火花汇集易形成电弧。电火花和电弧都会产生很高的温度，在易燃易爆场所是一个极大隐患，必须杜绝和禁止。

(2) 电气火灾和爆炸的预防

① 导线的安全载流量应能承受由该导线供电的负荷电流。

② 正确选用与导线截面相配合的熔断器、自动开关。

③ 线路和电气设备的安装应符合电气装置规程。

④ 选用的电气设备应与使用场所环境相适应。

⑤ 用电设备必须配置过负荷、短路等保护。

⑥ 通电使用的加热设备必须有人看管，人离开时必须切断电源。

⑦ 加强检查管理，及时维修，消除隐患。

⑧ 做好静电防护　静电是由物体间的相互摩擦或感应而产生的。石油化工生产过程中，气体、液体、粉体的输送、排出，液体的混合、搅拌、过滤、喷涂，固体的粉碎、研磨，粉尘的混合、筛分等，都会产生静电。静电放电火花具有点燃能力，因此它常常成为引起燃烧、爆炸的能源。对静电防护稍有疏忽，就可能导致火灾、爆炸和人身触电，有时则干扰正常生产和影响产品质量，因此，应采取切实可行的防护措施。防止静电危害的主要措施就是接地，带静电的设备接地应良好。人体静电的防止，可利用接地，穿防静电鞋、防静电工作服等具体措施，减少静电在人体内的积累。

(3) 电气灭火知识　电气上灭火常选用二氧化碳、干粉、1211 等灭火器。电气火灾有其特殊性，如扑救不当，可能引起触电事故等。除了做好预防工作外，还要具备扑灭电气火灾的必要知识。

① 断电灭火。电气设备发生火灾，首先要切断电源，并及时用灭火器材进行扑救。

② 带电灭火。电气设备发生火灾时，有时在危急情况下为了争取时间，迅速有效地控制火势，就必须在保证灭火人员安全的情况下进行带电灭火。带电灭火要使用不导电的灭火剂，如二氧化碳、干粉、1211 等灭火器等。

单元小结

参考方向	电压、电流的参考方向是假定的一个方向。在电路的分析中，引入参考方向后，电压、电流是个代数量
电路定律	基尔霍夫电流定律反映的是电路中与任意节点相关联的所有支路电流之间的相互约束关系；基尔霍夫电压定律反映的是电路中组成任一回路的所有支路电压之间的相互约束关系；欧姆定律主要是讨论电阻元件两端电压与通过电流的关系
电路元件	电路中的负载元件有电阻、电感和电容，其中电阻为耗能元件，而电感、电容为储能元件。电阻元件消耗的功率用有功功率表示，而电感、电容元件与电源之间能量互换规模的大小用无功功率表示

正弦量三要素	最大值、角频率和初相位，用来反映正弦量变化特征
三相交流电路	三相交流电路是由3个频率相同、最大值相等、相位互差120°的单相正弦交流电动势组成的电路。三相交流电源有星形和三角形两种接法，可形成三相四线制和三相三线制两种供电方式。在三相四线制供电系统中，负载可以从电源获得相电压和线电压两种不同数值的电压。在星形接法不对称负载中，必须要有中线
变压器	根据电磁感应原理制成的静止电器，具有变换电压、变换电流、变换阻抗的功能
控制电器	是电气控制的基本元件，用继电器、接触器及按钮等有触点的控制电器来实现自动控制，称为继电-接触器控制。它工作可靠，维护简单，并能对电动机实现启动、制动、调速等自动控制
电工测量仪表	一般可以用来测量电流、电压、电阻、功率、功率因数、电能量等参数。万用表又称万能表，是一种多功能便携式电工仪表。它有模拟型和数字型两大类
安全用电	必须采取一系列措施，如保护接零，保护接地，安装漏电保护，防雷防电气火灾措施等。当有人发生触电事故时，必须进行触电急救，即首先使触电者脱离电源，然后根据触电者的情况进行现场救护

习题与思考题

1. 求图1-74中所示各元件的端电压或通过的电流。

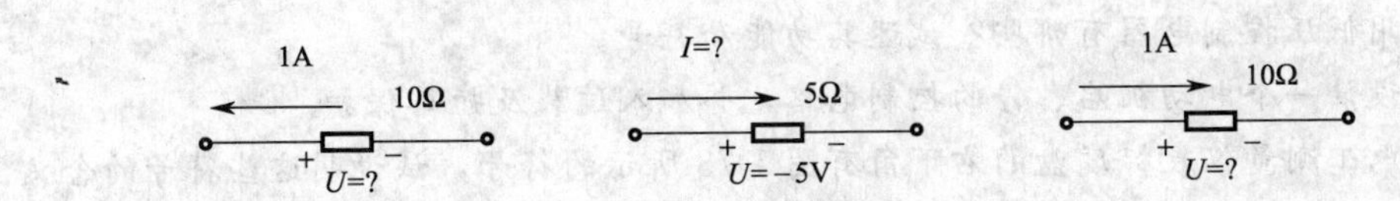

图1-74　习题1电路图

2. 在图1-75中，若已知$E_1=8\text{V}$，$E_2=20\text{V}$，$R_1=4\Omega$，$R_2=5\Omega$，$R_3=20\Omega$，试用基尔霍夫定律求各支路电流。

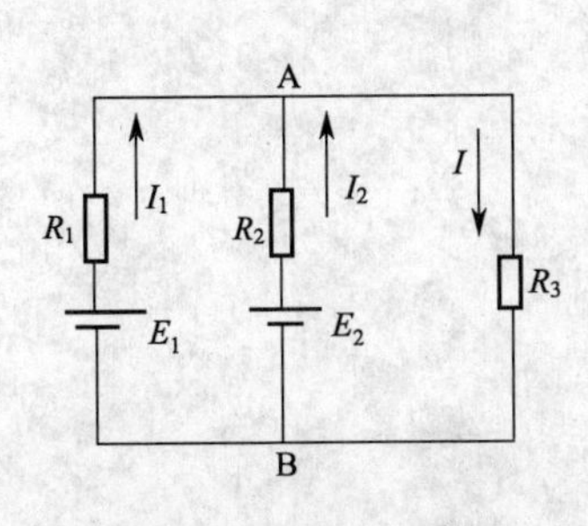

图1-75　习题2电路图

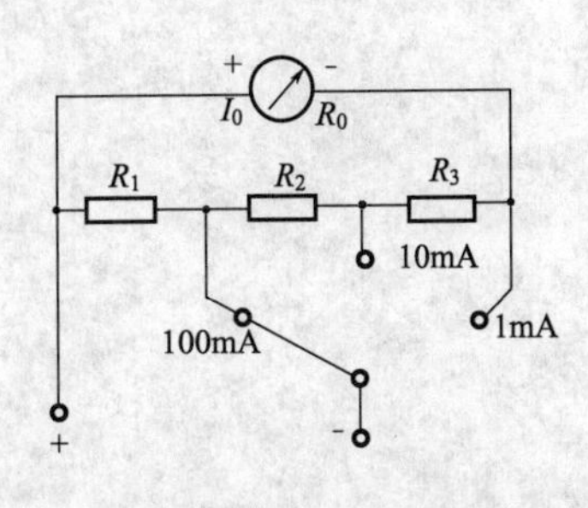

图1-76　习题3电路图

3. 图1-76是万用表中直流mA挡的电路。表头内阻$R_0=1\text{k}\Omega$，满标值电流$I_0=0.2\text{mA}$，欲使量程扩大为1mA、10mA、100mA，试求分流器电阻R_1、R_2、R_3。

4. 图1-77为电阻分压器电路，用万用表测量其输出电压U_2。若电压表的内阻为①$R_V=$

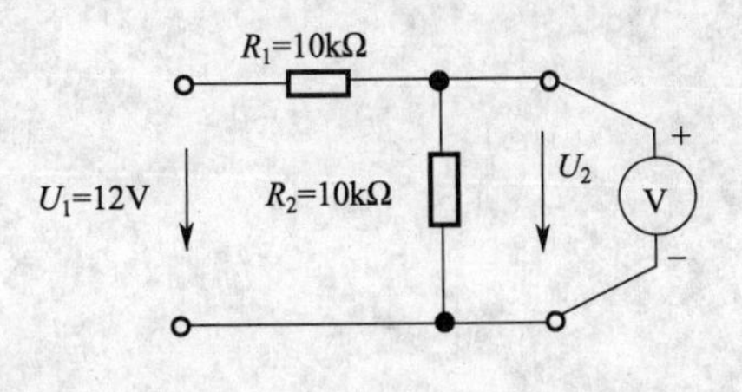

图1-77　习题4电路图

50kΩ，②R_V=500kΩ，试求电压表的读数为多少？由此可得出什么结论？

5. 已知正弦电流 u 的幅值为 U_m=10V，频率 f=50Hz，初相位 φ_0=−30°，①求此电压的周期和角频率；②写出电压 u 的三角函数表达式。

6. 日光灯电源的电压为 220V，频率为 50Hz，灯管相当于 300Ω 的电阻，与灯管串联的镇流器在忽略电阻的情况下相当于 400Ω 感抗的电感，试求灯管两端的电压和工作电流。

7. 某三层教学楼由三相四线制电压供电，线电压为 U_l=380V，大楼每层安装 220V，100W 的白炽灯 60 只。①计算电灯全部接入时各相线及中线的电流；②计算电灯部分接入时（A 相接入 60 只，B 相接入 40 只，C 相接入 20 只）各相线电流。

8. 有一单相照明变压器，容量为 10kV·A，电压为 3300/220V。今欲在副边接上 60W、220V 的白炽灯。如果变压器在额定情况下运行，这种电灯可接多少个？并求原、副绕组的额定电流。

9. 试述三相异步电动机的工作原理，并分析当三相异步电动机接通电源后，如果转子受阻，长久不能启动，对电动机有何影响？为什么？

10. 有一台三相异步电动机，其额定转速 n_N=975r/min。试求电动机的同步转速 n_1、磁极对数 p 和额定负载时的转差率 s_N。电源频率 f_1=50Hz。

11. 常用低压控制电器有哪些？试述其功能和符号。

12. 试设计一个电动机启、停的控制电路，并加入过载及短路保护。

13. 某电工测量仪表标度盘的右下角有图 1-78 所示的符号，试说明这些符号的含义。

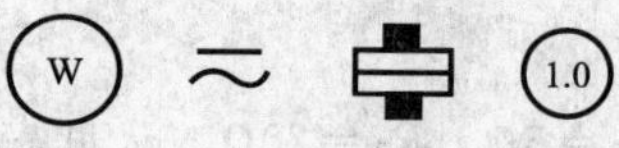

图 1-78　仪表盘符号

14. 什么叫保护接地？什么叫保护接零？什么情况下采用保护接地？什么情况下采用保护接零？

15. 手提式电钻的电源是单相交流电，为什么用 3 根导线供电？这 3 根导线各有何作用？

*第二单元　电子学基础

【单元学习目标】

1. 认知常用半导体器件的用途、特性及主要参数，了解简单电子线路和集成运放。
2. 掌握整流、滤波、稳压及放大电路的组成、工作原理、电路特点及其应用。
3. 熟悉基本数字电路。
4. 学会阅读简单实用的电子线路图。

第一节　常用电子元件

一、半导体基本知识

1. 半导体导电特征及两种杂质半导体

电子电路中常用的半导体器件有二极管、三极管、运算放大器等，它们都是由半导体材料制成的。四价元素硅、锗、硒都是常用的半导体材料，纯净的半导体在常温下导电能力很差，但若对其掺杂，其导电能力会大大增强。所谓掺杂就是将微量其他元素通过一定的工艺掺入纯净的半导体中。若掺入五价元素如磷，由于原子外层是 5 个电子，在其与外层只有 4 个电子的邻近半导体原子形成共价键时，就会多出一个电子不能结合在共价键内，这个多余的电子就容易挣脱出来，成为自由电子，这就形成了以自由电子导电为主的半导体，称为 N 型半导体。若掺入的是三价元素如硼，在形成共价键时，又缺少一个电子，共价键中多出一个空位，这个空位取名“空穴”，形成了以空穴导电为主的半导体，称为 P 型半导体。

显然自由电子带负电，空穴带正电，它们的存在极大地增强了半导体的导电能力。自由电子和空穴同时参与导电，是半导体导电的基本特征。

2. PN 结及其单向导电性

任意一种半导体基片，无论是 P 型还是 N 型，通过适当的工艺可以形成 P 型和 N 型两种半导体的结合面，这个结合面上能形成一个特殊结构的薄层，称为 PN 结，如图 2-1 所示。

PN 结具有单向导电性。如图 2-2 所示，在 PN 结上加正向电压，即 P 区接电源正极，N 区接电源负极，这种连接使 PN 结正向偏置，此时 PN 结处于正向导通状态，呈现低阻性，电路上有较大电流通过，串联在电路中的小电珠发光。反之，当加入反向电压时，电流则很难通过，小电珠不亮，此时 PN 结处于反向截止状态。

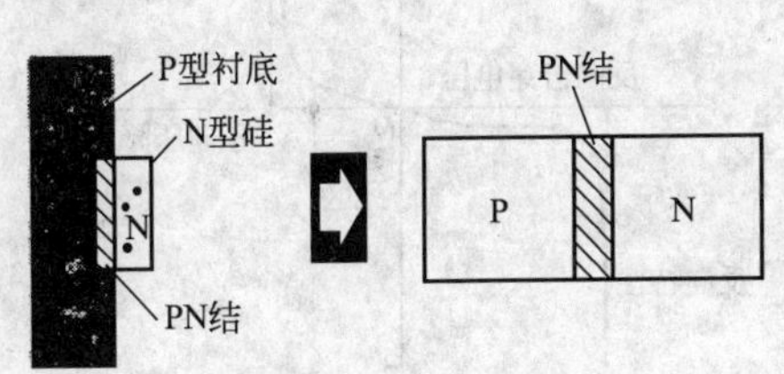

图 2-1　PN 结结构

二、二极管

1. 二极管的结构

二极管是由 PN 结加上相应的电极引线和管壳做成的。按结构可分为点接触型和面接触型两种。

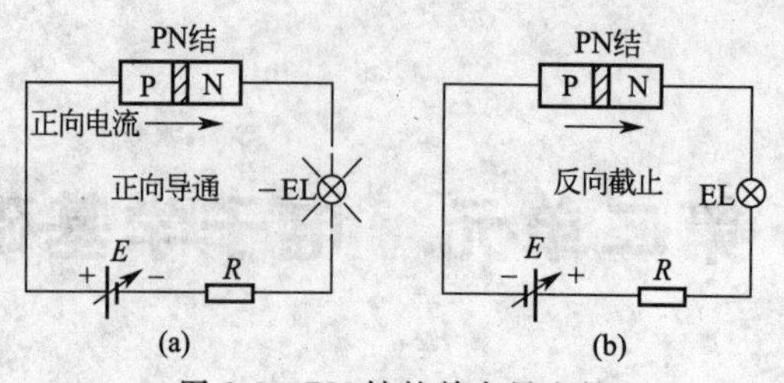

图 2-2　PN 结的单向导电性

点接触型二极管（一般为锗管）的结面积小，结电容也小，高频性能好，但允许通过的电流较小，一般应用于高频检波和小功率整流电路中，也用作数字电路的开关元件，如 2AP、2AK 系列。

面接触型二极管（一般为硅管）的结面积较大，结电容也大，可通过较大的电流，但工作频率较低。常用于低频整流电路中，如 2CP、2CZ 系列。二极管的符号如图 2-3 所示。

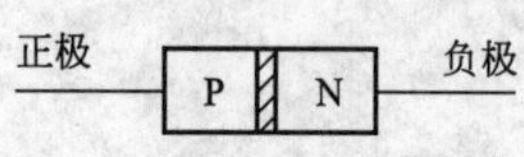

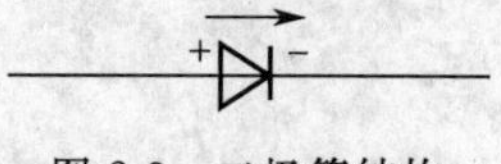
图 2-3　二极管结构示意图和符号

2. 二极管的基本特性

二极管具有单向导电性，即正向偏置导通，反向偏置截止。正常的二极管正向电阻一般在 1kΩ 以下，反向电阻一般在 100kΩ 以上，正、反向电阻的差值越大，则管子性能越好。若正、反向电阻均为无限大，则表明管子内部已断裂；若管子反向电阻为零时，则管子已经击穿；若管子正、反向阻值相同，则表示管子性能很坏。断裂、击穿或正、反向阻值相同的管子均不能使用。

二极管的伏安特性是加在二极管两端的电压 U 和通过二极管的电流 I 之间的关系曲线，即 $I=f(U)$，其测试电路如图 2-4 所示，测试所得二极管伏安特性曲线如图 2-5 所示。

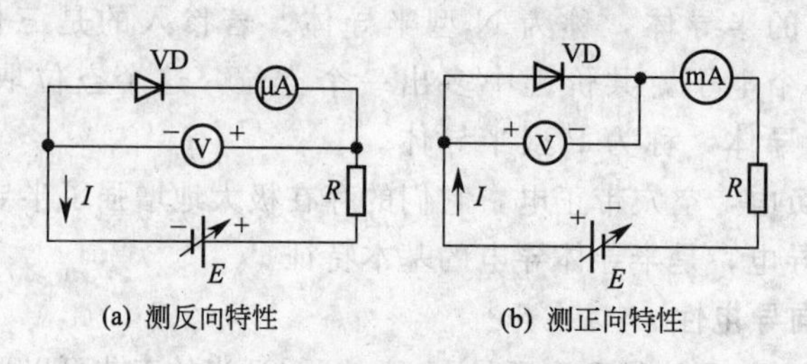

图 2-4　二极管伏安特性测试电路

3. 二极管的主要参数

二极管的工作性能可以用参数来表示。以整流二极管为例，其主要参数如下。

（1）最大整流电流 I_{CM}　二极管长期使用时允许通过的最大正向平均电流。当电流超过该值时，将使二极管因过热而损坏。

（2）最高反向工作电压 U_{RM}　二极管所能承受的最大反向电压。一般取反向击穿电压的 1/2～1/3 数值作为最高反向工作电压，以确保二极管的安全使用。

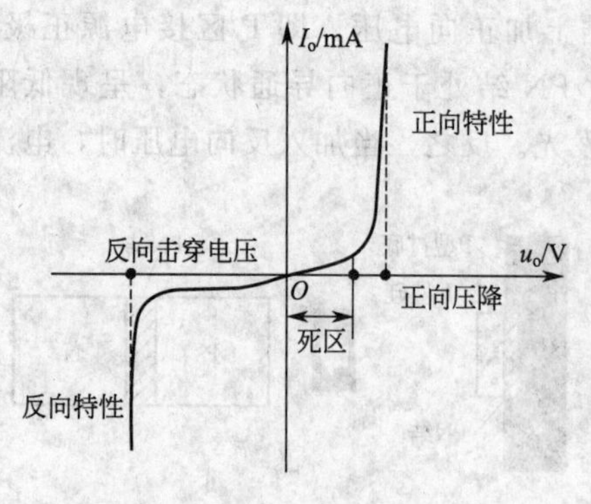

图 2-5　二极管的伏安特性

(3) 最大反向电流 I_{RM}　I_{RM}是指二极管在一定的环境温度下，加最高反向工作电压U_{RM}时所测得的反向电流值。

二极管的种类繁多，用途不一，对其参数的要求也不一样。选用二极管时，可按需要查阅有关手册。

常用二极管的种类有整流二极管、检波二极管、稳压二极管、光电二极管和开关二极管等。

4. 特殊二极管

(1) 发光二极管　半导体发光二极管是一种把电能直接转换成光能的固体发光器件。图2-6 是几种常见的发光二极管外形及其图形符号。

发光二极管和普通二极管一样，管芯由 PN 结组成，具有单向导电性。所不同的是，当发光二极管加上正向电压时能发出一定波长的光。

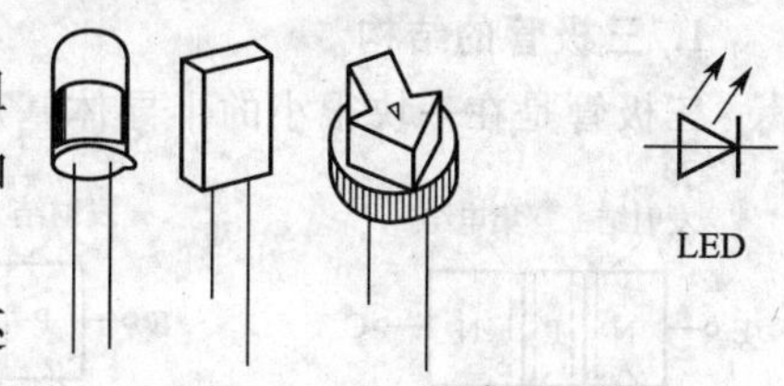

图 2-6　发光二极管外形及符号

发光二极管的发光波长除与使用材料有关外，还与 PN 结所掺杂质有关。一般用磷（砷）化镓材料制成的发光二极管发红光，磷化镓发光二极管发绿光或黄光。

发光二极管可用作电子设备的通断指示灯、数字电路的数码及图形显示，也可作为快速光源，以及光电耦合器中的发光元件等。

发光二极管工作电压为 1.5～3V，工作电流为几毫安到十几毫安，耗电少，体积小，重量轻，寿命长，可通过调节电流来调节亮度，且容易与集成电路配合使用。

(2) 稳压二极管　稳压二极管是经过特殊工艺制作而成，其反向击穿电压很低（一般为几伏或十几伏以下），而且能允许通过较大的反向电流（几毫安到几十毫安）。当反向电流在I_{Zmin}～I_{Zmax}之间变化时，稳压二极管两端的电压 U_Z 基本保持稳定，即所谓稳压。稳压二极管的符号如图 2-7(a) 所示。

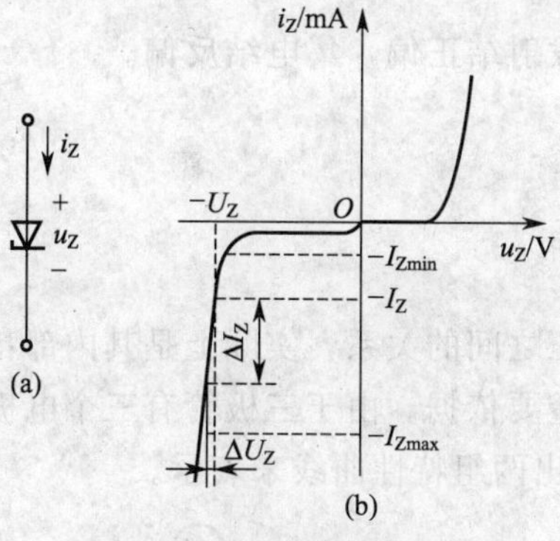

图 2-7　稳压二极管符号及其伏安特性曲线

稳压二极管的伏安特性与普通二极管基本相似，其主要区别是稳压二极管的反向特性曲线更陡，如图 2-7(b) 所示。

在使用稳压二极管时，要注意以下参数。

① 稳定电压 U_Z　稳压管正常工作时管子两端的电压。

② 工作电流 I_Z　指管子能起正常稳压作用时允许通过管子的电流范围，即 $I_{Zmin} < I_Z < I_{Zmax}$。若流过稳压管的电流小于 I_{Zmin}，管子不能正常工作，起不到稳压作用；若电流大于 I_{Zmax}时管子将过热损坏，使用时必须加限流电阻。

三、晶体管

晶体管又称三极管，是由两个 PN 结构成的三端半导体元件，是最重要的一种半导体器元件。常用的一些晶体管外形如图 2-8 所示，其对应管脚的极性如图 2-9 所示。

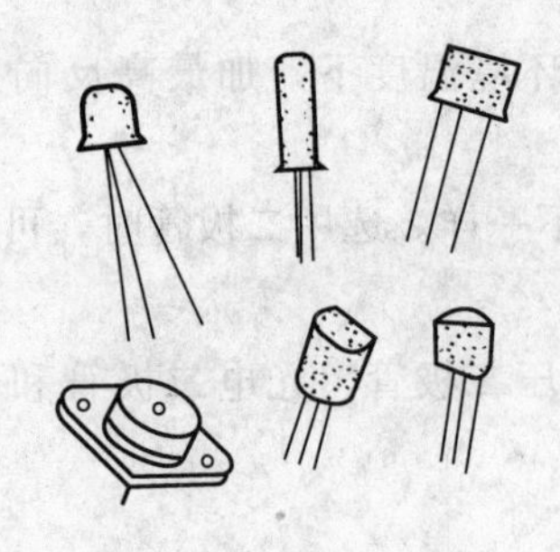

图 2-8　三极管外形

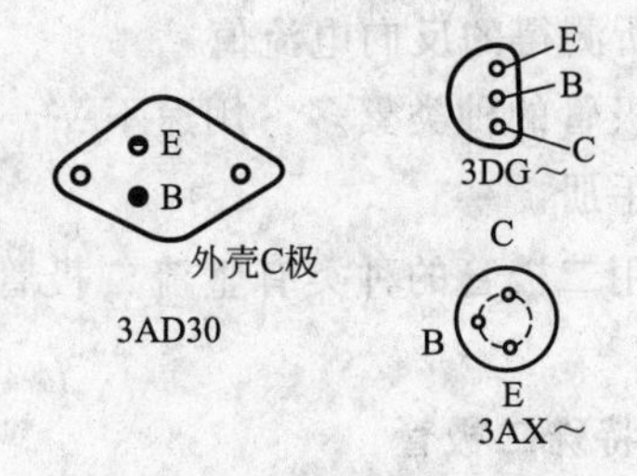

图 2-9　三极管管脚极性

1. 三极管的结构

三极管是在一块很小的半导体基片上用特殊工艺制成的元件。基片分成发射区、基区和集电区，从相应区域引出的三根电极引线分别称作发射极 E、基极 B 和集电极 C，并称基极和发射极之间的 PN 结为发射结，集电极和基极之间的 PN 结为集电结。根据基片的材料不同，晶体管可分为锗管和硅管两类。根据三层半导体的组合方式，又分为 PNP 型和 NPN 型。其结构、符号及各个电极排列如图 2-10 所示。目前国内生产的硅管多为 NPN 型，如 3D 系列；锗管多为 PNP 型，如 3A 系列。由于硅管性能优于锗管，故当前生产和使用的三极管多为硅管。

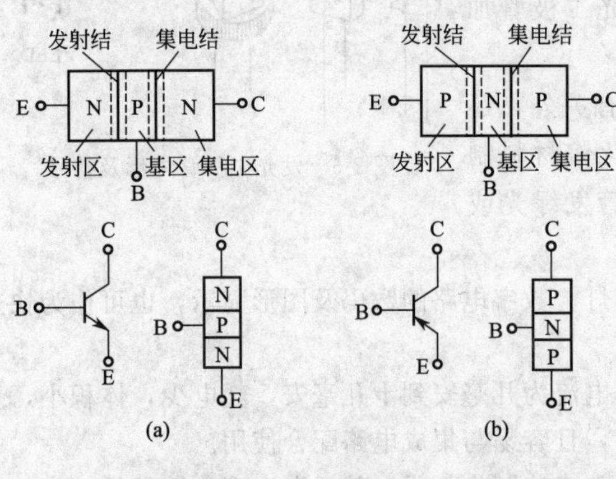

图 2-10　三极管结构及符号

2. 三极管的电流放大作用

三极管是电流控制元件，即微小的基极电流 I_B可以控制较大的集电极电流 I_C，这就是三极管的电流放大作用，如图 2-11 所示。

(1) 三极管处于放大工作状态时的外部工作条件　发射结正偏，集电结反偏。

(2) 三极管中各电流间的关系

$$I_C=\beta I_B$$

$$I_E=I_B+I_C=(1+\beta)I_B$$

3. 三极管的伏安特性曲线

三极管的伏安特性曲线用来表示各电极的电流和电压之间的关系，实际上是其内部特性的外部表现，反映出三极管的性能，是分析放大电路的重要依据。由于三极管有三个电极和输入、输出两个回路，如图 2-12 所示，故需用输入、输出两组特性曲线来表示。

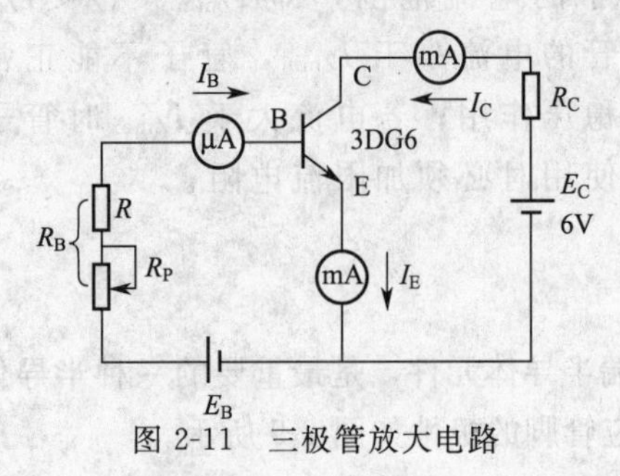

图 2-11　三极管放大电路

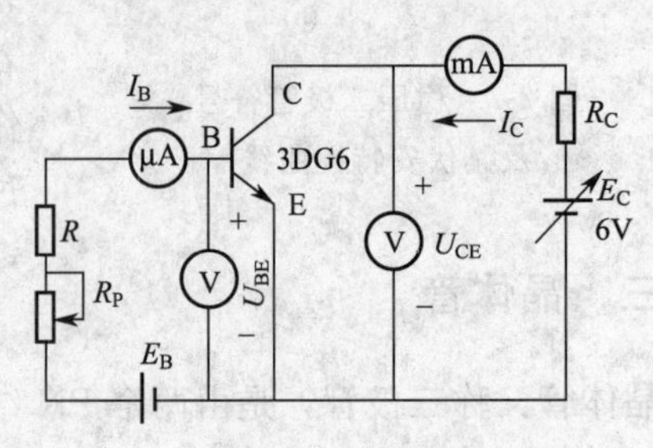

图 2-12　三极管伏安特性电路

（1）输入特性曲线　输入特性曲线是指当集电极与发射极之间的电压 U_{CE} 为定值时，基极电流 I_B 随基射极之间的正向电压 U_{BE} 而变化的曲线，这一关系可表示为

$$I_B = f(U_{BE})|_{U_{CE}} = 常数$$

显然，这一曲线应与二极管正向特性曲线相似。输入特性曲线如图 2-13 所示。

（2）输出特性曲线　输出特性是指当基极电流 I_B 为定值时，集电极电流随集射极间电压的变化关系，这一关系可表示为

$$I_C = f(U_{CE})|_{I_B = 常数}$$

输出特性曲线如图 2-14 所示。

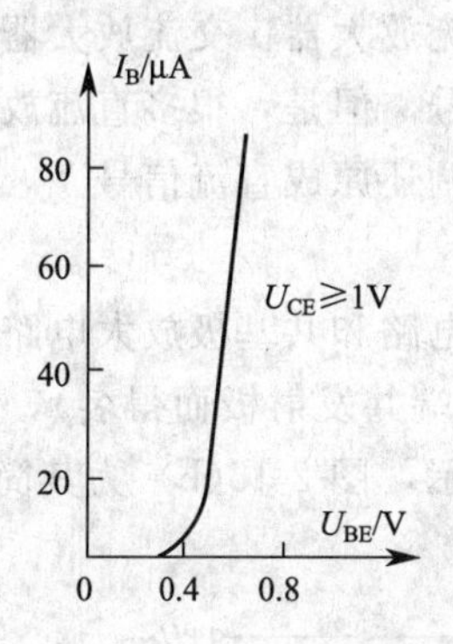

图 2-13　输入特性曲线

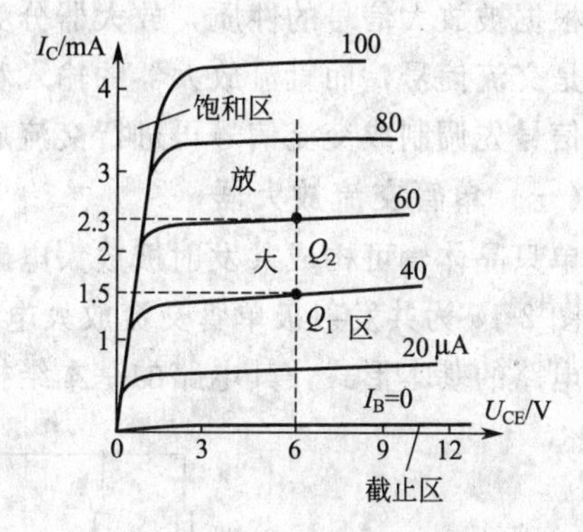

图 2-14　输出特性曲线

由输出特性曲线可将三极管划分为三种工作状态。

截止状态　输出特性 $I_B = 0$ 的曲线以下的区域称为截止区。当 $I_B = 0$ 时，$I_C = 0$，三极管的集电极和发射极之间接近开路，相当于开关的断开状态。三极管处于截止状态时，其发射结反向偏置或零偏。

放大状态　输出特性 $I_B = 0$ 的曲线上方，各输出特性曲线近似水平的区域称为放大区，三极管工作在此区域时处于放大状态。三极管工作在放大状态时，发射结正向偏置，集电结反向偏置。

饱和状态　输出特性曲线直线上升段到拐点的左侧区域为饱和区，三极管工作在此区域时处于饱和导通状态，失去电流放大作用。这时，三极管的 C、E 两极之间接近短路，相当于开关的接通状态。三极管在饱和工作状态时，发射结和集电结都是正向偏置。

三极管使用时一般有两种工作方式：一是在模拟电路中，三极管工作在放大区，具有电流放大作用，用于各种放大电路；二是在数字电路中，三极管工作在截止区和饱和区，相当于开关的断开和接通，即三极管呈开关工作状态。

4. 主要参数

三极管的主要参数有两类，即反映三极管特性优劣的特性参数和限定其工作范围的极限参数，这里主要介绍其特性参数。

（1）电流放大系数 β　电流放大系数是表示三极管的电流放大能力的参数。由于制造工艺的离散性，即使同一型号的三极管，其值也有很大的差别。常用三极管的 β 值一般在 20～200 之间。β 值太小，管子放大作用差；β 值过大，则三极管的稳定性差。

（2）穿透电流 I_{CEO}　集电结反向偏置，基极开路（$I_B = 0$），集射两极间的反向电流。在选用三极管时，I_{CEO} 越小，管子对温度的稳定性越好，工作越稳定。

第二节　基本电子电路

一、基本放大电路

在工业生产中，常常需要将微小的电信号加以放大，用以推动执行机构，以便有效地进行观察、测量和控制。放大是电子电路的基本用途之一。将微小电信号放大成较大信号的电路称为放大电路或放大器。

根据被放大信号的性质，放大器分为交流放大器和直流放大器。交流放大器的输入和输出都是交流信号，而直流放大器的输入和输出都是直流信号。但是，很多直流放大器都是将直流信号先调制成交流信号再进行交流放大，然后通过解调还原成直流信号。

（一）单管交流放大器

单只晶体管可构成共发射极放大电路、共集电极放大电路和共基极放大电路。

图 2-15 为共发射极单管交流放大电路（因输入、输出端共发射极而得名），它是晶体管放大电路的基本形式，其电路的基本结构如图 2-15(a) 所示，图 2-15(b) 为其简化画法。

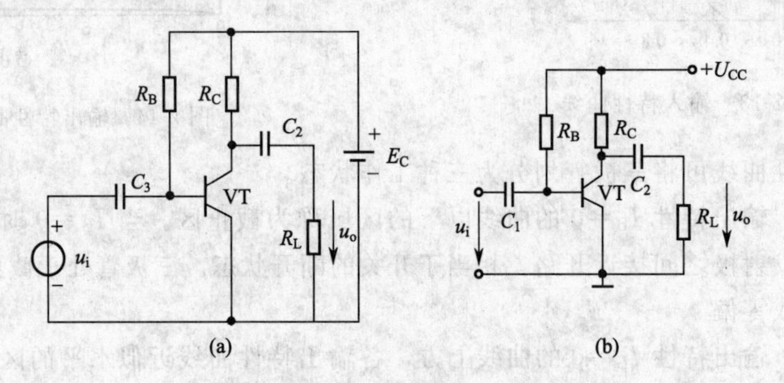

图 2-15　共发射极放大电路

1. 电路组成及各元件作用

（1）三极管　是放大电路的核心，起电流放大作用。

（2）基极偏置电阻 R_B　决定三极管基极电流的大小，为发射结提供合适的正向偏压，使三极管有合适的工作点。R_B的取值一般在几十千欧到几百千欧之间。

（3）集电极负载电阻 R_C　其作用是将集电极电流的变化量转换成集电极电压的变化量，以实现电压放大。若 R_C为零，则放大器无电压输出。R_C的取值一般为几千欧。

（4）耦合电容 C_1、C_2　分别位于放大器的输入端和输出端，主要作用是“隔直流通交流”。C_1、C_2通常为电解电容，取值一般为几微法到几十微法。

（5）直流电源 U_{CC}　一方面确保三极管工作在放大状态；另一方面又为整个电路提供能源。根据需要，U_{CC}取值一般为几伏到几十伏。

2. 放大电路的静态分析

对于放大电路的分析，主要包括静态分析和动态分析两个方面。

静态是放大电路只有直流信号作用而无输入信号（$u_i=0$）时的状态。分析结果通常称为静态工作点（或 Q 点）。主要内容是指静态时三极管的电流 I_B、I_C和电压 U_{CE}的大小（因这些量都对应于三极管特性曲线上的一点而得名）。静态分析在实际工作中有很大意义，因为它决定了放大器的工作特性。

静态工作点是放大电路工作的基础，其设置得是否合理，将直接影响放大器能否正常工作以及性能的好坏。当放大器工作点选择合适时，其输出电压波形的幅度应为最大且不失真。若静态工作点选择过高，则会出现饱和失真；过低，则会出现截止失真，如图 2-16 所示。

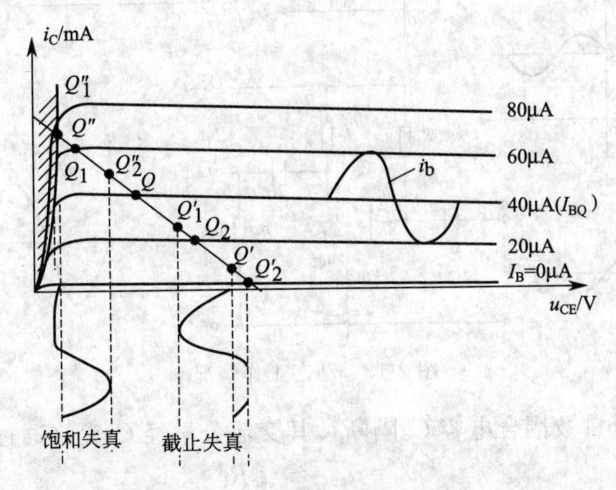

图 2-16 失真波形分析图

计算静态工作点应先画出放大电路的直流通道，亦即静态时的电路，如图 2-17 所示。然后用估算法进行计算。

例 2-1 在图 2-17 所示的直流通道中，设 $R_B=300k\Omega$，$R_C=4k\Omega$，$U_{CC}=12V$，$\beta=40$，三极管为硅管，试求静态工作点。

图 2-17 直流通道

解 根据基尔霍夫电压定律列出输入、输出回路方程如下。

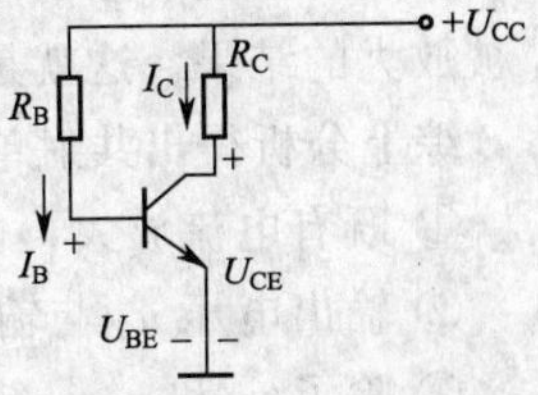

$$U_{CC}=I_{BQ}R_B+U_{BEQ}$$
$$U_{CC}=I_{CQ}R_C+U_{CEQ}$$

则

$$I_{BQ}=\frac{U_{CC}-U_{BEQ}}{R_B}\approx\frac{U_{CC}}{R_B}=\frac{12}{300}=40\mu A$$
$$I_{CQ}=\beta I_{BQ}=40\times40\times10^{-3}=1.6mA$$
$$U_{CEQ}=U_{CC}-I_{CQ}R_C=12-1.6\times4=5.6V$$

硅管的 U_{BE} 为 0.7V，锗管 U_{BE} 为 0.3V，计算中因 U_{BE} 比 U_{CC} 小得多，可用估算法简单近似地计算出静态值，即忽略 U_{BE}，此法应用较为普遍。实际中一般将基极偏置电阻串接一个可调电阻，目的是调试静态值方便。

在放大电路中，当电路参数 R_B、R_C 及 U_{CC} 改变时，静态工作点也要随之改变。特别是增大或减小 R_B，将会使放大器进入截止区或饱和区，输出波形将产生严重的截止或饱和失真。

3. 动态分析——交流放大与倒相作用

在放大器具有合适静态工作点的前提下，当输入电压 u_i 为正弦交流信号时，电路中产生交流量 i_b、i_c、u_{ce}，它们相当于在原直流量上叠加的增量。此时电路中各电极既有直流量，又有交流量，其瞬时值用 i_B、i_C、u_{BE}、u_{CE} 表示，其波形图如图 2-18 所示。由于这时电路中的电压、电流都是变化的，故称电路处于交流（动态）工作状态，简称动态。

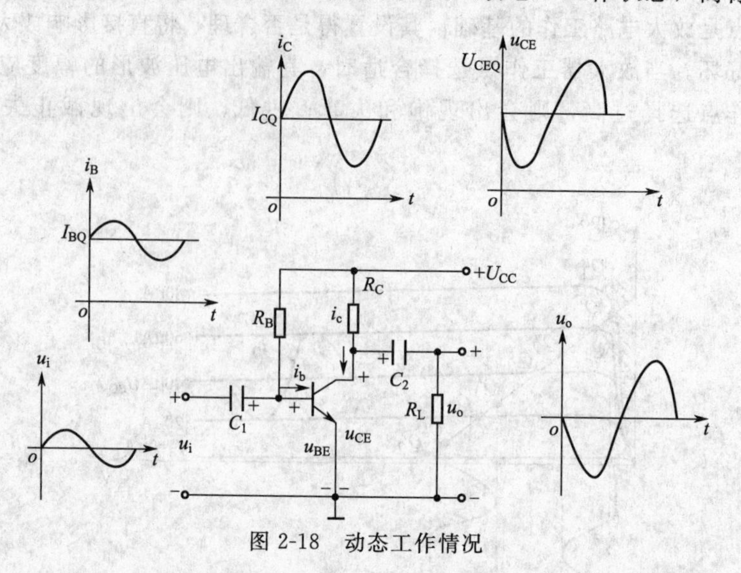

图 2-18　动态工作情况

由于 u_{CE} 的直流分量被耦合电容 C_2 隔断，其交流分量经 C_2 允许通过，且无损耗，因此

$$u_o = u_{ce} = -i_c R_C$$

式中负号表明 u_o 与 u_i 的相位相反，即放大电路具有倒相作用。

整个放大过程：弱小的输入信号 u_i 引起三极管基极电流产生增量 i_b，则三极管集电极产生更大的电流增量 i_c，而 i_c 经过 R_C 产生较大的电压增量，即为输出电压 u_o，显然 u_o 是 u_i 被放大的结果。这就是电压放大原理。

综上分析得出共射单管放大电路的特点为：

① 既有电流放大，也有电压放大；

② 输出电压 u_o 与输入电压 u_i 相位相反；

③ 除了 u_i 和 u_o 是纯交流量外，其余各量均为脉动直流电，故只有大小的变化，无方向或极性的变化。

4. 放大倍数

单管交流电压放大器的电压放大倍数 A_u，表示放大器的输出电压有效值 U_o 和输入电压有效值 U_i 的比值，即

$$A_u = \frac{U_o}{U_i}$$

在实际电路中，可用毫伏表测得放大器输入、输出电压的有效值，再根据公式 $A_u = \frac{U_o}{U_i}$ 求得电压放大倍数 。

此外，电压放大倍数还可用公式 $A_u = -\beta \frac{R_C}{r_{be}}$ 或 $A_u = -\beta \frac{R'_C}{r_{be}}$ 进行计算，其中 $R'_C = R_C /\!/ R_L$。

实用中 r_{be} 可用公式

$$r_{be} \approx 300 + (1+\beta) \frac{26\text{mV}}{I_{EQ}\text{mA}}$$

进行估算。r_{be} 的值一般为几百欧到几千欧，在半导体手册中常用 h_{ie} 表示。

在测量和计算电压放大倍数时，应注意电压放大倍数是指在不失真条件下输出电压和输入电压的比值，否则将失去电压放大倍数的意义。

(二) 多级放大器

要把微弱的信号放大到足以推动执行机构动作（如收音机的喇叭发声，继电器的电磁铁吸合等），只用一级单管放大电路是不够的，往往需要将若干级单管放大电路连接起来，使信号在各级放大器中逐级传递和放大。为了保证放大器能稳定工作和适应不同的需要，多级放大器往往要在级间耦合和引入反馈等方面采取措施。

1. 级间耦合

要使信号能够在多级放大电路中逐级放大，同时又不失真地输出，级间耦合是一个非常重要的环节。级间耦合必须解决两个问题：一是耦合环节能使信号无损失地由前级传送到后级；二是互相耦合后，前后级均不改变各自的工作点，以保证各级都工作在放大状态。

通常级间耦合有三种方式，这就是阻容耦合、直接耦合和变压器耦合。

阻容耦合方式可使各级静态工作点互不影响，而且只要耦合电容选得足够大（一般为几微法到几十微法），就可将前一级输出信号在一定频率范围内几乎无衰减地传送到后一级，使信号得到充分利用。阻容耦合结构简单，得到了广泛应用。在直流放大器中，尤其在集成电路中最常用的级间耦合方式是前后级直接相连。这种耦合方式的优点不言而喻，缺点是前后级的工作点互相牵连，选择工作点时必须考虑前后级之间互相影响的因素。在多级直接耦合的放大电路中，还必须考虑零点漂移问题。

图 2-19 所示为共射-共集两级放大电路。

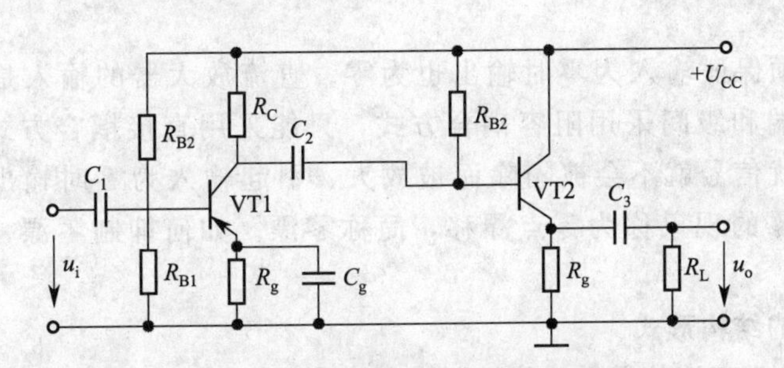

图 2-19　共射-共集两级放大电路

共射放大电路作为前级，共集放大电路即射极输出器作为后级，两级之间通过阻容耦合方式连接起来。

由于采用阻容耦合方式，共射-共集两级放大电路的静态工作点可以各自独立设定和调整，互不影响，只要电容量足够大，交流信号频率足够高，就能保证信号不失真地由共射放大级传送到射极输出器。一般说，信号在传送和放大过程中，在电压放大倍数等方面，级与级之间的影响还是存在的，如共射放大电路之间相互耦合时，电压放大倍数比单独的两级放大减小很多。实际测试可知在各种电路的连接中，唯有共射-共集这种电路耦合互相影响最小，且射极输出器输入电阻大，输出电阻小，输入和输出信号相等，能够极大地改善共射放大电路的负载能力，因此这种两级放大电路的应用也最为广泛。

多级放大器的电压放大倍数是各级放大倍数的乘积。

2. 放大器中的反馈

为了改善放大器的性能，一般都要在放大器中加入反馈电路。所谓反馈，就是把输出信号（电压、电流）的全部或部分经过一定的环节，返送回输入端，与输入信号叠加（串联、并联），再作为放大器的输入。若反馈信号使输入信号减弱，称为负反馈；若反馈信号使输入信号增强，称为正反馈。一般负反馈可以稳定电路，使电路性能得到改善；正反馈多用于振荡电路。

负反馈的分类要考虑反馈信号是反映输出量中的电压还是电流，还要考虑反馈信号与输入信号在输入回路的比较方式，由此可构成 4 种负反馈类型：电压串联负反馈、电压并联负反馈、电流串联负反馈和电流并联负反馈。对放大器性能，负反馈可以稳定放大电路的输出电压或输出电流。类型不同，其影响放大电路的主要方面也不同。总体来说，负反馈可对放大电路的性能产生以下影响：提高放大倍数的稳定性，但同时也降低了放大倍数；减小了非线性失真，即可改善波形失真；展宽了通频带；影响放大电路的输入和输出电阻。

（三）直流放大器

在自动控制和测量系统中，常常需要把一些非电量（如温度、压力、流量等）通过传感器转换成电信号，经放大后去推动测量、记录机构或执行机构，从而实现自动控制或自动测量。这些电信号大都是变化极为缓慢且极性往往固定不变的非周期信号，通常称为直流信号。放大直流信号不能采用前述交流放大器，而必须用直流放大器。交、直流放大器在放大机理上是一致的，但是直流放大器因其放大的是直流信号而具有特殊的结构。

1. 关于零点漂移

任何放大器必须保证输入为零时输出也为零。直流放大器的输入是缓慢变化的直流信号，不能在输入端和级间采用阻容耦合方式，只能采用直接耦合方式。这样一来，放大器内外的直流干扰信号就不会被隔除而被放大，引起输入为零时输出并不为零。这种输入为零输出不为零的现象称为零点漂移，简称零漂。如何抑制零漂，成了直流放大器的首要问题。

2. 直流放大器的结构形式

既能有效放大输入直流信号，又能抑制零点漂移的直流放大器有多种形式。

(1) 直接耦合　前后级直接相连，使输入信号和干扰信号都畅通无阻，因此采用多种负反馈和温度补偿办法来抑制零点漂移。此时各级静态工作点不再是独立的，而是互相牵扯，调试某级工作点时必须注意对其他各级的影响。

(2) 差动输入　直流放大常常采用差动输入放大器。这种放大器由几乎完全对称的两个单管放大器组合而成，输入端分别引入正负输入信号（即差动输入），由两个单管放大器的集电极获取输出信号。对差动放大器来说，输入信号被视为差模信号（大小相等极性相反的一对信号），引起零点漂移的干扰信号被视为共模信号（大小相等极性相同的一对信号），因此差动放大器只将差模输入信号放大，共模信号则被抵消，因而可以有效地消除零点漂移。

(3) 调制放大　化工仪表中常采用调制放大器放大直流信号。它先将输入信号调制成交流信号，再用交流放大器放大，然后由解调器还原成直流信号输出。由于有效的直流信号被转换成交流信号进行放大，因此这种放大器的零漂极小。

调制器通常由场效应管构成，在外部或内部的开关信号作用下，场效应管类似一只开关，一通一断地工作，将直流输入信号转换成交流信号。

二、集成运算放大器

集成运算放大器（简称集成运放）是高放大倍数的多级直接耦合直流放大器。它是一种有广泛用途的模拟电子集成电路产品。早期的应用主要是模拟数值运算，故称运算放大器。而目前其用途已远远不止运算了，但人们一直沿用这个名称。由于它具有输入阻抗高、放大倍数大、性能可靠且成本较低、体积小、功耗低，又有很强的通用性等许多突出优点，已被广泛用于测量、计算、控制、信号波形的产生和变换等各种应用领域，有“万能放大器件”之称，在自动化仪表中亦获得广泛应用。

1. 集成运放简介

集成运放是元件、电路和系统合为一体的器件。由于它经常是在线性放大区工作，因此又叫做线性集成电路。

(1) 集成运放的电路结构　集成运放种类较多，内部电路各有特点，但总体结构一样，通常由输入级、中间级和输出级三部分组成。图 2-20 是集成运放的结构框图。

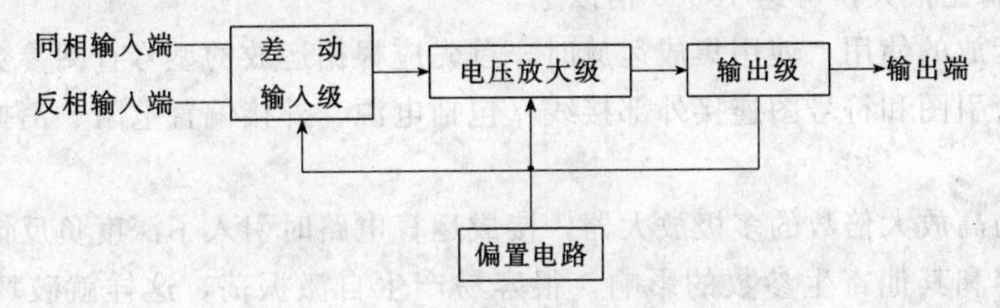

图 2-20　集成运放的结构框图

输入级是集成运放的关键部分，由差动放大电路构成，其输入电阻很高，能有效地放大有用信号，抑制干扰信号；中间级一般由共射极放大电路构成，主要进行电压放大；输出级一般由互补对称式功率放大电路构成，输出电阻低，能输出较大的功率推动负载。

(2) 外形与符号　集成运放的外形为圆形、扁平形和双列直插式三种，如图 2-21 所示。目前常用的双列直插式型号有 μA741（8 端）与 LM324（14 端）等，采用陶瓷或塑料封装，其外引线端子排列图如图 2-22 所示。

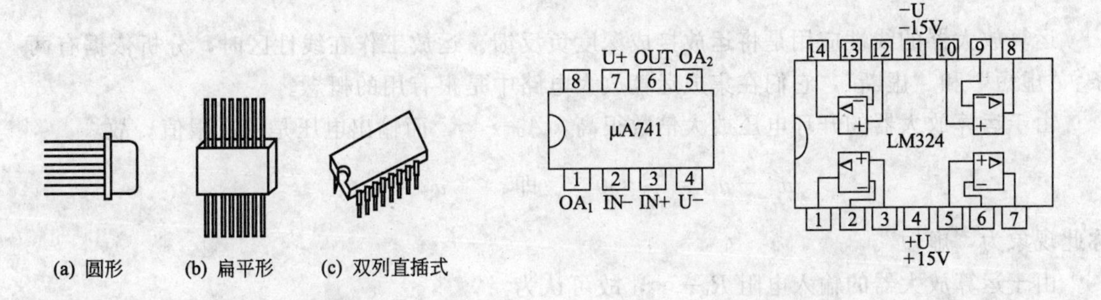

图 2-21　集成运放外形

图 2-22　μA741 与 LM324 的外引线排列图

集成运放的符号如图 2-23 所示，有用方框形表示的，如图 2-23(a) 所示，也有用三角形表示的，如图 2-23(b) 所示。

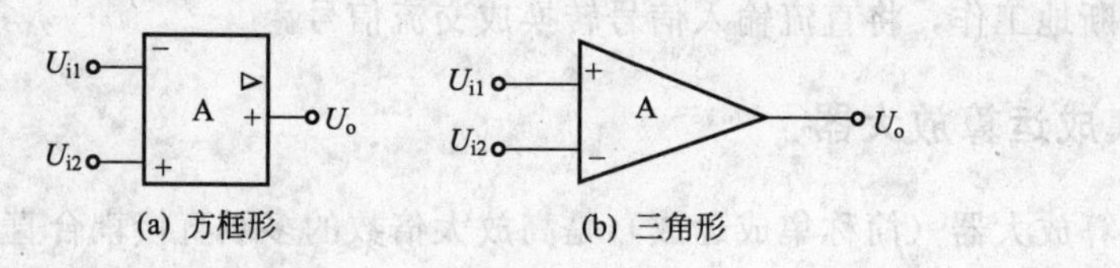

图 2-23　集成运放符号

因为输入级是差动放大器，所以集成运放有两个输入端。“－”端叫反相输入端，“＋”端叫同相输入端。信号从反相输入端输入时，将输出反相放大信号；信号从同相输入端输入时，将输出同相放大信号。

（3）集成运放的主要特性

① 开环电压放大倍数 A_0（未接入负反馈环节时的电压放大倍数）很高，可达几十万倍。

② 开环输入电阻很高，甚至可达兆欧以上，故基极输入电流很小，可在微安以下。

③ 输出电阻很低，通常只有几百欧。

④ 共模抑制比很大，可达 10000 倍以上。

（4）集成运放的使用　使用集成运放时，首先应根据运放的型号查阅参数表，了解其性能，然后根据管引图和符号图连接外部接线（包括电源、外接偏置电阻、消振电路及调零电路等）。

集成运放为高放大倍数的多极放大器，接成运算电路时引入了深度负反馈，由于内部三极管的结间电容和其他寄生参数的影响，很容易产生自激振荡，这样就破坏了它的正常工作，因此在使用运放时应接入消振电路。通常采用的办法是外接 RC 电路来改变电路的频率特性，从而破坏其自激振荡条件，以达到消振的目的。

此外，由于运放的内部参数不可能完全对称，以致输入信号为零时，输出信号不为零，为此引入了调零电路。调零时应将线路接成闭环，且在消振的情况下使输入电压为零，然后调节调零电位器使输出电压为零。

2. 集成运放应用举例

运算放大器的应用包括线性应用和非线性应用两大类。

所谓线性应用是指运算放大器输出电压 u_o 与输入电压 u_i 的关系是线性的，即

$$u_o = Au_i = A(u_+ - u_-)$$

运算放大器的线性应用是将运放接成深度负反馈。运放工作在线性区时，分析依据有两条：“虚短”和“虚断”，它们在集成运算放大电路中是很有用的概念。

由于运算放大器的开环电压放大倍数很高，$A_0 \to \infty$，而输出电压是一有限值，故

$$u_+ - u_- = \frac{u_o}{A_o} \approx 0 \quad \text{即} \quad u_+ \approx u_-$$

称此现象为“虚短”。

由于运算放大器的输入电阻 $R_i \to \infty$，故可认为

$$i_+ \approx i_- \approx 0$$

这种现象称之为“虚断”。

集成运放在开环或正反馈工作时，通常都工作在非线性区（饱和区），此时，输出电压不能用 $u_o = Au_i = A(u_+ - u_-)$ 计算，输出电压只有两种可能，即 $+U_{om}$ 或 $-U_{om}$。

运算放大器作为线性应用的典型，是构成对模拟信号做各种数学运算的电路，如比例运算、加减法运算、乘除法运算及微积分运算电路等；另一种典型应用是作为电压比较器，利用运放工作在开环状态时电压放大倍数非常大的特点，在两个输入端之间输入一个微小的信号，也能使放大器进入非线性工作状态，电压比较器就是根据这一原理工作的。

下面是两个运算电路的例子。

(1) 反相比例运算电路　反相比例运算电路如图 2-24 所示。由“虚短”和“虚断”的概念可知，其输入与输出电压的关系为

$$\frac{u_o}{u_i} \approx -\frac{R_F}{R_1}$$

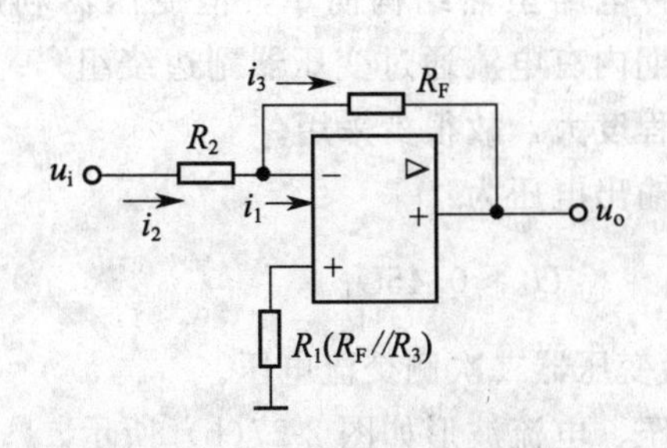

图 2-24　反相比例运算电路

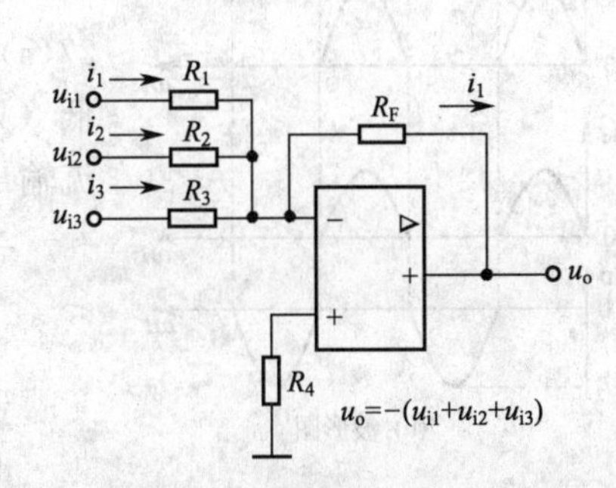

图 2-25　反相加法运算电路

(2) 反相加法运算电路　反相加法运算电路如图 2-25 所示。同样由“虚短”和“虚断”的概念可知，其输入与输出电压的关系为

$$\frac{u_o}{u_i} = -\frac{R_F}{R_1}u_{i1} + \frac{R_F}{R_2}u_{i2} + \frac{R_F}{R_3}u_{i3}$$

若取 $R_1 = R_2 = R_3 = R_F$，则 $u_o = -(u_{i1} + u_{i2} + u_{i3})$，组成反相加法器。

三、直流稳压电源

直流电源可以由直流发电机和各种电池提供，但比较经济实用的办法是利用具有单向导电性的电子器件，将使用广泛的工频正弦交流电转换成直流电。图 2-26 是把工频正弦交流电转换成直流电的直流稳压电源的原理框图。它一般由 4 部分组成。

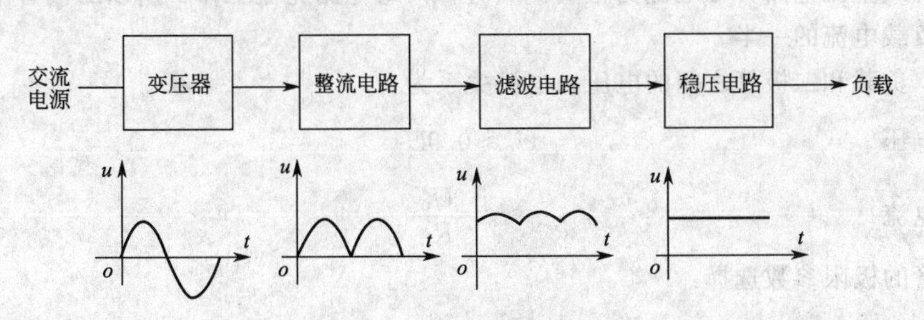

图 2-26　直流稳压电源原理框图

电源变压器 在直流稳压电源中使用的变压器，都是把单相 220V 的交流电压降低到几十伏或十几伏的降压变压器。

整流电路 所谓整流，就是利用具有单向导电性的整流元件（二极管、晶闸管），将正负交替变化的正弦交流电压变换成单方向的脉动直流电压。

滤波电路 将单向脉动直流电压中的脉动部分（交流分量）减小，使输出电压成为比较平滑的直流电压。

稳压电路 使输出电压不受电网电压波动及负载变化的影响而保持稳定。

1. 单相整流电路

(1) 单相半波整流电路 单相半波整流电路如图 2-27(a) 所示。这种电路虽然结构简单，但变压器利用率低（只在半个周期内有电流通过变压器副边绕组），且整流输出电压脉动程度大，故很少采用。

半波整流的输出电压为：

$$U_o \approx 0.45U_2$$

式中，U_2 为变压器二次侧交流电压。

电路中各电压、电流波形如图 2-27(b) 所示。

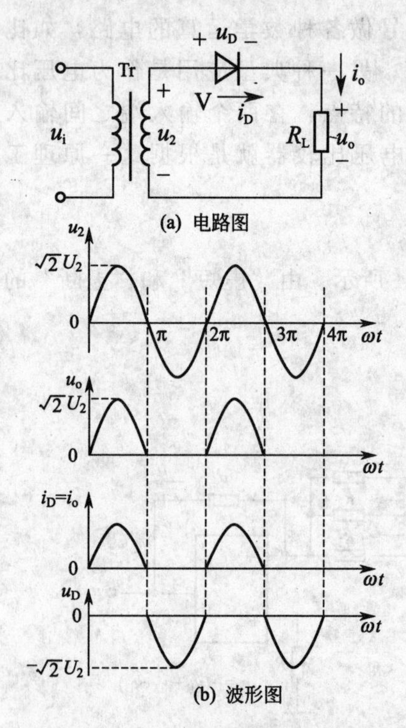

图 2-27 单相半波整流电路及其波形

(2) 单相桥式整流电路 它由 4 个二极管接成电桥形式构成。图 2-28 是桥式整流电路的几种画法。

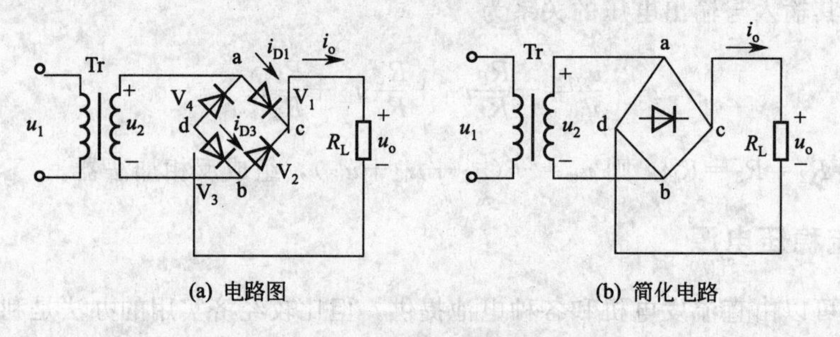

图 2-28 桥式整流电路

单相桥式整流电路，在电源为正负半周时，两组电路轮流工作，所以二极管中的电流平均值仅为负载电流的一半。

电源、负载和二极管之间的电压、电流关系为

输出电压 $U_o \approx 0.9U_2$

负载电流 $I_o = \dfrac{U_o}{R_L}$

二极管的极限参数选择：

$$U_{DM} \geqslant \sqrt{2}U_2, \quad I_{DM} \geqslant \frac{I_o}{2}$$

单相桥式整流电路中各电压、电流波形如图 2-29 所示。

将桥式整流电路的 4 只二极管制作在一起，封装成为一个器件，就称为整流桥（全桥堆），其外形如图 2-30 所示。

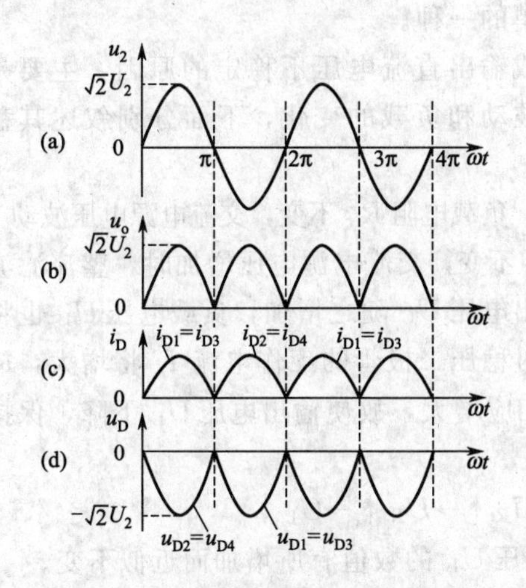

图 2-29　桥式整流电路电压、电流波形

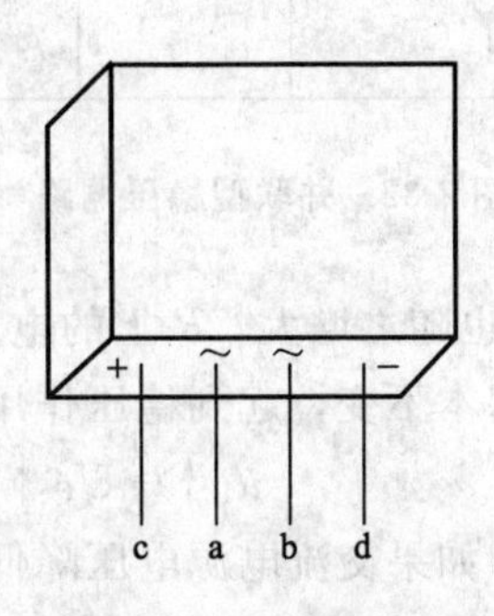

图 2-30　整流桥外形

2. 滤波电路

整流电路的直流输出电压是脉动的，不能应用在精密的电子仪器或设备中，因此，还必须经过滤波电路，将整流得到的脉动直流电压变为较平滑的直流电压。

滤波电路的形式很多，电容滤波电路是其中的一种，它由电容器和负载电阻组成。电容滤波的效果是由电容器放电快慢决定的，放电越慢，波形平滑程度越好。由于电容器的充放电，整流后的电压升高，这是电容滤波的特点之一。如图 2-31 所示，根据推算

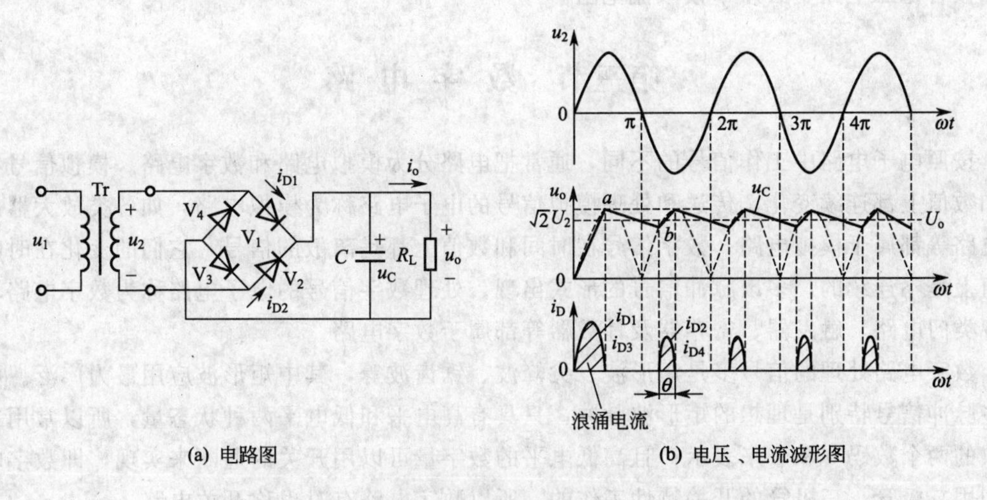

(a) 电路图　　(b) 电压、电流波形图

图 2-31　桥式整流电容滤波电路及其电压、电流波形

半波整流　　$U_o \approx U_2$

全波整流　　$U_o \approx 1.2U_2$

电容滤波电路主要用于负载电流较小且变化不大的场合。

3. 稳压电路

稳压电路主要是稳定经整流、滤波输出的直流电压。稳压电路的结构形式很多，图 2-32 为最简单的一种。

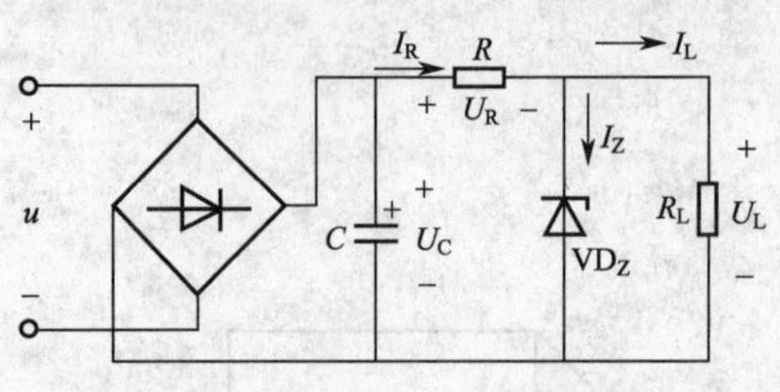

图 2-32 并联型稳压电路

造成输出直流电压不稳定的原因，主要是电源电压波动和负载的变化，下面分别叙述其稳压过程。

(1) 负载电阻 R_L 不变，交流电源电压波动　当负载电阻不变，交流电源电压增加时，整流滤波电路的输出电压 U_C 随之增加，负载电压 U_L 也将增加，此时稳压二极管的工作电流 I_Z 将增大，R 上的电流 I_R 也随之增大，R 上的电压降（RI_R）也相应增大，故使输出电压 U_L 下降，保持了输出电压基本不变，起到稳压作用。即：

$$u_1\uparrow\rightarrow U_C\uparrow\rightarrow U_L\uparrow\rightarrow I_Z\uparrow\rightarrow I_R\uparrow\rightarrow U_R\uparrow\rightarrow U_L\downarrow$$

同理，如果交流电源电压降低，结果使负载电压 U_L 的数值有所增加而近似不变。

(2) 电源电压不变，负载电流变化　假设交流电源电压保持不变，负载电阻变小，负载电阻 R_L 上的端电压 U_L 因而下降。只要 U_L 下降一点，稳压二极管的电流 I_Z 显著减小，通过限流电阻 R 的电流 I_R 和电阻上的压降 U_R 就减小，使已经降低的负载电压 U_L 回升，而使 U_L 基本保持不变。这一稳压过程可表示如下：

$$R_L\downarrow\rightarrow U_C\downarrow\rightarrow U_L\downarrow\rightarrow I_Z\downarrow\rightarrow I_R\downarrow\rightarrow U_R\downarrow\rightarrow U_L\uparrow$$

当负载电阻增大时，稳压过程相反。

由以上分析可知，稳压二极管稳压电路是由稳压二极管的电流调节作用和限流电阻的电压调节作用互相配合实现稳压的。限流电阻除了起电压调整作用外，还起限流作用，所以稳压二极管稳压电路中必须串接限流电阻。

第三节　数 字 电 路

按照电子电路中工作信号的不同，通常把电路分为模拟电路和数字电路。模拟信号在时间和数值上都连续变化，传送和处理模拟信号的电子电路称为模拟电路，如各类放大器、稳压电路等都属于模拟电路。数字信号在时间和数值上都是离散的信号，它们的变化在时间和数值上是不连续的，多以脉冲信号的形式出现，处理数字信号的电子电路称为数字电路，例如各类门电路、触发器、寄存器及计数器等都属于数字电路。

数字电路处理的信号多是矩形波、尖峰波、锯齿波等，其中矩形波应用最为广泛。由于这些脉冲信号特别是理想的矩形波脉冲，只具有高电平和低电平两种状态量，所以常用二进制数的两个数码 0 和 1 来表示；且高低电平的数字量可以用开关的通断来实现，即数字电路是利用二极管、三极管的开关特性工作的，所以数字电路有时也称开关电路。

一、基本逻辑电路及用途

数字电路主要研究电路的输入信号与输出信号之间的逻辑关系，所以数字电路又称为逻辑电路。门电路和触发器是数字电路中两种基本的逻辑单元电路。

1. 逻辑门电路

门电路是控制信息传递的一种开关，而逻辑的含义即指某种因果关系，所以逻辑门电路就是实现某种逻辑关系的条件开关电路，即只有在具备一定的输入条件时，才能将门打开，让信号输出的逻辑电路。其开与关的状态可由半导体开关器件的通断来实现。

在数字电路中，通常使用二极管、三极管和MOS管作为开关器件。二极管具有单向导电特性，在其两端加正向电压时，二极管导通，相当于开关闭合；加反向电压时，二极管截止，相当于开关断开。可见，二极管在电路中具有开关作用，可以作为开关。三极管有三种工作状态，在模拟电路中，三极管作为放大元件，主要工作在放大区；在数字电路中，三极管主要工作在饱和状态和截止状态。三极管处在饱和状态时，C、E极之间近似于短路，此时，C、E极相当于开关闭合状态；而当三极管处在截止状态时，C、E极之间近似于开路，相当于开关断开状态。由此可见，三极管也具有开关作用。

数字电路中最基本的逻辑关系有三种，即与逻辑、或逻辑和非逻辑。与门电路、或门电路和非门电路就是实现这三种基本逻辑运算的硬件电路。

(1) 与门电路　所谓与逻辑（或与运算）可描述为：只有决定事物结果的几个条件全部具备时，结果才会发生的逻辑关系。这种逻辑关系可用图2-33所示的灯控电路来表示。

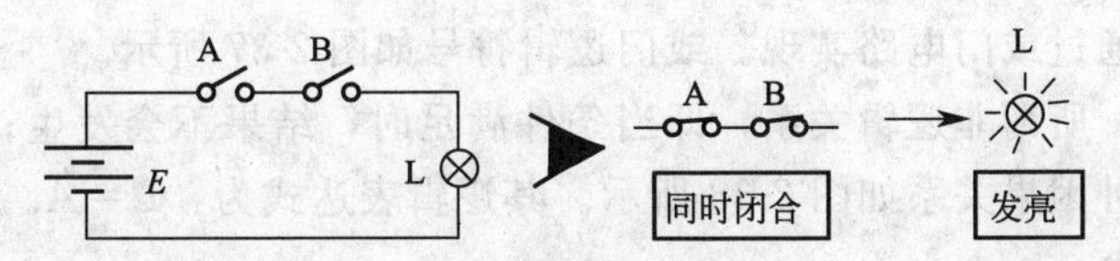

图 2-33　与逻辑电路

图2-33中两个串联的开关控制一盏电灯，两个开关的闭合是条件，灯亮是结果，只有两个开关都闭合时，电灯才亮；只要有一个开关未闭合，灯亮就不会发生。这种逻辑关系即为与逻辑，可用逻辑表达式表示为$L=A\cdot B$或$L=AB$。该表达式称为逻辑与，又称为逻辑乘。亦可用真值表表2-1描述。表中用二值量0和1来表示逻辑状态，设开关接通和灯亮用1表示，开关断开和灯不亮用0表示。

可见，与逻辑关系可描述为："有0出0，全1出1"。

表 2-1　与逻辑真值表

A	B	L
0	0	0
0	1	0
1	0	0
1	1	1

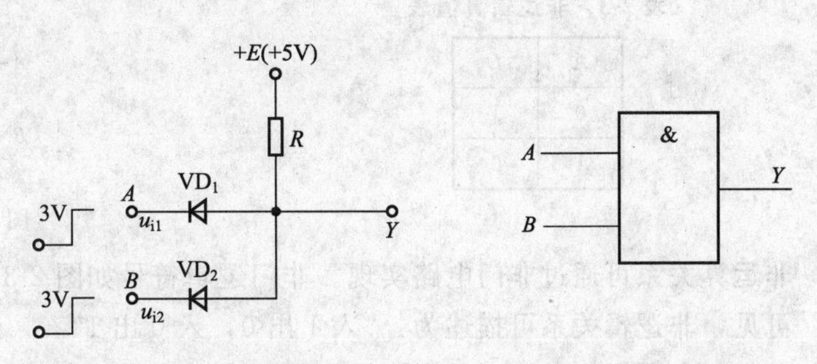

图 2-34　二极管与门电路　　　图 2-35　与门逻辑符号

图2-34为二极管与门电路。图中A、B是输入量，为条件变量，Y是输出量，为结果变量。分析可得A、B与Y之间存在与逻辑关系，称为与门电路。与门逻辑符号如图2-35所示。

(2) 或门电路　所谓或逻辑关系是：只要具备一个条件，事件就发生。这种因果关系可用图 2-36 所示电路表示。图中两个并联的开关一起控制一盏电灯，只要其中任一开关合上，灯都会亮。或逻辑可用逻辑表达式 $L=A+B$ 表示，该表达式称为逻辑加。亦可用真值表，表 2-2 描述。

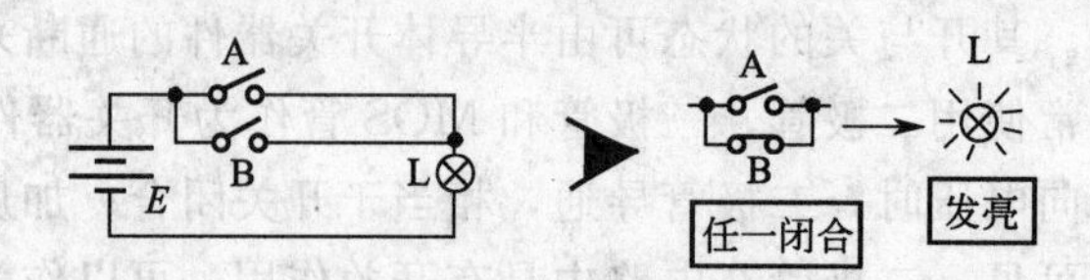

图 2-36　或逻辑电路

表 2-2　或逻辑真值表

A	B	L
0	0	0
0	1	1
1	0	1
1	1	1

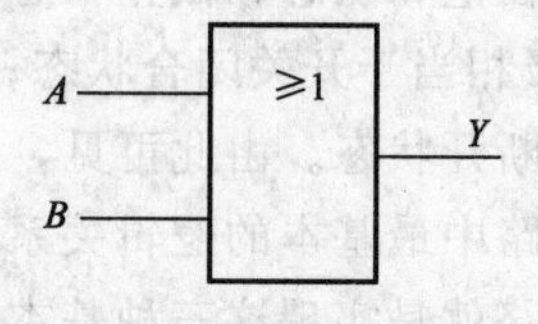

图 2-37　或门逻辑符号

可见，或逻辑关系可描述为："有 1 出 1，全 0 出 0"。

或运算关系可通过或门电路实现。或门逻辑符号如图 2-37 所示。

(3) 非门电路　所谓非逻辑关系，即当条件满足时，结果不会发生；而条件不满足时，结果才会发生。这种因果关系如图 2-38 所示。其逻辑表达式为：$L=\overline{A}$。非逻辑关系也可用真值表，表 2-3 描述。

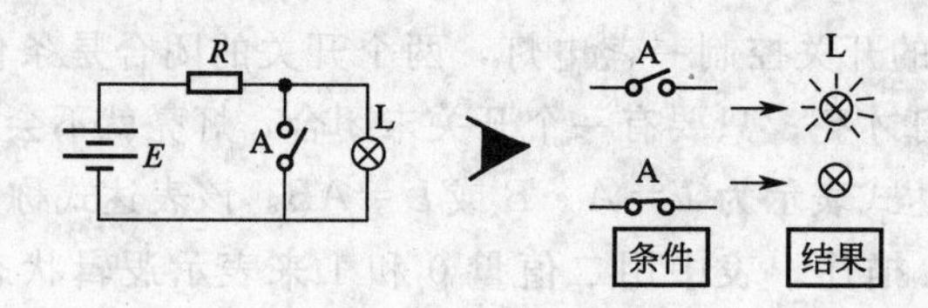

图 2-38　非逻辑电路

表 2-3　非逻辑真值表

A	L
0	1
1	0

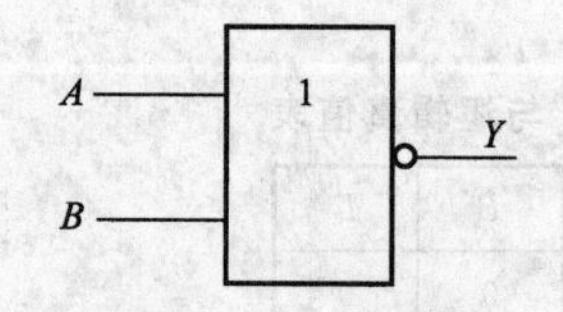

图 2-39　非门逻辑符号

非运算关系可通过非门电路实现。非门逻辑符号如图 2-39 所示。

可见，非逻辑关系可描述为："入 1 出 0，入 0 出 1"。

(4) 复合逻辑门电路　基本逻辑门的组合可构成复合门电路。常用的复合门电路有与非门、或非门、异或门电路等。

集成与非门电路包括 TTL 与非门电路，CMOS 与非门电路、OC 与非门及三态输出与非门电路多种，它是小规模集成电路中最基本的品种。几种常用门电路的逻辑关系比较见表 2-4。

表 2-4　常用门电路的逻辑关系比较表

名　称	逻辑符号	逻辑表达式	逻辑功能
与门	A、B、C 输入，& ，输出 Y	$Y=A\cdot B\cdot C$	有 0 为 0，全 1 为 1
或门	A、B、C 输入，⩾1，输出 Y	$Y=A+B+C$	有 1 为 1，全 0 为 0
非门	A 输入，1，输出 Y	$Y=\overline{A}$	入 0 出 1，入 1 出 0
与非门	A、B、C 输入，&，输出 Y	$Y=\overline{A\cdot B\cdot C}$	有 0 为 1，全 1 为 0
或非门	A、B、C 输入，⩾1，输出 Y	$Y=\overline{A+B+C}$	有 1 为 0，全 0 为 1
异或门	A、B 输入，=1，输出 Y	$Y=A\overline{B}+\overline{A}B$	入同为 0，入异为 1
三态门	A、B、C 输入，&，▷，输出 Y	$E=0$，$Y=\overline{A\cdot B}$ $E=1$，Y 高阻	$E=0$ 执行与非逻辑 $E=1$ 输出为高阻状态

(5) 逻辑门电路的应用举例　在工业和日常生活中，逻辑门电路可以与其他一些器件配合，做成许多应用电路。这里以电子液位控制器为例来说明逻辑门电路的应用。

电子液位控制器是用在存储液体的液箱或液塔中，实现液位监测、报警和控制的一种电子装置。

图 2-40 即为三段液位监测、报警和控制装置线路原理图。图中 G_1、G_2、G_3 和 G_4 为 4 个与非门，可以共用一块 74LS00 集成电路来实现；HL_1、HL_2 和 HL_3 为发光二极管，作指示灯用；电铃 HA，作声音报警用，由继电器控制。

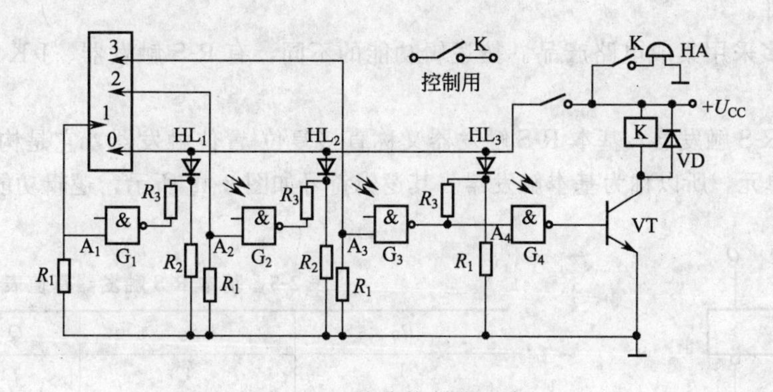

图 2-40　液位控制器电路

液位控制器的工作原理如下。

当液箱无液时（或液位很低时），箱内检测点 1、2 和 3 均与电源 U_{CC}点 0 断开，使与非

门 G_1、G_2 和 G_3 的输入端 A_1、A_2 和 A_3 均为低电平，三门输出均为高电平。此时三段液位指示用发光二极管 HL_1、HL_2 和 HL_3 通过较大电阻 R_2 形成微导通，亮度较低。

当液箱液柱达到 1 点时，0 点和 1 点接通，因此门 G_1 输入全为高电平，其输出为 0，这样形成 $R_3 /\!/ R_2$，HL_1 导通点亮，发光指示液位已达到第一段高程。同理，当液位继续上升时，将依次接通 2 点和 3 点，发光二极管 HL_2 和 HL_3 顺次被点亮。HL_2 和 HL_3 分别指示液位已达第二段高程和第三段高程。HL_3 点亮时，与非门 G_3 输出低电平，与非门 G_4 输出变为高电平，使驱动管 VT 饱和导通。这时由继电器 K 带动的 HA 发声，报警出现满位，同时 K 动作亦可带动泵电机电路，使泵电机停车，关闭注液水泵。

上述液位控制器的工作过程，可用图 2-41 示意。

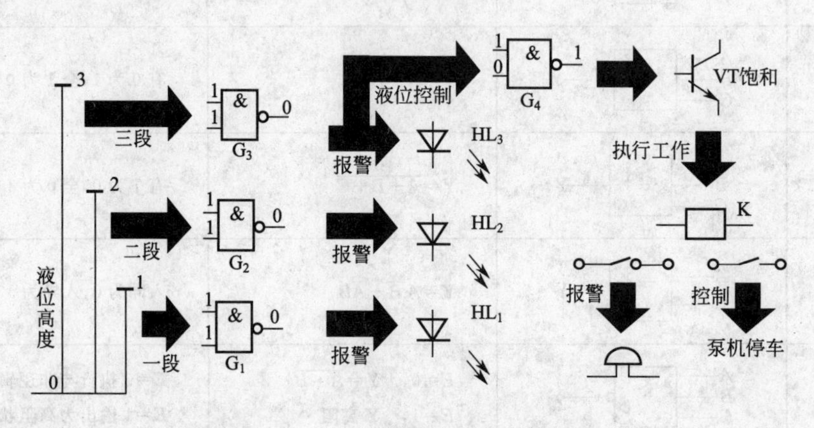

图 2-41　液位控制器工作原理示意图

此外，用逻辑门电路直接组合，可构成具有一定功能的电路，称为组合逻辑电路。组合逻辑电路作为一种功能部件，常用电路有加法器、译码器及编码器等。

2. 集成触发器

处理数字信息时，往往需要将信息保存、记忆。触发器具有这样的功能。

最常用的触发器是双稳态触发器，它具有 0 和 1 两种稳定输出状态。在一定的输入信号触发下，它可以被置于 0 状态，也可以被置于 1 状态；输入信号消失后，新建立的状态能长久保留，直到再输入信号，引导它转换到另一个状态为止。可见，触发器是存储一位二进制信息的理想器件。

触发器大多采用集成电路产品。按逻辑功能的不同，有 R-S 触发器、J-K 触发器和 D 触发器等。

(1) 基本 R-S 触发器　基本 R-S 触发器又称直接复位-置位触发器，它是构成各种功能触发器的最基本单元，所以称为基本触发器。其逻辑符号如图 2-42 所示，逻辑功能见表 2-5。

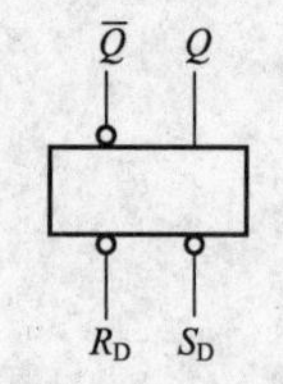

图 2-42　基本 R-S 触发器逻辑符号

表 2-5　基本 R-S 触发器真值表

R_D	S_D	Q	$\overline{Q}$
1	1	保持原态	
0	1	0	1
1	0	1	0
0	0	不稳定(不允许)	

基本 R-S 触发器应用较少，但以它为基础可构成多种实用触发器。

(2) 同步 R-S 触发　同步 R-S 触发器的逻辑符号如图 2-43 所示，其逻辑功能见表 2-6。

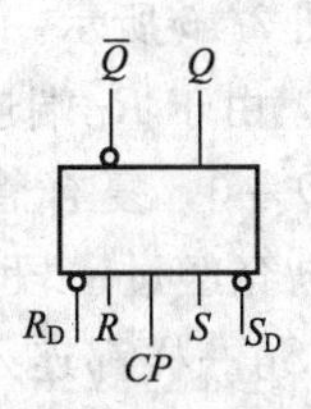

图 2-43　同步 R-S 触发器逻辑符号

表 2-6　同步 R-S 触发器真值表

CP	R	S	Q_{n-1}
1	0	0	Q_n(保持不变)
1	0	1	1 (与 S 同)
1	1	0	0 (与 S 同)
1	1	1	不　定

同步 R-S 触发器有 3 个控制端：R、S 端及 CP 端，CP 端称为时钟控制端。同步 R-S 触发器输出状态的变化与时钟脉冲 CP 出现的时刻一致，即以 $CP=1$ 为条件，这种现象称为同步，这也是同步 R-S 触发器的含义所在。触发器的这种触发方式称为电平触发。另外，同步 R-S 触发器具有预置功能，利用基本 R-S 触发器的功能特点，可以实现不经过 CP 时钟脉冲的控制，而由 R_D 及 S_D 端直接置 0 和直接置 1。

(3) J-K 触发器　J-K 触发器是一种逻辑功能最完善的双稳态触发器。边沿型 J-K 触发器逻辑符号如图 2-44 所示，其逻辑功能见表 2-7。

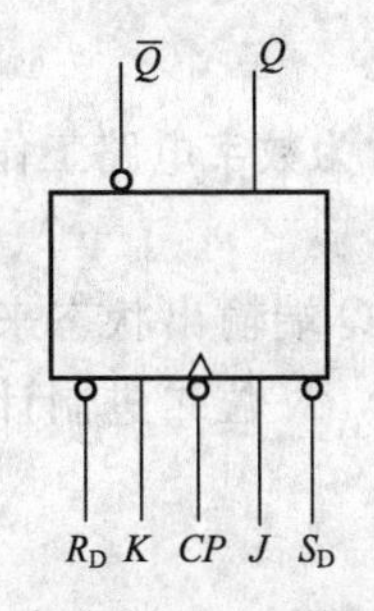

图 2-44　边沿型 J-K 触发器逻辑符号

表 2-7　J-K 触发器真值表

J	K	Q_{n+1}	
0	0	保持不变，等于 Q_n	
0	1	与 J 状态相同	等于 0
1	0		等于 1
1	1	计数功能，等于 $\overline{Q}_n$	

所谓边沿触发器是在 CP 脉冲的上升沿或下降沿时刻接收输入信号，改变输出状态。边沿触发器以其较强的抗干扰能力而被广泛使用。图 2-44 所示 J-K 触发器为下降沿触发模式，逻辑符号中 CP 时钟脉冲输入端上方的小圆圈上加“Λ”就是表示下降沿触发的意思。

(4) D 触发器　D 触发器也是边沿型触发器的一种，其逻辑功能见表 2-8，逻辑符号如图 2-45 所示。

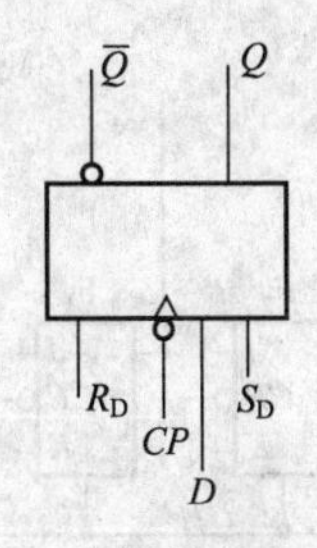

图 2-45　D 触发器逻辑符号

表 2-8　D 触发器真值表

D	Q_{n+1}
0	0
1	1

(5) 触发器的应用　触发器的应用实例很多，后面会提到用触发器构成计数器、寄存器、分频器等逻辑功能部件，在此先举一例，简述其应用。

用J-K触发器构成一个多路控制公共照明灯的控制电路。

有的电灯需要实行多路控制，即在多个控制点都可以对某一个照明电灯进行控制，这样十分方便。其控制电路如图2-46所示。

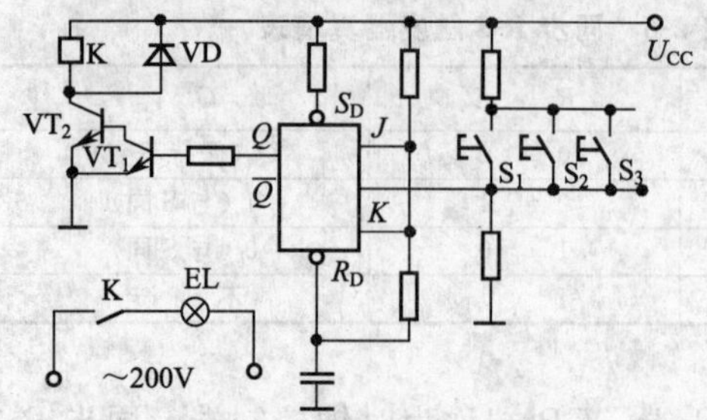

图2-46　多路控制开关电路

在图2-46中接入电源，由于R_D端连有电容，$R_D=0$，触发器预置0，$Q=0$，复合管不导通，继电器不得电，灯不亮。电容经过一段时间充电后，电位升到10V，R_D和S_D一样都连入高电平。当按下任意一个按钮S，相当于给J-K触发器送入了一个脉冲，$J=K=1$，触发器工作在计数状态，来一个脉冲翻转一次，此时翻转为$Q=1$，复合管VT饱和导通，继电器K得电，触点吸合，灯EL亮，再按下任意一个按钮开关S，$Q=0$，继电器失电，触点断开，灯熄灭。

二、计数器与寄存器

以触发器为基本器件可以组成一系列的数字功能部件，如计数器、寄存器等，这些数字功能部件电路称为时序逻辑电路。

1. 计数器

计数器由其具有累积信号脉冲数目的逻辑功能而得名。计数器常为数字电路工作系统的核心，主要用以计数，也可以用以分频和定时，如图2-47所示。

二进制计数器只有0和1两个数字，因此当用双稳态触发器的Q端输出状态来代表一位二进制数时，N位二进制数就需要N个双稳态触发器。反过来看，N位二进制计数器最多可累积的脉冲个数为2^{N-1}，上述关系如图2-48所示。

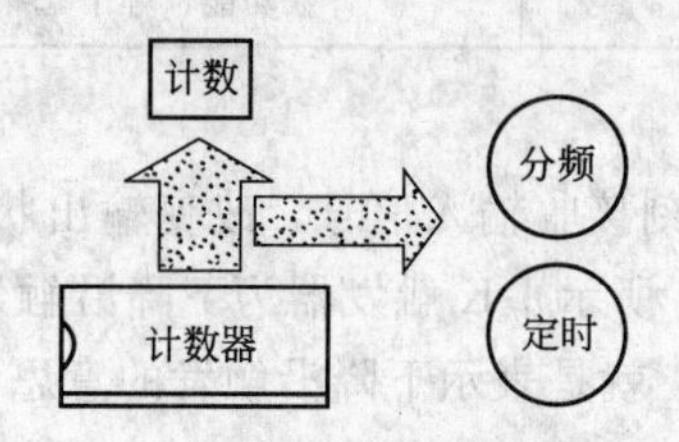

图2-47　计数器的作用

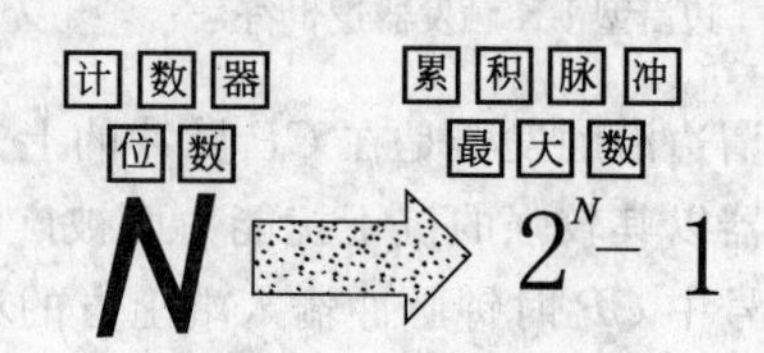

图2-48　计数器的累积

二进制计数器是所有进制计数器中最基本的一种，也是构成其他进制计数器的基础。

图2-49所示为三位二进制异步加法计数器的逻辑电路，它由三个J-K触发器连接而成。

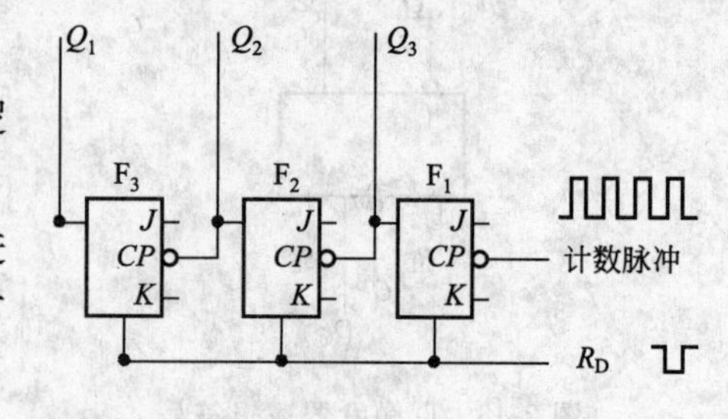

图2-49　三位二进制异步加法计数器

中规模集成计数器有二进制、十进制和任意进制计数器多种类型，功能齐全，使用灵活，目前有TTL和CMOS两大系列的各型产品。

2. 寄存器

寄存器也是由触发器和门电路构成的一种时序逻辑电路。在数字电路系统中，它用来存放参与运算的二进制数码或者运算结果。

由于触发器具有记忆保持的功能，因此一位二进制数可以用一位触发器寄存，多位二进制数可以用多位触发器适当组合来寄存。这一点和计数器实现计数是相似的。

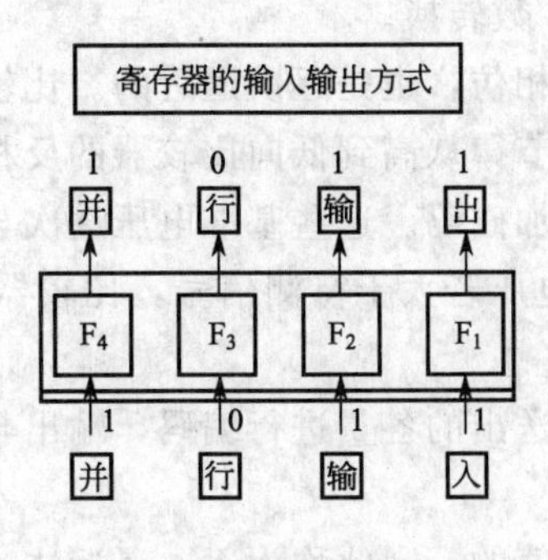

图 2-50　并行输入并行输出

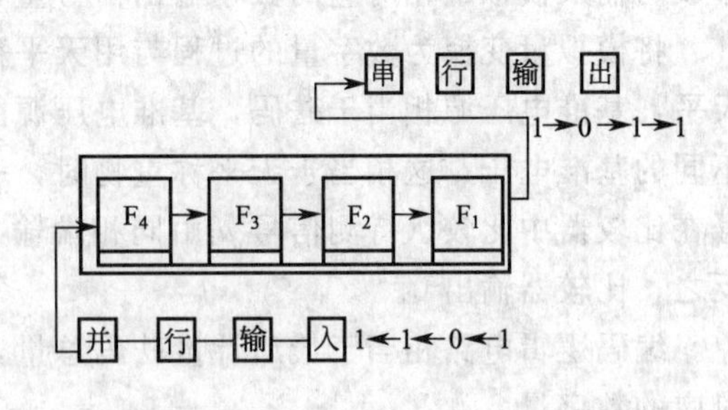

图 2-51　串行输入串行输出

寄存器输入或输出，寄存数码的方式有两种：一种称为并行方式，就是数码各位从各自对应的端口同时输入或输出寄存器，如图 2-50 所示；另一种称为串行方式，就是数码从一个输入端逐个输入或输出寄存器，如图 2-51 所示。

寄存器按其输入输出方式可分为数码寄存器和移位寄存器两类，它们都可以用来存放数码，前者采用并行输入输出方式，后者采用串行输入输出方式。串行寄存器除了记忆功能外，还具有移位功能。

三、模-数转换与数-模转换

在采用数字计算机对生产过程进行控制时，首先必须将要求控制的模拟量转换为数字量，即进行模/数（A/D 转换），才能送到数字计算机中进行运算和处理，然后还要将运算得到的数字量转换为模拟量，即进行数/模（D/A 转换），才能实现对被控变量的控制，所以，A/D 转换器（或称 ADC）和 D/A 转换器（或称 DAC）是将数字计算机应用于生产过程自动控制的桥梁，是计算机用于工业控制的重要接口电路，是数字控制系统中不可缺少的组成部分。

A/D、D/A 转换技术的发展非常迅速，目前已制成各种中、大规模的集成电路器件供选用。这里只对 A/D、D/A 转换的基本概念及基本原理做简要介绍，以对这一转换技术有一个初步的了解。

1. 模/数转换

以计算机为主体的各种工业控制设备的控制量、各种测试数字显示仪表的测试量等往往都是模拟量，而计算机及数字显示仪表所能处理的信号都必须是数字量。把模拟量转换成相应的数字量称为模/数转换，实现这一变换的电路或集成电路器件称为模/数转换器，简称 ADC。

模/数转换器由基准电压源、比较器、编码逻辑电路三部分组成，其电路原理如图 2-52 所示。

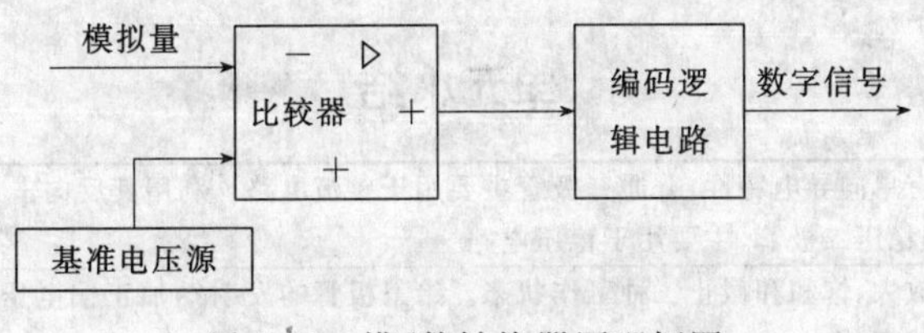

图 2-52　模/数转换器原理框图

模拟信号经采样处理后进入比较器，与基准电源的电压值进行比较，得到或者为0（小于基准电压）或者为1（大于基准电压）的输出信号，这些信号经过逻辑电路的编码处理，形成与输入模拟量相对应的数字输出信号量，实现了模/数转换。

将模拟量变换为数字量的过程与用天平称物重过程相仿，也是逐次逼近的。比较器好比天平，基准电压源相当于砝码，基准电压源能按一定的节律从高到低向比较器的反相端输入不同的基准电压，这相当于天平称重物时，一个一个地加砝码。这些基准电压逐次与待测信号在比较器中比较（待测信号 u_i 由同相端输入），基准电压若大于待测信号，比较器输出1，反之，比较器输出0。

编码逻辑电路相当于最后计量砝码总量，将比较器送出的各量进行编码，输出与模拟量对应的数字量。

由于这种方法和天平称物重一样，是逐次逼近真实值的，因此称为逐次逼近法。

2. 数/模转换

经计算机处理的结果都是数字量，必须以模拟量的形式返回系统才能实现对系统的控制。将数字量向模拟量的转换称为数/模转换，实现这一转换的电路或集成电路器件称为数/模转换器，简称DAC。

数/模转换器由标准电压、权电阻求和网络、模拟开关和加法运算器四部分组成，其结构原理如图2-53所示。

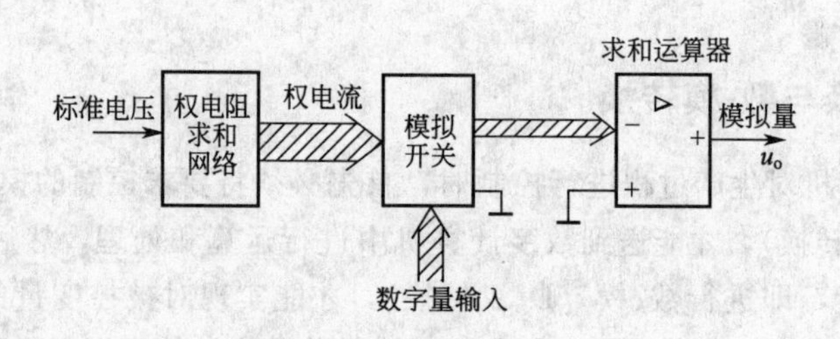

图2-53 数/模转换器原理框图

其工作原理如下。

标准电压通过权电阻求和网络形成与各位数字量成正比的权电流，这些权电流依照从高位到低位的顺序各送入一位模拟开关。待转换数字量也送入这些模拟开关且与权电流送入的具体位数一一对应，如最低位的权电流与待转换数字量的最低位同时送入最低一位的模拟开关，第二位的权电流与待转换数字量的第二位同时送入第二位的模拟开关等。

模拟开关的工作特点是送入该位的待转换数字量为1时，开关倒向运放电路的输入端，权电流得以流入加法运算器。当送入该位的待转换数字量为0时，开关倒向接地点，接通入地电路，该位权电流入地。二进制的数字量中等于1的所有权电流在运算放大器中完成加法运算后输出。显而易见，这个总电量与数字量具有对应关系，从而实现数字量到模拟量的转换。

单元小结

二极管	具有单向导电特性，普通二极管主要用于整流电路。利用其反向击穿特性，可制成一种特殊二极管，即稳压二极管，主要用于稳压电路
三极管	有放大、饱和和截止三种工作状态。给三极管的发射结加正偏电压，集电结加反偏电压，就处于放大状态

续表

放大电路	对微弱信号进行不失真放大。需设置合适的静态工作点,信号的变化范围在线性放大区。性能指标主要有放大倍数、输入电阻、输出电阻和通频带等
集成运算放大器	一种模拟集成电路,其内部由多级放大电路直接耦合而成。根据理想运放的参数,可得出运放在线性放大状态下的两点结论,即"虚断"和"虚短"。在线性状态下可作信号运算电路用,还可作信号处理用
直流稳压电源	由交流电网供电,经过整流、滤波和稳压三个主要环节得到稳定的直流输出电压
逻辑门电路	与、或、非是数字逻辑运算的三种基本关系
触发器	有两个稳定状态,即0态和1态。在一定的外界输入信号作用下,会从一个稳定状态翻转到另一个稳定状态;在输入信号消失后,能将新的电路状态保存下来。集成触发器是构成计数器、寄存器和移位寄存器的基本单元
A/D和D/A转换器	是现代数字系统中的重要组成部分,常用的集成ADC和DAC种类很多,其发展趋势是高速度、高分辨率,易与计算机接口,以满足各个领域对信息处理的要求

习题与思考题

1. 如何用万用表的电阻挡判别二极管的极性?

2. 三极管有哪两种管型? 分别画出它们的电路符号。

3. 三极管有哪几种工作状态? 不同工作状态的外部条件是什么?

4. 一只处于放大状态的三极管,测得1脚、2脚、3脚对地电位分别是3V、12V、3.7V(图2-54),试判断管脚名称,并说明是PNP型管还是NPN型管,是硅管还是锗管?

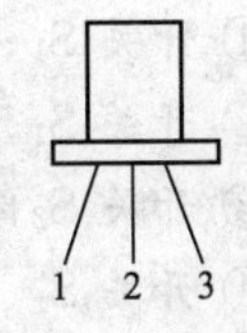

图2-54 习题4图

5. 用直流电压表测量NPN型晶体三极管电路,测得三极管电极对地电位是:$U_b=4.7V$,$U_c=4.3V$,$U_e=4V$,则该晶体三极管的工作状态是( )

A. 截止状态　　B. 饱和状态　　C. 放大状态

6. 多级放大器级间耦合方式有几种? 各有何特点?

7. 什么叫放大器的反馈? 通常有哪几种形式? 什么情况下使用正、负反馈?

8. 简述直流放大器的作用。什么是直流放大器的零点漂移现象? 它对直流放大器有什么影响? 怎样抑制零点漂移?

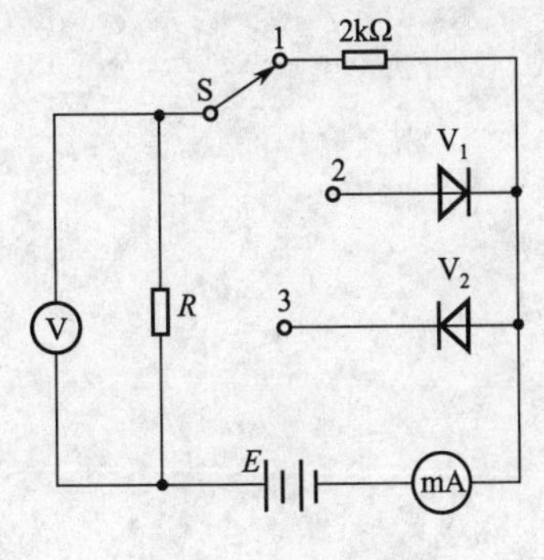

图2-55 习题9图

9. 在图2-55中分挡开关S与1端接通时,电压表的读数是10V,毫安表的读数是20mA。若忽略晶体二极管的正向电阻、电池的内阻和毫安表的内阻,并认为电压表的内阻和晶体二极管的反向电阻为无穷大,则开关S与2端接通时,毫安表mA的读数应为______,电压表的读数为______;而当开关S与3端接通时,毫安表的读数为______,电压表的读数应为______。

10. 并联型稳压电源由哪几部分组成? 各部分的作用如何? 简要说明稳压原理。

11. 一单相桥式整流电路,变压器副边电压有效值为75V,负载电阻为100Ω,试计算该电路的直流输出电压和直流输出电流。

12. 桥式整流电容滤波电路中，已知 $R_L=100\Omega$，$C=100\mathrm{pF}$，用交流电压表测得次级电压有效值为20V，用直流电压表测得 R_L 两端电压 U_o。如出现下列情况，分析哪些是合理的，哪些表明出了故障，并分析原因：① $U_o=28\mathrm{V}$；② $U_o=24\mathrm{V}$；③ $U_o=18\mathrm{V}$；④ $U_o=9\mathrm{V}$。

13. 一单管放大电路如图2-56所示，$U_{CC}=15\mathrm{V}$，$R_C=5\mathrm{k\Omega}$，$R_B=500\mathrm{k\Omega}$，$\beta=100$，可变电阻 R_P 串接于基极电路。①若要使 $U_{CE}=7\mathrm{V}$，求 R_P 的阻值；②若要使 $I_C=1.5\mathrm{mA}$，求 R_P 的阻值。

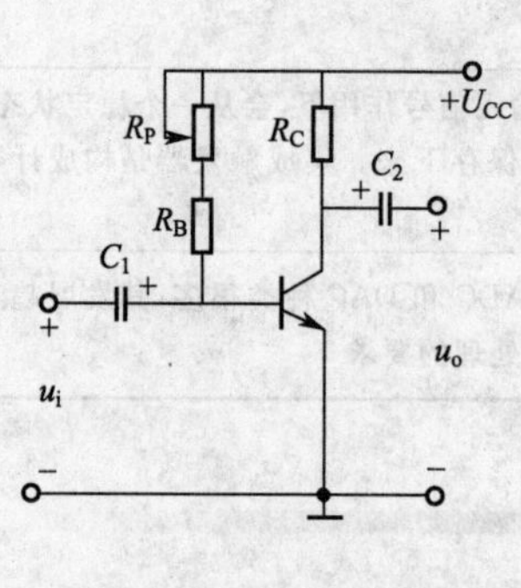

图2-56　习题13图

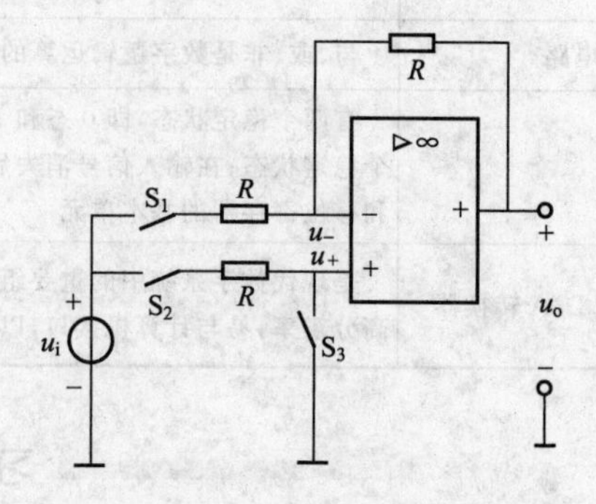

图2-57　习题14图

14. 在图2-57所示电路中，设集成运算放大器为理想器件，求如下情况的输入、输出关系：

① 开关 S_1、S_3 闭合，S_2 断开；

② 开关 S_1、S_2 闭合，S_3 断开；

③ 开关 S_2 闭合，S_1、S_3 断开；

④ 开关 S_1、S_2、S_3 均闭合。

15. 在数字电路中，门电路、触发器、计数器、寄存器各自的作用是什么？

第二篇　自动化及仪表技术

第三单元　自动化及仪表基本知识

【单元学习目标】

1. 认知自动化系统的分类及组成、自动化仪表的分类。
2. 熟悉自动控制系统的组成、特性及其影响因素。
3. 掌握仪表常用术语、工艺控制流程图的读识及仪表安装的基本知识。

第一节　认知生产过程自动化

一、自动化及仪表的发展

生产过程自动化的发展与自动控制理论的发展、自动控制系统的发展和自动化装置的发展密切相关。在自动控制理论方面，从航天航空和电子工业“嫁接”到工业生产上的经典控制理论使生产过程自动化得到了迅速发展；随着计算机技术的不断发展，现代控制理论应运而生，为在复杂的生产中更精密地控制提供了理论依据。

在自动控制系统方面，最初是应用一些自动检测仪表监视生产、手工操作、凭经验进行控制。20 世纪 50 年代后，在实际生产中应用的自动控制系统主要是压力、流量、液位和温度四大参数的简单控制，同时，串级、比值、多冲量等复杂控制系统也得到了一定程度的发展；半经验、半理论设计的自动控制系统和整定公式指导仪表的参数整定，解决了许多实际问题。70 年代后，随着控制理论和控制技术的发展，各种新型控制系统相继出现，控制系统的设计与整定方法也有了新的发展。近年来，电子计算机在自动化中发挥出越来越巨大的威力，也促进控制技术不断变革。

在自动化装置方面，伴随着自动化水平不断提高，实现自动化的工具也同样在不断地更新换代。20 世纪 70 年代中期的 DDZ-Ⅲ型仪表，以集成运算放大器为主要放大元件，24V DC 为能源，采用国际标准信号制 4～20mA DC 为统一标准信号的组合型仪表，大大增强了仪表功能，其现场仪表为安全火花型防爆仪表，配上安全栅，可构成安全火花防爆系统，至今，仍在一些中小企业及大企业的部分装置中使用。80 年代后，出现了 DDZ-S 型智能式单元组合仪表，它以微处理器为核心，能源、信号都与 DDZ-Ⅲ型相同，其可靠性、准确性、功能等都远远优于 DDZ-Ⅲ型仪表，新型智能传感器和控制仪表的问世使仪表与计算机之间的直接联系极为方便。同期，也开始引进和生产以微型计算机为核心，控制功能分散、显示操作集中，集控制、管理于一体的分散型控制系统（DCS）。同时，可编程序控制器（PLC）的应用也从逻辑控制领域向过程控制领域拓展，并以其优良的技术性能和良好的性价比在过程控制领域中占据了一席之地。此外，现场总线（FieldBus）这种用于现场仪表与控制系统和控制室之间的一种开放式、全分散、全数字化、智能、双向、多变量、多点、多站的通信系统，使现场设备能在完成过程的基本控制功能外，还增加了非控制信息监视的可能性，越来越受到控制人员的欢迎。

可以说，随着生产装置的大型化和对生产过程的强化，过程自动化得到了广泛深入的应用，成为现代化工生产中不可缺少的组成部分。

自动化是提高社会生产力的有力工具之一。实现生产过程自动化的主要目的如下。

① 加快生产速度，降低生产成本，提高产品产量和质量。在人工操作的生产过程中，由于人的五官、手、脚对外界的观察与控制的精确度和速度都是有一定限度的，而且由于体力关系，人直接操纵设备的力量也是有限的。如果用自动化装置代替人的操纵，则以上情况可以得到改善，并且通过自动控制系统，使生产过程在最佳条件下进行，从而可以大大加快生产速度，降低能耗，实现优质高产。

② 减轻劳动强度，改善劳动条件。多数工业生产过程是在高温、高压或低温/低压等条件下进行，有的还有易燃、易爆或有毒、有腐蚀性、有刺激性气体。实现了生产过程自动化，工人只要对自动化装置的运转进行监控，而不需要再直接从事繁重而又危险的现场操作。

③ 能够保证生产安全，防止事故发生或扩大，达到延长设备使用寿命、提高设备利用率、保障人身及设备安全的目的。

④ 生产过程自动化的实现，能根本改变劳动方式，提高工人文化技术水平，以适应当代信息技术革命和信息产业革命的需要。

二、自动化系统及仪表的分类

1. 自动化系统的分类

要保证产品质量，保证生产正常、安全、高效、低耗地进行，就要将影响产品质量和生产过程的压力（p）、物位（L）、流量（F）、温度（T）及物质成分（A）等几大热工参数控制在规定的范围内，就要在生产过程中构成各种自动化系统，包括自动检测系统、自动信号与联锁保护系统、自动操纵系统、自动开停车系统以及自动控制系统，用这样五种自动化系统来实现对相应的工艺参数进行检测、指示或记录，对某些重要参数进行自动控制，或对一些关键的生产参数进行自动信号报警与联锁保护，或按预先规定的步骤，自动地对生产设备进行周期性操作等。

自动检测系统是利用各种检测仪表自动连续地对相应的工艺参数进行检测，并能自动指示或记录的系统。自动信号与联锁保护的系统是对一些关键的生产参数设有自动信号报警与联锁保护系统，当参数接近临界数值时，系统会发出声、光报警，提醒操作人员注意；如果工况接近危险状态时，联锁系统立即采取紧急措施，以防止事故的发生和扩大。自动操纵系统可以根据预先规定的步骤，自动地对生产设备进行某种周期性操作，从而极大地减轻操作人员的重复性体力劳动。自动开停车系统可以按照预先规定好的步骤，将生产过程自动地投入运行或自动停车。自动控制系统是用自动控制装置对生产过程中的某些重要参数进行自动控制，使受到外界干扰影响而偏离正常状态的工艺参数自动地回复到规定的数值范围的系统。

2. 自动化仪表的分类

在生产过程中，要构成各种自动化系统，就需要用各种自动化装置来测量、操纵有关参数，这就是自动化仪表，其种类繁多，功能不同，结构各异，从不同的角度可以有不同的分类方法。

(1) 按功能分类　可分为检测仪表、显示仪表、控制仪表和执行器。

① 检测仪表。包括各种参数的检测元件、传感器和变送器。

② 显示仪表。有模拟量和数字量及屏幕显示形式。

③ 控制仪表。包括气动、电动控制仪表和计算机控制装置。

④ 执行器。有气动、电动、液动等类型。

习惯上，常将显示仪表列入检测仪表范围，将执行器列入控制仪表范围，在后续章节里将分别予以介绍。

(2) 按使用的能源分类　可分为气动仪表和电动仪表。

① 气动仪表。以压缩空气为能源，性能稳定，可靠性高，防爆性能好，结构简单，特别适合于石油、化工等有爆炸危险的场所。但气信号传输速度慢，传送距离短，仪表精度低，不能满足现代化（尤其是数字化）生产的要求，因此较少使用。但由于其气动薄膜调节阀天然的防爆性能，使得其应用仍然非常广泛。

② 电动仪表。以电为能源，信息传递快，传送距离远，是实现远距离集中显示和控制的理想仪表。

(3) 按结构形式分类　可分为基地式仪表、单元组合仪表、组件组装式仪表等。

① 基地式仪表。集检测、显示、记录和控制等功能于一体。功能集中，价格低廉，比较适合于单参数的就地控制系统。

② 单元组合仪表。是根据检测系统和控制系统中各组成环节的不同功能和使用要求，将整套仪表划分成能独立实现一定功能的若干单元（一般可分为变送、控制、显示、执行、设定、计算、辅助、转换 8 大类单元），各单元之间采用统一信号进行联系，其中，气动仪表标准信号为 0.02～0.1MPa，电动仪表标准信号为 4～20mA DC（DDZ-Ⅱ为 0～10mA DC）。使用时，可根据控制系统的不同要求，对各单元进行选择和组合，从而构成多种多样的、复杂程度各异的检测系统和控制系统。单元组合仪表也称作积木式仪表。这 8 个单元分别如下。

a. 变送单元（B）：用来检测各种工艺参数，如压力、流量、液位、温度等，并将它们转换成统一标准信号，传送给其他单元。也称为变送器。

b. 控制单元（T）：将变送单元送来的测量信号与设定的信号相比较，得出偏差信号，根据这个偏差的大小与正负，按一定的控制规律向执行单元发出控制信号。也称控制器。

c. 显示单元（X）：用来显示或记录被测量或被控变量的数值，如各种指示仪、记录仪、记录控制仪等。

d. 计算单元（J）：用来对各单元输出的统一信号进行各种数学运算，如加、减、乘、除、开方等。

e. 设定单元（G）：用来提供控制单元所需的设定值。如果设定值是随时间有规律地变化，就可以实现时间程序控制。

f. 转换单元（Z）：用来实现气信号和电信号的相互转换，这样就可以把气动表和电动表联系起来使用，以扩大仪表的使用范围。

g. 辅助单元（F）：在自动控制系统中起着各种辅助作用，完成各种辅助的工作，如发信、切换、遥控等。

h. 执行单元（K）：它根据电动控制器来的控制信号或手控信号，操纵各种管路上的阀门，以达到控制的目的。在气动单元组合仪表中不单独设执行单元，这是因为气动薄膜控制阀等气动执行器可以与其他非 QDZ 表通用，属于一般的仪表。

③ 组件组装式仪表。是一种功能分离、结构组件化的成套仪表（或装置）。

(4) 按信号形式分　可分为模拟仪表和数字仪表。

① 模拟仪表的外部传输信号和内部处理的信号均为连续变化的模拟量（如 4～20mA 电流，1～5V 电压等）。单元组合仪表均属模拟仪表。

② 数字仪表的外部传输信号有模拟信号和数字信号两种，但内部处理信号都是数字量 (0，1)，如可编程调节器等。

三、自动检测系统的组成

利用各种仪表对生产过程中主要工艺参数进行测量，并能自动指示或记录的系统，称为自动检测系统。它代替了操作人员对工艺参数的不断观察与记录，起到对过程信息的获取与记录作用，在生产过程自动化中，这是最基本的也是十分重要的内容。

自动检测系统中主要的自动化装置为敏感元件、传感器与显示仪表。

敏感元件也称检测元件，它的作用是对被测的参数做出响应，把它转换为适合测量的物理量。例如可用孔板将流量转换为差压信号，用热电偶将温度转换为电（毫伏）信号。

传感器可以对检测元件输出的物理量信号做进一步的信号转换，当转换后的信号为标准的统一信号（如 0～10mA、4～20mA、0.02～0.1MPa 等）时，传感器一般称为变送器。

显示仪表的作用是将检测结果以指针位移、数字、图像等形式，准确地指示、记录或储存，使操作人员能正确了解工艺操作情况和状态。

四、自动信号与联锁保护系统的组成

自动信号与联锁保护系统是生产过程中的一种安全装置。生产过程中，有时因一些偶然因素的影响，导致工艺参数超出允许的变化范围而出现异常情况时，就有可能引起事故。为此，常对某些关键性参数设有自动信号联锁保护装置。当工艺参数超过了允许范围，在事故即将发生以前，信号系统就自动地发出声光信号警报，提醒操作人员注意，并及时采取措施。如工况已到达危险状态，联锁系统立即自动采取紧急措施，打开安全阀或切断某些通路，必要时紧急停车，以防止事故的发生和扩大。在一个强化的生产过程中，事故常常会在几秒内发生，由操作人员直接处理是根本来不及的，自动联锁保护系统可以圆满地解决这类问题。

自动信号与联锁保护系统主要由检测元件、执行元件和逻辑元件组成。

检测元件主要包括工艺参数或设备状态检测接点、控制盘开关、按钮、选择开关及操作指令等，主要起参数检测和发布指令的作用。这些元件的通断状态也就是系统的输入信号。

执行元件也叫输出元件，主要包括报警显示元件（灯、笛等）和操纵设备的执行元件（电磁阀、电动机、启动器等），这些元件由系统的输出信号驱动。

逻辑元件又叫中间元件，它们根据输入信号进行逻辑运算，并向执行元件发出信号。逻辑元件以前多采用有触点的继电器、接触器线路和无触点的晶体管、集成电路等，近些年来广泛采用 PLC、DCS 和 ESD 系统（Emergency Shutdown Device 紧急停车系统。这种专用的安全保护系统独立于 DCS，其安全级别高于 DCS)。

除执行环节外，其他环节基本上都由带电接点的检测仪表、继电器的线圈及其常开、常闭触点或延时触点及按钮、信号灯、音响器（电铃、蜂鸣器）等部分根据需要组成。在联锁系统中，执行环节的作用是按照系统发出的指令完成自动保护任务。常用的执行环节为电磁阀、电动阀、气动阀和磁力启动器等。

自动信号与联锁保护电路按其主要构成元件的不同，可分为有触点式和无触点式两类(有时可采用混合式)。有触点式电路是由各种继电器、按钮、开关等电器组成的继电线路，它是依靠各种电器的触点开合来完成电路的通断和切换。无触点式电路是利用由二极管、晶体管以及集成电路等电子器件构成具有一定功能的电子线路，利用电子器件的导通或阻断特性来实现自动信号的报警和联锁保护作用的。随着电子技术和计算机技术的不断发展，自动信号与联锁保护系统可以利用更为先进的可编程控制器（PLC）来实现，比起传统的电路来说，它具有操作方便、应用灵活、安全可靠和维修简单等优点。

五、自动控制系统的组成与分类

生产过程中各种工艺条件不可能是一成不变的。特别是化工生产，大多数是连续生产，各设备相互关联着，当其中某一设备的工艺条件发生变化时，都可能引起其他设备中某些参数或多或少的波动，偏离了正常的工艺条件。为此，就需要用一些自动控制装置，对生产中某些关键性参数进行自动控制，使它们在受到外界干扰的影响而偏离正常状态时，能自动地调回到规定的数值范围内。为此目的而设置的系统就是自动控制系统，这是自动化生产中的核心部分。

1. 自动控制系统的组成

自动控制系统是在人工控制的基础上产生和发展起来的。所以，在了解和分析自动控制系统时，先分析人工操作，再与自动控制相比较。

在图 3-1 所示的储槽液位的人工控制中，操作人员所进行的工作有三方面，即：①眼看(检测)：用眼睛观察玻璃管液位计（测量元件）中液位的高低，并通过神经系统告诉大脑；②脑想（运算、命令）：大脑根据眼睛看到的液位高度加以思考，并与要求的液位进行比较，得出偏差的大小和正负，然后根据操作经验，经思考、决策后发出命令；③手动（执行）：根据大脑发出的命令，通过手去改变阀门开度，以改变流出量，从而把液位保持在所需高度上。

眼、脑、手三个器官，分别担负了检测、运算和执行三个任务，来完成测量、求偏差、控制以纠正偏差的全过程。当用一套自动化装置来代替上述人工操作，就由人工控制变为自动控制了。由图 3-1 可知人工与自动控制的基本对应关系。

自动控制系统的基本组成框图如图 3-1 所示。从图中可知，自动控制系统主要由被控对象（简称对象）和自动化装置（执行器、控制器、检测变送器）两个部分组成。其中：

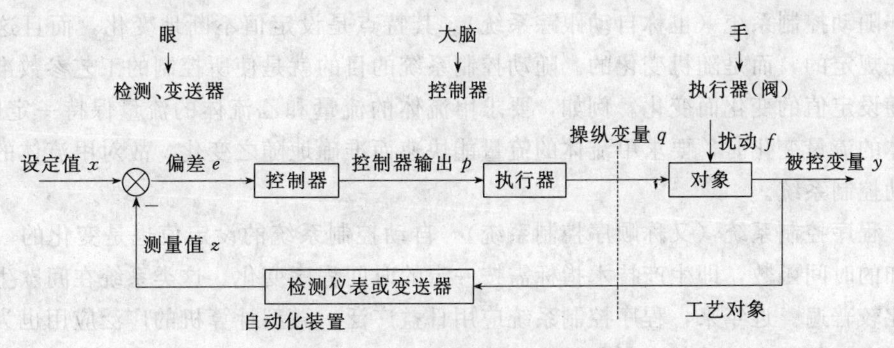

图 3-1 自动控制系统的组成框图

对象——需要控制的工艺设备（塔、器、槽等）、机器或生产过程，如前例中的储槽；

检测元件和变送器——把被控变量转化为测量值，如前例中的液位变送器是将液位检测出来并转化成统一标准信号（如4～20mA DC）；

比较机构——将设定值与测量值比较并产生偏差值；

控制器——根据偏差的正负、大小及变化情况，按预定的控制规律实施控制作用，比较机构和控制器通常组合在一起，可以是气动控制器、电动控制器、可编程序调节器、集中分散型控制系统（DCS）等；

执行器——接受控制器送来的信号，相应地去改变操纵变量 q 以稳定被控变量 y，最常用的执行器是气动薄膜调节阀；

被控变量 y——被控对象中，通过控制能达到工艺要求设定值的工艺参数，如前例中的水槽液位；

设定值 x——被控变量的希望值，由工艺要求决定；

测量值 z——被控变量的实际测量值；

偏差 e——设定值与被控变量的测量值（统一标准信号）之差；

操纵变量 q——由控制器操纵，能使被控变量恢复到设定值的物理量或能量，如前例中的出水量；

扰动 f——除操纵变量外，作用于生产过程对象并引起被控变量变化的随机因素，如进料量的波动。

2. 自动控制系统的分类

自动控制系统有多种分类方法，可以按被控变量分类，如温度、压力、流量、液位等控制系统；也可以按控制器具有的控制规律分类，如比例、比例积分、比例微分、比例积分微分等自动控制系统；还可以按控制系统的复杂程度分类，如简单控制系统（测量元件和变送器、控制器、执行器、被控对象各一个所构成的闭环控制系统）和复杂控制系统。在分析自动控制系统特性时，最经常遇到的是将控制系统按照工艺过程需要控制的被控变量数值（即设定值）是否变化和如何变化来分类，可以将自动控制系统分为三类，即定值控制系统、随动控制系统和程序控制系统。

（1）定值控制系统　所谓“定值”，就是恒定设定值的简称。工艺生产中，如果要求控制系统使被控制的工艺参数保持在一个生产指标上不变，或者说要求工艺参数的设定值不变，那么就需要采用定值控制系统。化工生产中要求的大都是这种类型的控制系统，因此后面所讨论的自动控制系统，如果不特别说明，都是指定值控制系统。

（2）随动控制系统（也称自动跟踪系统）　其特点是设定值不断地变化，而且这种变化不是预先规定的，而是随机变化的。随动控制系统的目的就是使所控制的工艺参数准确而快速地跟随设定值的变化而变化。例如，要求甲流体的流量和乙流体的流量保持一定的比例，当乙流体的流量变化时，要求甲流体的流量能快速而准确地随之变化，故对甲流体的控制就属于随动控制系统。

（3）程序控制系统（又称顺序控制系统）　自动控制系统的设定值也是变化的，但它是一个已知的时间函数，即生产技术指标需按一定的时间程序变化。这类系统在间歇生产过程中应用比较普遍。近年来，程序控制系统应用日益广泛，微型计算机的广泛应用也为程序控制提供了良好的技术工具与有利条件。

第二节 认知自动控制系统特性

一、过渡过程和品质指标及其影响因素

1. 自动控制系统的过渡过程

在生产过程中，被控变量稳定是人们所希望的，但扰动却随时存在，在扰动作用下，被控变量会偏离设定值。而控制系统的作用就是调整操纵变量，使被控变量回到其设定值上来。为此，先介绍三个与过渡过程有关的基本概念。

① 静态。被控变量不随时间变化的平衡状态称为自动控制系统的静态。

② 动态。被控变量随时间变化的不平衡状态称为自动控制系统的动态。

③ 过渡过程。自动控制系统由一个平衡状态过渡到另一个平衡状态的动态过程，称为自动控制系统的过渡过程。

过渡过程能反映出控制系统的质量好坏，而过渡过程与所受扰动的情况有着直接的关系，扰动没有固定的形式，是随机发生的。为了分析和设计控制系统时方便，常采用形式和大小固定的扰动信号来描述扰动过程，其中最常用的、也是工程上较常见的扰动形式是扰动的突然加入，造成被控变量突然的增加（或减少），这种扰动形式被称为阶跃扰动，如图 3-2 所示。

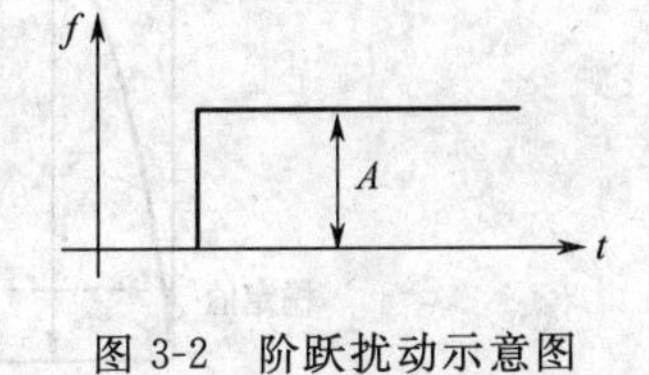

图 3-2 阶跃扰动示意图

在阶跃扰动下，过渡过程大体有图 3-3 所示的几种形式。

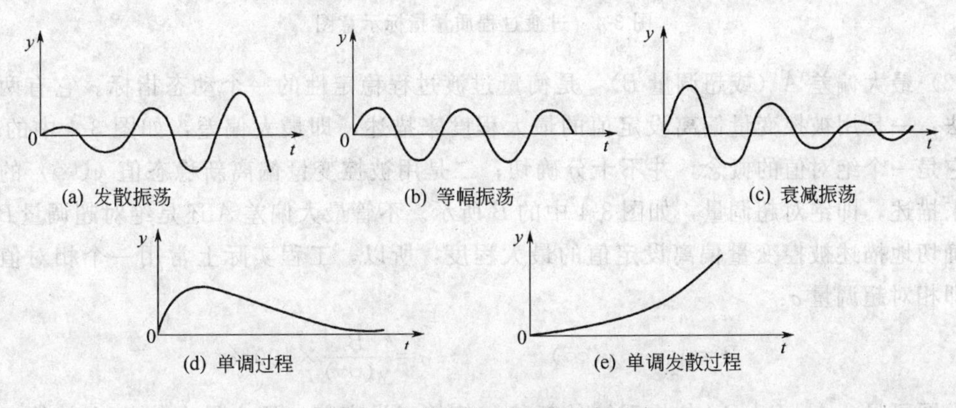

图 3-3 过渡过程的几种基本形式

其中，图 3-3(a) 为发散振荡过程，表明系统在受到扰动作用后，控制系统不能把被控变量调回到设定值上来，反而使系统的振荡越来越剧烈而远离设定值；图 3-3(b) 为等幅振荡过程，表明控制系统使被控变量在设定值附近做等幅振荡，也不会稳定在设定值；图 3-3(c) 为衰减振荡过程，表明被控变量振荡一段时间后，最终趋向一个稳定状态；图 3-3(d) 为非周期衰减的单调过程，被控变量经过很长时间后才能慢慢稳定到某一数值上；图 3-3(e) 为非周期单调发散过程，表明被控变量会远离设定值，永远不会稳定。

图 3-3(a)、(b)、(e) 属于不稳定的过渡过程，是生产上所不允许的。图 3-3(c)、(d) 属于稳定的过渡过程，但图 3-3(d) 过渡过程时间太长，一般不采用。综上所述，图 3-3(c) 是最理想的过渡过程形式。

2. 控制系统的品质指标（以定值系统为例）

一个好的控制系统应该具有稳定性好、准确性好、速度快等特点。控制系统的过渡过程能反映出控制系统的品质质量。而过渡过程中，人们最希望得到的是衰减振荡系统，但同样是衰减振荡系统，质量也有区别。为了评价控制系统的质量，习惯用下面几个参数作为品质指标，来表征控制系统的好坏，如图 3-4 所示。

(1) 余差 C　是衡量控制系统准确性的静态指标。是指被控变量的设定值 x_0 与过渡过程结束时的新稳态值 $y(\infty)$ 之差，用 C 表示，$C=x_0-y(\infty)$。

在生产中，设定值是生产的技术指标，一般被控变量越接近设定值越好，亦即余差越小越好。但并不是要求任何系统的余差都很小，必须结合具体系统做具体分析，不能一概而论。对一些控制要求不高、允许有较大的变化范围的系统，余差就可以大一些。有余差的控制过程称为有差控制，相应的系统称为有差系统。没有余差的控制过程称为无差控制，相应的系统称为无差系统。

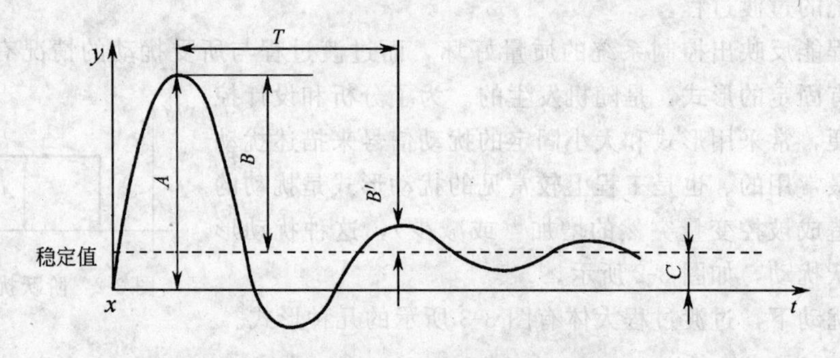

图 3-4　过渡过程质量指标示意图

(2) 最大偏差 A（或超调量 B）　是衡量过渡过程稳定性的一个动态指标。它有两种表示方法：一是用被控变量偏离设定值的最大程度来描述，即最大偏差，如图 3-4 中的 A 所示，它是一个绝对值的概念，并不十分确切；二是用被控变量偏离新稳态值 $y(\infty)$ 的最大程度来描述，即绝对超调量，如图 3-4 中的 B 所示。不管最大偏差 A 还是绝对超调量 B，都不能确切地描述被控变量偏离设定值的最大程度，所以，工程实际上常用一个相对值的概念，即相对超调量 σ：

$$B=y_{max}-y(\infty) \qquad \sigma=\frac{B}{y(\infty)}\times 100\%$$

由图可见：$A=B+C$。如果系统的新稳定值等于设定值，那么最大偏差 A 就等于绝对超调量 B。一般希望相对超调量 σ 越小越好。

(3) 衰减比 n　是衡量控制系统稳定性的一个动态指标。指过渡过程曲线相邻两个波峰（或波谷）之比。若第一个波与同方向第二个波的波峰分别为 B、B'，则衰减比 $n=B/B'$，习惯上用 $n:1$ 表示。可见，n 越小，过渡过程越接近等幅振荡，系统越不稳定；n 越大，过渡过程越接近单调过程，过渡过程时间越长。所以一般认为衰减比以 4∶1 至 10∶1 为宜。

(4) 过渡时间 t_s　从扰动作用时刻起至系统重新建立新的平衡时止，过渡过程所经历的时间，称作过渡时间或控制时间。严格地说，对于具有一定衰减比的衰减振荡过渡过程，要完全达到新的平衡状态需要无限长的时间。因此，一般在稳态值的上下规定一个小的范围，当被控变量进入这一小范围并不再越出时，就认为被控变量已经达到新的稳态值，或说过渡过程已经结束。这个范围一般定为稳态值的±5%（也有的规定为±2%）。一般希望过渡时间短些，过渡过程进行得比较迅速，即使干扰频繁出现，系统也能适应，系统控制质量就高。

(5) 振荡周期 T（或振荡频率 f） 过渡过程曲线相邻两波峰（或波谷）之间的时间，称作振荡周期，其倒数称为工作频率。它是衡量控制系统控制速度的品质指标。一般希望周期短一些为好，以减小过渡时间。

此外还有一些指标，本书就不一一介绍了。

作为好的控制系统，一般希望最大偏差或超调量小一些（系统稳定性好），余差小一些（控制精度高），振荡周期短一些（控制速度快），衰减比适宜。但这些指标之间既相互矛盾，又互相关联，不能同时满足。因此，应根据具体情况分出主次，优先保证主要指标。

例 3-1 某换热器的温度控制系统在单位阶跃干扰作用下的过渡过程曲线如图3-5 所示。试分别求出最大偏差、余差、衰减比、振荡周期和过渡时间（给定值为 200℃）。

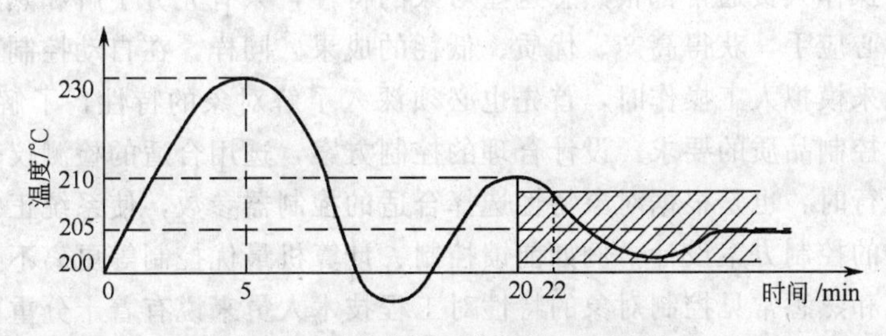

图 3-5 温度控制系统过渡过程曲线

解 最大偏差：

$$A=230℃-200℃=30℃$$

余差：

$$C=205℃-200℃=5℃$$

由图可以看出，第一个波的峰值 $B=230℃-205℃=25℃$，第二个波的峰值 $B'=210℃-205℃=5℃$，故衰减比 $n:1$ 应为

$$B:B'=25:5=5:1$$

振荡周期为同向两个波峰（或波谷）之间的时间间隔，故周期

$$T=20-5=15(\mathrm{min})$$

过渡时间与规定的被控变量限制范围大小有关，假定被控变量进入额定值的±2%就可以认为过渡过程已经结束，那么，限制范围为 200℃×(±2%)=±4℃。这时，可在新稳态值（205℃）的两侧以宽度为±4℃画一区域，图中用画有阴影线的区域表示。只要被控变量进入这一区域，且不再越出，过渡过程就可以认为已经结束。从图上可以看出，过渡时间为 22min。

3. 影响控制指标的主要因素

一个自动控制系统由工艺过程和自动化装置两大部分组成。前者并不是泛指整个工艺过程，而是指与该自动控制系统有关的部分，即被控对象；自动化装置通常是测量变送装置、控制器和执行器等三部分。对于一个自动控制系统来说，控制品质的好坏，在很大程度上取决于对象的性质，例如，在一台换热器的控制系统中，影响对象性质的主要因素有：换热器的负荷大小，换热器的设备结构、尺寸、材质等，换热器内的换热情况、散热情况及结垢的程度等。对于已有的生产装置，对象特性一般是基本确定了的，不能轻易加以改变，而自动化装置应按对象性质和控制要求加以选择和调整，两者要很好地配合。自动化装置选择和调整不当，也会直接影响控制质量的。此外，在控制系统运行过程中，自动化装置的性能一旦发生变化，如测量失真、阀门特性变化或失灵，也会影响控制质量。

总之，影响控制品质的因素是很多的，在系统设计和运行过程中都应给予充分注意。为了更好地分析和设计自动控制系统，提高控制品质，对组成自动控制系统的各个环节，即被控对象、测量变送装置、控制器和执行器等将分别进行讨论，在充分了解这些环节的作用和特性后，再进一步研究和分析自动控制系统，提高控制系统的控制品质。

二、认知被控对象特性

在生产过程自动化中，常见的被控对象是各类换热器、精馏塔、流体输送设备和化学反应器等，此外，在一些辅助系统中，气源、热源及动力设备（如空压机、辅助锅炉、电动机等）也可能是需要控制的对象。各种对象的结构、原理千差万别，特性也很不相同。有的对象很稳定，操作很容易；有的对象则不然，只要稍不小心就会超越正常工艺条件，甚至造成事故。有经验的操作人员通常都很熟悉这些对象的特性，只有充分了解和熟悉这些对象，才能使生产操作得心应手，获得高产、优质、低耗的成果。同样，在自动控制系统中，当运用一些自动化装置来模拟人工操作时，首先也必须深入了解对象的特性，了解它的内在规律，才能根据工艺对控制品质的要求，设计合理的控制方案，选用合适的检测仪表及控制器。在控制系统投入运行时，也是根据对象特性选择合适的控制器参数，使系统正常地运行。特别是一些比较复杂的控制方案设计，例如前馈控制、计算机最优控制等更离不开对象特性的研究。所以，研究和熟悉常见控制对象的特性对工程技术人员来说有着十分重要的意义。

所谓对象特性，就是指对象在输入作用下，其输出变量（被控变量）随时间变化而变化的特性。通常，认为对象有两种输入，如图 3-6 所示，即操纵变量的输入信号 q 和外界扰动信号 f，其输出信号只有一个，即被控变量 y。

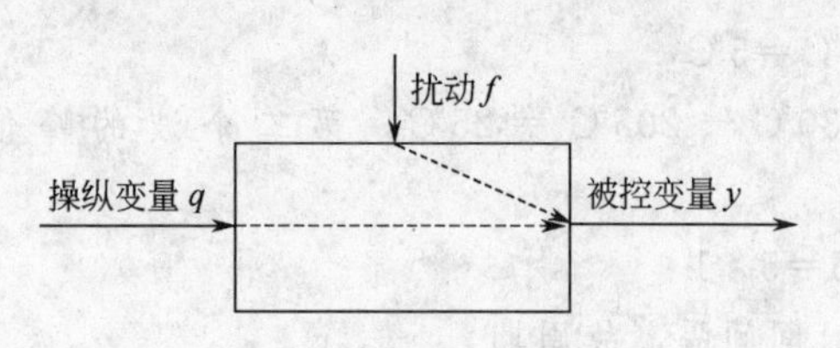

图 3-6　对象信号框图

工程上常把操纵变量 q 与被控变量 y 之间的作用途径称为控制通道，而把扰动信号 f 与被控变量 y 的作用途径称为扰动通道。

1. 与对象有关的两个基本概念

（1）对象的负荷　当生产过程处于稳定状态时，单位时间内流入或流出对象的物料或能量称为对象的负荷，也叫生产能力。例如液位储槽的物料流量、精馏塔的处理量、锅炉的出汽量等。负荷变化的性质（大小、快慢和次数）常常被看作是系统的扰动 f。负荷的稳定是有利于自动控制的，负荷的波动（尤其大的负荷）对控制作用影响很大。

（2）对象的自衡　如果对象的负荷改变后，无需外加控制作用，被控变量 y 能够自行趋于一个新的稳定值，这种性质被称为对象的自衡性。有自衡性的对象易于自动控制。

2. 描述对象特性的三个参数

一个具有自衡性质的对象，在输入作用下，其输出最终变化了多少、变化的速度如何、以及它是如何变化的，可以分别由放大系数 K、时间常数 T、滞后时间 τ 加以描述。

（1）放大系数 K　是指对象的输出信号（被控变量 y）的变化量与引起该变化的输入信号（操纵变量 q 或扰动信号 f）变化量的比值。其中 $K_0=\Delta y/\Delta q$ 称为控制通道的放大系数，$K_f=\Delta y/\Delta f$ 称为扰动通道的放大系数。

K_0大，说明在相同偏差输入作用下，对被控变量的控制作用强，有利于系统的自动控制（但 K_0 不能太大，否则控制系统稳定性变差）；而 K_f 大，则说明对象中扰动作用强，不利于系统的自动控制，工程上常常希望 K_f 不要太大。

（2）时间常数 T　是反应对象在输入变量作用下，被控变量变化快慢的一个参数。T 越大，表示在阶跃输入作用下被控变量的变化越慢，达到新的稳定值所需的时间就越长。工程上希望对象的 T 不要太大。

（3）滞后时间 τ　有的过程对象在输入变量变化后，输出不是立即随之变化的，而是需要间隔一定的时间后才发生变化。这种对象的输出变化落后于输入变化的现象称为滞后现象。滞后时间 τ 就是描述对象滞后现象的动态参数。滞后时间 τ 分为纯滞后 τ_0 和容量滞后 τ_n。τ_0 是由于对象传输物料或能量需要时间而引起的，一般由距离与速度来确定，而 τ_n 一般由多容或大容量的设备而引起。滞后时间 $\tau=\tau_0+\tau_n$。对于控制通道来说希望 τ 越小越好，而对扰动通道来说希望 τ 适度大点好。

总之，当工艺过程确定后，对象的特性也相应地确定。研究对象的特性，采用不同的控制措施，就能保证生产的质量和效益。

例 3-2　图 3-7 是常见的液位储槽对象，其被控变量 y 为液位 L，操纵变量 q 是受人工（或仪表）控制的进水流量 q_i，干扰 f（如 q_o）为出水流量。其中 K_0、T、τ 分别如图 3-8 所示。

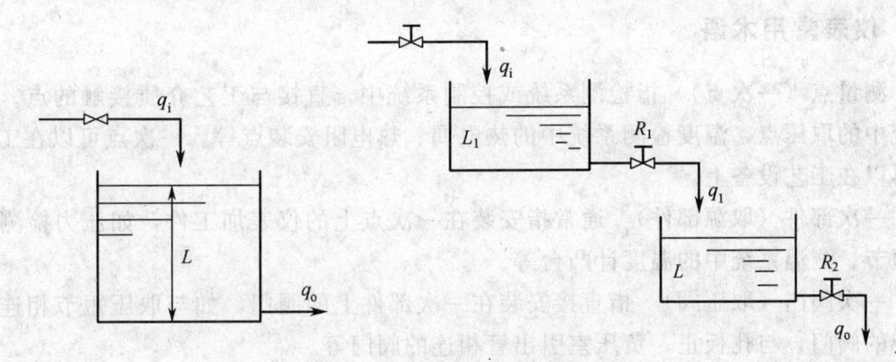

图 3-7　单容和双容液位储槽对象

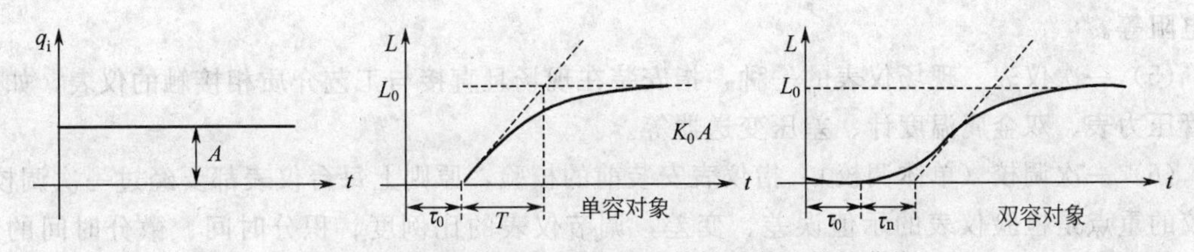

图 3-8　操纵变量阶跃变化后的储槽对象的特性曲线

当对象（水槽）的操纵变量 q_i 发生一个阶跃变化时，其输出变量（被控变量）液位 L 过一段时间 τ_0 才开始变化（纯滞后），经过一段过渡过程时间后才达到稳态值 L_0；而液位以初速度变化达到新的稳态值 L_0 所需的时间为时间常数 T；在液位达到稳态值后其大小 $L_0=K_0A$，是输入变量（操纵变量 q_i）的 K_0 倍。这是一个单容对象的例子，如果是双容对象，其容量滞后为 τ_n，它表示从被控变量开始变化到过渡过程曲线拐点处的切线之间所需的时间。

3. 通道特性对控制质量的影响

（1）扰动通道　静态放大系数 K_f 越大，扰动引起的输出越大，这就使被控变量偏离设定值越多。从控制的角度看，希望 K_f越小越好。时间常数 T_f越大，对扰动信号的滤波作用就越大，可抑制扰动作用。从控制角度看希望 T_f越大越好。滞后时间对控制系统无影响，因为 τ_f的大小仅取决于扰动对系统影响进入的时间早晚。

(2) 控制通道　控制通道特性对被控变量的影响与扰动通道有着本质的不同，这是因为控制作用总是力图使被控变量与设定值一致，而扰动作用总是使被控变量与设定值相偏离的缘故。控制通道静态放大系数 K_0越大，则控制作用越强，克服扰动的能力越强，系统的稳态误差越小，同时，被控变量对操纵变量的控制作用反应越灵敏，响应越迅速；但 K_0越大，同时带来了系统的稳定性变差。为了保证控制系统的品质指标提高，考虑系统的稳定性平稳，通常 K_0适当选大一点。时间常数 T_0较大，控制器对被控变量的控制作用就不够及时，导致控制过程延长，控制系统质量下降；T_0较小，又会引起系统不稳定，因此，希望 T_0适中最佳。滞后时间 τ 越大，对系统的控制不利，另外，在生产过程控制中，经常用 τ/T_0作为反映过程控制难易程度的一种指标。一般认为 $\tau/T_0 \leqslant 0.3$ 的过程对象比较容易控制，而 $\tau/T_0 > 0.5$ 的对象就较难控制了。

第三节　常用图形符号与仪表安装

一、仪表常用术语

(1) 测量点（一次点）　指检测系统或控制系统中，直接与工艺介质接触的点。如压力检测系统中的取压点，温度检测系统中的热电偶、热电阻安装点等。一次点可以在工艺管道上，也可以在工艺设备上。

(2) 一次部件（取源部件）　通常指安装在一次点上的仪表加工件，如压力检测系统中的取压短节、测温系统中的温度计凸台等。

(3) 一次阀门（取压阀）　指直接安装在一次部件上的阀门，如与取压短节相连的压力检测系统的阀门，与孔板正、负压室引出管相连的阀门等。

(4) 一次元件（传感器）　指直接安装在现场且与工艺介质相接触的元件，如热电偶、热电阻等。

(5) 一次仪表　现场仪表的一种，指安装在现场且直接与工艺介质相接触的仪表，如弹簧管压力表、双金属温度计、差压变送器等。

(6) 一次调校（单体调校）　指仪表安装前的校验，原则上每台仪表都要经过一次调校。调校的重点是检验仪表的示值误差、变差，调节仪表的比例度、积分时间、微分时间的误差、控制点偏差、平衡度等。只有一次调校符合设计或产品说明书要求的仪表才能安装，以保证二次调校的质量。

(7) 二次仪表　指仪表示值信号不直接与工艺介质接触的各类仪表的总称。二次仪表的输入信号通常为变送器变换的标准信号。二次仪表接受的标准信号一般有三种：气动信号，0.02～0.10MPa；Ⅱ型电动单元组合仪表信号，0～10mA DC；Ⅲ型电动单元组合仪表信号，4～20mA DC 或 1～5V。

(8) 现场仪表　指安装在现场的仪表的总称，包括所有一次仪表，也包括安装在现场的二次仪表。

(9) 二次调校（二次联校、系统调校）　指仪表现场安装结束后，控制室配管配线完成而且通过校验后，对整个检测回路或自动控制系统的检验，也是仪表交付正式使用前的一次全面校验。其校验方法通常是在检测环节上加一信号，然后仔细观察组成系统的每台仪表是否工作在误差允许范围内。如果超出误差允许范围，又找不出原因，就要对组成系统的全部仪表重新调试。二次调校通常是一个回路一个系统地进行，包括对信号报警系统和联锁系统的试验。

（10）仪表加工件　指全部用于仪表安装的金属、塑料机械加工件的总称，在仪表安装中占有特殊地位。

（11）带控制点流程图　指用过程检测和控制系统设计符号来描述生产过程自动化内容的图纸。它详细地标出仪表的安装位置，是确定一次点的重要图纸，是自控方案和自动化水平的全面体现，也是自控设计的依据，并供施工安装和生产操作时参考。

二、控制流程图的读识

在生产中，表述一个生产过程及其控制方案，常用图形及符号等技术语言来表示，这就是工艺控制流程图。作为工艺或设备技术人员，明确图形字母的含义，了解其表示方法，能读懂工艺流程图是至关重要的。

控制流程图通常包括字母代号、图形符号和数字编号等。将表示某种功能的字母及数字组合成的仪表位号置于图形符号之中，就表示出了一块仪表的位号、种类及功能。连接线连接各块仪表，就表示出了每套控制系统的编号、种类及作用。

生产过程自动化图纸中的各类仪表功能除用字母和字母组合表达外，其仪表类型、安装位置、信号种类等具体意义可用相关图形符号标出，熟知这些图形符号的含义有益于识读仪表自动化控制类图纸。

1. 图形符号

（1）连接线　通用的仪表信号线均以细实线表示。在需要时，电信号可用虚线表示，气信号在实线上打双斜线表示。

（2）仪表的图形符号　仪表的图形符号是一个细实线圆圈。对于不同的仪表、不同安装位置的仪表，部分常用图形符号见表 3-1。

表 3-1　部分常用仪表及位置图形符号

名　称	图形符号	名　称	图形符号
就地安装仪表		就地仪表盘面安装仪表	
嵌在管道中的就地安装仪表		就地仪表盘后安装仪表	
集中仪表盘面安装仪表		就地安装变送器	
集中仪表盘后安装仪表		气动薄膜调节阀	

2. 仪表位号与字母代号

在检测、控制系统中，构成系统的每块仪表（或元件）都应有自己的仪表位号。仪表位号由字母代号组合和回路编号两部分组成。仪表位号中，第一位字母表示被测变量，后继字母表示仪表的功能。回路编号可按照装置或工段（区域）进行编制，一般用 3～5 位数字表示，例如 TdRC-201。

T	R	C		2	01
被测变量字母代号	修饰字母	功能字母代号		工序或车间代号，1～2 位数字	序号，2～3 位数字
温度	差	记录	调节	二车间（工段）	01 号回路

同一字母在不同位置有不同的含义或作用，处于首位时表示被测变量或被控变量；处于次位时作为首位的修饰，一般用小写字母表示；处于后继位时代表仪表的功能或附加功能。表 3-2 为检测、控制系统字母代号的含义表。

表 3-2　检测、控制系统字母代号的含义

字母	第一位字母		后继字母	字母	第一位字母		后继字母
	被控变量	修饰	功能		被控变量	修饰	功能
A	分析		报警	N	供选用		供选用
B	喷嘴火焰		供选用	O	供选用		节流孔
C	电导率		控制	P	压力、真空		实验点
D	密度	差		Q	数量	积算	积分、积算
E	电压		检测元件	R	放射性		记录、打印
F	流量	比		S	速度、频率	安全	开关或联锁
G	供选用		玻璃	T	温度		传送、变送
H	手动			U	多变量		多功能
I	电流		指示	V	黏度		阀、挡板
J	功率	扫描		W	质量或力		套管
K	时间		手操器	X	未分类		未分类
L	物位		指示灯	Y	供选用		继动器
M	水分			Z	位置		驱动、执行

根据表 3-2 规定可以看出：TdRC 实际是一个“温差记录控制仪表”的代号。

在标注时，附加功能 R（仪表有记录功能）、I（仪表有指示功能）放在首位和后继字母之间，如果仪表同时有指示和记录附加功能，只标注字母代号 R；S（开关或联锁功能）、A（报警功能）放在最末位，如果仪表同时具有开关和报警功能，只标注代号 A，当 SA 同时出现时，表示仪表具有联锁和报警功能。

3. 控制流程图上仪表的表示方法

仪表位号的表示方法是：字母代号标在圆圈上半圈中，回路编号标在圆圈的下半圈中。集中仪表盘面安装仪表，圆圈中间有一横，如图 3-9(a) 所示。就地安装仪表圆圈中间没有一横，如图 3-9(b) 所示。在设备上的表示可如图 3-10 所示。

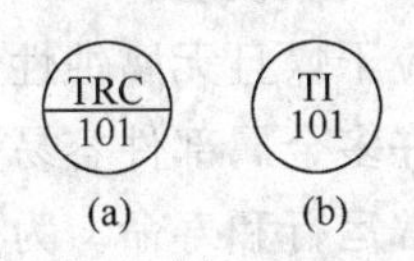

图 3-9　仪表位号标注

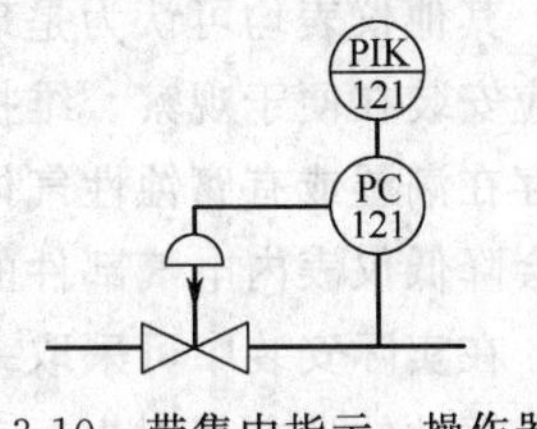

图 3-10　带集中指示、操作器的就地压力控制系统

三、自动化仪表的安装

1. 仪表控制室设施安装

（1）控制室仪表盘的安装　仪表控制室内主要设施有仪表盘，有的还要放置操纵台、计算机、供电装置、供气装置、继电器箱、开关箱和端子箱等设备。一般仪表盘都集中在控制室安装。控制室的设置，依据装置的生产负荷和自动化控制水平而定。仪表盘按结构形式分有开启式和封闭式仪表盘，按外形分有屏式和带操作台式仪表盘。

控制室仪表盘的排列应便于操作，并使操作人员能观察到尽可能多的盘面。仪表盘应面向生产装置，排列形式应根据盘的数量、经济、实用、美观和安装条件等因素确定。目前工厂控制室中仪表盘多为直线形排列，这是因为直线形排列时，地沟构造简单，施工方便，盘前区整齐宽敞。

（2）盘面仪表的安装　仪表盘主要用来安装显示、控制、操纵、运算、转换和辅助等类仪表，以及电源、气源和接线端子排等装置，是仪表控制室的重要设备。仪表盘安装主要包括仪表盘的选用、盘面布置、盘内配管配线及仪表盘的安装等。

（3）仪表盘管线编号方法　仪表盘（箱）内部仪表与仪表、仪表与接线端子（或穿板接头）的连接有三种表示方法，即直接连线法、相对呼应编号法和单元接线法。

盘内配线应按设计文件要求进行，接线正确，导线连接牢固，接触良好，绝缘和导线没有损伤，配线整齐、清晰、美观。每组端子排应有一个堵头，标上所属回路名称；同一盘内导线的颜色应一致。接线时，在一个端子上一般只允许接两根导线，若导线多于两根时，应增加一个端子，两者用短路片连接。盘后配线，一般多采用汇线槽。先将汇线槽固定在盘上，然后将导线放在槽内，接至端子排或设备、部件的导线由线槽旁边的孔眼引出。

2. 传感器及取源部件安装

传感器（一次元件）及取源部件是指感受组件及其固定装置或被测介质的取出装置。

取源部件的安装是自动化仪表安装的基础，应与工艺设备制造或工艺管道预制、安装同时进行。安装传感器及取源部件的开孔与焊接工作，必须在工艺管道或设备防腐、衬里、吹扫和试压查漏前进行。在高压、合金钢、有色金属的工艺管道和设备上开孔时，需采用机械加工方法。在砌体和混凝土浇铸体上安装的取源部件应同时埋入，无法做到时，需预留安装孔。取源部件和一次元件不宜安装在焊缝及其边缘上。取源阀门应按现行的国家标准检验合格后，才能进行安装。取源阀门与工艺管道或设备的连接不宜采用卡套或接头。取源部件的结构、尺寸、材质和安装位置应符合设计文件的要求。取源部件安装完毕后，应随同工艺管道和设备进行压力试验。

3. 现场仪表及变送器的安装

现场仪表指的是安装在现场的仪表的总称，是相对于控制室而言的。除安装在控制室内的仪表外，其他仪表均可认为是现场仪表，它包括一次仪表和二次仪表。

仪表应安装在便于观察、维护和操作方便的地方，周围应干燥且无腐蚀性气体。因为安装地点若存在潮湿或有腐蚀性气体等因素，不但导致仪表内许多金属部件容易受到腐蚀而损坏，而且会降低仪表内电气部件的绝缘强度，影响仪表的正常运行和寿命。为了降低上述因素的影响，在实际安装中可采取一些措施来提高仪表的密闭性，如仪表穿线孔密封等。仪表不宜安装在振动的地方，因为振动会使仪表内传动机构、接线端子松动，必要时可采取加防振器（如装减振器）等措施。仪表安装后应牢固，外观完好，附件齐全。仪表及电气设备上的接线盒的引入口应朝下并密封好，以免灰尘和水进入。

单元小结

自动化的主要目的	(1)加快生产速度，降低生产成本，提高产品产量和质量。(2)减轻劳动强度，改善劳动条件。(3)能够保证生产安全，防止事故发生或扩大。(4)生产过程自动化的实现，能根本改变劳动方式
主要热工参数	压力(p)、物位(L)、流量(F)、温度(T)及物质成分(A)等
自动化系统分类	自动检测系统、自动信号与联锁保护系统、自动操纵系统、自动开停车系统以及自动控制系统
自动化仪表的分类	按功能分为检测仪表、显示仪表、控制仪表和执行器。按使用的能源分为气动仪表和电动仪表。按结构形式分为基地式仪表、单元组合仪表、组件组装式仪表。按信号形式分为模拟仪表和数字仪表
自动化系统的组成	自动检测系统主要由敏感元件、传感器与显示仪表组成。自动信号与联锁保护系统主要由检测元件、执行元件和逻辑元件组成。自动控制系统主要由被控对象和自动化装置(执行器、控制器、检测变送器)组成
自动控制系统分类	定值控制系统、随动控制系统和程序控制系统
控制系统的品质指标	余差 C、最大偏差 A(或超调量 B)、衰减比 n、过渡时间 t_s、振荡周期 T(或振荡频率 f)等
对象特性参数	放大系数 K、时间常数 T、滞后时间 τ
仪表位号组成	被测变量字母+(修饰字母)+功能字母+工序或车间号+回路序号

习题与思考题

1. 自动化系统由哪几种系统构成？各种系统的作用是什么？各由哪几个环节组成？

2. 在自动控制系统中，测量变送装置、控制器、执行器各起什么作用？

3. 某一管道的流量需要维持恒定，为此设置流量控制系统，如图 3-11 所示。试画出该控制系统的方块图，并说明此系统的被控对象、被控变量、操纵变量以及可能的干扰各是什么？图中 p_1、p_2 为控制阀前后的压力，FT 表示流量变送器，FC 表示流量控制器。

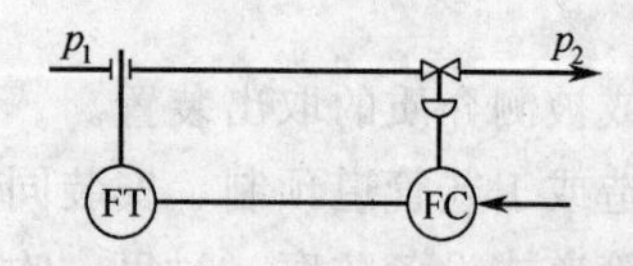

图 3-11　流量控制系统

4. 按设定值形式不同，自动控制系统可分为哪几类？

5. 什么是自动控制系统的过渡过程？它有哪几种基本形式？分析其稳定情况。

6. 为什么生产上经常要求控制系统的过渡过程具有衰减振荡形式？描述它的控制指标有哪些？影响系统控制指标的主要因素有哪些？

7. 对象特性常用那些参数来描述？各参数对控制质量有何影响？

第四单元　测量及检测仪表

【单元学习目标】

1. 认知自动检测系统与传感器的构成，了解测量仪表的误差及品质指标。
2. 掌握典型压力、物位、流量、温度测量仪表的原理及应用要求。
3. 熟悉典型显示仪表的使用。

工业控制系统都必然要应用一定的检测技术和相应的仪表单元，检测技术和仪表两部分是紧密相关和相辅相成的，它们是控制系统的重要基础。检测单元完成对各种过程参数的测量，并实现必要的数据处理。仪表单元则是实现各种控制作用的手段和条件，它将检测得到的数据进行运算处理，并通过相应的单元实现对被控变量的调节控制。新技术的不断出现，使传统的自动控制系统以及相关的检测和仪表技术都发生了很大变化。

第一节　认知检测技术

一、自动检测系统与传感器

1. 自动检测仪表与系统

以化学工业中用天然气作原料生产合成氨的控制系统为例，图 4-1 为脱硫塔控制流程图。天然气在经过脱硫塔时，需要进行控制的参数分别为压力、液位和流量，这就构成了PC、LC 和 FC 三个单参数调节控制系统。

例如实现压力调节控制的单参数控制子系统（PC），该系统的结构框图如图 4-2 所示。进行压力参数检测及实现检测信号转换和传输的单元称为压力变送单元，测量进入脱硫塔的天然气压力，检测到的信号经转换后，以标准信号制式传输到实现控制运算的控制单元；实现调节控制规律计算的单元称为控制单元，在接收到测量信号后，即与设定单元的设定压力值进行比较，并根据设定的控制规律计算出实现控制作用所需的控制信号；最终实现被控变量控制作用的单元称为执行单元；为保证能够驱动相应的设备实现对被控变量的调节，控制信号还需借助专用的执行单元机构实现控制信号的转换与保持。

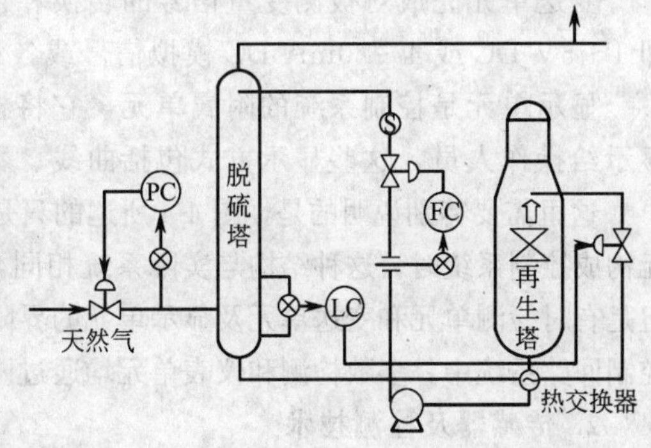

图 4-1　检测仪表组成脱硫塔控制流程图

同理，考虑单独实现脱硫塔流量调节控制的情况，则控制子系统（FC）的结构框图如图 4-3 所示。其中流量变送单元是专门用于流量检测信号转换和传输的仪表变送单元，而安全栅的增加则是为了实现安全火花防爆特性。

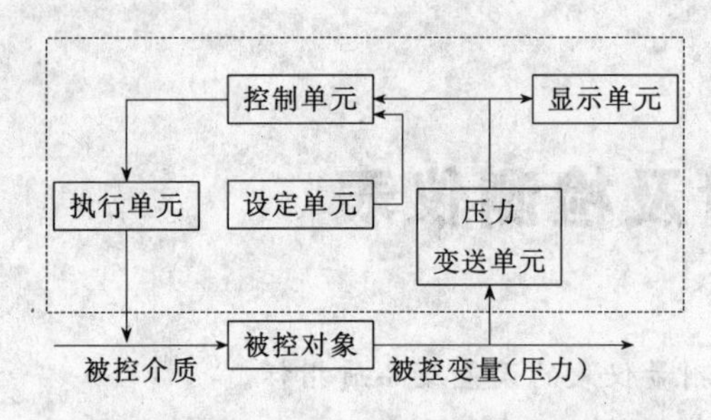

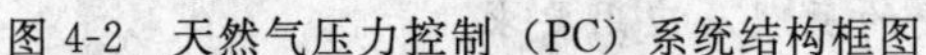

图 4-2 天然气压力控制（PC）系统结构框图

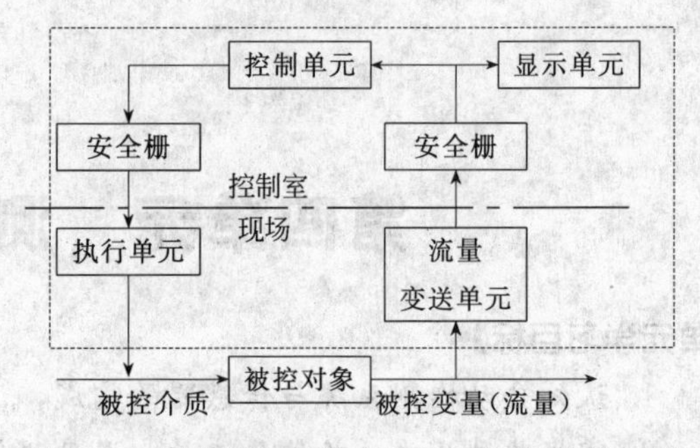

图 4-3 脱硫塔流量控制系统（FC）结构框图

在无特殊条件要求下，常规工业检测仪表、控制系统的构成基本相同，而与具体采用的仪表类型无关。这里所说的基本构成包括被控对象、变送器、显示仪表、调节器、给定器和执行器等。由于各控制子系统被控变量的不同，各子系统采用的变送器和调节器的控制规律也有所不同。

总结上述的几种情况，并由此推广到常规情况下的工业过程控制系统，检测仪表及控制系统的一般结构可概括为如图 4-4 所示。其中，检测单元（敏感元件）、变送单元（传感器）与显示仪表构成自动检测系统。

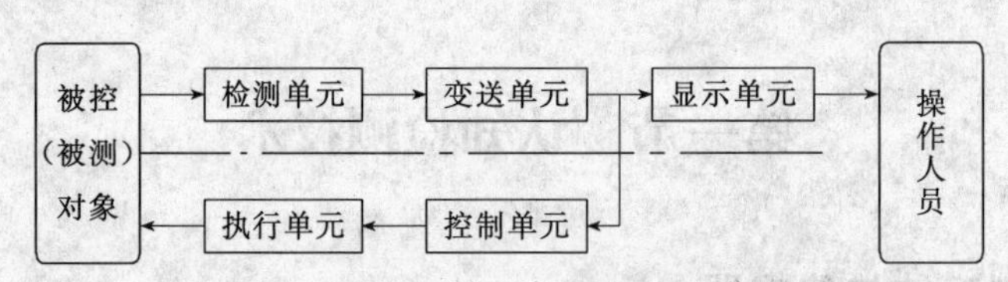

图 4-4 典型工业检测仪表控制系统结构图

显然，检测单元是控制系统实现控制调节作用的基础，它完成对所有被控变量的直接测量，包括温度、压力、流量、液位、成分等；同时也可实现某些参数的间接测量，如采用信息融合技术实现的测量。

变送单元完成对被测变量信号的转换和传输，其转换结果须符合国际标准的信号制式，即 1～5V DC 或 4～20mA DC 模拟信号或各种仪表控制系统所需的数字信号。

显示单元是控制系统的附属单元，它将检测单元测量获得的有关参数，通过适当的方式显示给操作人员，这些显示方式包括曲线、数字和图像等。

这里需要特别说明的是，图 4-4 所述的只是控制系统的逻辑结构。当采用传统检测和仪表单元构成控制系统时，这种结构与实际系统相同，即图中相关两个单元间采用点对点的连接方式。但是有时检测单元和变送单元及显示单元的界限并不明显，会构成功能组合单元。而在网络化的控制回路系统中，多数检测和仪表单元均通过网络相互连接。

2. 传感器及检测技术

自动检测及控制系统与外界环境之间的信息关系有三种情况，包括：获取对象所处状态的传感器以及控制并调节对象状态的执行器，操作人员与仪器装置之间的界面，监控仪器与其他系统之间的信息往来。其中传感器是所有被测对象信息的输入端口，是信号检测与信号转换的中心组成部分；监控系统与其他系统的界面之间可能不需要信号转换或只有电信号转换，但是监控对象与监控系统之间的信号检测或信号变换是非常重要的。

（1）传感器的基本概念　能感受规定的被测量并按照一定的规律转换成可用输出信号的器件或装置被称为传感器，通常由敏感元件和转换元件组成。其中，敏感元件是指传感器中能直接感受或响应被测量的部分；转换元件是指传感器中能将敏感元件感受或响应的被测量转换成适于传输或测量的电信号部分。其组成如图 4-5 所示。

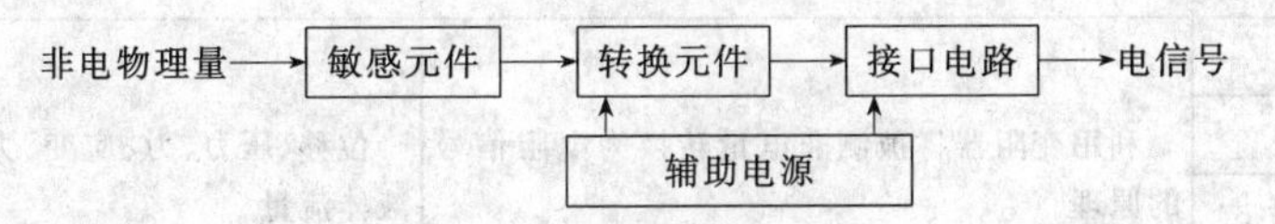

图 4-5　传感器组成框图

图 4-5 中接口电路的作用是把转换元件输出的电信号变换为便于处理、显示、记录和控制的可用的电信号。在工业控制系统中这个电信号就是标准信号或 4～20mA DC。其电路的类型视转换元件的不同而定。

变送器是将非标准物理信号转换为标准信号的仪表，当传感器的输出为规定的标准信号时，也称为变送器。工程上也有一次仪表、二次仪表的称谓，一次仪表指现场测量仪表或基地控制表，二次仪表指利用一次仪表信号完成其他功能，诸如控制、显示等功能的仪表。

(2) 传感器的分类　传感器的种类很多，常用传感器的分类方法有以下几种。

① 根据被测量的性质进行分类，可分为基本被测量和派生被测量两类。例如力可视为基本被测量，从力派生出压力、质量、应力、力矩等派生被测量。当需要测量这些被测量时，只要采用力传感器就可以了。

常见的非电量基本被测量和派生被测量见表 4-1。这种分类方法的优点是比较明确地表达了传感器的用途，便于使用者根据其用途选用。其缺点是没有区分每种传感器在转换机理上有何共性和差异，不便于使用者掌握基本原理及分析方法。

表 4-1　基本被测量和派生被测量

基本被测量		派生被测量
位移	线位移	长度、厚度、应变、振动、磨损、平面度
	角位移	旋转度、偏转角、角振动
速度	线速度	速度、振动、流量、动量
	角速度	转速、角振动
加速度	线加速度	振动、冲击、质量
	角加速度	角振动、转矩、转动惯性
力	压力	质量、应力、力矩
时间	频率	周期、计数、统计分布
温度		热容、气体速度、涡流
光		光通量与密度、光谱分布
湿度		水汽、水分、露点

② 按传感器工作原理分类，见表 4-2。

③ 还有很多种其他分类方法。

a. 按能量的关系分类，可分为有电源传感器和无电源传感器。

b. 按输出信号的性质分类，可分为模拟式传感器和数字式传感器。

c. 根据检测对象分类，如温度、压力、位移等。

d. 从传感原理或反应效应分类，如光电、压电、热阻等。

e. 根据传感器材料分类，如导电体、半导体、有机、无机材料、生物材料等。

f. 按应用领域分类，如化工、纺织、造纸、电力、环保、家电、交通、科学计量等。

表 4-2　传感器按工作原理分类情况

传感器的种类		工作原理	应用范围
电学式传感器	电阻式：电位器式	利用变阻器将被测非电量转换为电阻信号的原理	位移、压力、力、应变、力矩、气体流量、液位、液体流量
	电阻式：触点变阻式		
	电阻式：电阻应变片式		
	电阻式：压阻式		
	电容式	利用改变电容的几何尺寸或改变介质的性质和含量，而使电容量变化的原理	压力、位移、液位、厚度、水分含量
	电感式	利用改变磁路几何尺寸、磁体位置来改变电感或互感的电感量或压磁效应原理	位移、压力、力、振动、加速度
	磁电式	利用电磁感应原理	流量、转速、位移
	电涡流式	利用金属在磁场中运动切割磁力线，在金属内形成涡流的原理	位移、厚度
磁学式传感器		利用铁磁物质的一些物理效应	位移、力矩
光电式传感器		利用光电器件的光电效应和光学原理	光强、光通量、位移、浓度
电势型传感器		利用热电效应、光电效应、霍尔效应等原理	温度、磁通量、电流、速度、光通量、热辐射
电荷型传感器		利用压电效应原理	力、加速度
半导体型传感器		利用半导体的压阻效应、光电效应、磁电效应及半导体与气体接触产生物质变化等原理	温度、湿度、压力、加速度、磁场、有害气体的测量
谐振式传感器		利用改变电或机械的固有参数来改变谐振频率的原理	压力
电化学式传感器	电位式	离子导电原理为基础	分析气体成分、液体成分、溶于液体的固体成分、液体的酸碱度、电导率、氧化还原电位
	电导式		
	电量式		
	极谱(极化)式		
	电解式		

g. 按反应形式或能量供给方式分类，如能动型和被动型、能量变换型和能量控制型等。

(3) 检测方法基本概念　只有传感器并不等于具有完备的检测技术或方法，除传感器外还需要一定的检测结构，用于有选择地实现信号转换。检测技术理论就是针对复杂问题的检测方法、检测结构以及检测信号处理等方面进行研究的一门综合性科学。

本单元以后各节以介绍过程参数检测方法为主线，对温度、流量、压力、物位等检测技术分别进行介绍。在分类介绍以前，首先对检测结构与技术方法上的一般性质分析归纳。

检测技术与方法中有许多基本概念，下面分别解释成对的几种概念。

① 开环型检测与闭环型检测

a. 开环型检测系统如图 4-6(a) 所示，一般由传感器、信号放大器、转换电路、显示器等串联组成。

b. 反馈型闭环检测系统如图 4-6(b) 所示，正向通道中的变换器通常是将被测信号转换成电信号，反向变换器则将电信号变换为非电信号。平衡式仪表及检测系统一般采用这种伺服结构。

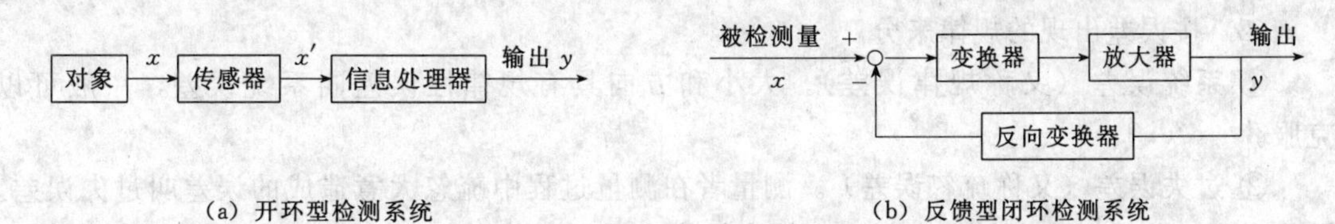

（a）开环型检测系统　　（b）反馈型闭环检测系统

图 4-6　开环型检测与闭环型检测系统

② 直接检测与间接检测

a. 与同类基准进行简单的比较，就能得到测量值的检测方法称作直接检测。利用电桥将阻抗值与已知标准阻抗相比较，用电压表测电压、用速度检测仪测速度等都属于直接检测，这些都只要分别与各自的刻度相比较就可以完成。

b. 间接检测就是测量与被检测量有一定关系的 2 个或 2 个以上物理量，然后再推算出被检测量。如由测量移动距离和所要时间求速度，测量电流和电阻值求电压等。间接检测需要进行 2 次以上的测量，一般要分析间接误差的传递。

二、测量的基本知识

1. 测量过程

测量是将被测变量与其相应的标准单位进行比较，从而获得确定的量值。检测过程是将研究对象与带有基准单位的测量工具进行转换、比较的过程，实现这种转换、比较的工具就是过程检测仪表。

2. 测量误差

测量的目的就是为了获得真实值，而测量值与真实值不可能完全一样，始终存在一定的差值，这个差值就是测量误差。

（1）按误差的表示方式分

① 绝对误差。仪表的测量值与被测量真实值之差称作绝对误差：

$$\Delta = x - x_t \approx x - x_0 \tag{4-1}$$

式中　x——测量值，即检测仪表的指示值；

x_t——真实值，通常用更精确仪表的指示值 x_0 近似地表示实际值；

Δ——绝对误差。

绝对误差越小，说明测量结果越准确，越接近真实值。但绝对误差不具可比性。

② 相对误差。用绝对误差与近似真实值的百分比表示测量误差，即相对误差：

$$\delta\% = \Delta / x_0 \times 100\% \tag{4-2}$$

③ 引用误差。也叫满度百分误差，用仪表指示值的绝对误差与仪表的量程之比的百分数来表示，即：

$$\delta = \Delta / M = \Delta / (X_{max} - X_{min}) \times 100\% \tag{4-3}$$

式中　δ——引用误差；

M——仪表的量程，$M = X_{max} - X_{min}$；

X_{max}——仪表量程上限值；

X_{min}——仪表量程下限值。

因此，绝对误差与相对误差的大小反映的是测量结果的准确程度，而引用误差的大小反映的是仪表性能的好坏。

(2) 按误差出现的规律来分

① 系统误差（又称规律误差)。大小和方向具有规律性误差叫系统误差，一般可以克服。

② 过失误差（又称疏忽误差)。测量者在测量过程中疏忽大意造成的误差叫过失误差。操作者在工作过程中，加强责任心，提高操作水平，可以克服疏忽误差。

③ 随机误差（又称偶然误差)。同样条件下反复测量多次，每次结果均不重复的误差叫随机误差，是由偶然因素引起的，不易被发觉和修正。

(3) 按误差的工作条件分

① 基本误差。仪表在规定的工作条件（如温度、湿度、振动、电源电压、电源频率等）下，仪表本身所具有的误差。

② 附加误差。仪表在偏离规定的工作条件下使用时附加产生的误差。此时产生的误差等于基本误差与附加误差之和。

三、检测仪表的基础知识

1. 检测仪表的分类

① 根据敏感元件与被测介质是否接触，可分为接触式检测仪表和非接触式检测仪表。

② 按精度等级及使用场合的不同，可分为标准仪表和工业用表，分别用于标定室、实验室和工业生产现场（或控制室)。

③ 按被测变量分类，一般分为压力、物位、流量、温度检测仪表和成分分析仪表等。

④ 按仪表的功能分类，通常可分为显示仪表、记录型仪表和信号型仪表等。

2. 测量仪表的品质指标

(1) 精度（准确度） 仪表的精度是描述仪表测量结果准确程度的指标。

在实际检测过程中都存在一定的误差，其大小一般用精度来衡量。仪表的精度，是仪表最大引用误差 δ_{max} 去掉正负号及百分号后，取国家等级相近的数值。

工业过程中常用仪表的精度等级来表示仪表的测量准确程度，是国家规定的系列指标，也是仪表允许的最大引用误差，我国仪表精度等级如下。

① Ⅰ级标准表——0.005、0.02、0.05。

② Ⅱ级标准表——0.1、0.2、0.35、0.5。

③ 一般工业用仪表——1.0、1.5、2.5、4.0。

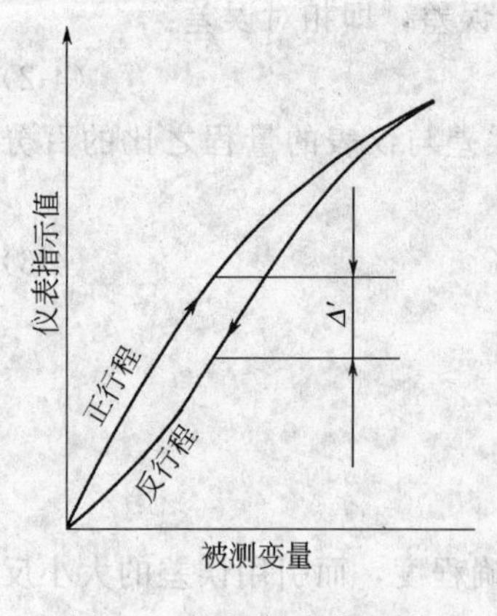

图 4-7 测量仪表的变差

仪表精度等级越小，精确度越高。当一台仪表的精度等级确定以后，仪表的允许误差也随之确定了。仪表的允许误差表示为 $\delta_{表允}$，合格仪表的精度 δ_{max} 不超过其仪表的最大允许误差 $\delta_{表允}$，叫精度合格。

(2) 变差（回差） 在外界条件不变的情况下，用同一台仪表对某一参数进行正、反行程测量时，其所得到的仪表指示值是不相等的。对同一点所测得的正、反行程的两个读数之差就叫该点的绝对变差（Δ')，也可用变差（也叫回差 δ'）表征，如图 4-7 所示。它用来表示测量仪表的恒定度。变差说明了仪表的正向（上升）特性与反向（下降）特性的不一致程度，可用下式表示：

$$\Delta' = x_{上} - x_{下} \tag{4-4}$$

$$\delta' = (x_{上} - x_{下})/M \times 100\% \tag{4-5}$$

式中　$x_{上} - x_{下}$——同一点所测得的正、反行程的两个读数之差；

M——仪表的量程。

合格仪表的最大变差不大于仪表的最大允许误差 $\delta_{表允}$，叫恒定度合格。

可见，一台合格仪表必须同时满足其精度和恒定度（变差）合格，缺一不可。

此外，在工业生产过程中，仪表往往需要满足工艺要求，即仪表的最大允许误差 $\delta_{表允}$ 不能超过工艺允许的最大误差 $\delta_{工允}$。

一般来说，一台合格仪表至少要满足

$$|\delta_{max}| \leqslant |\delta_{表允}| \tag{4-6}$$

$$|\delta_{max}| \leqslant |\delta_{表允}| \tag{4-7}$$

仪表的定级或校验要通过上述公式计算（即确定仪表的精度等级）。

一台能满足工艺要求的合格仪表必须通过下述公式计算（即选择仪表的精度等级）：

$$|\delta_{表允}| \leqslant |\delta_{工允}| \tag{4-8}$$

例 4-1　某台测温仪表的量程范围为 100～600℃，在校验时发现最大绝对误差为±7℃，试确定该仪表的精度等级。

解　由于该表的最大绝对误差 $\Delta = \pm 7$℃，根据式(4-3) 有

$$\delta_{max} = \Delta_{max}/M \times 100\% = 1.4\%$$

去掉“%”后，该表的精度值为 1.4，介于国家规定的精度等级 1.0 和 1.5 之间。按式(4-6)，这台测温仪表的精度级定为 1.5 级，即仪表的最大允许的引用误差 $\delta_{表允} = 1.5\%$。

例 4-2　工艺要求检测温度指标为 300℃±3℃，现拟用一台 0～500℃的温度表来检测该温度，试选择该表的精度等级。

解　因为　$\delta_{工允} = \Delta_{工允}/M \times 100\% = \pm 0.6\%$

按选表的准则式(4-8) 可知，该表应选择 0.5 级的精度等级，即符合 $|\delta_{表允}| \leqslant |\delta_{工允}|$，$0.5 < 0.6$。

例 4-3　仪表工得到一块 0～4MPa、1.5 级的普通弹簧管压力表的校验单，试判断该表是否合格？

被校表显示值/MPa		0	1	2	3	4
标准表显示值/MPa	上行	0	0.96	1.98	3.01	4.02
	下行	0.02	1.03	2.01	3.02	4.02

解：由表中知可得　$\Delta_{max} = 1 - 0.96 = 0.04$

则　$\Delta'_{max} = (x_{上} - x_{下})_{max} = 1.03 - 0.96 = 0.07$

而仪表的精度级　$\delta_{表允} = 1.5\%$

变差 $\delta'_{max} = (x_{上} - x_{下})_{max}/M \times 100\% = 1.75\%$

根据合格仪表的条件来判断，该表不合格。因为在校表时，要求仪表的精度、变差都小于仪表的允许误差，该表的允许误差为 1.5%，而其最大引用误差为 1%，变差为 1.75%，虽然精度合格，但恒定度不合格，所以该表不合格。

(3) 灵敏度与灵敏限　灵敏度是表征仪表对被测变量变化的灵敏程度的指标，是指仪表的输入变化量与仪表的输出变化量（指示值）之间的关系。对同一类仪表，标尺刻度确定

后，仪表的测量范围越小，灵敏度越高。但灵敏度高的仪表精度不一定高。

灵敏限是指能引起仪表指示值发生变化的被测量的最小改变量。一般来说，灵敏限的数值不应大于仪表最大允许绝对误差的一半。

3. 测量仪表的构成

工业检测仪表的品种繁多，结构各异，但是它们的基本构成都是相同的，一般均由测量、传送和显示（包括变送）三部分组成。

测量部分一般与被测介质直接接触，是将被测量转换成与其成一定函数关系信号的敏感元件；传送部分主要起信号传送放大作用；显示部分一般是将中间信号转换成与被测量相应的测量值显示、记录下来。

第二节　压力传感器及检测仪表

工程上把垂直作用在物体单位面积上的力称为压力。工业生产中，尤其在化工、炼油生产中，借助于对压力或差压（压力差）的检测，可以实现对液位、流量或质量等工艺变量的检测。此外，为保证生产的正常进行，确保设备的安全运行，生产过程对压力检测或控制的要求很高，压力是工业生产中最重要和最普遍的检测变量之一。

一、压力传感器及检测仪表的分类及特点

压力传感器是使用最广泛的一种传感器，它是检测气体、液体、固体等所有物体间作用力能量的总称，包括测量高于大气压的压力计以及低于大气压的真空计。压力传感器的种类很多，传统的测量方法是利用弹性元件的变形和位移来表示，但它的体积大、笨重、输出非线性。随着微电子技术的发展，利用半导体材料的压阻效应和良好的弹性，研制出半导体压力传感器，主要有硅压阻式和电容式两种，它们具有体积小、重量轻、灵敏度高等优点，因此半导体压力传感器得到了广泛的应用。

1. 压力传感器的分类

工业生产过程中压力测量的范围很宽，测量的条件和精度要求各异。常用压力传感器按原理可以分为四种，包括：以液体静力学原理为基础制成的液压式压力传感器；根据弹性元件受力变形原理并利用机械机构将变形量放大的弹性变形压力传感器；基于静力学平衡原理将在已知面积上的重量作为负荷的压力传感器；通过弹性元件制成的将被测压力转换成电阻、电感、电容、频率等各种电学量的压力传感器。

压力传感器分类及性能特点见表 4-3。

表 4-3　压力传感器分类及性能特点

类别	压力表型式	测量范围/Pa	精度等级	输出信号	应用场合
液柱式压力计	U形管	−10～10	0.2,0.5	水柱高度	实验室低、微压测量
	补偿式	−2.5～2.5	0.02,0.1	旋转刻度	用作微压基准仪器
	自动液柱式	-10^2～10^2	0.05,0.01	自动计数	用光、电信号自动跟踪液面,用作压力基准仪器
弹性式压力表	弹簧管	-10^2～10^6	0.1～4.0	位移、转角或力	直接安装、就地测量或校验
	膜片	-10^2～10^3	1.5,2.5		用于腐蚀性、高黏度介质测量
	膜盒	-10^2～10^2	1.0～2.5		用于微压的测量与控制
	波纹管	0～10^2	1.5,2.5		用于生产过程低压的测控
负荷式压力计	活塞式	0～10^6	0.01～0.1	砝码负荷	结构简单,坚实,精度极高,广泛用作压力基准器
	浮球式	0～10	0.02, 0.05		

续表

类别	压力表型式	测量范围/Pa	精度等级	输出信号	应用场合
电气式压力表 压力传感式	电阻式	$-10^2 \sim 10$	1.0,1.5	电压,电流	结构简单,耐振动性差
	电感式	$0 \sim 10^5$	0.2～1.5	毫伏,毫安	环境要求低,信号处理灵活
	电容式	0～10	0.05～0.5	伏,毫安	动态响应快,灵敏度高,易受干扰
	压阻式	$0 \sim 10^5$	0.02～0.2	毫伏,毫安	性能稳定可靠,结构简单
	压电式	$0 \sim 10^4$	0.1～1.0	伏	响应速度极快,限于动态测量
	应变式	$-10^2 \sim 10^4$	0.1～0.5	毫伏	冲击、温湿度影响小,电路复杂
	振频式	$0 \sim 10^4$	0.05～0.5	频率	性能稳定,精度高
	霍尔式	$0 \sim 10^4$	0.5～1.5	毫伏	灵敏度高,易受外界干扰

2. 压力检测仪表的分类比较

压力检测仪表按照其转换原理不同，可分为液柱式、弹性式、活塞式和电气式四大类，其工作原理、主要特点和应用场合见表 4-4。

表 4-4　压力检测仪表分类比较

<table>
<tr><th colspan="3">压力检测仪表的种类</th><th>检测原理</th><th>主要特点</th><th>用　途</th></tr>
<tr><td rowspan="5">液柱式压力计</td><td colspan="2">U 形管压力计</td><td rowspan="5">液体静力平衡原理(被测压力与一定高度的工作液体产生的重力相平衡)</td><td rowspan="5">结构简单,价格低廉,精度较高,使用方便,但测量范围较窄,玻璃易碎</td><td rowspan="5">适用于低微静压测量,高精度者可用作基准器,不适于工厂使用</td></tr>
<tr><td colspan="2">单管压力计</td></tr>
<tr><td colspan="2">倾斜管压力计</td></tr>
<tr><td colspan="2">补偿微压计</td></tr>
<tr><td colspan="2">自动液柱式压力计</td></tr>
<tr><td rowspan="4">弹性式压力表</td><td colspan="2">弹簧管压力表</td><td rowspan="4">弹性元件弹性变形原理</td><td>结构简单,牢固实用,方便,价格低廉</td><td>用于高、中、低压的测量,应用十分广泛</td></tr>
<tr><td colspan="2">波纹管压力表</td><td>具有弹簧管压力表的特点,有的因波纹管位移较大,可制成自动记录型</td><td>用于测量 400kPa 以下的压力</td></tr>
<tr><td colspan="2">膜片压力表</td><td>除具有弹簧管压力表的特点外,还能测量黏度较大的液体压力</td><td>用于测量低压</td></tr>
<tr><td colspan="2">膜盒压力表</td><td>用于低压或微压测量,其他特点同弹簧管压力表</td><td>用于测量低压或微压</td></tr>
<tr><td rowspan="2">活塞式压力表</td><td colspan="2">单活塞式压力表</td><td rowspan="2">液体静力平衡原理</td><td rowspan="2">比较复杂和贵重</td><td rowspan="2">用于作基准仪器,校验压力表或实现精密测量</td></tr>
<tr><td colspan="2">双活塞式压力表</td></tr>
<tr><td rowspan="7">电气式压力表</td><td rowspan="2">压力传感器</td><td>应变式压力传感器</td><td>导体或半导体的应变效应原理</td><td rowspan="2">能将压力转换成电量,并进行远距离传送</td><td rowspan="7">用于控制室集中显示、控制</td></tr>
<tr><td>霍尔式压力传感器</td><td>导体或半导体的霍尔效应原理</td></tr>
<tr><td rowspan="5">压力(差压)变送器(分常规式和智能式)</td><td>力矩平衡式变送器</td><td>力矩平衡原理</td><td rowspan="5">能将压力转换成统一标准电信号,并进行远距离传送</td></tr>
<tr><td>电容式变送器</td><td>将压力转换成电容的变化</td></tr>
<tr><td>电感式变送器</td><td>将压力转换成电感的变化</td></tr>
<tr><td>扩散硅式变送器</td><td>将压力转换成硅杯的阻值的变化</td></tr>
<tr><td>振弦式变送器</td><td>将压力转换成振弦振荡频率的变化</td></tr>
</table>

二、弹簧管压力表

弹簧管压力表品种规格繁多，测压范围宽，测量精度较高，仪表刻度均匀，坚固耐用，应用广泛。

单圈弹簧压力表由单圈弹簧管、一组传动放大机构（简称机芯，包括拉杆、扇形齿轮、中心齿轮）、指示机构（包括指针、面板上的分度标尺）和表壳组成。其结构原理如图 4-8 所示。被测压力由接头 9 通入，迫使弹簧管 1 的自由端 B 向右上方扩张。自由端 B 的弹性变形位移通过拉杆 2 使扇形齿轮 3 做逆时针偏转，带动中心齿轮 4 做顺时针偏转，使其与中心齿轮同轴的指针 5 也做顺时针偏转，从而在面板 6 的刻度标尺上显示出被测压力 p 的数值。由于自由端的位移与被测压力呈线性关系，所以弹簧管压力表的刻度标尺为均匀分度。

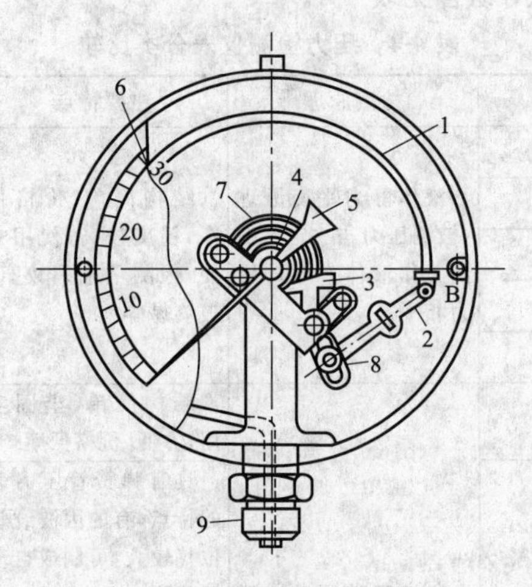

图 4-8　弹簧管压力表

1—弹簧管；2—拉杆；3—扇形齿轮；4—中心齿轮；5—指针；
6—面板；7—游丝；8—调整螺钉；9—接头

应用中要注意弹簧管的材料应随被测介质的性质、被测压力的高低而不同。一般在 $p<$ 20MPa（约 $200\mathrm{kgf/cm^2}$）时，采用磷铜；$p>$20MPa 时，则选用不锈钢或合金钢。同时，在选用压力表时，必须注意被测介质的化学性质。

一般在仪表的外壳上用表 4-5 所列的色标来标注。

表 4-5　弹簧管压力色标含义

被测介质	氧气	氢气	氨气	氯气	乙炔	可燃气体	惰性气体或液体
色标颜色	天蓝	深绿	黄色	褐色	白色	红色	黑色

三、模拟量压力变送器

变送器作用是将被测变量转换为统一标准信号，送给指示仪、记录仪、控制器或计算机控制系统，从而实现对被测变量的自动检测和控制。差压变送器，作为自动检测、自动控制系统中的变送单元，不仅可以测量压力、差压，还可以用于测量流量和液位。

传统的力矩平衡式压力变送器具有体积大、质量大等特点，随着过程控制技术和水平的提高，大量高精度、现代化的控制仪表及装置被广泛应用于工业过程控制中，这也对压力变送器提出了新的要求。目前微位移式压力变送器得到普遍应用，有电容式、电感式、扩散硅式、振弦式等。下面介绍几种应用较广泛的差压变送器。

1. DDZ-Ⅲ型力矩平衡式压力变送器

DDZ-Ⅲ型压力变送器是用来将压力转换成4～20mA DC标准电信号的仪表。它用24V DC电源供电，为两线制现场安装、安全火花型（即在任何状态下产生的火花都是不能点燃爆炸性混合物的安全火花）防爆仪表，具有较高的测量精度（一般为0.5级）、工作稳定可靠、线性好、不灵敏区较小等特点。

图4-9为DDZ-Ⅲ型压力变送器的测量机构示意图。其中，测量室1由测量膜片2分隔开，右为高压室，左为低压室。测量膜片2在差压作用下产生变形，通过连杆推动主杠杆4绕轴封膜片上的支点O_1转动，通过推板5作用在矢量板6上，将作用力F_1分解成沿矢量板作用在支点上的F_3和沿拉杆7向上的F_2，带动副杠杆11绕十字支撑簧片8转动，使与副杠杆刚性连接的动铁芯9和差动变压器10之间的距离改变，从而改变差动变压器原、副边绕组的磁耦合，使差动变压器副边绕组输出电压改变，经检测放大器12放大后转换成4～20mA DC电流输出。该电流流过可动线圈14，与永久磁钢之间形成电磁力，作用于副杠杆以实现力矩平衡，从而保证输出与输入的一一对应关系。

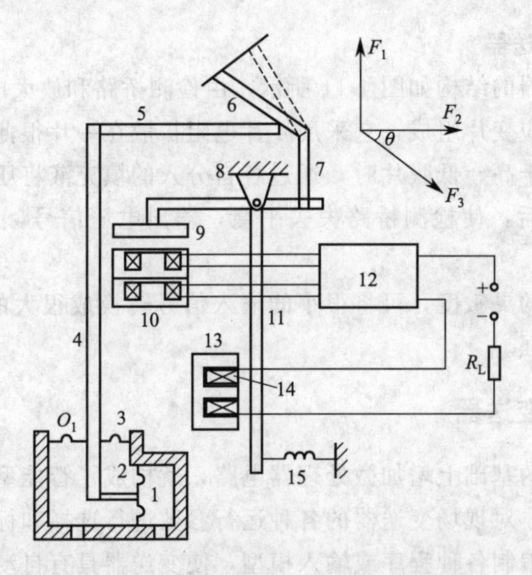

图4-9　DDZ-Ⅲ型压力变送器的工作原理图

1—测量室；2—测量膜片；3—轴封膜片；4—主杠杆；5—推板；6—矢量板；7—拉杆；8—十字支撑簧片；9—动铁芯；10—差动变压器；11—副杠杆；12—检测放大器；13—永久磁钢；14—可动线圈；15—调零弹簧

2. 电容式压力变送器

电容式压力变送器由测量部件、转换放大电路两部分组成。其中测量部分的核心部分是两个固定的弧形电极与中心感压膜片，这个可动电极构成两个电容器，如图4-10所示。

当被测压力变化时，中心感压膜片发生微小的位移（最大的位移量不超过0.1mm），使之与固定电极间的距离发生微小的变化，从而导致两个电容值发生微小变化，该变化的电容值由转换放大电路进一步放大成 4～20mA DC 电流，这个电流与被测压力成一一对应的线性关系，实现了差压的测量。

电容式压力变送器具有精度高、耐振动和冲击、调校可靠性、稳定性高、体积小、质量小、方便等特点。

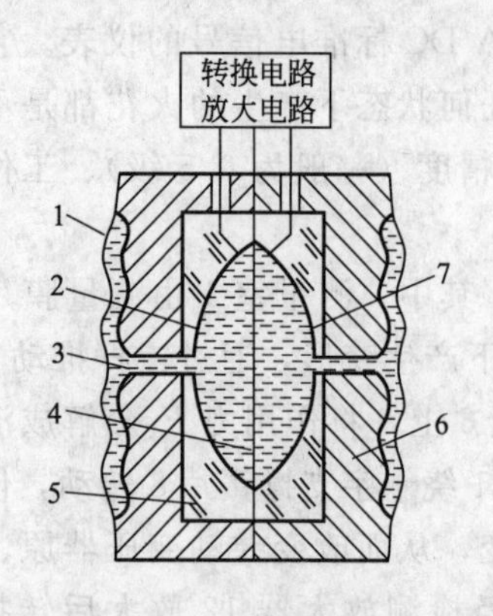

图 4-10 电容式压力变送器测量部件

1—隔离膜片；2，7—固定弧形电极；3—硅油；
4—测量膜片；5—玻璃层；6—底座

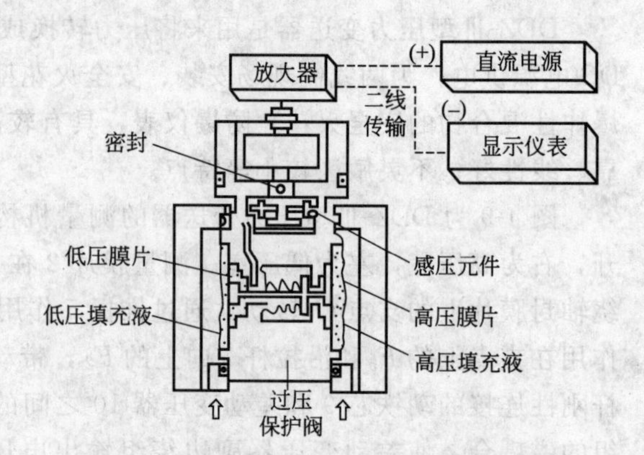

图 4-11 扩散硅式压力变送器结构示意图

3. 扩散硅式压力变送器

扩散硅式压力变送器的结构如图 4-11 所示，由检测桥路和放大电路两部分组成。

检测桥路主要由硅应变片组成，它采用 4 片电阻扩散在一片很薄的单晶硅片上组成一个桥路。当输入差压作用于高、低膜片时，通过各自分入的填充液将压力传递到感测元件硅应变片上，硅应变片受压后，使检测桥路失去平衡，输出电压信号，经放大器放大转换输出 4～20mA DC 电流。

硅应变片有非常高的灵敏度，可将很小的输入信号转换成很大的输出信号，便于测量，并且抑制干扰信号能力强。

四、智能型压力变送器

在普通压力变送器的基础上增加微处理器电路，就构成了智能型压力变送器。它能通过手持终端（也称手操器）对现场变送器的各种运行参数进行选择和标定，具有精度高、使用维护方便等特点。通过编制各种程序或输入模型，使变送器具有自动诊断、自动修正、自动补偿以及错误方式报警等多种功能，从而提高了变送器的精度，简化了调校、维护过程，实现了与计算机和控制系统直接通信的功能。

智能压力变送器产品有霍尼韦尔公司的 ST3000 系列、横河公司的 EJA 系列、罗斯蒙特公司的 1151 系列等。

EJA 智能压力变送器由单晶硅谐振式传感器上的两个 H 形振动梁分别将差压、压力信号转换成频率信号，送到脉冲计数器，再将两频率之差直接传递到 CPU 进行数据处理，经 D/A 转换器转换为与输入信号相对应的 4～20mA DC 的输出信号，并在模拟信号上叠加一个 BRAIN 或 HART 协议数字信号进行通信。膜盒组件中内置的特性修正存储器存储传感器的环境温度、静压及输入/输出特性修正数据，经 CPU 运算，可使变送器获得优良的温度特性、静压特性及输入/输出特性。通过 I/O 口与外部设备（如手持智能终端 BT200 或

375 以及 DCS 中的带通信功能的 I/O 卡）以数字通信方式传递数据，即高频 2.4kHz（BRAIN 协议）或 1.2kHz（HART 协议）数字信号叠加在 4～20mA 信号线上，在进行通信时，频率信号对 4～20mA 信号不产生任何的影响。

1. EJA 压力变送器工作原理

（1）结构原理　单晶硅谐振传感器的核心部分，即在一单晶硅芯片上采用微电子机械加工技术（MEMS），分别在其表面的中心和边缘做成两个形状、大小完全一致的 H 形状的谐振梁（H 形状谐振器有两个振梁），且处于微型真空腔中，使其既不与充灌液接触，又确保振动时不受空气阻尼的影响。

（2）谐振梁振动原理　硅谐振梁处于由永久磁铁提供的磁场中，与变压器、放大器等组成一正反馈回路，让谐振梁在回路中产生振荡。图 4-12 为单晶硅谐振式差压变送器测量部件。

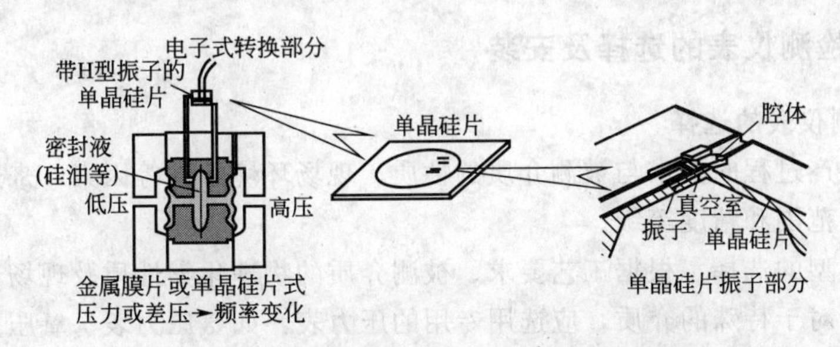

图 4-12　EJA 单晶硅谐振式差压变送器测量部件

（3）受力情况　当单晶硅片的上下表面受到压力并形成压力差时将产生形变，中心处受到压缩力，边缘处受到张力，因而两个形状振梁分别感受不同应变作用，其结果是中心谐振梁受压缩力而频率减小，边侧谐振梁因受张力而频率之差对应不同的压力信号，如图 4-13 所示。

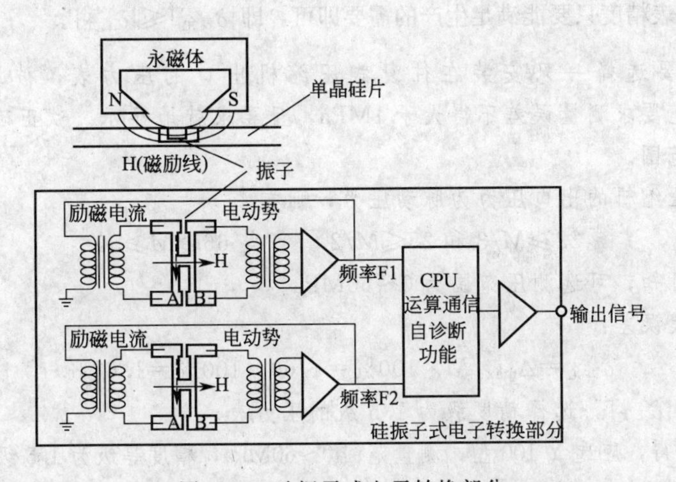

图 4-13　硅振子式电子转换部分

EJA 智能压力变送器适用于液体、气体或蒸汽的流量、液位、密度和压力的测量。可以通过内藏显示表或 BRAIN 协议或 HART 通信协议显示其静压。还具有快速响应、通信协议远程设定、自诊断功能以及任选高/低压力报警状态输出功能等特征。

2. EJA 压力变送器的选型、安装、校准注意事项

① 变送器精度校验。将微调阀放到中间位置，关闭截止阀及回检阀，电动压力检验台

输出压力设置，基本误差调校上行 5 点，下行 5 点，及时记录数据。

② 安装时经常出现松动，变送器与三阀组连接螺栓应对角缩紧，一般不能一次锁死。三阀组安装时应该加密封线圈。

③ 正确进行误差及回差的计算，正确给出校验结论，正确进行有效数字的处理。

④ 校验仪设置功能项。校验仪首先清零，压力管路连接好，同时注意正负极连接，接入标准电阻。检查回路电流。

⑤ 正确地挂接手操器，按照要求设置变送器内容，零位调整。

⑥ 对于三阀组的操作：首先打开平衡阀，正确打开高压阀。

⑦ 差压变送器设备复位整理。停用三阀组，停电、拆除回路连线及相关设备，压力控制台启动关闭，打开截止阀及回检阀。

五、压力检测仪表的选择及安装

1. 压力检测仪表的选择

根据实际生产过程的要求与被测介质的性质、现场环境条件等因素，来选择压力检测仪表的类型、测量范围和精度等级。

(1) 仪表类型的选择　根据工艺要求、被测介质的物理化学性质及现场环境等因素来确定仪表的类型。对于特殊的介质，应选用专用的压力表，如氨压力表、氧压力表等。

(2) 仪表测量范围的选择　根据被测压力的大小来确定测量仪表的检测范围。一般规定，测量稳定压力时，被测压力的最大值不得大于仪表满量程 M 的 2/3；测量脉动压力时，被测压力的最大值不得大于仪表满量程 M 的 1/2；测量高压时，被测压力的最大值不得大于仪表满量程 M 的 3/5。为了保证测量的准确度，一般被测量压力的最小值应大于仪表满量程 M 的 1/3。

(3) 仪表精度等级的选择　根据工艺生产中所允许的最大测量误差来决定。考虑到生产的成本，一般所选的仪表精度只要能满足生产的需要即可，即 $|\delta_{表允}| \leqslant |\delta_{工允}|$。

例 4-4　现要选择一只安装在往复式压缩机出口的压力表，被测压力的范围为 22～25MPa，工艺要求测量误差不得大于 1MPa，且要求就地显示。试正确选择压力表的型号、精度及测量范围。

解：往复式压缩机的出口压力为脉动压力，则有

$$22 \geqslant M/3 \text{ 和 } 25 \leqslant M/2 \quad \text{可得 } 66 \geqslant M \geqslant 50$$

查有关表格可知，可选测压范围为 0～60MPa。

工艺允许最大误差：

$$\delta_{工允} = \Delta_{max}/M \times 100\% = 1/60 \times 100\% = 1.67\%$$

根据 $|\delta_{表允}| \leqslant |\delta_{工允}|$，选择精度级为 1.5 级的压力表。

查有关表格可得，应选 Y-100 型，测量范围 0～60MPa，精度等级为 1.5 级的弹簧管压力表。

2. 压力表的安装

(1) 测压点的选择　测压点选择的好坏，直接影响到测量效果。测压点必须能反映被测压力的真实情况。一般选择与被测介质呈直线流动的管段部分，且使取压点与流动方向垂直。测液体压力时，取压点应在管道下部；测气体压力时，取压点应在管道上方。

(2) 导压管的铺设　导压管粗细要合适，在铺设时应便于压力表的保养和信号传递。在取压口到仪表之间应加装切断阀。当遇到被测介质易冷凝或冻结时，必须加保温伴热管线。

(3) 压力表的安装　压力表安装时，应便于观察和维修，尽量避免振动和高温影响。应根据具体情况，采取相应的防护措施，如图 4-14 所示。压力表在连接处应根据实际情况加装密封垫片。

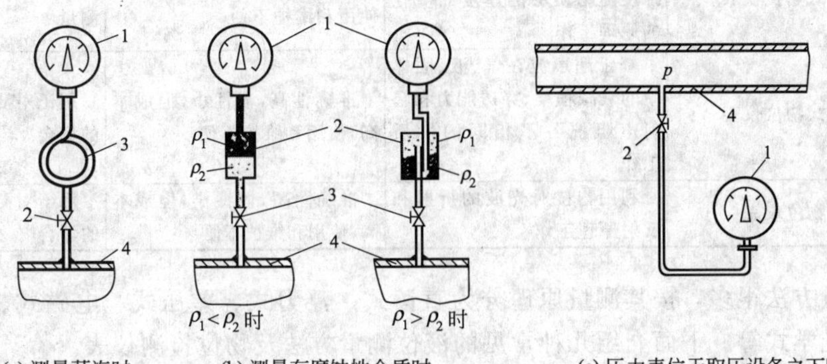

(a) 测量蒸汽时　(b) 测量有腐蚀性介质时　(c) 压力表位于取压设备之下时

图 4-14　压力表安装示意图

1—压力表；2—切断阀门；3—凝液管和隔离罐；4—取压设备；ρ_1，ρ_2—隔离液和被测介质的密度

第三节　物位检测及仪表

一、物位检测的基本概念

两相物料或两种相对密度不同又互不相混合的物料界面位置的测量统称为物位测量，其中气相与液相间的界面测量称为液位测量。测量液位的仪表叫液位计，测量固体料位的仪表叫料位计，测量液体及液体间界面的仪表叫界位计，上述三种仪表统称为物位测量仪表。

物位检测仪表的种类很多，大体上可分成接触式和非接触式两大类。表 4-6 给出了常见的各类物位检测仪表的工作原理、主要特点和应用场合。

表 4-6　物位检测仪表的分类

<table>
<tr><th colspan="4">检测仪表的种类</th><th>检测原理</th><th>主要特点</th><th>用　途</th></tr>
<tr><td rowspan="11">接触式</td><td rowspan="2">直读式</td><td colspan="2">玻璃管液位计</td><td rowspan="2">连通器原理</td><td rowspan="2">结构简单,价格低廉,显示直观,但玻璃易损,读数不十分准确</td><td rowspan="2">现场就地指示</td></tr>
<tr><td colspan="2">玻璃板液位计</td></tr>
<tr><td rowspan="3">差压式</td><td colspan="2">压力式液位计</td><td rowspan="3">利用液柱或物料堆积对某定点产生压力的原理而工作</td><td rowspan="3">能远传</td><td rowspan="3">可用于敞口或密闭容器中,工业上多用差压变送器</td></tr>
<tr><td colspan="2">吹气式液位计</td></tr>
<tr><td colspan="2">差压式液位计</td></tr>
<tr><td rowspan="3">浮力式</td><td rowspan="2">恒浮力式</td><td>浮标式</td><td rowspan="2">基于浮于液面上的物体随液位的高低而产生的位移来工作</td><td rowspan="2">结构简单,价格低廉</td><td rowspan="2">测量储罐的液位</td></tr>
<tr><td>浮球式</td></tr>
<tr><td>变浮力式</td><td>沉筒式</td><td>基于沉浸在液体中的沉筒的浮力随液位变化而变化的原理工作</td><td>可连续测量敞口或密闭容器中的液位、界位</td><td>需远传显示、控制的场合</td></tr>
<tr><td rowspan="3">电气式</td><td colspan="2">电阻式液位计</td><td rowspan="3">通过将物位的变化转换成电阻、电容、电感等电量的变化来实现物位的测量</td><td rowspan="3">仪表轻巧,滞后小,能远传,但线路复杂,成本较高</td><td rowspan="3">用于高压腐蚀性介质的物位测量</td></tr>
<tr><td colspan="2">电容式液位计</td></tr>
<tr><td colspan="2">电感式液位计</td></tr>
</table>

续表

检测仪表的种类		检测原理	主要特点	用　途
非接触式	核辐射式物位仪表	利用核辐射透过物料时，其强度随物质层的厚度而变化的原理工作	能测各种物位，但成本高，使用和维护不便	用于腐蚀性介质的物位测量
	超声波式物位仪表	基于超声波在气、液、固体中的衰减程度、穿透能力和辐射声阻抗各不相同的性质工作	准确性高，惯性小，但成本高，使用和维护不便	用于对测量精度要求高的场合
	光学式物位仪表	利用物位对光波的折射和反射原理工作	准确性高，惯性小，但成本高，使用和维护不便	用于对测量精度要求高的场合

物位测量方法很多，按其测量原理分为直读式、浮力式、差压式、电磁式、超声波式、核辐射式、光学式等。下面介绍几种常见的液位测量方法及物位检测仪表。

二、差压式液位计

1. 差压式液位计的工作原理

差压式液位计是根据流体静力学原理工作的，即容器内液位的高度 L 与液柱上下两端面的静压差成比例。在图 4-15 中，根据流体静力学原理，A 点和 B 点的压力差 Δp 为

$$\Delta p=p_B-p_A=\rho gL$$

一般被测介质的密度 ρ 是已知的，重力加速度 g 是常量，所以差压 Δp 正比于液位 L，即液位 L 的测量问题转换成了差压 Δp 的测量。因此，所有压力、压差检测仪表只要量程合适，都可用来测量物位。

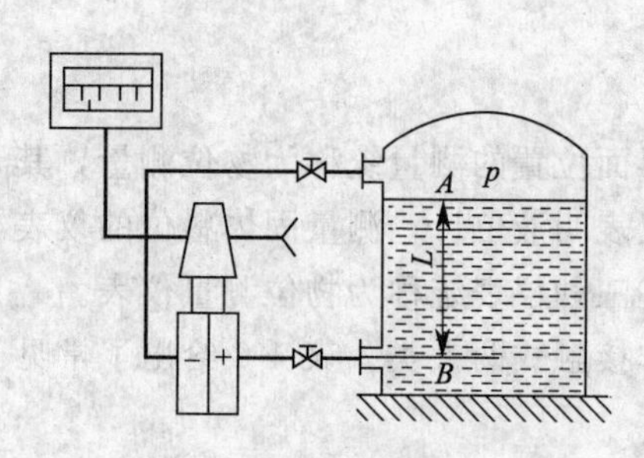

图 4-15　差压变送器测液位示意图

2. 零点迁移

实际应用差压液位计时，由于周围环境的影响，在安装时常会遇到以下几种情况。

(1) 零点无迁移　如图 4-15 所示，在使用电动差压变送器时，差压变送器的安装高度与最低液位正好在同一水平线上，此时

$$\Delta p=p_B-p_A=\rho gL \tag{4-9}$$

当 $L=0$ 时，$\Delta p=0$，则：

$$I_0=I_{0\min}=4\text{mA DC}$$

当 $L=L_{max}$ 时，$\Delta p=\Delta p_{max}$，则：

$$I_0=I_{0max}=20\text{mA DC}$$

当液位在 $0\sim L_{max}$ 之间变化时，Δp 在 $0\sim\Delta p_{max}$ 之间变化，它们之间形成一一对应的关系，这就是所谓"无迁移"情况。

(2) 零点正迁移　若差压变送器与容器的液相取压点不在同一水平面上，如图 4-16 所示。变送器此时正压室受到的压力

$$p_+=p_0+\rho gL+\rho gl \tag{4-10}$$

负压室受到的压力

$$p_-=p_0 \tag{4-11}$$

差压

$$\Delta p = p_+ - p_- = \rho g L + \rho g l \tag{4-12}$$

显然，当 $L=0$ 时，$\Delta p>0$（显示仪表的指示大于 4mA），此时差压变送器需要零点“正迁移”，迁移量$=\rho g l$。

（3）零点负迁移　如果被测介质易挥发或有腐蚀性，为了保护变送器，防止管线阻塞或腐蚀，并保持负压室的液柱高度恒定，保证测量精度，需要在负压管线上加隔离液，如图 4-17 所示。此时

$$\begin{aligned}\Delta p &= p_+ - p_- = (p_0 + \rho_1 g L + \rho_2 g l_1) - (p_0 + \rho_2 g l_2)\\ &= \rho_1 g L - \rho_2 g (l_2 - l_1)\end{aligned}$$

式中　ρ_1——被测介质的密度；

ρ_2——隔离液的密度。

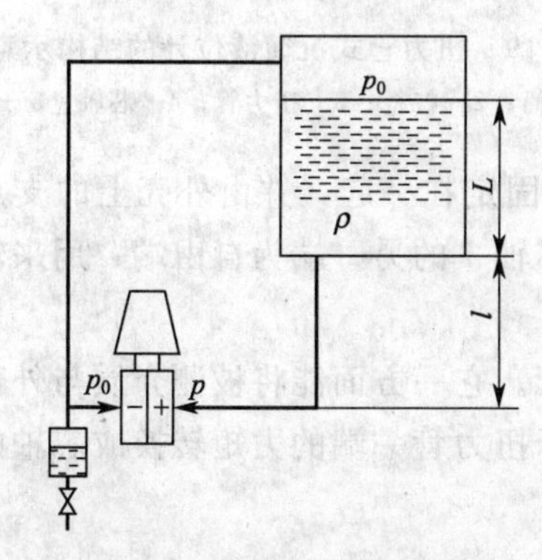

图 4-16　差压液位计示意图

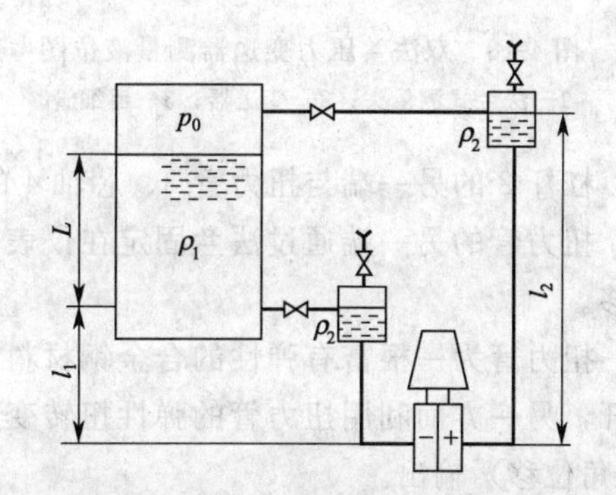

图 4-17　加装隔离液的差压液位计示意图

显然，当 $L=0$ 时，$\Delta p<0$（显示仪表的指示小于 4mA），此时差压变送器需要零点“负迁移”。

为了使液位 $L=0$ 时显示仪表的指示也为零，需调整压力变送器的零点迁移装置，使之抵消液位 L 为零时，压力变送器指示不为零的那一部分固定差压值，这就是“零点迁移”。

迁移的实质只是改变了仪表上、下限，相当于测量范围进行了平移，不改变仪表的量程。

3. 法兰式压力变送器测量液位

当测量具有腐蚀性或含有结晶颗粒以及黏度大、易凝固等液体时，为防止管线被腐蚀或阻塞，常使用在导压管入口处加隔离膜盒的法兰式压力变送器。法兰式压力变送器按其结构可分单法兰和双法兰两种。

图 4-18 为双法兰压力变送器测量液位的示意图。作为传感元件的测量头 1（金属膜盒），经毛细管 3 与变送器 2 的测量室相通。在膜盒、毛细管和测量室所组成的封闭系统内充有硅油，作为传压介质，使被测介质不进入毛细管与变送器，以免堵塞。

三、其他物位检测仪表

1. 浮力式液位计

沉筒式液位计是使用较早的一种浮力式液位计。其结构简单，工作可靠，不易受外界环

境的影响，维护方便。

图 4-19 为扭力管式沉筒液位计的结构示意图。浮筒 1（检测元件）是用不锈钢制成的空心长圆柱体，被垂直地悬挂于杠杆 2 的一端，并部分沉浸于被测介质中。

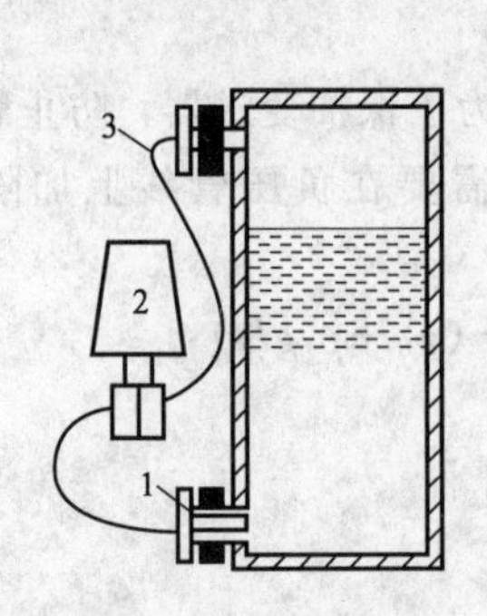

图 4-18　双法兰压力变送器测量液位图

1—法兰式测量头；2—变送器；3—毛细管

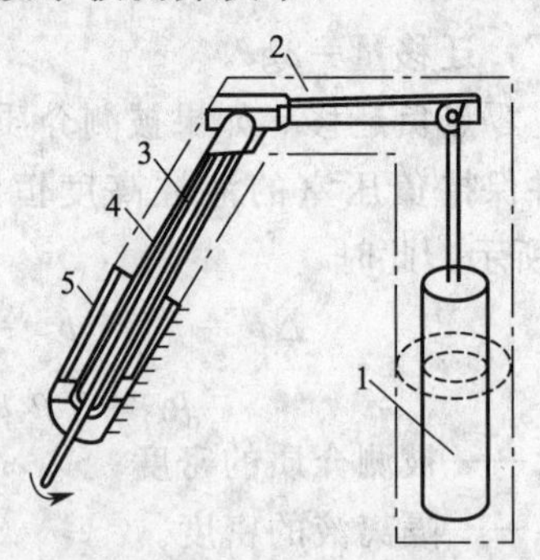

图 4-19　扭力管式沉筒液位计的结构示意图

1—浮筒；2—杠杆；3—扭力管；4—芯轴；5—外壳

杠杆 2 的另一端与扭力管 3、芯轴 4 的一端垂直地固定在一起，并由外壳上的支点所支撑。扭力管的另一端通过法兰固定在仪表外壳 5 上。芯轴 4 的另一端为自由端，用来输出角位移。

扭力管为一根富有弹性的合金钢材料制成的空心管。它一方面能将被测介质与外部空间隔开，另一方面利用扭力管的弹性扭转变形，把作用于扭力管一端的力矩转换成芯轴的转动（即角位移）输出。

2. 电容式物位计

电容式物位计是利用电学原理，直接把物位变化转换为电容变化，再把电容变化值转换为统一的电信号进行传输、处理，最后显示出来。电容式物位计基于检测元件的电容量随物位变化而变化的原理工作的，只要测出电容量的变化，就可以知道物位高低的数值。

电容检测元件是根据圆筒电容器原理进行工作的，结构形式如图 4-20 所示，它有两个长度为 L、半径分别为 R 和 r 的圆筒金属导体，中间隔以绝缘物质，便构成圆筒形电容器。当将检测元件放入被测介质中时，在电容器两电极间就会进入与被测液位等高度的液体，当液体变化时，电容器被液体遮盖住的那部分电容的介电常数就会发生变化，从而导致电容发生变化。由测量线路将这个变化电容检测出来，并转换为 0～10mA DC 或 4～20mA DC 的标准电流信号输出，就实现了对液位的连续测量。

3. 超声波物位检测仪表

声波在气体、液体、固体中具有一定的传播速度，而且在穿过介质时会被吸收而衰减。声波在穿过不同密度的介质分界面处还会产生反射。根据声波从发射至接收回波的时间间隔与物位高度成正比的关系，就可以测量物位。

当声波从液体（或固体）传播到气体，由于两种介质的密度相差悬殊，声波几乎全部被反射，因此，当置于容器底部的换能器向液面发射出的声脉冲时（图 4-21），经过时间 t，换能器可接收到从液面反射回来的回波声脉冲。设探头到液面的距离为 L，超声波在液体中的传播速度为 v，则存在以下关系

$$L=\frac{1}{2}vt \tag{4-13}$$

对于特定的液体，v 是已知的，一旦测出从发出到接收到声波的时间 t，就可确定液位的高度 L。

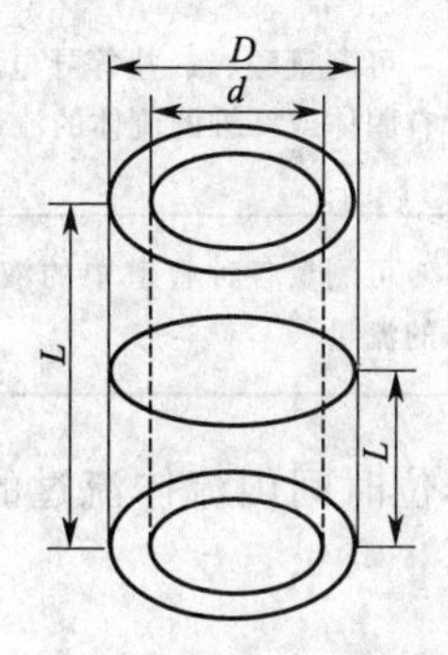

图 4-20　电容式物位计的测量原理

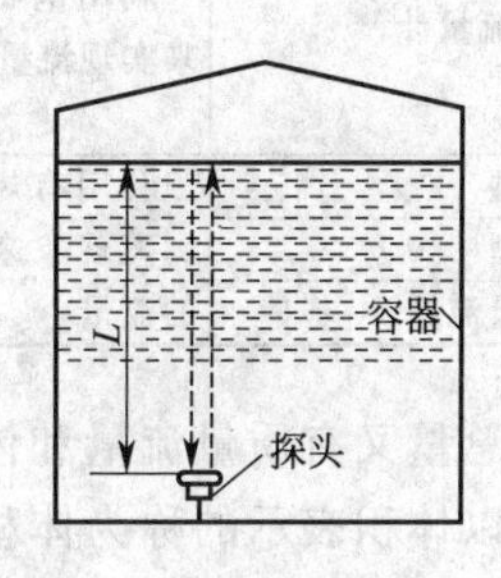

图 4-21　超声波液位原理示意图

第四节　流量检测仪表

一、流量检测的基本概念

在工业生产中，经常需要检测生产过程中各种介质（液体、气体、蒸汽等）的流量，以便为生产操作、管理和控制提供依据。

流量分为瞬时流量和累积流量。瞬时流量是指在单位时间内流过管道某一截面流体的数量，简称流量，其单位一般用立方米/秒（m^3/s）、千克/秒（kg/s）表示。累积流量是指在某一段时间内流过流体的总和，即瞬时流量在某一段时间内的累积值，又称为总量，单位用千克（kg）、立方米（m^3）表示。

流量的检测方法很多，所对应的检测仪表种类也很多，表 4-7 对流量检测仪表进行了分类比较。

表 4-7　流量检测仪表分类比较

<table>
<tr><th colspan="2">流量检测仪表种类</th><th>检测原理</th><th>特　点</th><th colspan="2">用　途</th></tr>
<tr><td rowspan="3">差压式</td><td>孔板</td><td rowspan="3">基于节流原理，利用流体流经节流装置时产生的压力差而实现流量测量</td><td rowspan="3">已实现标准化，结构简单，安装方便，但压差与流量为非线性关系</td><td colspan="2" rowspan="3">管径＞50mm、低黏度、大流量、清洁的液体、气体和蒸汽的流量测量</td></tr>
<tr><td>喷嘴</td></tr>
<tr><td>文丘里管</td></tr>
<tr><td rowspan="2">转子式</td><td>玻璃管转子流量计</td><td rowspan="2">基于节流原理，利用流体流经转子时截流面积的变化来实现流量测量</td><td rowspan="2">压力损失小，检测范围大，结构简单，使用方便，但需垂直安装</td><td colspan="2" rowspan="2">适于小管径、小流量的流体或气体的流量测量，可进行现场指示或信号远传</td></tr>
<tr><td>金属管转子流量计</td></tr>
<tr><td rowspan="4">容积式</td><td>椭圆齿轮流量计</td><td rowspan="4">采用容积分界的方法，转子每转一周都可送出固定容积的流体，则可利用转子的转速来实现测量</td><td rowspan="4">精度高、量程宽、对流体的黏度变化不敏感，压力损失小，安装使用较方便，但结构复杂，成本较高</td><td rowspan="4">小流量、高黏度、不含颗粒和杂物、温度不太高的流体流量测量</td><td>液体</td></tr>
<tr><td>皮囊式流量计</td><td>气体</td></tr>
<tr><td>旋转活塞流量计</td><td>液体</td></tr>
<tr><td>腰轮流量计</td><td>液体、气体</td></tr>
<tr><td colspan="2">涡轮流量计</td><td>利用叶轮或涡轮被液体冲转后，转速与流量的关系进行测量</td><td>安装方便，精度高，耐高压，反应快，便于信号远传，需水平安装</td><td colspan="2">可测脉动、洁净、不含杂质的流体的流量</td></tr>
</table>

续表

流量检测仪表种类		检测原理	特点	用途
电磁流量计		利用电磁感应原理来实现流量测量	压力损失小，对流量变化反应速度快，但仪表复杂，成本高，易受电磁场干扰，不能振动	可测量酸、碱、盐等导电液体溶液以及含有固体或纤维的流体的流量
漩涡式	旋进漩涡型	利用有规则的漩涡剥离现象来测量流体的流量	精度高、范围广，无运动部件，无磨损，损失小，维修方便，节能好	可测量各种管道中的液体、气体和蒸汽的流量
	卡门漩涡型			
	间接式质量流量计			

流量和总量又有质量流量和体积流量两种表示方法。单位时间内流体流过的质量表示为质量流量。以体积表示的称为体积流量。

二、差压式流量计

差压式流量计（也称节流式流量计）是基于流体流动的节流原理，利用流体流经节流装置时产生的静压差来实现流量测量，由节流装置（包括节流元件和取压装置）、导压管和差压计或差压变送器及显示仪表所组成。

1. 测量原理

流体在管道中流动，流经节流装置时，由于流通面积突然减小，流速必然产生局部收缩，流速加快。根据能量守恒原理，动压能和静压能在一定条件下可以互相转换，流速加快的结果必然导致静压能的降低，因而在节流装置的上、下游之间产生了静压差。这个静压差的大小和流过此管道流体的流量有关，它们之间的关系可用下式表示：

$$F_{\mathrm{m}}=\alpha\varepsilon\frac{\pi}{4}d^{2}\sqrt{2\rho_{1}\Delta p} \tag{4-14}$$

$$F_{\mathrm{V}}=F_{\mathrm{m}}/\rho_{1} \tag{4-15}$$

式中 F_{m}——流体的质量流量；

F_{V}——流体的体积流量；

α——流量系数；

ε——流体的膨胀系数；

d——节流件开孔直径；

ρ_1——工作状态下被测流体密度；

Δp——压差。

当 α、ε、ρ_1、d 均为常数时，流量与压差的平方根成正比。由于流量与压差之间的非线性关系，在用节流式流量计测量流量时，流量标尺刻度是不均匀的。

2. 标准节流装置

设置在管道内能够使流体产生局部收缩的元件，称为节流元件。所谓标准节流装置，就是指它们的结构形式、技术要求、取压方式、使用条件等均有统一的标准。实际使用过程中，只要按照标准要求进行加工，可直接投入使用。

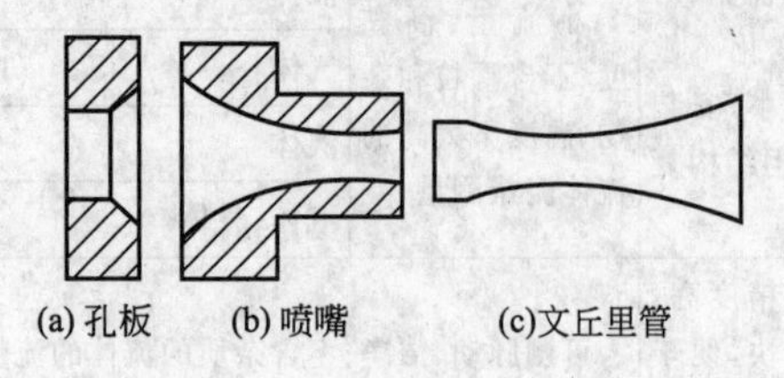

图 4-22 标准节流装置

目前常用的标准节流装置有孔板、喷嘴、文丘里管，其结构如图 4-22 所示。

(1) 标准节流装置的使用条件

① 流体必须充满圆管和节流装置，并连续地流经管道。

② 管道内的流束（流动状态）必须是稳定的，且是单向、均匀的，不随时间变化或变化非常缓慢。

③ 流体流经节流件时不发生相变。

④ 流体在流经节流件以前，其流束必须与管道轴线平行，不得有旋转流。

(2) 标准节流装置的选择原则

① 在允许压力较小时，可采用文丘里管和喷嘴。

② 在检测某些容易使节流装置玷污、磨损和变型的脏污或腐蚀性介质的流量时，采用喷嘴较孔板为好。

③ 在流量值和差压值都相等的条件下，喷嘴较孔板有较高的检测精度，而且所需的直管长度也较短。

④ 在加工制造和安装方面，以孔板最简单，喷嘴次之，文丘里管、文丘里喷嘴最为复杂，造价也高，所需的直管长度较短。

(3) 节流装置的安装

① 应使节流元件的开孔与管道的轴线同心，并使其端面与管道的轴线垂直。

② 在节流元件前后长度为管径 2 倍的一段管道内壁上，不应有明显粗糙或不平。

③ 节流元件的上下游必须配置一定长度的直管。

④ 标准节流装置（孔板、喷嘴），一般只用于直径 $D \geqslant 50$mm 的管道中。

3. 差压检测及显示

节流元件将管道中流体的流量转换为压差，该压差由导压管引出，送给差压计来进行测量。用于流量测量的差压计形式很多，如双波纹管差压计、膜盒式差压计、差压变送器等，其中差压变送器使用得最多。

由于流量与差压之间具有开方关系，为指示方便，常在差压变送器后增加一个开方器，使输出电流与流量变成线性关系后，再送显示仪表进行显示。差压式流量检测系统的组成框图如图 4-23 所示。

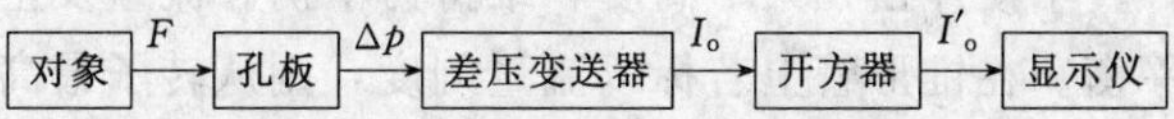

对象 —F→ 孔板 —Δp→ 差压变送器 —I_o→ 开方器 —I'_o→ 显示仪

图 4-23 差压式流量检测系统组成框图

4. 差压式流量计的投运

差压式流量计在现场安装完毕，经检测校验无误后，就可以投入使用。

开表前，必须先使引压管内充满液体或隔离液，引压管中的空气要通过排气阀和仪表的放气孔排除干净。

在开表过程中，要特别注意差压计或差压变送器的弹性元件不能受突然的压力冲击，更不要处于单向受压状态。差压式流量计的测量示意图如图 4-24 所示，其投运步骤如下。

① 打开节流装置引压口截止阀 1 和 2。

② 打开平衡阀 5，并逐渐打开正压侧切断阀 3，使差压计的正、负压室承受同样压力。

③ 关闭平衡阀 5，并逐渐开启负压侧切断阀 4，仪表即投入使用。

仪表停运时，与投运步骤相反。

在运行中，如需在线校验仪表的零点，只需关闭切断阀 3、4，打开平衡阀 5 即可。

三、其他流量仪表

1. 转子流量计

转子流量计是改变流通面积测量流量的最典型仪表，特别适合于测量小管径中洁净介质的流量，且流量较小时测量精度也较高。

转子流量计的结构如图 4-25 所示，是由上大下小的锥形圆管和转子（也叫浮子）组成的，作为节流装置的转子悬浮在垂直安装的锥形圆管中。

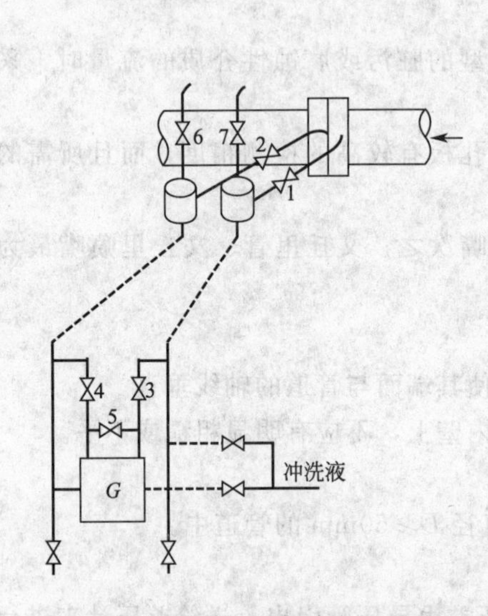

图 4-24　差压式流量计测量示意图

1，2—引压口截止阀；3—正压侧切断阀；4—负压侧切断阀；5—平衡阀；6，7—排气阀

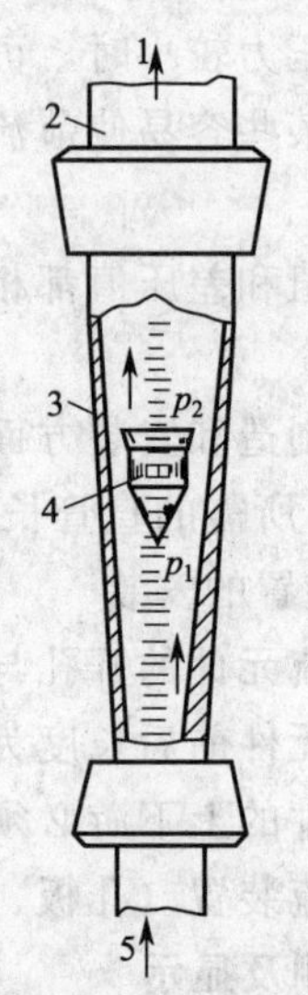

图 4-25　转子流量计

1，5—流体；2—管道；3—锥形玻璃管；4—转子

当流体自下而上流经锥形管时，由于受到流体的冲力，转子便向上运动。随着转子的上升，转子与锥形管间的环形流通面积增大，流速减小，直到转子在流体中的质量与流体作用在转子上的力相等时，转子便停留在某一高度，维持力平衡。流量发生变化时，转子移到新的位置，继续保持力平衡。在锥形管上若标以流量刻度，则从转子最高边缘所处的位置便知流量的数值，也可将转子的高度通过机械结构转换成电信号（或气信号），进行自动记录、远传和自动控制流量。

2. 椭圆齿轮流量计

椭圆齿轮流量计是容积式流量计中的一种，它对被测流体的黏度变化不敏感，特别适合于高黏度的流体（如重油、聚乙烯醇、树脂等），甚至糊状物的流量测量。

椭圆齿轮流量计的主要部件是测量室（即壳体）和安装在测量室内的两个互相啮合的椭圆齿轮 A 和 B，两个齿轮分别绕自己的轴相对旋转，与外壳构成封闭的月牙形空腔，如图 4-26 所示。

当流体流过椭圆齿轮流量计时，由于要克服阻力将会引起压力损失，而使得出口侧压力 p_2 小于进口侧压力 p_1，在此压力差的作用下，产生作用力矩而使椭圆齿轮连续转动。

椭圆齿轮流量计的体积流量 F_V 为

$$F_V=4nV_0 \tag{4-16}$$

式中　n——椭圆齿轮的转速；

V_0——月牙形测量室容积。

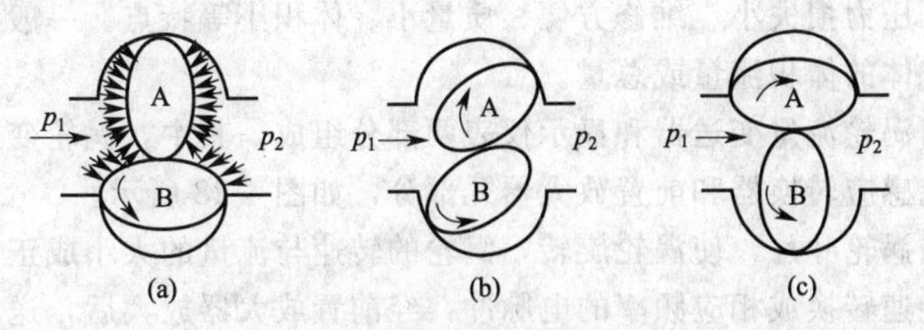

图 4-26　椭圆齿轮流量计原理图

可见，在 V_0 一定的条件下，只要测出椭圆齿轮的转速 n，便可知道被测介质的流量 F_V。

椭圆齿轮流量计特别适用于高黏度介质的流量检测，其测量精度很高（±0.5%），压力损失小，安装使用较方便。目前椭圆齿轮流量计有就地显示和远传显示两种形式，配以一定的传动机构和积算机构，还可以记录或显示被测介质的总量。

3. 电磁流量计

应用法拉第电磁感应定律作为检测原理的电磁流量计，是目前生产过程中检测导电液体流量的常用仪表。

图 4-27 为电磁流量计原理图，将一个直径为 D 的管道放在一个均匀磁场中，并使之垂直于磁力线方向。管道由非导磁材料制成。如果是金属管道，内壁上要装有绝缘衬里。当导电液体在管道中流动时，便会切割磁力线。在管道两侧各插入一根电极，则可以引出感应电动势。其大小与磁场、管道和液体流速有关，由此可得出

$$F_V=\frac{\pi DE}{4B} \tag{4-17}$$

式中　E——感应电势；

B——磁感应强度；

D——管道内径。

显然，只要测出感应电势 E，就可知道被测流量 F_V 的大小。

这种测量方法可测量各种腐蚀性液体以及带有悬浮颗粒的浆液，不受介质密度和黏度的影响，但不能测量气体、蒸汽和石油制品等的流量。

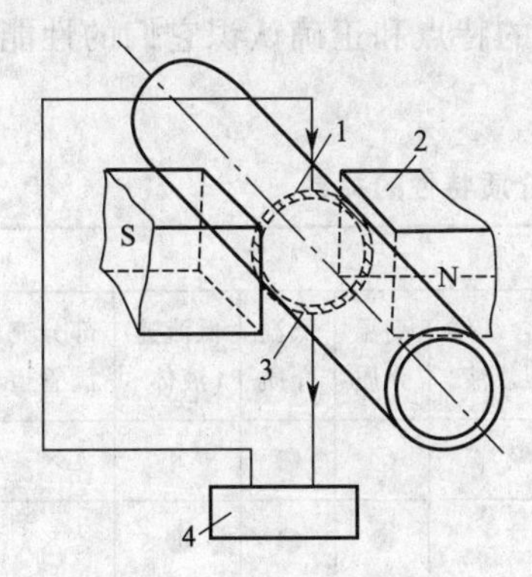

图 4-27　电磁流量计原理图

1—导管；2—磁极；3—电极；4—仪表

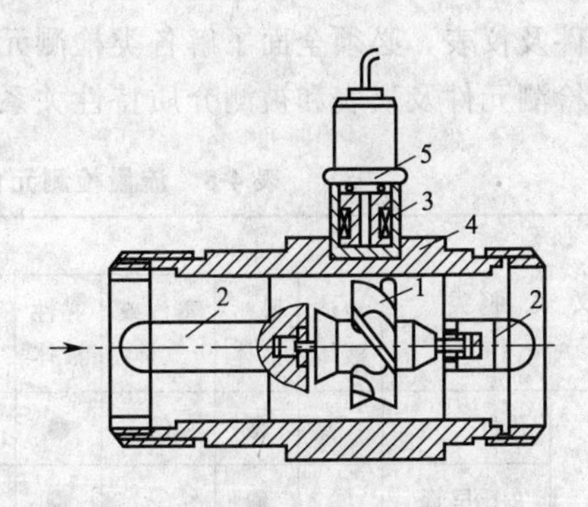

图 4-28　涡轮流量变送器结构示意图

1—涡轮；2—导流器；3—磁电感应转换器；4—外壳；5—前置放大器

4. 涡轮流量计

涡轮流量计是一种速度式流量仪表，它具有结构简单、精度高、测量范围广、耐压高、温度适应范围广、压力损失小、维修方便、质量小、体积小等特点。一般用来测量封闭管道中低黏度液体或气体的体积流量或总量。

涡轮流量计由涡轮流量变送器和显示仪表两部分组成。其中，涡轮变送器包括壳体、涡轮、导流器、磁电感应转换器和前置放大器几部分，如图 4-28 所示。

被测流体冲击涡轮叶片，使涡轮旋转，涡轮的转速与流量的大小成正比。经磁电感应转换装置把涡轮的转速转换成相应频率的电脉冲，经前置放大器放大后，送入显示仪表进行计数和显示，根据单位时间内的脉冲数和累计脉冲数即可求出瞬时流量和累积流量。

5. 漩涡流量计

漩涡流量计是根据流体振动原理而制成的一种测量流体流量的仪表。它具有精度高，结构简单，无可动部件，维修简单，量程比宽，使用寿命长，几乎不受被测介质的压力、温度、密度、黏度等因素影响等特点，因而被广泛应用。

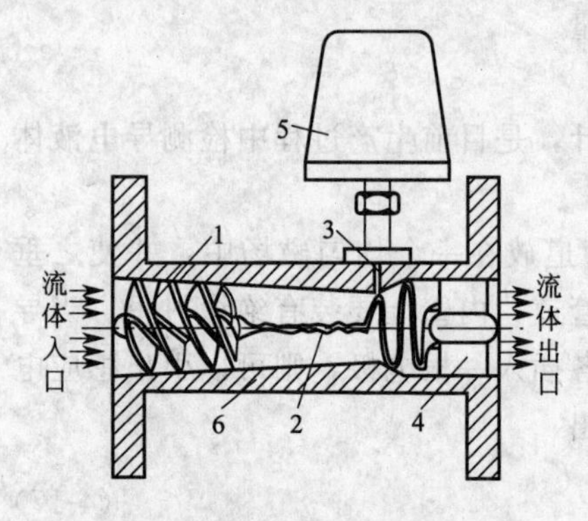

图 4-29 漩涡流量计原理示意图

1—螺旋导流架；2—流体漩涡流；3—检测元件；4—除漩整流架；5—放大器；6—壳体

漩涡流量计由测量管与变送器两部分组成，如图 4-29 所示。当被测流体进入测量管，通过固定在壳体上的螺旋导流架后，形成一股具有旋转中心的涡流。在螺旋导流架后检测元件处，因测量管逐渐收缩，而使涡流的前进速度和涡旋逐渐加强。在此区域内，流体中心是一束速度很高的漩涡流，沿着测量管中心线运动。在检测元件后，由于测量管内腔突然变大，流速突然急剧减缓，导致部分流体形成回流。这样，从收缩部分出来的漩涡流的漩涡中心，受到回流的影响后改变前进方向，于是，漩涡流不是沿着测量管的中心线运动，而是围绕中心线旋转，即旋进。旋进频率与流速成正比，只要测出漩涡流的旋进频率，就可以获知被测流量值。

四、各种流量检测元件及仪表的选用

流量检测元件及仪表的选用应根据工艺条件和被测介质的特性来确定。要想合理选用检测元件及仪表，必须全面了解各类检测元件及流量仪表的特点和正确认识它们的性能。各类流量检测元件及仪表和被测介质特性关系见表 4-8。

表 4-8 流量检测元件及仪表与被测介质特性的关系

仪表种类		介质											
		清洁液体	脏污液体	蒸汽或气体	黏性液体	腐蚀性液体	腐蚀性浆液	含纤维浆液	高温介质	低温介质	低流速液体	部分充满管道	非牛顿液体
节流式流量计	孔板	○	●	○	●	◎	×	×	○	●	×	×	●
	文丘里管	○	●	○	●	●	×	×	●	●	●	×	×
	喷嘴	○	●	○	●	●	×	×	○	●	●	×	×
	弯管	○	●	○	×	◎	×	×	○		×	×	●

续表

<table>
<tr><th rowspan="2">仪表种类</th><th colspan="12">介　质</th></tr>
<tr><th>清洁液体</th><th>脏污液体</th><th>蒸汽或气体</th><th>黏性液体</th><th>腐蚀性液体</th><th>腐蚀性浆液</th><th>含纤维浆液</th><th>高温介质</th><th>低温介质</th><th>低流速液体</th><th>部分充满管道</th><th>非牛顿液体</th></tr>
<tr><td>电磁流量计</td><td>○</td><td>○</td><td>×</td><td>×</td><td>○</td><td>○</td><td>○</td><td></td><td></td><td>◎</td><td></td><td>◎</td></tr>
<tr><td>漩涡流量计</td><td>○</td><td>●</td><td>◎</td><td>●</td><td>◎</td><td>×</td><td>×</td><td>◎</td><td>◎</td><td>×</td><td>×</td><td>×</td></tr>
<tr><td>容积式流量计</td><td>○</td><td>×</td><td>○</td><td>○</td><td>●</td><td>×</td><td>×</td><td>◎</td><td>◎</td><td>◎</td><td>×</td><td>×</td></tr>
<tr><td>靶式流量计</td><td>○</td><td>◎</td><td>○</td><td>◎</td><td>◎</td><td>●</td><td>×</td><td>◎</td><td>●</td><td>×</td><td>×</td><td>●</td></tr>
<tr><td>涡轮流量计</td><td>○</td><td>●</td><td>○</td><td>◎</td><td>◎</td><td>×</td><td>×</td><td>●</td><td>◎</td><td>●</td><td>×</td><td>×</td></tr>
<tr><td>超声波流量计</td><td>○</td><td>●</td><td>×</td><td>●</td><td>●</td><td>×</td><td>×</td><td>×</td><td>●</td><td>●</td><td>×</td><td>×</td></tr>
<tr><td>转子流量计</td><td>○</td><td>●</td><td>○</td><td>◎</td><td>◎</td><td>×</td><td>×</td><td>◎</td><td></td><td>◎</td><td>×</td><td>×</td></tr>
</table>

注：○表示适用；◎表示可以用；●表示在一定条件下可以用；×表示不适用。

各种流量检测元件及仪表的选用可根据流量刻度或测量范围、工艺要求和流体参数变化以及安装要求、价格、被测介质或对象的不同进行选择。

第五节　温度检测仪表

一、温度的基本概念

1. 温度的基本概念

温度是表征物体冷热程度的物理量。在工业生产中，许多化学反应或物理反应都必须在规定的温度下才能正常进行，否则将得不到合格的产品，甚至会造成生产事故。因此，温度的检测与控制是保证产品质量、降低生产成本、确保安全生产的重要手段。

2. 测温仪表的分类（表 4-9）

表 4-9　测温仪表的分类及性能比较

<table>
<tr><th colspan="2">测温范围</th><th>温度计名称</th><th>简单原理及常用测温范围</th><th>优　点</th><th>缺　点</th></tr>
<tr><td rowspan="5">接触式</td><td rowspan="3">热膨胀</td><td>玻璃温度计</td><td>液体受热时体积膨胀
−100～600℃</td><td>价廉，精度较高，稳定性较好</td><td>易破损，只能安装在易观察的地方</td></tr>
<tr><td>双金属温度计</td><td>金属受热线性膨胀
−50～600℃</td><td>示值清楚，机械强度较好</td><td>精度较低</td></tr>
<tr><td>压力式温度计</td><td>温包内的气体或液体因受热而改变压力
−50～600℃</td><td>价廉，最易就地集中检测</td><td>毛细管机械强度差，损坏后不易修复</td></tr>
<tr><td>热电阻</td><td>热电阻温度计</td><td>导体或半导体的阻值随温度而改变
−200～600℃</td><td>测量准确，可用于低温或低温差测量</td><td>和热电偶相比，维护工作量大，振动场合容易损坏</td></tr>
<tr><td>热电偶</td><td>热电偶温度计</td><td>两种不同金属导体接点受热产生热电势
−50～1600℃</td><td>测量准确，和热电阻相比安装、维护方便，不易损坏</td><td>需要补偿导线，安装费用较高</td></tr>
</table>

续表

测温范围		温度计名称	简单原理及常用测温范围	优　点	缺　点
非接触式	热辐射	光学高温计	加热体的亮度随温度高低而变化 700～3200℃	测温范围广,携带使用方便,价格便宜	只能目测,必须熟练才能测得比较准确的数据
		光电高温计	加热体的颜色随温度高低而变化 50～2000℃	反应速度快,测量较准确	构造复杂,价格高,读数麻烦
		辐射高温计	加热体的辐射能量随温度高低而变化 50～2000℃	反应速度快	误差较大

测温仪表的分类方式如下。

① 按测量范围把测量 600℃以上温度的仪表叫高温计，测量 600℃以下温度的仪表叫温度计。

② 按工作原理分为膨胀式温度计、热电偶温度计、热电阻温度计、压力式温度计、辐射高温计和光学高温计等。

③ 按感温元件和被测介质接触与否分为接触式与非接触式两大类。

二、热电偶温度计

热电偶温度计的测温原理是基于热电偶的热电效应。测温系统包括热电偶、显示仪表和导线三部分，如图 4-30 所示。

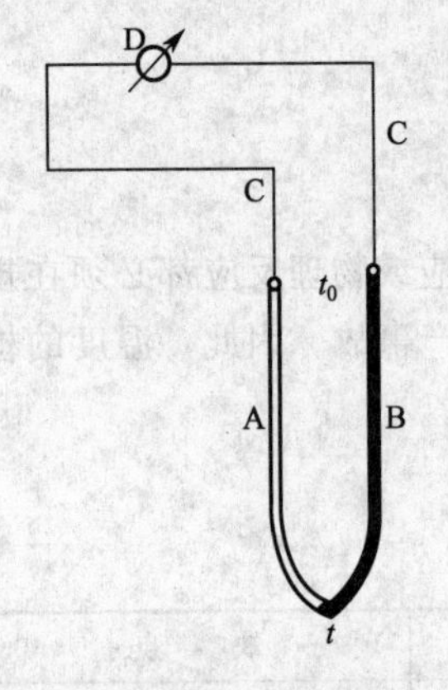

图 4-30　热电偶测温系统

A，B—热电偶；C—导线；D—显示仪表；t—热端；t_0—冷端

1. 热电偶的测温原理

热电偶是由两种不同材料的导体 A 和 B 焊接或铰接而成，连在一起的一端称作热电偶的工作端（热端、测量端），另一端与导线连接，叫做自由端（冷端、参比端）。导体 A、B 称为热电极，合称热电偶。

使用时，将工作端插入被测温度的设备中，冷端置于设备的外面，当两端所处的温度不同时（热端为 t，冷端为 t_0），在热电偶回路中就会产生热电势，这种物理现象称为热电效应。

热电偶回路的热电势只与热电极材料及测量端和冷端的温度有关，记作 $E_{AB}(t, t_0)$，且

$$E_{AB}(t,t_0)=E_{AB}(t)-E_{AB}(t_0) \tag{4-18}$$

若冷端温度 t_0 恒定、两种热电极材料一定时，$E_{AB}(t_0)=C$ 为常数，则

$$E_{AB}(t,t_0)=E_{AB}(t)-C=f(t) \tag{4-19}$$

即只要组成热电偶的材料和参比端的温度一定，热电偶产生的热电势仅与热电偶测量端的温度有关，而与热电偶的长短和直径无关。所以只要测出热电势的大小，就能得出被测介质的温度，这就是热电偶温度计的测温原理。

当组成热电偶的两种导体材料相同或热电偶两端所处温度一样时，热电偶回路的总热电势为零。当使用第三种材质的金属导线连接到测量仪表上时，只要第三导线与热电偶的两个接点温度相同，对原热电偶所产生的热电势就没有影响。

组成热电极的材料不同，所产生的热电势也就不同，目前常用的热电偶及主要性能见表4-10。其温度-热电势对照表（分度表）见附录二。

表 4-10　常用热电偶及主要性能

热电偶名称	代号	分度号	$E(100,0)$ /mV	主要性能	测温范围/℃	
					长期使用	短期使用
铂铑$_{10}$-铂	WRP	S	0.645	热电性能稳定，抗氧化性能好，适用于氧化性和中性气氛中测量；但热电势小，成本高	20～1300	1600
铂铑$_{30}$-铂铑$_{6}$	WRR	B	0.033	稳定性好，测量温度高，参比端在0～100℃范围内可以不用补偿导线，适于氧化气氛中的测量；但热电势小，价格高	300～1600	1800
镍铬-镍硅	WRN	K	4.095	热电势大，线性好，适于在氧化性和中性气氛中测量，且价格便宜，是工业上使用最多的一种	−50～1000	1200
镍铬-铜镍	WRK	E	6.317	热电势大，灵敏度高，价格便宜，中低温稳定性好，适用于氧化或弱还原性气氛中测量	−50～800	900
铜-铜镍	WRC	T	4.277	低温时灵敏度高，稳定性好，价格便宜，适用于氧化和还原性气氛中测量	−40～300	350

各种热电偶热电势与温度的一一对应关系都可以从标准数据中查得，这种表称为热电偶的分度表。

例 4-5　用一只镍铬-镍硅热电偶测量炉温，已知热电偶工作端温度为800℃，自由端温度25℃，求热电偶产生的热电势 $E_K(800,25)$。

解： 由分度表可以查出，$E_K(800,0)=33.277\text{mV}$，$E_K(25,0)=1.000\text{mV}$，则

$$E_K(800,25)=E_K(800,0)-E_K(25,0)=32.277\text{mV}$$

2. 热电偶的结构

热电偶一般由热电极、绝缘子、保护套管和接线盒等部分组成。绝缘子（绝缘瓷圈或绝缘瓷套管）分别套在两根热电极上，以防短路。再将热电极以及绝缘子装入不锈钢或其他材质的保护套管内，以保护热电极免受化学和机械损伤。参比端为接线盒内的接线端，如图4-31所示。

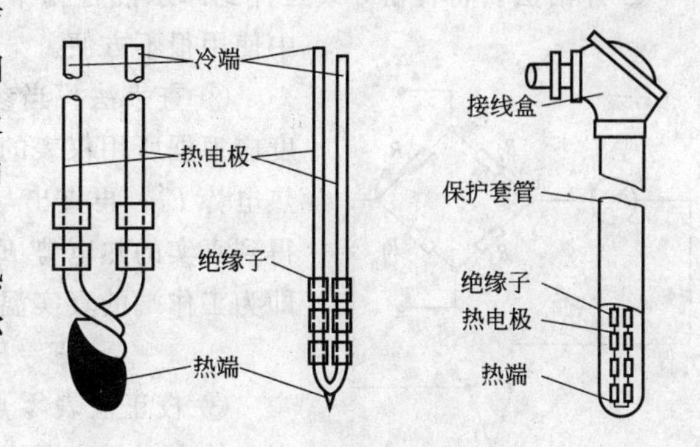

图 4-31　普通热电偶的结构

热电偶的结构形式很多，除了普通热电偶外，还有薄膜式热电偶和套管式（或称铠装）热电偶。

3. 热电偶冷端温度的影响及补偿

热电偶分度表是在参比端温度为0℃的条件下得到的。要使与热电偶相配合的显示仪表温度标尺或温度变送器的输出信号与分度表吻合，就必须保持热电偶参比端温度恒为0℃，或者对指示值进行一定修正，或自动补偿，以使被测温度能真实地反映在显示仪表上。具体方法如下。

（1）利用补偿导线将冷端延伸　要对冷端温度进行补偿，首先需要将参比端延伸到温度恒定的地方。由于热电偶的价格和安装等因素，使热电偶的长度非常有限，冷端温度易受工作温度、周围设备、管道和环境温度的影响，且这些影响很不规则，使冷端温度难以保持恒定。要将冷端温度放到温度恒定的地方，就要使用补偿导线。

补偿导线通常使用廉价的金属材料做成，不同分度号的热电偶所配的补偿导线也不同。使用补偿导线将热电偶延长，把冷端延伸到离热源较远、温度又较低的地方。补偿导线的接线图如图 4-32 所示。

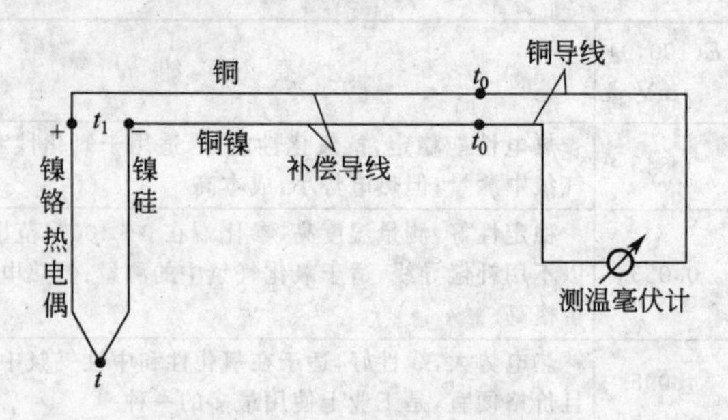

图 4-32　补偿导线连接图

各种补偿导线有规定的材料和颜色，以供配用的热电偶分度号使用。常用的补偿导线见表 4-11。

表 4-11　常用热电偶的补偿导线

补偿导线型号	配用热电偶		补偿导线材料		补偿导线绝缘层颜色	
	名　称	分度号	正　极	负　极	正　极	负　极
SC	铂铑$_{10}$-铂	S	铜	铜镍	红	绿
KO	镍铬-镍硅	K	铜	铜镍	红	蓝
EX	镍铬-铜镍	E	镍铬	铜镍	红	棕
TX	铜-铜镍	T	铜	铜镍	红	白

（2）冷端温度补偿　虽然采用了补偿导线将冷端延伸出来了，但不能保证参比端温度恒定为 0℃。为了解决这个问题，需要采用下列参比端温度补偿方法。

① 冰浴法。将补偿导线延伸到冰水混合物中。这种方法只适合实验室使用，工业生产中使用很不方便。

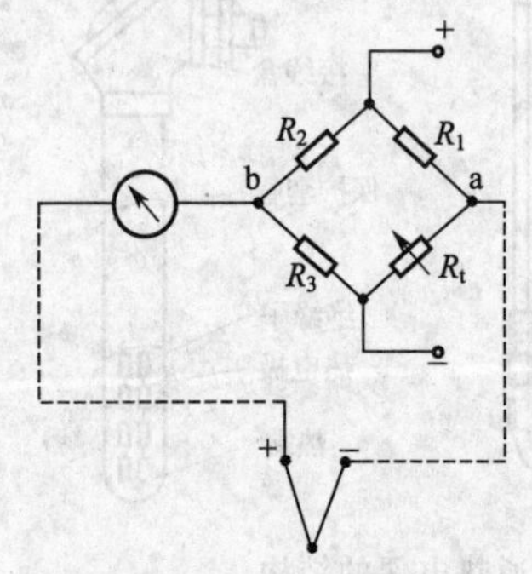

图 4-33　补偿电桥热电偶测温线路

② 查表法。当参比端温度不为 0℃时，被测介质的真实温度应根据所用仪表的指示温度数值 t'，在分度表中查出对应的热电势 E'，再查出与冷端温度 t_0' 相应的热电势 E_0'，两者相加得到真实的热电势 E，再在分度表中查出与 E 对应的温度值，即为工作端的真实温度：

$$E=E'+E_0'=E(t',0)+E(t_0,0) \tag{4-20}$$

③ 校正仪表零点法。断开测量电路，调整仪表指针的零点，使之指示室温，即参比端温度，再接通测量电路即可。此法在工业中经常使用，但测量精度低。

④ 补偿电桥法，目前使用最多的方法。如图 4-33 所示，在热电偶的测量电路中附加一个电势，该电势一般由补偿电桥提供。补偿电桥中 R_1～R_3 为锰铜绕制的等值的固定电阻，R_t 为与补偿导线的末端处于同一温度场中的铜电阻。当环境温度变化时，该电桥产生的电势也随之变化，而且在数值和极性上恰好能抵消冷端温度变化所引起的热电势的变化值，以达到自动补偿的目的。即在工作端温度不变时，如果冷端温度在一定范围内变化，总的热电势值将不受影响，从而很好地实现了温度补偿。

在现代工业中，参比端一般都延伸到控制室中，而控制室温度一般恒定为 20℃，所以在使用补偿电桥法时，需先把仪表的机械零点预先调到20℃。

三、热电阻温度计

1. 测温原理

热电阻温度计是基于金属导体的电阻值随温度的变化而变化的特性来进行温度测量的。

热电阻测温系统由热电阻、显示仪表、连接导线三部分组成，如图4-34所示。热电阻温度计适用于测量−200～500℃范围内液体、气体、蒸汽及固体表面的温度。热电阻的输出信号大，比相同温度范围内的热电偶温度计具有更高的灵敏度和测量精度，而且无需冷端补偿；电阻信号便于远传，较电势信号易于处理和抗干扰。但其连接导线的电阻值易受环境温度的影响而产生测量误差，所以必须采用三线制接法。

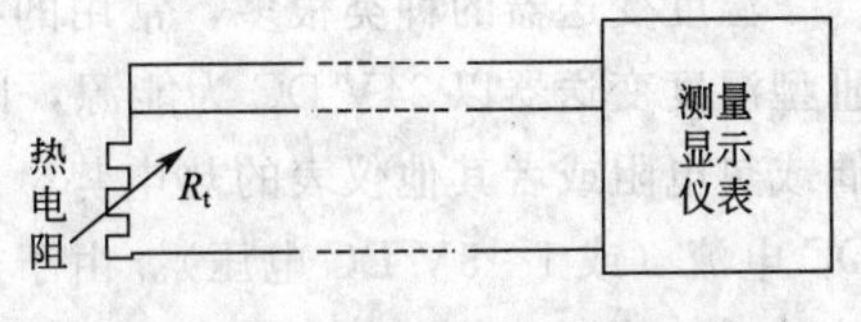

图4-34 热电阻测温系统

2. 常用热电阻

作为热电阻材料，一般要求电阻系数大、电阻率大、热容量小、在测量范围内有稳定的化学和物理性质以及良好的复现性，电阻值应与温度呈线性关系。

工业上常用的热电阻有铜热电阻和铂热电阻，其性能比较见表4-12，分度表见附录三。

表4-12 工业常用热电阻性能比较

名称	分度号	0℃时的电阻值/Ω	特点	用途
铜热电阻	Cu50	50	物理、化学性能稳定，特别是在−50～150℃范围内使用性能好；电阻温度系数大，灵敏度高，线性好；电阻率小，体积大，热惰性较大；价格低	适用于测量−50～150℃温度范围内各种管道、化学反应器、锅炉等工业设备中各种介质的温度，还可用于测量室温
	Cu100	100		
铂热电阻	Pt50	50	物理、化学性能较稳定，复现性好；精确度高；测温范围为−200～650℃；在抗还原性介质中性能差，价格高	适用于−200～500℃范围内各种管道、化学反应器、锅炉等工业设备的介质温度测量；可用于精密测温及作为基准热电阻使用
	Pt100	100		

3. 热电阻的结构

热电阻分为普通型热电阻、铠装热电阻和薄膜热电阻三种。普通型热电阻一般由电阻体、保护套管、接线盒、绝缘杆等部件构成，如图4-35所示。

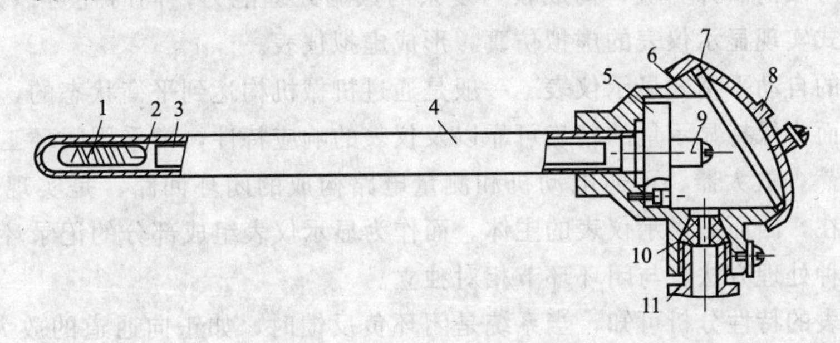

图4-35 普通热电阻的结构

1—电阻体；2—引出线；3—绝缘管；4—保护套管；5—接线座；6—接线盒；7—密封圈；8—盖；9—接线柱；10—引线孔；11—引线孔螺母

四、温度变送器

温度变送器是单元组合仪表变送单元的一个重要品种，其作用是将热电偶或热电阻输出的电势值或电阻值转换成统一标准信号，再送给单元组合仪表的其他单元进行指示、记录或控制，以实现对温度（温差）变量的显示、记录或自动控制。

温度变送器的种类很多，常用的有DDZ-Ⅲ型温度变送器、智能型温度变送器等。DDZ-Ⅲ型温度变送器以24V DC为能源，以4～20mA DC为统一标准信号，其作用是将来自热电偶或热电阻或者其他仪表的热电势、热电阻阻值或直流毫伏信号，对应地转换成4～20mA DC电流（或1～5V DC电压）。由于热电偶的热电势和热电阻的电阻值与温度之间均呈非线性关系，使用中若希望显示仪表能进行线性指示，则需对温度变送器进行线性化处理。DDZ-Ⅲ型热电偶温度变送器采用非线性反馈实现线性化，DDZ-Ⅲ型热电阻温度变送器采用正反馈来实现线性化，保证输出电流与温度呈线性关系。

*第六节　显示仪表

在控制系统中显示仪表具有重要的地位，它可将控制过程中的参数变化、被控对象的过渡过程显示和记录下来，供操作人员及时了解控制系统的变化情况，掌握被控对象的状态，是进行系统控制、工况监视、性能分析以及事故评判等工作必不可少的环节。

一、常规显示仪表

1. 显示仪表的结构分析

(1) 开环模式的显示仪表　由测量电路和数据处理两部分环节组成，如图4-36所示。

图4-36　开环显示仪表结构原理图

测量电路的任务是把被测量（如热电势或热电阻值）转换为数据处理环节可以直接接受的过渡量，然后再由数据处理环节将过渡量转换为显示量，如动圈式指示仪表的指针偏转角度、数字式显示仪表的数字显示等。数据处理环节可以具有非常简单的处理方法，如动圈式指示仪表；也可以内嵌计算机，构成较为复杂的数据处理能力；同时还可以是一台PC机，以多媒体的方式实现显示仪表的虚拟仿真，形成虚拟仪表。

(2) 传统的自动平衡式显示仪表　一般是通过机械机构达到平衡状态的，以实现显示的自动跟踪，因而为保持显示量的精确可靠以及仪表的响应特性，常采用闭环工作模式，如图4-37所示。显然，放大器、可逆电动机和测量电路构成的闭环回路，是实现自动平衡显示功能的根本所在，因而是显示仪表的主体。而作为显示仪表组成部分的记录环节，则只是提供显示量的一种处理方法，与闭环环节相对独立。

由闭环仪表的特性分析可知，当系统是闭环负反馈时，如正向通道的放大倍数足够大，则整个系统的传递函数近似等于反馈环节传递函数的倒数，也就是说，此时仪表的特性主要取决于其反馈环节的特性。因此，作为反馈环节的测量电路在显示仪表中扮演了非常重要的角色，其设计、计算、制作和调整是实现仪表显示功能的首要任务。

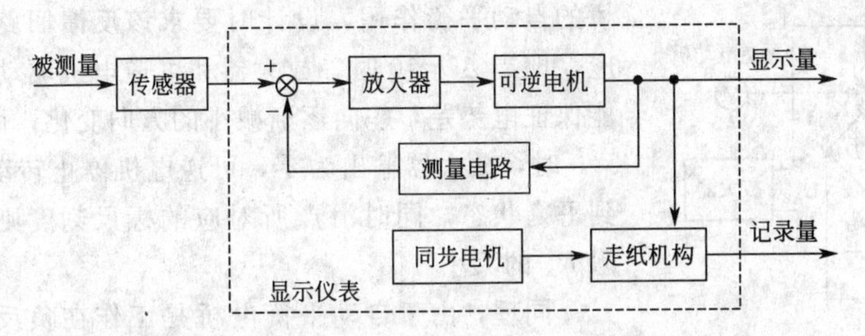

图 4-37　闭环显示仪表结构原理图

2. 电位差计式自动平衡原理

大多数传感器和变送器都是以直流电压或电流作为输出信号的。自动电位差计适合对直流电压或由直流电流转换成电压进行自动测量的处理，因而将自动电位差计与相应的传感器和变送器配合，可以方便地实现对被测参数的显示和记录功能。

① 自动电位差计是利用电动势平衡的原理实现显示和记录功能的，其工作原理的示意如图 4-38 所示。图中 E 表示直流电源，I 表示回路中产生的直流电流，U_K表示在滑线电阻 R_H上滑点 K 左侧的电压降，E_x表示被测电动势。回路中可变电阻 R 用于调整回路电流 I 以达到额定工作电流，滑线电阻 R_H 用于被测电动势 E_x 的平衡比较。

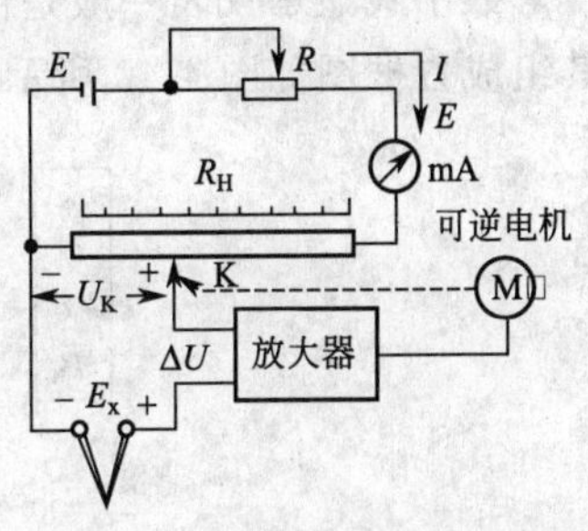

图 4-38　自动电位差计原理图

② 由图 4-38 可知，放大器的输入是滑线电阻 R_H 上的电压降与被测电动势 E_x 的代数差，即 $\Delta U=U_K-E_x$。该电势差经放大器放大后驱动可逆电机转动，并带动滑点 K 在滑线电阻 R_H上左右移动。滑点 K 的移动产生新的电压降 U_K，并馈入放大器输入端，从而形成常规的反馈控制回路。为保证电位差计的自动平衡作用，设计时要求该反馈回路具有负反馈效应，即当 $\Delta U\neq 0$ 时，放大器和可逆电机驱动滑点 K 的移动总能保证电势差 ΔU 向逐渐减小的方向变化；而当电势差 $\Delta U=0$ 时，放大器输出为零，可逆电机停止转动，此时电位差计达到平衡状态，滑点 K 所对应的标尺刻度则反映了被测电动势 E_x 的大小。

显然，由于电位差计是工作在负反馈闭环模式下的，其对被测电动势的测量和显示可自动完成；同时能够自动跟踪测量过程中平衡状态的变迁，从而可以保证仪表自动显示和记录功能的实现。

3. 电桥式自动平衡原理

在实际工业生产应用中，常采用敏感电阻作为传感器对被测参数进行测量，如热敏电阻和压敏电阻。将这些敏感电阻引入电桥，作为一个或多个电桥桥臂的组成部分，即可利用电桥平衡的原理实现对被测参数的测量、显示和记录。

采用自动平衡电桥对被测参数进行测量、显示和记录的原理示意如图 4-39 所示，其工作原理与自动电位差计相似。其中，电桥只有一个桥臂接有被测敏感电阻 R_x，另一桥臂接有滑线电阻 R_H，而电阻 R_1 和 R_2 均为阻值固定的电阻。

显然，当电桥不平衡时，对角线 AB 之间存在电势差 U_{AB}。该电势差经过放大器放大后，驱动可逆电机 M 转动，从而带动滑线电阻上的滑点移动。滑点的移动导致滑线电阻有效阻值 R_H 的变化，从而产生新的电势差，即测量电路构成了反馈回路。为保证自动平衡电

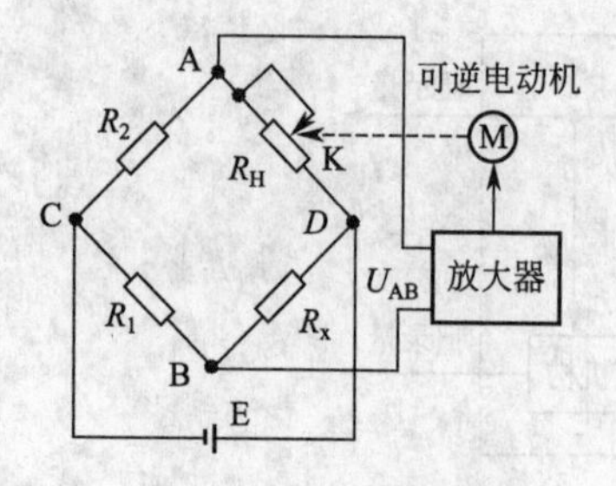

图 4-39　自动平衡电桥原理图

桥的自动平衡作用，设计时要求该反馈回路具有负反馈效应，即当 $\Delta U \neq 0$ 时，放大器和可逆电机驱动滑点 K 移动总能保证电势差 U_{AB} 向逐渐减小的方向变化；而当电势差 $U_{AB}=0$ 时，放大器输出为零，可逆电机停止转动，此时电桥达到平衡状态，同时滑点所对应的标尺刻度则反映了被测电阻 R_x 的大小。

同理，由于自动平衡电桥是工作在负反馈闭环模式下的，其对被测电势差的测量和显示即可自动完成；同时能够自动跟踪测量过程中平衡状态的迁移，以保证仪表自动显示和记录功能的实现。

二、数字式显示仪表原理

数字式显示仪表是随着数字化技术推广应用而发展起来的一种新型仪表。在工业生产过程中，它可以与各种检测仪表或传感器相配套，对温度、压力、流量、物位等变量进行测量，并以数字形式直接显示出被测数值。此外，它还能输出数字信号与计算机相联系或输出直流模拟量与相应的调节器相配用。

数字式显示仪表一般是由变送单元 A/D 转换、电子计数、数字译码器及显示器等组成，其组成方框图如图 4-40 所示。

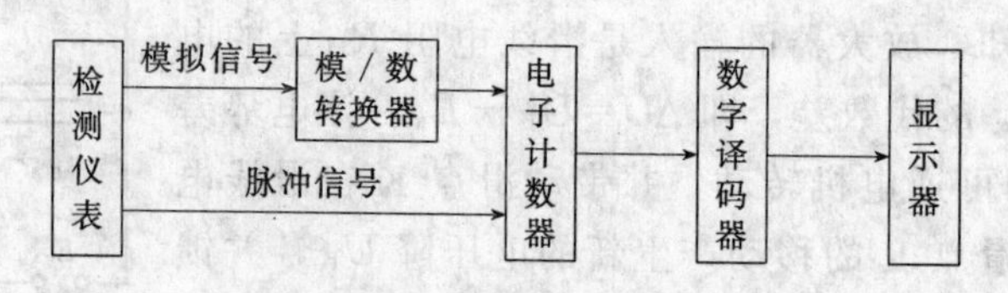

图 4-40　数字式显示仪表方框图

1. 模/数转换器

模/数转换器简称 A/D 转换器，它是数字式显示仪表的核心。所谓 A/D 转换就是将连续变化的模拟量信号转换成与其相对应的数字量信号的过程。

使模拟量转换为数字量的方法很多，但经常是把许多非电量先转换成电压信号，然后再转换成数字信号（简称 V/D 转换）。V/D 转换按其原理分为如下两种。

（1）直接式　即比较式（反馈比较式），通过对模拟量的比较、鉴别，从而逐步实现 V/D 转换，最后得到比较准确的测量结果。

（2）间接式　分 V/T 转换式和 V/f 转换式。V/T 转换式又分矩齿波式、阶梯波式和双斜率式。V/f 转换式分为一般电压频率转换式和电压反馈 V/f 转换式。

2. 线性化器

在实际测量中，大多数传感器的输入（各种物理量）和输出电量呈非线性关系。对于指针式显示仪表，只需将标尺刻度按对应的非线性划分就可以了，但在数字显示仪表中由于模数转换后直接显示被测参数的数值，因此为消除非线性误差，必须在仪表中加入线性化器进行线性补偿。线性化器的基本原理就是要在一定的范围内，用近似替代法对非线性曲线进行线性化处理。数字式显示仪表的线性化一般在模数转换前来实现。

3. 计数、显示

计数、显示一般由计数器、寄存器、译码器和显示器四部分组成，其方框图如图 4-41 所示。

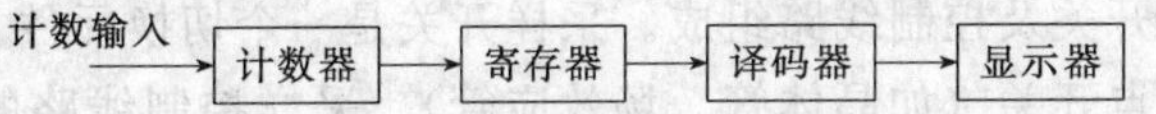

计数输入 → 计数器 → 寄存器 → 译码器 → 显示器

图 4-41 计数、显示方框图

(1) 计数器 计数器是由双稳定触发器组成的，用来记忆输入脉冲的个数。它可以进行加法计数、减法计数、可逆计数以及带预置的计数。计数器可以是二进制计数、十进制计数和其他进制计数。数字式显示仪表用十进制计数器来计数。

(2) 寄存器 寄存器是能暂时寄存计数器输出数码的部件，其目的是为了使测量的数据能稳定地显示出来。这种寄存器因只能寄存数码，故常称为数码寄存器，它由触发器和一些门电路配和组成，其原理图如图 4-42 所示。

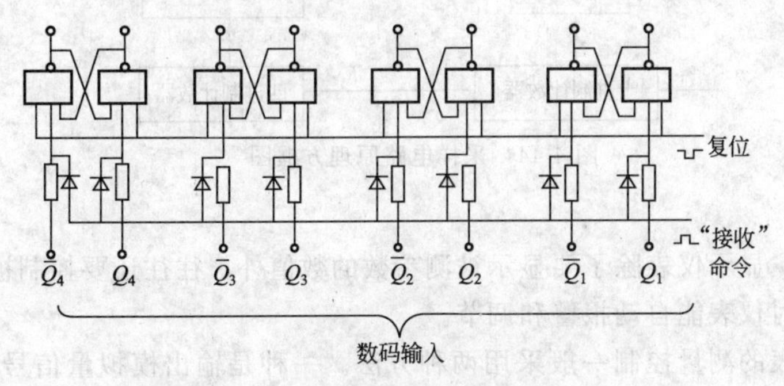

图 4-42 寄存器原理图

(3) 译码器 译码就是将二-十进制的编码"翻译"成十进制的数字信号。对数字显示仪表来说，译码器是用来实现二-十进制编码转换成 10 条控制线中某一条的信号，从而控制显示器的数字显示。

目前在 TTV PMOSCMOS 电路中都有单块译码器的定型产品，以 PMOS 电路译码器为例，原理如图 4-43 所示。

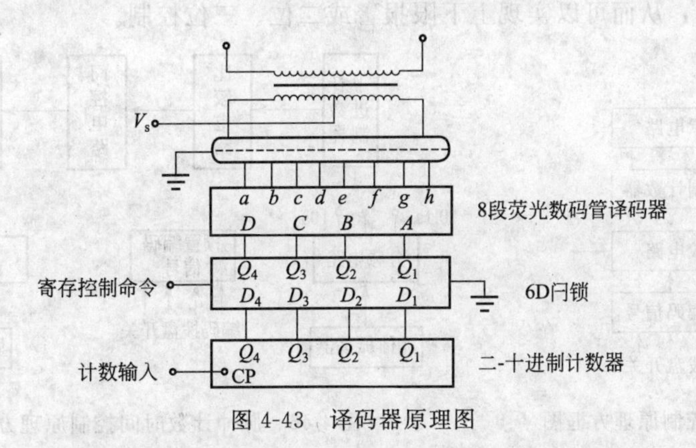

图 4-43 译码器原理图

(4) 显示器 显示器是由能显示十进制数字的电子元件及其驱动电路所组成，目前常用的数字显示元件有辉光数字管、荧光数字管、发光二极管、液晶显示等。

4. 采样电路

多点数字显示仪表是一个集中检测显示装置。它能对多至几十点的同类参量进行测量控制，而这些参量不可能同时接入仪表，只能通过采样电路按一定的顺序进行多路信号的换接。

采样电路由采样开关及控制线路组成。采样开关是一个切换元件，在采样速度较低的装置中，必须采用无触点开关（如晶体管、场效应管）。采样控制线路的作用是控制采样开关的接通和断开，它由计数器、译码器和采样开关驱动电路所组成，其方框原理图如图 4-44 所示。

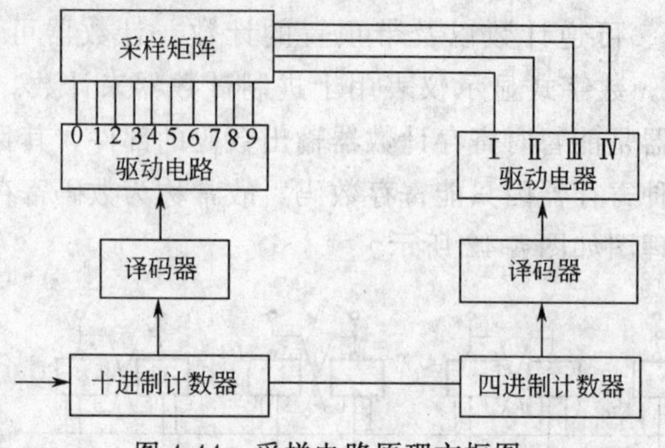

图 4-44 采样电路原理方框图

5. 测量控制

在生产过程中，显示仪表除了要显示被测参数的数值外，往往还要控制被测参数在某一给定值上，当越限时仪表能自动报警和调节。

数字式显示仪表的测量控制一般采用两种方法。一种是输出模拟量信号（0～10mA 或 4～20mA DC），由外部调节来实现；另一种是通过仪表内部计数器来实现。后一种方法为数字控制量控制，即控制脉冲信号的个数或时间，可通过数码拨盘预先置数，当脉冲信号计数到预置数时，计数器就自动输出一个控制信号去驱动对应的执行器动作或点亮指示灯，如图 4-45 所示。

图 4-46 是脉冲计数时间控制的原理方框图。目前 SWX 系列数字式显示仪表大多采用 CMOS 大规模集成电路 A/D 转换器和高增益运算放大器及 LED 数字显示，同时从电路上增加了两组接点输出，从而可以实现上下限报警或二位、三位控制。

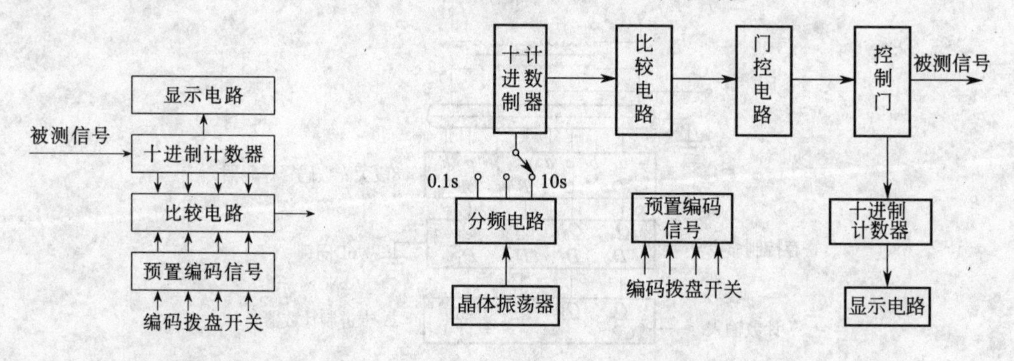

图 4-45 脉冲个数控制原理方框图

图 4-46 脉冲计数时间控制原理方框图

三、典型数字显示控制仪表

下面以昌晖仪表为例，介绍典型的数字测量显示控制仪表。

（一）SWP-F 系列显示控制仪

1. 简介

SWP-F 系列显示控制仪适用于各种温度、压力、液位、速度、长度等的测量控制。

控制仪采用微处理器进行数学运算，可对各种非线性信号进行高精度的线性矫正。SWP-F 系列智能测量显示控制仪向用户开放了所有内部设定参数，使用简单、方便，真正做到低价格、高性能。

图 4-47　仪表外形

① 仪表外形（图 4-47）、开孔与动圈表相同，可直接替代各型动圈仪表。

② 输入信号与适配传感器见表 4-13。

表 4-13　数字显示仪与配用标准信号变送器参数、与配用标准分度号温度传感器参数

配用标准信号变送器参数				配用标准分度号温度传感器参数			
输入信号		配用变送器	测量范围	输入信号		配用传感器	测量范围/℃
标准信号变化范围	输入阻抗			分度号	分辨率/℃		
各种 mV 信号	≥10MΩ	霍尔变送器	根据用	B	1	铂$_{30}$-铂$_{6}$ 铑	400～1800
0～10mA	≤500Ω	与 DDZ-Ⅱ型仪表配套	户需要自	S	1	铂$_{10}$-铂	0～1600
4～20mA	≤250Ω	与 DDZ-Ⅲ型仪表配套	由设定。	K	1	镍铬-镍硅	0～1300
0～5 V	≥250kΩ	与 DDZ-Ⅱ型仪表配套	范围：	E	1	镍铬-康铜	0～1000
1～5V	≥250kΩ	与 DDZ-Ⅲ型仪表配套	−1999～	J	1	铁-康铜	0～1200
30～350Ω		与远传压力电阻配套	9999 字	T	1	铜-康铜	−200～400
				WRe	1	钨$_{3}$-钨$_{25}$	0～2300
				Pt100	1	铂热电阻 R_0=100Ω	−199～650
				Pt100	0.1	铂热电阻 R_0=100Ω	−199.9～320.0
				Cu50	0.1	铜热电阻 R_0=50Ω	−50.0～150.0

③ 主要技术参数见表 4-14。

表 4-14　主要技术参数

项目	参数	项目	参数
输入信号	电阻：各种规格热电阻，如 Pt100、Cu50 等或远传压力电阻	输出信号	继电器控制（或报警）输出（AC220V/3A，DC24V/5A，阻性负载），4～20mA 或 1～5V
	热电偶：各种规格热电偶，如 B、S、K、E、J、T、WRe 等	设定方式	面板轻触式按键数字设定，设定值断电永久保持，参数设定值密码锁定
	电压：0～5V、1～5V 或 mV 等		
	电流：0～10mA、4～20mA 或 0～20mA	保护方式	输入回路断线报警（继电器输出，LED 指示）
温度补偿	0～50℃		
显示方式	−1999～9999 测量值显示；−1999～9999 设定值显示；高亮度 LED 数字显示；发光二极管工作状态显示	超/欠量程	报警指示（继电器输出，LED 指示）
		工作异常	自动复位（Watch dog），欠压自动复位
		使用环境	环境温度 0～50℃；相对湿度≤85%
控制方式	二位式或三位式 ON/OFF 带回差	电源电压	AC 220V+10%～−15%，50Hz±2Hz 开关电源：AC 90～260V，DC 24V±2V
报警方式	可选择继电器上下限报警输出，LED 指示；报警精度±1 字		
结构	标准卡入式；质量 420g（AC220V 供电）、260g（开关电源供电）	功耗	≤5W（AC 220V 供电）；≤4W（DC 24V 开关电源供电）；≤4W（AC 90～260V 开关电源供电）

2. 操作方式

（1）仪表面板按键作用

仪表面板如图 4-48 所示。

SET 参数设定选择键：可以记录已改变的数值，可以按顺序变换参数设定模式，可以变换显示或参数设定模式。

▼设定值减少键：变更设定时减少数值，连续按压将自动快速减1。

▲设定值增加键：变更设定时增加数值，连续按压将自动快速加1。

复位键（RESET）：用于程序清零（自检）。

测量值PV显示器：显示测量值，在参数设定状态下显示参数符号或设定值。

ALM1（红）第一控制（报警）指示灯：第一控制（报警）输出ON是亮灯，输入回路断线时亮灯。

ALM2（绿）第二控制（报警）指示灯：第二控制（报警）输出ON是亮灯。

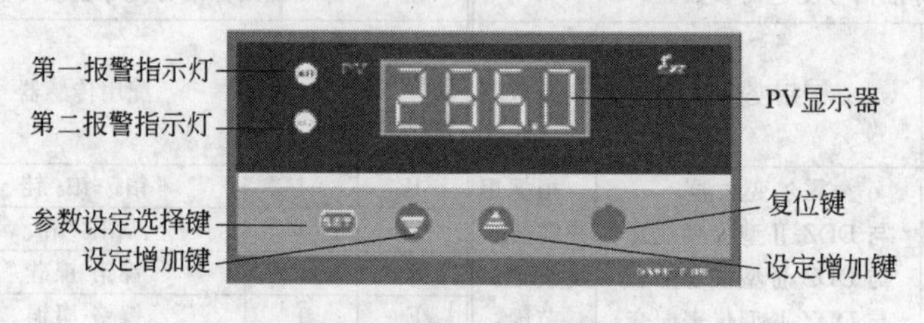

图4-48　仪表面板按键

（2）操作方式

① 正确接线。仪表卡入表盘后，依接线图接好输入、输出及电源线，并确认无误。

② 仪表上电。仪表无电源开关，接入电源即进入工作状态（图4-49）。

③ 仪表设备号及版本号显示。仪表在投入电源后，可立即确认仪表设备号及版本号。分度号显示参数见表4-15。

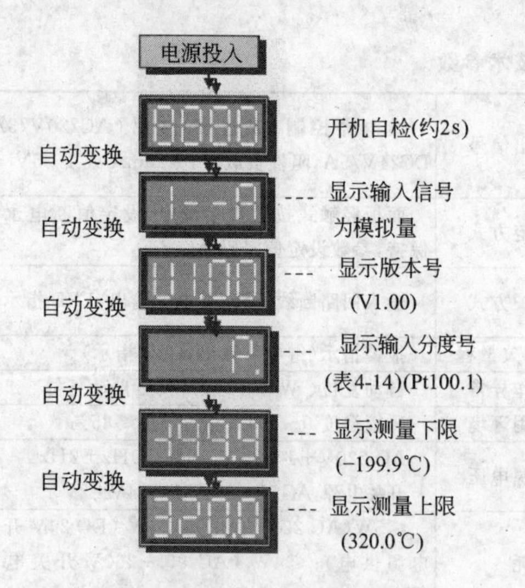

图4-49　操作方式

表4-15　分度号显示参数

显　示	分度号	显　示	分度号
B	B	P	Pt100
S	S	P.	Pt100.1
K	K	A	特殊规格
E	E	1	0～10mA
T	T	2	4～20mA
J	J	3	0～5V
L	WRe	4	1～5V
C	Cu50		

（3）控制参数（一级参数）设定

① 控制参数的种类。在仪表PV测量值显示状态下按压SET键，仪表将转入控制参数设定状态。每按SET键即照下列顺序变换参数（巡回后回至最初项目）。参数设定状态和各参数列表见表4-16。

表 4-16　控制参数设定

符　号	名　称	设定范围(字)	说　　明	出厂预定值
CLK	设定参数禁锁	CLK＝00	无禁锁(设定参数可修改)	00
		CLK≠00,132	禁锁(设定参数不可修改)	
		CLK＝132	进入二级参数设定	
AL1	第一控制目标值(或报警值)	－1999～9999	显示第一控制(或报警)的设定值	50 或 50.0
AL2	第二控制目标值(或报警值)	－1999～9999	显示第二控制(或报警)的设定值	50 或 50.0
AH1	第一控制(或报警)回差	0～255	显示第一控制(或报警)的回差值	0
AH2	第二控制(或报警)回差	0～255	显示第二控制(或报警)的回差值	0

仪表参数设定时，PV 显示器将作为设定参数符号显示器及设定值显示器。参数因该仪表规格不同，有不予显示的参数。

② 参数设定方式。以 SWP-F803 为例，其参数设定方式及过程如图 4-50 所示（设定上限报警目标值为 100℃）。

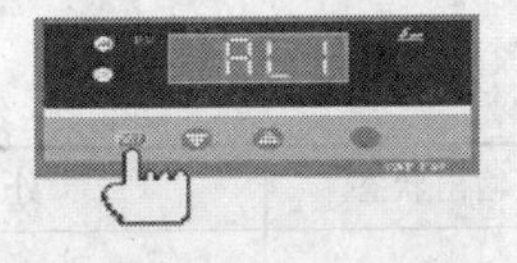

在 PV 显示测量值的状态下，按压 SET 键，直到屏幕显示第一报警参数符号 AL1

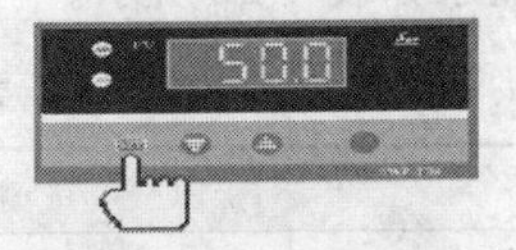

在 PV 显示 AL1 的状态下，按压 SET 键，PV 显示第一报警设定参数的出厂预定值

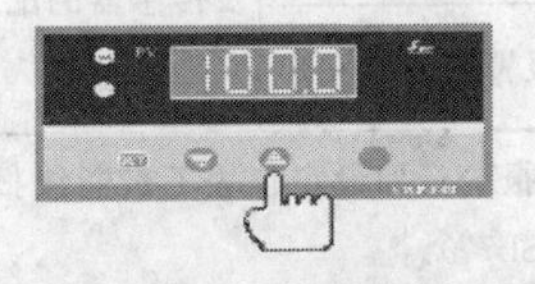

在 PV 显示第一报警出厂预定值状态下按住设定值增加键，程序自动快速加 1。调整参数值等于 100

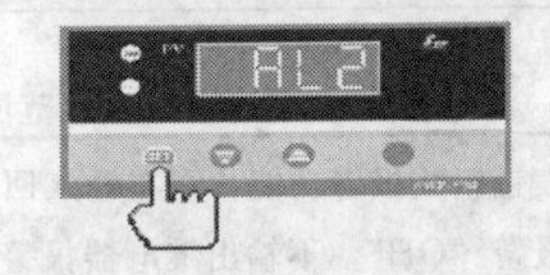

按压 SET 键，确认参数设定值正确并进入下一参数设定，第一报警参数设定即告完毕

图 4-50　SWP-F803 的参数设定

用以上方法，可继续分别设定其他各参数。修改参数前，应先确认 CLK＝00，否则参数无法修改。操作时注意：设定参数改变后，按 SET 键该值才被保存。要使设定值为负数，可按设定值减少键使设定值减小至零后，继续按住该键，显示即出现负值。参数一旦设定，断电后将永远保存。

（4）返回工作状态

① 手动返回。在仪表参数设定模式下，按 SET 键 5s 后，仪表自动回到测量值显示状态。

② 自动返回。在仪表参数设定模式下，不按任一键 30s 后，仪表自动回到测量值状态。

③ 复位返回。在仪表参数设定模式下，按复位键，仪表再次自检后进入测量值显示状态。

(5) 控制输出方式　断偶、超量程指示及报警及控制（或报警）输出状态如图 4-51 所示。

(a) 断偶(输入回路断线)时

(b) 正向量程超限时

(c) 负向量程超限时

图 4-51　断偶与超量程指示输出状态

本仪表采用控制输出带回差，以防止输出继电器在控制（或报警）临界点上下波动时频繁动作。

3. 校对方式

① 零点校对。可在全范围内将测量初始值（零点）进行正（负）迁移（调整二级参数 Pb1）。

② 增益校对。可将测量范围进行放大（缩小），以改变测量量程，提高测量精度（调整二级参数 KK1）。

4. 异常时的显示

异常时的显示如表 4-17 所示。

表 4-17　异常时的显示

显　示	内　　容	控制输出状态	处　　置
-OH-	输入回路断线(Burn-out)	上限报警继电器 ON	确认输入种类、范围传感器以及传感器的配线
	超刻度(Over-scale) 测量值(PV)超过输入显示范围的上限		
-OL-	欠刻度(Under-scale) 测量值(PV)超过输入显示范围的下限	下限报警继电器 ON	

注：如设定仪表带断线报警功能，则在输入回路断线时输出继电器报警；如设定仪表不带断线报警功能，则在输入回路断线时仅显示报警“OH”，不输出继电器报警（见仪表二级参数“SL7”）。

5. 二级参数设定

在仪表一级参数设定状态下，修改 CLK ＝132 后，在 PV 显示器显示 CLK 的设定值 (132) 的状态下，同时按下 SET 键和 ▲ 键 30s，仪表即进入二级参数设定。在二级参数修改状态下，每按 SET 键即照下列顺序变换（巡回后回至最初项目）。仪表二级参数例示见表 4-18。因仪表型号不同，有不予显示的参数。

表 4-18　二级参数设定

参　数	名　　称	设定范围(字)	说　　明
SL1	小数点	SL1＝0	无小数点
		SL1＝1	小数点在十位(显示 XXX. X)
		SL1＝2	小数点在百位(显示 XX. XX)
		SL1＝3	小数点在千位(显示 X. XXX)

续表

参数	名称	设定范围(字)	说明
SL2	第一控制输出方式或第一报警方式	SL2=0	无控制或无报警
		SL2=1	位式下限控制或下限报警
		SL2=2	位式上限控制或上限报警
SL3	第一控制输出方式或第二报警方式	SL3=0	无控制或无报警
		SL3=1	位式下限控制或下限报警
		SL3=2	位式上限控制或上限报警
SL4	冷补方式	SL4=0	内部冷端补偿
		SL4=1	外部冷端补偿
SL5	闪烁报警	SL5=0	无闪烁报警
		SL5=1	带闪烁报警
SL6	滤波系数	1～10次	设置仪表滤波系数,防止显示值跳动
SL7	报警功能	个位=0	无报警延迟功能
		个位=1～9	报警后延迟(0.5×设定值)秒后输出报警信号
		十位=0	断线时有报警输出(继电器报警接点输出)
		十位=1	断线时无报警输出(仅闪烁报警,无继电器报警接点输出)
Pb1	显示输入的零点迁移	全量程	设定显示输入零点的迁移量
KK1	显示输入的量程比例	0～1.999倍	设定显示输入量程的放大比例
Pb2	冷端补偿的零点迁移	全量程	设定冷端补偿的零点迁移量
KK2	冷端补偿放大比例	0～1.999倍	设定冷端补偿的放大比例
Pb3	变送输出的零点迁移	0～100%	设定变送输出的零点迁移量
KK3	变送输出的放大比例	0～1.999倍	设定变送输出的放大比例
OUL	变送输出量程下限	全量程	设定变送输出的下限量程
OUH	变送输出量程上限	全量程	设定变送输出的上限量程
PVL	闪烁报警下限	全量程	设定闪烁报警下限量程(测量值低于设定值时,显示测量值并闪烁,SL5=1时有此功能)
PVH	闪烁报警上限	全量程	设定闪烁报警上限量程(测量值高于设定值时,显示测量值并闪烁,SL5=1时有此功能)
SLL	测量量程下限	全量程	设定输入信号的测量下限量程
SLH	测量量程上限	全量程	设定输入信号的测量上限量程

按键操作注意：若该参数值无效时，修改时均不出现。当CLK值不为“0”或“132”时，修改参数无效。参数设定完毕后，设定CLK≠0或132，以确保已设定参数的安全。

(二) TFT真彩无纸记录仪介绍

SWP-TSR智能化TFT真彩色无纸记录仪，适用于对各种过程参数进行监测、控制、记录与数据远传。它在设计上吸纳了当今电脑的结构思路：硬件上采用5.6in（1in=2.54cm）真彩、高亮度TFT LCD作为显示屏，内带快闪存储器的新型微处理器，扩充了大容量的数据存储区，采用了大屏幕液晶图形显示板作为显示器；软件上引入中文Windows的框架思路，采用了数据压缩技术。准电脑化的结构，高度地体现了微处理器化仪表的优越性，成功地在体积为144mm×144mm×240mm的壳体中集成了能实现多回路参数监测、同屏/分屏显示多组数字与图文曲线、内含大容量数据记录存储空间的多功能彩色无纸记录仪表。可接受多达12路被测信号，最多输出12路继电器信号，6路DC24V馈电，根据设定要求完成从信号采集、控制、记录、追忆到传送的全过程。可对传感器馈电输出，组成的系统可省去配电器。

TSR智能化TFT真彩色无纸记录仪可直接与带有RS-232串行口的打印机连接，实现

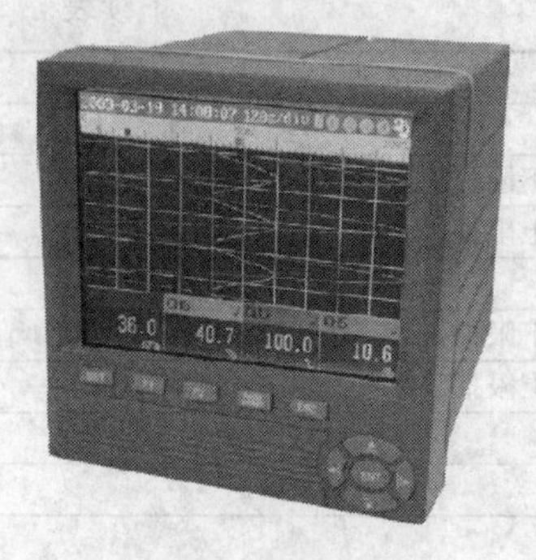

图 4-52　无纸记录仪

数据或曲线的打印。其串行通信接口可采用 SWP 仪表通信协议或 MODBUS RTU 通信协议与上位机进行数据传输，实现记录数据的集中管理，如图 4-52 所示。

采用全拼输入法，内带二级汉字库，共有 6000 余个汉字，可对画面上的名称进行在线设置。采用 USB 接口存储棒作外存储器，无机械可动部件，增强了仪表的可靠性。

1. 主要特点

（1）多路输入、输出通道　输入通道：全可切、全隔离信号最多 12 路。DC24V 馈电输出通道：最多可达 6 路继电器。输出通道：最多可达 4 路，如图 4-53 所示。

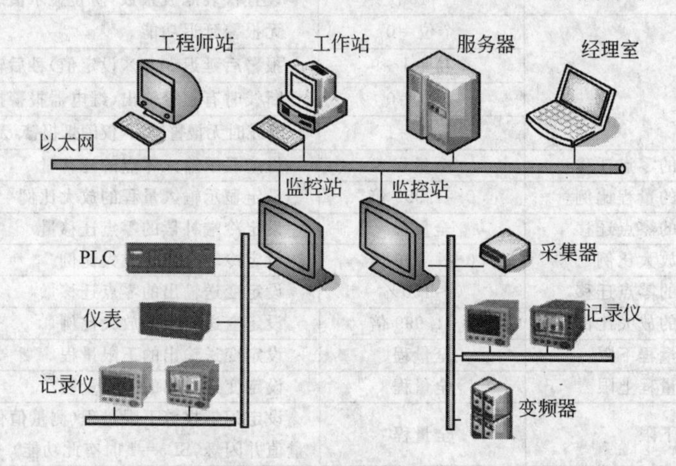

图 4-53　多路输入

（2）多功能的显示画面　5.6in 高分辨率的 TFT 彩色液晶显示板，可集中显示中文菜单、输入通道号、测量计算数值、过程曲线、工程单位、百分比棒图、输出和报警状况、历史记录追忆等。

（3）便捷的操作界面　快捷的中文菜单，提示用户逐级完成参数设定。中文信息，标识显示数据的工程涵义。图形画面，提供需要显示的参数组合。轻触式面板按键。内置二级汉字库，内置汉字全拼输入法。

（4）高容量的存储空间　内置大容量存储器最多 192Mbit 存储空间，每个记录点保存测量间隔时间内数值的最大值和最小值，即使是数值瞬间突变，也会记录在案。可通过外置大容量 Flash 存储棒对数据进行备份。

（5）快速的通信速率　设有标准双向串行通信口，能以高达 57600pbs 的速率与上位机或其他相关的设备进行数据交换。可选择 RS-232 或 RS-485 通信方式。

（6）灵活的附加功能　通过附加的模块与相应的参数设定，仪表可提供模拟变送信号输出、打印机接口信号输出、直流馈电电源输出、标准双向串行通信接口、报警音响蜂鸣器输出等。灵活的运算通道类型，可实现许多特殊的功能要求。

（7）强大的记录追忆功能　可单步追忆；可自动连续（追忆速度分 20 挡可调）追忆；可按时间查询追忆；可通过移动定位轴来查看历史数据及曲线。

通过 SWP-SPC2000 版工控组态软件，和其他仪表以 RS-485 通信方式可方便地组成高性能、低价位的工控系统。

2. 仪表工作原理

TSR 系列智能化彩色记录仪采用插卡组合式结构，由一块主机板与不同类型的扩展板组合成不同类型的记录仪，每台仪表最多可带 2 块扩展板，如图 4-54 所示。

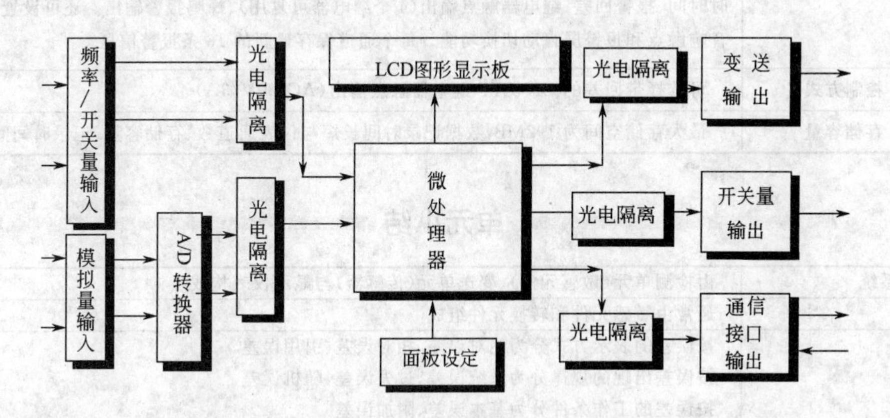

图 4-54　插卡组合式结构

(1) 测量范围　−1999～999999 字。

(2) 显示方式　背光式大屏幕真彩液晶（LCD）图形显示板，显示内容可由汉字、西文、数字、过程曲线、光柱等组成。通过面板按键可完成画面翻页、历史数据前后搜索、LCD 画面对比度、屏幕时标变更等。

通信输出 RS-232/485，波特率 1200～57600pbs（TTL 电平，仪表前端 USB 接口），1200～19200pbs(带光隔，仪表后侧接口)。

(3) 打印功能　可外接面板式、台式微型打印机或带串口输出的宽行打印机（如 LQ-300K），打印历史数据或曲线。

(4) 保护方式　设定参数永久保存，记录数据断电保存，内置 Watching Dog 电路。

(5) 屏保功能　可设置在连续无按键一定时间后关闭屏幕显示，以延长液晶屏的使用寿命。按任意键即可恢复屏幕显示。

3. 主要技术指标

主要技术指标见表 4-19。

表 4-19　主要技术指标

输入信号	模拟量输入	a. 热电偶 B、S、K、E、T、J、W b. 热电阻 Pt100、Cu50 c. 电压 0～5V，1～5V，0～100mV，0～20mV d. 电流 0～10mA，4～20mA
	脉冲量输入	矩形波、正弦波或三角波，幅度≥4V，频率 0～15kHz
输出信号	模拟量输出	a. 电流 0～10mA(负载≤750Ω)；4～20mA(负载≤500Ω) b. 电压 0～5V(负载≥250kΩ)；1～5V(负载≥250kΩ)
	开关量输出	a. 继电器触点容量：AC 220V/3A 或 DC 24V/5A(阻性负载) b. SCR 输出：400V/0.5A c. SSR 输出：6～9V/0.05A d. 馈电输出：DC 24V/30mA
	精度	0.5% FS±1 字或 0.2% FS±1 字
	小信号切除	0～25.5% FS

续表

参数设定	中文菜单提示，面板按键设定或上位机通过通信口设定，设定参数密码锁定。报警功能：每个通道最多可以设定4个报警点，每个报警点可选择上限或下限报警，可设置报警输出延时时间、报警回差、继电器触点输出(4个继电器可复用)、蜂鸣报警输出。还可设置外接报警音响触点和报警屏自动切换功能。每个通道保存最新的16条报警信息
控制方式	可选择带回差的ON/OFF继电器触点输出(AC220V/3A)
存储容量	最大存储空间为192MB，数据记录时间长短与仪表通道数、存储容量、记录时间间隔有关

单元小结

自动检测系统	由检测单元(敏感元件)、变送单元(传感器)与显示仪表构成
传感器	通常由敏感元件和转换元件组成
测量误差	按误差的表示方式分为绝对误差、相对误差、引用误差 按误差出现的规律分为系统误差、过失误差、随机误差 按误差的工作条件分为基本误差、附加误差
品质指标	精度(准确度)、变差(回差)、灵敏度与灵敏限
合格仪表要求	$\lvert\delta_{max}\rvert \leqslant \lvert\delta_{表允}\rvert$ 且 $\lvert\delta'_{max}\rvert \leqslant \lvert\delta_{表允}\rvert$
压力传感器按原理	液体静力学，弹性元件受力变形，静力学平衡，弹性元件将压力转换成电阻、电感、电容、频率等各种电学量
压力检测仪表的选择	仪表类型、仪表测量范围、仪表精度等级
物位测量仪表	液位计、料位计、界位计
标准节流装置	有孔板、喷嘴、文丘里管
测温仪表分类	分为膨胀式温度计、热电偶温度计、热电阻温度计、压力式温度计、辐射高温计和光学高温计等
热电偶冷端温度补偿	冰浴法、查表法、校正仪表零点法、补偿电桥法
常规显示仪表结构	开环模式的显示仪表，自动平衡式显示仪表
数字式显示仪表组成	一般有变送单元A/D转换、电子计数、数字译码器及显示器等

习题与思考题

1. 测量误差的分类有几种？

2. 工业检测仪表如何进行分类？

3. 检测仪表的品质指标有哪些？分别表示什么意义？

4. 什么叫传感器？它由哪几部分组成？它在自动检测控制系统中起什么作用？

5. 压力检测仪表分为几类？各依据什么原理工作？

6. 压力表安装应注意什么？

7. 某反应器工作压力为15MPa，要求测量误差不超过±0.5MPa，现用一只2.5级、0～25MPa的压力表进行测量，问是否满足对测量误差的要求？应选用几级的压力表？

8. 物位检测仪表包括哪些类型？分别根据什么原理工作的？

9. 用差压变送器测量液位，在什么情况下会出现零点迁移？何为“正迁移”？何为“负迁移”？其实质是什么？

10. 电容式、超声波式和光学式物位计分别依据什么原理工作？

11. 常用的流量检测仪表有哪些？各依据什么原理工作？

12. 温度检测仪表分为哪几类？各有哪些特点？

13. 热电偶测温系统由哪几部分组成？各起什么作用？简述热电偶的测温原理。

14. 常用的热电偶有哪几种？与之配套的补偿导线是什么材料的？补偿导线起什么作用？需要注意什么问题？

15. 什么叫热电偶的冷端温度补偿？补偿方法有哪些？

16. 热电阻测温的工作原理是什么？常用的热电阻有哪些？

17. 温度变送器起什么作用？

18. 为什么热电阻与各类显示仪表配套时都要用三线制接法？

19. 显示仪表在过程自动化中的作用是什么？

20. 有一Cu100分度号的热电阻，接在配Pt100分度号的自动平衡电桥上，指针读数为143℃，问所测实际温度是多少？

21. 常用在显示仪表中的工作原理有哪些？主要应用在什么场合？

22. 数字式显示仪表的特点是什么？

23. 电桥式自动平衡显示仪表的基本工作原理是什么？在不同的量程中，如何计算桥路中的各个电阻？

第五单元　控制规律与自动控制仪表

【单元学习目标】

1. 认知控制器的控制规律，明确 PID 参数对控制作用、过渡过程的影响。
2. 了解常见控制器的基本操作。
3. 掌握执行器的原理、特性及其选择与安装。

第一节　基本控制规律

对于一个自动控制系统来说，决定过渡过程的形式及品质指标的因素很多，除了与被控对象的特性有关系，还与控制器的特性有很大关系。

控制器的特性，即控制器的控制规律，是指控制器的输出信号与输入信号之间随时间变化的规律。控制器的输入信号，就是检测变送仪表送来的“测量值 z”（被控变量的实际值）与“设定值 x”（工艺要求被控变量的预定值）之差——偏差 $e=x-z$，控制器的输出信号就是送到执行器并驱使其动作的控制信号 p。用数学式子来表示，即：

$$p=f(e) \tag{5-1}$$

整个控制系统的任务就是检测出偏差，进而纠正偏差。各种控制规律是为了适应不同的生产要求而设计的，因此，必须根据生产的要求选用适当的控制规律。要选用合适的控制器，首先必须了解几种常用控制规律的特点、适用条件，然后根据过渡过程的品质指标要求，结合具体对象的特性，才能做出正确的选择。

尽管各种控制器类型各异，结构、原理也各不相同，但基本控制规律却只有四种，即双位控制规律、比例（P）控制规律、积分（I）控制规律和微分（D）控制规律。这几种基本控制规律有的可以单独使用，有的需要组合使用，构成常用的控制规律，如双位控制、比例控制、比例-积分（PI）控制、比例-微分（PD）控制和比例-积分-微分（PID）控制。

一、双位控制

所有的控制规律中，双位控制规律最为简单，也最容易实现。双位控制的动作规律是当测量值大于给定值时，控制器的输出为最大；而当测量值小于给定值时，则控制器的输出为最小（也可以是相反的，即当测量值大于给定值时，输出为最小；当测量值小于给定值时，输出为最大）。偏差 e 与输出 p 的关系为

$$p=\begin{cases} p_{\max} & e>0(e<0) \\ p_{\min} & e<0(e>0) \end{cases} \tag{5-2}$$

图 5-1 为一个储槽的液位双位控制示意图。它利用电极式液位传感器，通过继电器 J 和电磁阀实现液位的双位控制。当液位低于设定值 L_0 时，电极与导电的液体断开，继电器失电，电磁阀全开，物料进入储槽，使得液面不断上升。当液面上升至 L_0 时，电路接通，继电器得电，吸动电磁阀全关，液面下降。如此循环往复，使储槽的液位维持在 L_0 附近的一个小范围内。

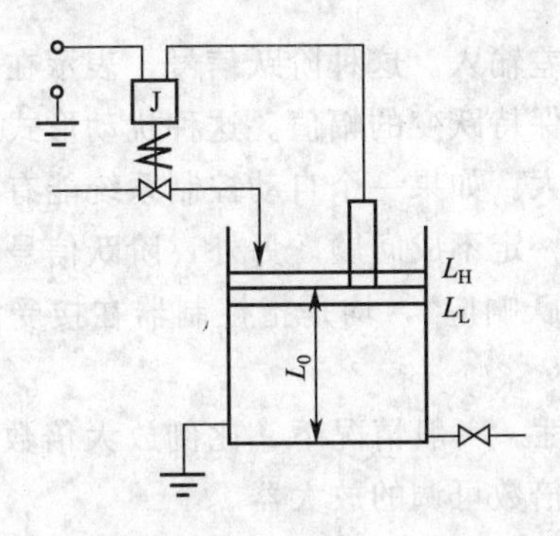

图 5-1　液位双位控制示意图

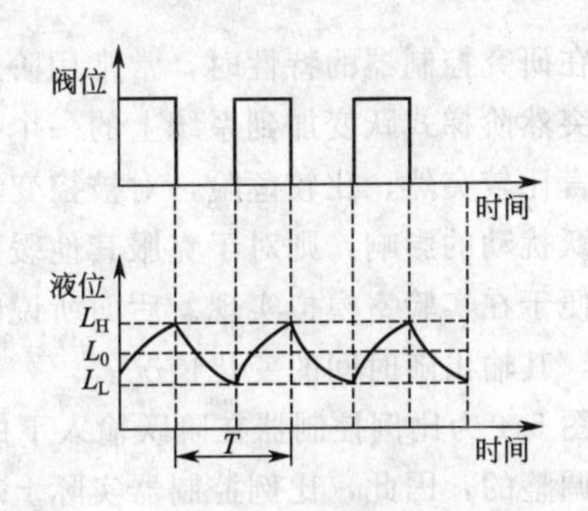

图 5-2　具有中间区的双位控制过程

上述双位控制的工作方式，势必使系统中的运动部件频繁动作，就会使运动部件（如上例中的继电器、电磁阀等）因动作频繁而加速磨损，缩短使用寿命，难以保证双位控制系统安全、可靠地工作。因此，实际中的双位控制大都设立一个中间区。

具有中间区的双位控制过程如图 5-2 所示。当液位 L 低于 L_L 时，电磁阀是打开的，物料流入，使液面上升。当液位上升至 L_0 时，电磁阀并不动作，而是待液位上升至 L_H 时，电磁阀才开始关闭，物料停止流入，液位下降。同理，只有液位下降至 L_L 时，电磁阀才再度打开，液位上升。设立这样一个中间区，使得控制系统各部件的动作频率大大降低。中间区的大小可根据要求设定。

双位控制系统结构简单、成本低、容易实现，大多应用于允许被控变量上下波动的场合，如管式加热炉、恒温箱、空调、电冰箱中的温度控制，以及为气动仪表提供气源的压缩空气罐中的压力控制等。控制质量较差，有时为了改善这种特性，控制器的输出值可以增加中间值，即当被控变量在某一个范围内时，控制器的输出值处于某一中间位置，使系统中物料量或能量的不平衡状态得到缓和，这就构成了三位式（或多位式）控制规律。

二、比例（P）控制

在人工控制的实践中，如果能够使控制阀的开度与被控变量的偏差成比例，那就有可能使输入量等于输出量，从而使被控变量趋于稳定，达到平衡状态。对于图 5-3 所示的水槽，如果用人工控制来保持水槽液位，那么当液位高于设定值时，就关小进水阀，液位越低，阀就开得越大。这相当于把位式控制的位数增加至无穷多位，于是断续的控制系统就演变为连续的控制系统了。这种阀门开度的变化量（即控制器输出的变化量）与输入控制器的偏差大小成比例关系的控制规律，称为比例控制规律。一般用字母 P 表示。

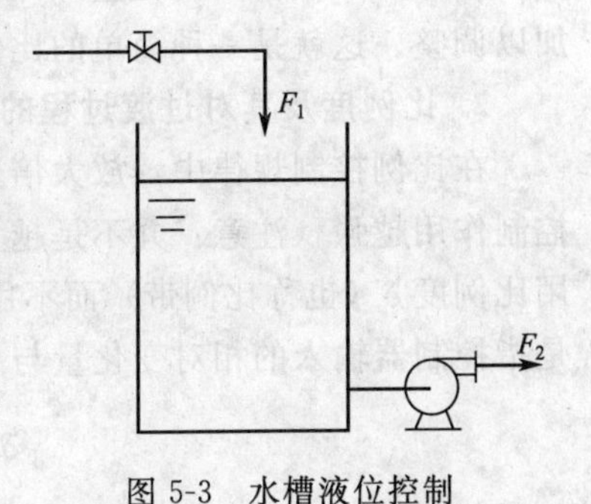

图 5-3　水槽液位控制

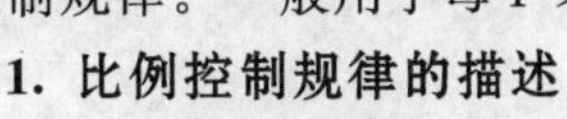

1. 比例控制规律的描述

可用下述数学式表示

$$\Delta p = K_P e \tag{5-3}$$

式中　Δp—— 控制器输出的变化量；

e—— 控制器的输入，即偏差；

K_P—— 比例控制器的放大倍数（或称比例增益）。

在研究控制器的特性时，常常用阶跃信号模拟偏差输入。这种阶跃信号，表示在某一个瞬间突然阶梯式跃变加到系统上的一个扰动，并持续保持跃变的幅值。这种扰动形式，对系统而言比较突然、比较危险，对被控变量的影响也最大。如果一个自动控制系统能有效地克服阶跃扰动的影响，则对于克服其他缓变扰动的影响一定不成问题。另外，阶跃信号形式简单，便于在实验室模拟实现。后面所说的“控制器阶跃响应”，均是指控制器在接受阶跃偏差后，其输出随时间的变化情况。

图 5-4 为比例控制器在阶跃输入下的比例控制特性。一般情况下，比例放大倍数 K_P 是可以调整的，因此，比例控制器实际上就是一个放大倍数可调的放大器。

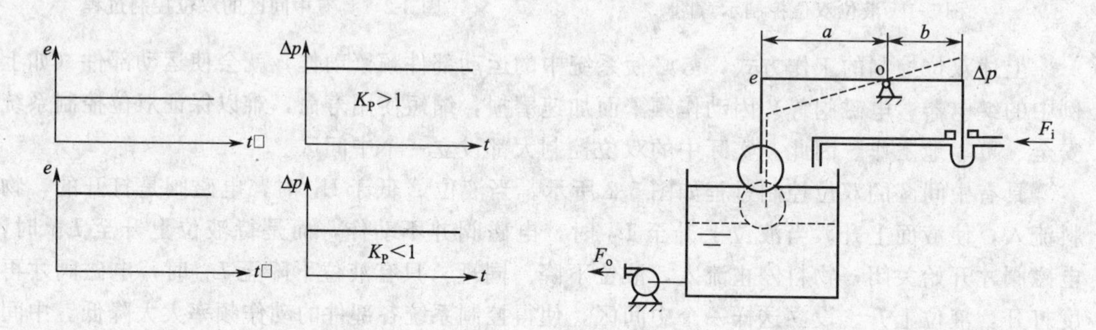

图 5-4　比例控制特性

图 5-5　简单的比例控制系统示意图

图 5-5 是一个简单的比例控制系统。被控变量是水槽的液位。o 为杠杆的支点，杠杆的一端固定着浮球，另一端和控制阀阀杆相连接。浮球能随着液位的波动而升降。浮球的升降通过杠杆带动阀芯，浮球升高，阀门关小，输入流量减少；浮球下降，阀门开大，输入流量增加。如果原来液位稳定在图中所示的实线位置上，进入储槽的流量和排出储槽的流量相等。当某一时刻排出流量突然增加一个数值以后，液位就会下降，浮球也随之下降。浮球的下降通过杠杆把进水阀门开大，使进水量增加。当进水量增加到新的排出量时，液位也就不再变化而重新稳定下来，达到新的平衡状态，如图中的虚线位置代表新的平衡状态。显然，阀的位移量与液位的变化量（即偏差）成比例，且比例放大倍数可以通过改变支点 o 的位置加以调整。这就是一种简单的比例控制器，其他形式的比例控制器将在后面章节介绍。

2. 比例度及其对过渡过程的影响

在比例控制规律中，放大倍数 K_P 的大小表征了比例控制作用的强弱。K_P 越大，比例控制作用越强（注意：并不是越大越好），反之越弱。在工业上所使用的控制器，习惯上采用比例度 δ（也称比例带）而不用放大倍数 K_P 来衡量比例控制作用的强弱。所谓比例度就是指控制器输入的相对变化量与相应的输出的相对变化量之比的百分数。用式子可表示为

$$\delta=\frac{e/(x_{\max}-x_{\min})}{\Delta p/(p_{\max}-p_{\min})}\times 100\% \tag{5-4}$$

式中　e—— 控制器的输入变化量（即偏差）；

p—— 相应于偏差为 e 时的控制器输出变化量；

$x_{\max}-x_{\min}$—— 控制器输入的最大变化范围，即仪表的量程范围；

$p_{\max}-p_{\min}$—— 控制器输出的最大变化范围。

例 5-1　一台比例作用的电动温度控制器，它的量程是 100～200℃，电动控制器的输出是 0～10mA，假如当指示值从 140℃ 变化到 160℃ 时，相应的控制器输出从 3mA 变化到

8mA，这时的比例度是：

$$\delta=\frac{(160-140)/(200-100)}{(8-3)/(10-0)}\times100\%=40\%$$

就是说，当温度变化全量程的40%时，控制器的输出从0mA变化到10mA。在这个范围内，温度的变化和控制器的输出变化Δp是成比例的。但是当温度变化超过全量程的40%时（在上例中即温度变化超过40℃时），控制器的输出就不再跟着变化了，这是因为控制器的输出最多只能变化100%。所以，比例度实际上就是使控制器输出变化全范围时，输入偏差改变量占满量程的百分数。

比例度δ与放大倍数K_P是什么关系呢？因为$\Delta p=K_P e$，所以式(5-4)可以改写成

$$\delta=\frac{e}{\Delta p}\times\frac{p_{max}-p_{min}}{x_{max}-x_{min}}\times100\%=\frac{1}{K_P}\times K\times100\%=\frac{K}{K_P}\times100\% \tag{5-5}$$

对一台控制器来说，K是一个固定常数，所以，K_P值与δ值都可以用来表示比例控制作用的强弱。在单元组合仪表中，控制器的输入信号是由变送器来的，而控制器和变送器的输出信号都是统一的标准信号，因此常数$K=1$。所以在单元组合式仪表中，比例度δ就和放大倍数K_P互为倒数关系，即

$$\delta=\frac{1}{K_P}\times100\% \tag{5-6}$$

可见，K_P越大，δ越小，比例控制作用就越强。δ的取值一般从百分之几到百分之几百之间连续可调（如DDZ-Ⅲ型控制器的$\delta=1\%\sim200\%$）。实际应用中，比例度的大小应视具体情况而定，既不能太大，也不能太小。比例度太大，控制作用太弱，不利于系统克服扰动的影响，余差太大，控制质量差。比例度太小，控制作用太强，易导致系统的稳定性变差，引起振荡。比例度对余差的影响是：比例度越大，放大倍数K_P越小，要获得同样的控制作用，所需的偏差就越大，因此，余差就越大；反之，减小比例度，余差也随之减小。由于比例度不可能为零（即K_P不可能为无穷大），余差就不会为零。因此，常把比例控制作用叫“有差规律”。为此，对于反应灵敏、放大能力强的被控对象，为求得整个系统稳定性的提高，应当使比例度稍大些；而对于反应迟钝、放大能力又较弱的被控对象，比例度可选小一些，以提高整个系统的灵敏度，也可相应减小余差。

单纯的比例控制适用于扰动不大、滞后较小、负荷变化小、要求不高、允许有一定余差存在的场合。工业生产中比例控制规律使用较为普遍。

三、积分控制

比例控制的结果使被控变量存在余差，控制精度不高，所以，它只限于负荷变化不大和允许偏差存在的情况下适用，如液位控制等。当对控制精度有更高要求时，必须在比例控制的基础上再加上能消除余差的积分控制作用。

1. 积分（I）控制规律

当控制器的输出变化量Δp与输入偏差e的积分成比例时，就是积分控制规律，一般用字母I表示。积分控制规律的数学表达式为

$$\Delta p=K_I\int e\mathrm{d}t \tag{5-7}$$

式中，K_I为积分比例系数，也称积分速度。实用中采用积分时间T_I代替K_I，$T_I=1/K_I$，所以式(5-7)又可以写成

$$\Delta p=\frac{1}{T_{\mathrm{I}}}\int e\mathrm{d}t \tag{5-8}$$

由上式可以看出，积分控制作用输出信号的大小不仅取决于偏差信号的大小，而且主要取决于偏差存在的时间长短。只要有偏差，尽管偏差可能很小，但它存在的时间越长，输出信号就变化越大。显然，只要偏差存在，输出就不会停止积分（输出值越来越大或越来越小），一直到偏差为零时，累积才会停止，所以，积分控制可以消除余差。积分控制规律又称为无差控制规律。其特性可以由阶跃输入下的输出来说明。当控制器的输入偏差 e 是一常数 A 时，式(5-7) 就可写为：

$$\Delta p=K_{\mathrm{I}}At=At/T_{\mathrm{I}}$$

其阶跃响应如图 5-6 所示。

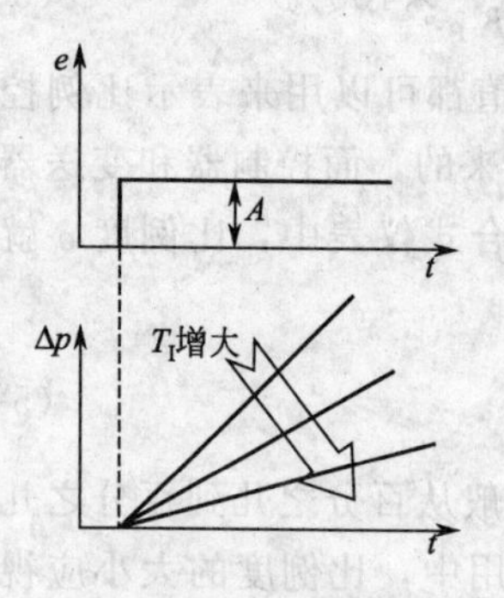

图 5-6　积分控制阶跃响应

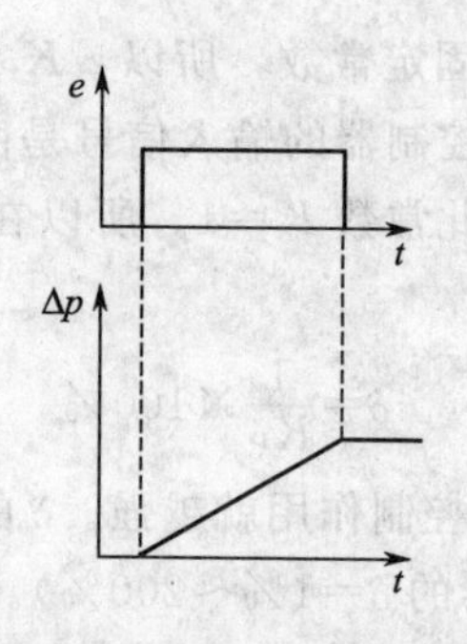

图 5-7　积分动态特性

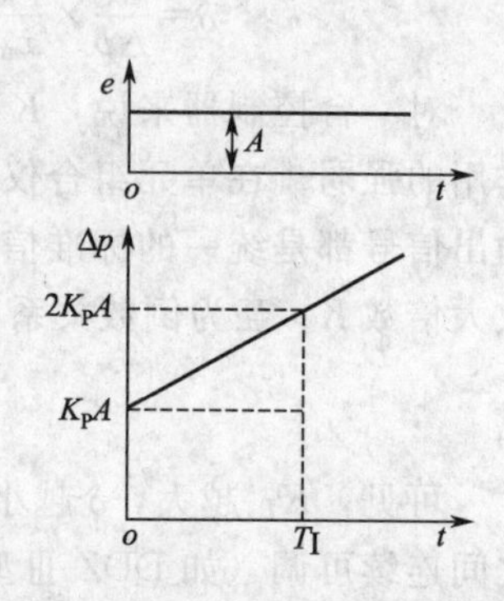

图 5-8　比例积分控制阶跃响应

可见，积分时间 T_{I} 的大小表征了积分控制作用的强弱。T_{I} 越小，曲线上升得快，积分控制作用越强；反之，T_{I} 越大，曲线上升得慢，积分控制作用越弱。当 T_{I} 太大时，就失去积分控制作用。另外，在积分控制过程中，当偏差被积分控制作用消除后，其输出并非也随之消失，而是稳定在任意值上，正是有了输出的这种控制作用，才能维持被控变量的稳定。其动态过程可用图 5-7 所示。

2. 比例积分（PI）控制规律

积分控制虽然能消除余差，但它存在着控制不及时的缺点。因为积分输出的累积是渐进的，其产生的控制作用总是落后于偏差的变化，不能及时有效地克服干扰的影响，难以使控制系统迅速稳定下来，所以，实用中一般不单独使用积分控制规律，而是和比例控制作用一起，构成比例积分（PI）控制器，取两者之长，互相弥补，既有比例控制作用的迅速及时，又有积分控制作用消除余差的能力。因此，比例积分控制可以实现较为理想的过程控制。

比例积分控制规律的数学表达式为

$$\Delta p=\Delta p_{\mathrm{P}}+\Delta p_{\mathrm{I}}=K_{\mathrm{P}}\left(e+\frac{1}{T_{\mathrm{I}}}\int e\mathrm{d}t\right) \tag{5-9}$$

当输入幅值为 A 的阶跃偏差时，上式可写为

$$\Delta p=K_{\mathrm{P}}A+\frac{K_{\mathrm{P}}}{T_{\mathrm{I}}}At \tag{5-10}$$

其阶跃响应如图 5-8 所示。图中垂直上升部分 $K_{\mathrm{P}}A$ 是比例输出；缓慢上升部分 $K_{\mathrm{P}}At/T_{\mathrm{I}}$ 是积分输出。利用上述关系，可以用实验测定积分时间 T_{I} 及比例放大倍数 K_{P}（或比例度 δ）。方法：给 PI 控制器输入一个幅值为 A 的阶跃信号后，立即记录输出的跃变值 $K_{\mathrm{P}}A$，同

时启动秒表，当输出上升至 K_PA 的 2 倍时停表，记下的时间就是积分时间 T_I（因为 $t=T_I$ 时，$\Delta p=2K_PA$）；跃变值 K_PA 与 A 的比值就是 K_P 值。

3. 积分时间对过渡过程的影响

在比例积分控制器中有两个可调参数，即比例度 δ 和积分时间 T_I。其中积分时间 T_I 以“分”为单位，如 DDZ-Ⅲ型控制器的 T_I 为 0.1～20min。比例度大小对过渡过程的影响前面已经分析过，这里着重分析积分时间对过渡过程的影响。

积分时间对过渡过程的影响具有两重性，过大或过小均不合适。当缩短积分时间，加强积分控制作用时，一方面克服余差的能力增加，但另一方面会使过程振荡加剧，稳定性降低。积分时间越短，振荡倾向越强烈，甚至会成为不稳定的发散振荡。积分时间过大，积分作用太弱，余差消除很慢，当 $T_I\rightarrow\infty$ 时，成为纯比例控制器，余差将得不到消除。只有当 T_I 适当时，过渡过程才能较快地衰减，而且没有余差。

积分作用会加剧振荡，这种振荡对于滞后大的对象更为明显。所以，控制器的积分时间应按控制对象的特性来选择，对于管道压力、流量等滞后不大的对象，T_I 可选得小些；温度对象一般滞后较大，T_I 可选大些。对于有较大惯性滞后的控制系统，要尽可能避免使用积分控制作用。

四、微分控制

比例积分控制规律，虽然既有比例作用的及时、迅速，又有积分作用的消除余差能力，但对于有较大时间滞后的被控对象的控制效果有时就不够理想，可能控制时间较长、最大偏差较大；当对象负荷变化特别剧烈时，由于积分作用的迟缓性质，使控制作用不够及时，系统的稳定性较差。在上述情况下，可以再增加微分作用，以提高系统控制质量。

1. 微分（D）控制规律与实际微分控制规律

对于容量滞后较大的对象，当被控对象受到扰动作用后，一般被控变量不立即发生变化，而是有一个时间上的延迟，而后又变化较快，此时，比例积分控制作用就显得不及时。为此，人们设想：能否根据偏差的变化趋势来做出相应的控制动作呢？就像有经验的操作人员一般，既可根据偏差的大小来改变阀门的开度，又可根据偏差变化的速度大小来预计将要出现的情况，提前进行过量控制，“防患于未然”。这种按被控变量变化的速度来确定控制作用的大小，就是微分控制规律，一般用字母“D”表示。

具有微分控制规律的控制器，其输出 Δp 与偏差 e 的关系可用下式表示：

$$\Delta p = T_D\frac{\mathrm{d}e}{\mathrm{d}t} \tag{5-11}$$

式中 T_D—— 微分时间；

$\frac{\mathrm{d}e}{\mathrm{d}t}$—— 偏差变化速度，亦即偏差对时间的导数。

由式(5-11) 可知，微分输出只与偏差的变化速度有关，而与偏差的大小无关。如果偏差为一固定值，不管有多大，则微分作用的输出总是为零。

如果控制器的输入是一阶跃信号，在输入变化的瞬间，微分控制器的输出将趋于无穷大。此后，由于输入不再变化，输出立即降到零，图 5-9(b) 这种控制作用称为理想微分控制作用，在实际中，要实现这样的控制作用是很难的（或不可能的），也没有什么实用价值。实用中，常用一种近似的微分控制作用，其特性如图 5-9(c) 所示，在阶跃输入发生时刻，

输出 Δp 突然上升到一个较大的有限数值（一般为输入幅值的 5 倍或更大），然后呈指数规律衰减至零。

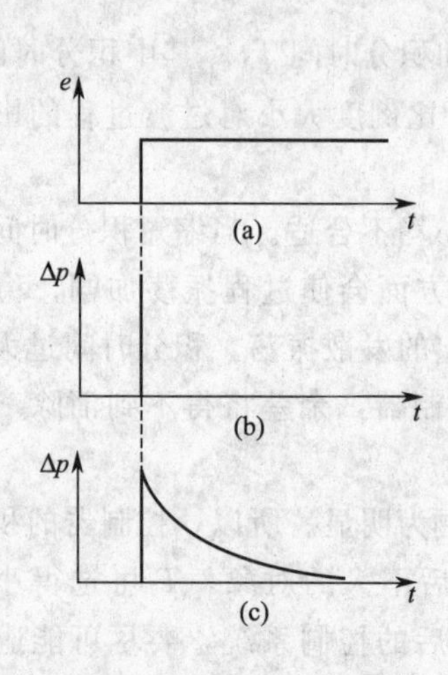

图 5-9　微分控制动态特性

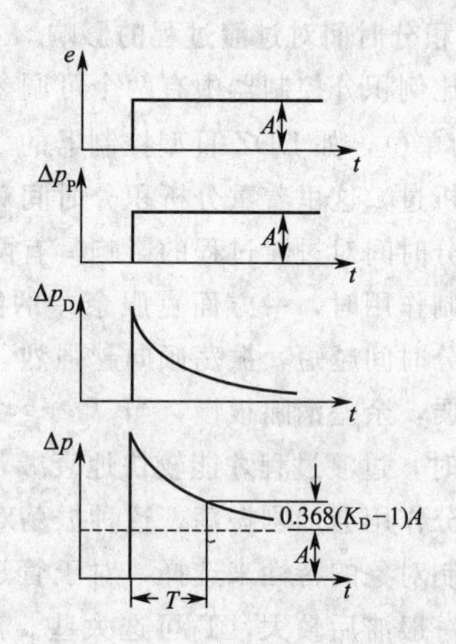

图 5-10　实际微分器阶跃响应

理想或近似的微分作用都有这样的特点：在偏差存在但不变化时，微分作用都没有输出，即对恒定不变的偏差没有克服能力。因此，微分控制器不能作为一个单独的控制器使用，微分控制作用总是与比例作用或比例积分控制作用同时使用的。

实际微分控制规律由两部分组成：比例作用与近似微分作用，其比例度是固定不变的，δ 恒等于 100％，可以这样认为：实际微分控制器是一个比例度为 100％的比例微分控制器。当输入幅值为 A 的阶跃信号时，实际微分控制规律的输出 Δp 的变化可用下式表示

$$\Delta p=\Delta p_{P}+\Delta p_{D}=A+A(K_{D}-1)e^{\frac{K_{D}}{T_{D}}t} \tag{5-12}$$

式中　K_D—— 微分放大倍数，由控制器的结构设计决定，如在 DDZ-Ⅲ中 $K_D\approx5$；

T_D—— 微分时间；

e—— e 是自然对数的底，e＝2.71828。

图 5-10 是实际微分控制器在阶跃输入下的输出变化曲线。当 $t=0$ 时，$\Delta p=K_DA$，$t=\infty$ 时，$\Delta p=A$。所以，微分控制器在阶跃信号的作用下，输出一开始立即升高到输入幅值 A 的 K_D倍，然后再逐渐下降，到最后就只有比例作用 A 了。

显然，这种实际微分控制作用的强弱主要看输出下降的快与慢。决定其下降快慢的重要参数就是微分时间 T_D，T_D越大，下降得就越慢，微分输出维持的时间就越长，即微分作用越强，反之则越弱。当 $T_D=0$ 时，就没有微分控制作用了。

2. 比例微分（PD）控制规律

理想的比例微分控制规律，可用下式表示

$$\Delta p=\Delta p_{P}+\Delta p_{D}=K_{P}\left(e+T_{D}\frac{de}{dt}\right) \tag{5-13}$$

实用时，为实际比例微分控制规律，其阶跃响应与图 5-10 所示类似，仅放大倍数（幅值）不同。图中的曲线下降部分就是实际的微分作用，虚线部分是比例作用。可见，在微分控制作用消失以后，还有比例控制作用在继续“作用”。微分与比例结合在一起，比单纯的

比例作用更快。尤其是对容量滞后大的对象，可以减小动偏差的幅度，节省控制时间，显著改善控制质量。

3. 微分时间对过渡过程的影响

在一定的比例度下，微分作用的输出是与被控变量的变化速度成正比的，而且总是力图阻止被控变量的任何变化。微分作用具有抑制振荡的效果，所以在控制系统中适当地增加微分作用后，可以提高系统的稳定性，减小被控变量的波动幅度，并降低余差。但是，微分作用也不能加得过大，否则由于控制作用过强，控制器的输出剧烈变化，不仅不能提高系统的稳定性，反而会引起被控变量大幅度地振荡。特别对于“噪声”比较严重的系统，采用微分作用要特别慎重。工业上常用控制器的微分时间可在数秒至几分钟的范围内调整。

微分作用具有一种抓住“苗头”预先控制的性质，这种性质是一种“超前”性质。因此微分控制有人称它为“超前控制”。一般说来，由于微分控制的“超前”控制作用，是能够改善系统的控制质量的，对于一些滞后较大的对象，例如温度对象，特别适用。

4. 比例积分微分（PID）控制规律

最为理想的控制当属于比例-积分-微分控制（简称 PID 控制）规律。它集三者之长，既有比例作用的及时迅速，又有积分作用的消除余差能力，还有微分作用的超前控制功能。理想 PID 控制规律的数学表达式为

$$\Delta p=\Delta p_{\mathrm{P}}+\Delta p_{\mathrm{I}}+\Delta p_{\mathrm{D}}=K_{\mathrm{P}}\left(e+\frac{1}{T_{\mathrm{I}}}\int e\mathrm{d}t+T_{\mathrm{D}}\frac{\mathrm{d}e}{\mathrm{d}t}\right) \tag{5-14}$$

其实用的实际控制规律的阶跃响应如图 5-11 所示。当偏差阶跃出现时，微分作用立即大幅度动作，抑制偏差的这种跃变；比例作用也同时起消除偏差的作用，使偏差幅度减小，由于比例作用是持久和起主要作用的控制规律，因此可使系统比较稳定；而积分作用慢慢地把余差克服掉。只要三作用控制参数（δ、T_{I}、T_{D}）选择得当，便可以充分发挥三种控制规律的优点，得到较为理想地控制效果。

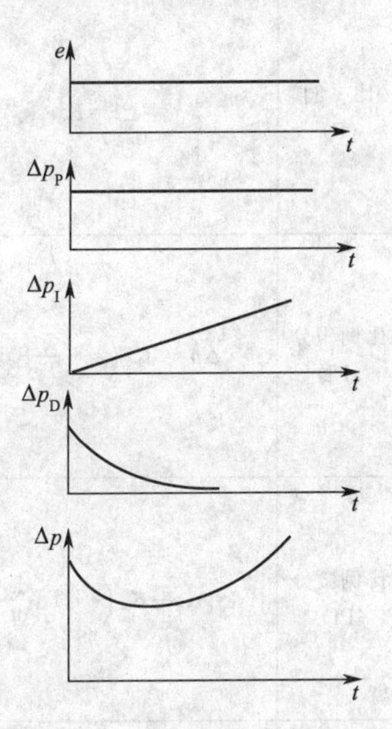

图 5-11　PID 控制器阶跃响应

一个具有三作用的 PID 控制器，当 $T_{\mathrm{I}}=\infty$、$T_{\mathrm{D}}=0$ 时，为纯比例控制器；当 $T_{\mathrm{D}}=0$ 时为比例积分（PI）控制器；当 $T_{\mathrm{I}}=\infty$时为比例微分（PD）控制器。使用中，可根据不同的需要选用相应的组合进行控制，通过改变 δ、T_{I}、T_{D}这三个可调参数，以适应生产过程中的各种情况。对于设计并已经安装好的控制系统而言，主要是通过调整控制器参数来改善控制质量。

三作用控制器常用于被控对象动态响应缓慢的过程，如 pH 等成分参数与温度系统。目前，生产上的三作用控制器多用于精馏塔、反应器、加热炉等温度自动控制系统。

三作用控制器综合了各类控制器的优点，因此具有较好的控制性能，但这并不意味着在任何条件下采用这种控制器都是最合适的，一般来说，当对象滞后较大、负荷变化较快、不允许有余差的情况下，可以采用三作用控制器。如果采用比较简单的控制器已能满足生产要

求，那就不要采用三作用控制器了。

最后，再对比例、积分、微分三种控制规律做一下简单小结。

比例控制依据“偏差的大小”来进行控制，其输出变化与输入偏差的大小成比例。控制及时，但是有余差。用比例度δ来表示其作用的强弱，δ越小，控制作用越强。比例作用太强时，会引起振荡甚至不稳定。

积分控制依据“偏差是否存在”来进行控制，其输出变化与偏差对时间的积分成比例。只有当余差完全消失，积分作用才停止。但积分控制缓慢，动态偏差大，控制时间长。用积分时间T_I表示其作用的强弱，T_I越小，积分作用越强。积分作用太强时，也易引起振荡。

微分控制依据“偏差变化速度”来进行控制，其输出变化与输入偏差变化的速度成比例，其实质和效果是阻止被控变量的一切变化，有“超前”控制的作用。对滞后大的对象有很好的效果，使控制过程动态偏差减小、时间缩短、余差减小（但不能消除）。用微分时间T_D表示其作用的强弱。T_D大，作用强；T_D太大，会引起振荡。

表5-1为各种控制规律特点及应用。

表5-1　各种控制规律特点与应用

控制规律	输出$p(\Delta p)$与输入e的关系	阶跃作用下的响应（阶跃幅值为A）	优缺点	适用场合
位　式	$p=p_{max}(e>0)$ $p=p_{min}(e<0)$		结构简单，价格便宜，控制质量不高，被控变量会振荡	对象容量大，负荷变化小，控制质量要求不高，允许等幅振荡
比　例 （P）	$\Delta p=K_c e$	Δp；K_cA；o；t_1；t	结构简单，控制及时，参数整定方便，控制结果有余差	对象容量大，负荷变化不大，纯滞后小，允许有余差存在。如一些塔釜液位、储槽液位、冷凝器液位和次要的蒸汽压力控制系统等
比例积分 （PI）	$\Delta p=K_c\left(e+\frac{1}{T_I}\int e\mathrm{d}t\right)$	Δp；K_cA；o；t_1；t	能消除余差，积分作用控制缓慢，会使系统稳定性变差	对象滞后较大，负荷变化较大，但变化缓慢，要求控制结果无余差。广泛用于压力、流量、液位和没有大的时间滞后的具体对象
比例微分 （PD）	$\Delta p=K_c\left(e+T_D\frac{\mathrm{d}e}{\mathrm{d}t}\right)$	Δp；K_cA；o；t_1；t	响应快，偏差小，能增加系统稳定性；有超前控制作用，可以克服对象的惯性，控制结果有余差	对象滞后大，负荷变化不大，被控变量变化不频繁，控制结果允许有余差存在
比例积分微分 （PID）	$\Delta p=K_c\left(e+\frac{1}{T_I}\int e\mathrm{d}t+T_D\frac{\mathrm{d}e}{\mathrm{d}t}\right)$	Δp；o；t_1；t	控制质量高，无余差，参数整定较麻烦	对象滞后大，负荷变化较大，但不甚频繁；对控制质量要求高。例如精馏塔、反应器、加热炉等温度控制系统及某些成分控制系统

第二节 常用控制仪表

控制仪表或称控制器，是实现生产过程自动化的重要工具，它将被控变量测量值与设定值进行比较后得出偏差，然后由控制器按照预定的控制规律对偏差进行一定的运算，并将运算结果以一定信号形式送往执行器，以实现对被控变量的自动控制。

控制仪表的种类繁多，所使用的能源及结构形式各不相同。按控制仪表的能源形式可以分为直接作用式控制器和间接作用式控制器。直接作用式控制器不需要外加能源，是利用被控介质作为能源工作的，多用于流体调压、稳流等要求不很严的就地控制系统，简单、价低；间接作用式控制器需要外加能源，按照外加能源的不同，有电动控制器、气动控制器及液动控制器，目前生产中，应用广泛的是电动控制器，其性能较稳定，便于远距离传送，便于与计算机连用，所以多年来发展迅速。近年来，随着现代控制技术、计算机技术和通讯技术的发展，以数字量作为输出形式的单回路控制器应运而生，它将电动模拟控制器的控制功能、先进的数字运算、数据处理功能及通信功能集于一身，实现了模拟控制器无法实现的功能，相当于一台过程控制用的微型计算机。本节重点介绍常用的电动控制器和可编程控制器。

一、DDZ 型电动控制器

电动控制器一般以交流 220V 或直流 24V 作能源，以直流电流或直流电压作为输出信号。直流信号传输，抗干扰能力强，容易实现模拟量到数字量的转换，方便与计算机配合使用。电动单元组合仪表（DDZ）经历了Ⅰ型、Ⅱ型和Ⅲ型的发展过程，目前前两种已经淘汰。

1. DDZ-Ⅲ型控制器的组成

DDZ-Ⅲ型仪表采用直流 24V 集中统一供电，并配有蓄电池作为备用电源。它采用线性集成运算放大器，使仪表的元件减少、线路简化、体积减小、可靠性和稳定性提高。在信号传输方面，采用了国际标准信号制：现场传输信号为 4～20mA DC，控制室联络信号为 1～5V DC。它的 4mA 零点有利于识别断电、断线故障，且为二线制传输创造了条件。此外，仪表在结构上更为合理，功能也更完善。它的安全火花防爆性能，为电动仪表在易燃、易爆场合的放心使用提供了条件。

控制器有全刻度指示和偏差指示两个基型品种。为满足各种复杂控制系统的要求，还可以在基型控制器中附加各种单元构成特殊控制器，例如断续控制器、自整定控制器、前馈控制器、非线性控制器等。下面以全刻度指示的基型控制器为例介绍 DDZ-Ⅲ型控制器。

基型控制器的组成框图如图 5-12 所示。控制器主要由输入电路、设定电路、PID 运算电路、自动与手动（包括硬手动和软手动两种）切换电路、输出电路及指示电路等组成。控制器的测量信号和设定信号均是以零伏为基准的 1～5V 直流电压信号，外设定信号由 4～20mA 的直流电流流过 250Ω 的精密电阻后转换成 1～5V 的直流电压信号。内外设定由开关 K_6 进行切换，当切换至外设定时，面板上的外设定指示灯点亮。

控制器共有“自动、保持、软手动和硬手动”四种工作状态，通过面板上的联动开关进行切换。当控制器处于“自动”工作状态时，输入的测量信号和设定信号在输入电路进行比

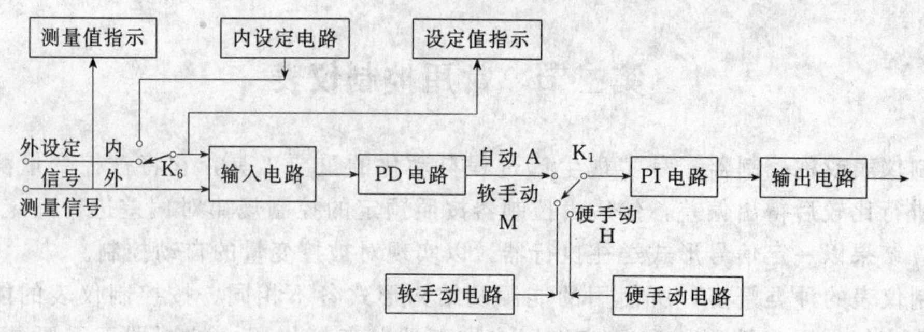

图 5-12 DDZ-Ⅲ型控制器组成框图

较后得出偏差，后面的比例微分电路和比例积分电路对偏差进行 PID 运算，然后经输出电路转换成 4～20mA 的直流电流输出，控制器对被控变量进行自动控制。当控制器处于“软手动”或“硬手动”工作状态时，由操作者一边观察面板上指示的偏差情况，一边在面板上操作相应的扳键或操作杆，对被控变量进行人工控制。

图 5-13 为全刻度指示型 DTL-3110 基型控制器的正面示意图。图中各部分的名称及作用见表 5-2。

表 5-2 DTL-3110 基型控制器各部分的名称及作用

编号	名称及作用
1	自动/软手动/硬手动切换开关——用于选择控制器的工作状态
2	设定值、测量值显示表——能在 0～100% 的范围内分别显示设定值和测量值。黑色指针指示设定值，红色指针指示测量值，两者的位置之差即为输入控制器的偏差
3	内设定信号的设定轮——在“内设定”状态下调整设定值
4	输出指示器(或阀位指示器)——用于指示控制器输出信号的大小
5	硬手动操作杆——当控制器处于“硬手动”工作状态时，移动该操作杆，能使控制器的输出迅速地改变到所需的数值(一种比例控制方式)
6	软手动操作按键——当控制器处于“软手动”工作状态下向左或向右按动该键时，控制器的输出可根据按下的轻、重，按照慢、快两种速度线性下降或上升(一种积分控制方式)。松开按键时，按键处于中间位置，控制器的输出可以长时间保持松开前的值不变，即前面所说的“保持”工作状态
7	外设定指示灯——灯亮表示控制器处于“外设定”状态
8	阀位标志——用于标志控制阀的关闭(X)和打开(S)方向
9	输出记忆指针——用于阀位的安全开启度上下限指示
10	位号牌——标明控制器的位号。当设有报警单元的控制器报警时，位号牌后面的报警指示灯点亮
11	输入检查插孔——用于便携式手动操作器或数字电压表检测输入信号
12	手动输出插孔——当控制器出现故障或需要维护时，将便携式手动操作器的输出插头插入，可以无扰动地切换到手动控制

另外，当从控制器的壳体中抽出机芯时，可在其右侧面看到：比例度、积分时间和微分间调整旋钮；积分时间切换开关（×1 挡和×10 挡）；正/反作用切换开关；内/外设定切换开关；微分作用通/断开关等操作部件。

根据控制器输出变化方向与偏差变化方向的关系，可将控制器分为正作用控制器和反作用控制器。正作用控制器是指当偏差（测量值－设定值）增加时，控制器的输出也随之增加；反作用控制器则是指输出随偏差的增加而下降。控制器正、反作用的选择，应根据工艺要求和自动控制系统中诸环节的作用方向来决定。

2. 控制器的操作步骤

（1）通电前的准备工作　包括：检查电源、端子接线极性是否正确，按照控制阀的特性安放好阀位标志的方向，根据工艺要求确定正/反作用开关的位置。

(2) 手动操作启动　根据实际需要可对其输出信号进行软手动操作或硬手动操作。

① 软手动操作。将工作状态开关切换到“软手动”位置，用内设定轮调整好设定信号，再用软手动操作按键调整控制器的输出信号，使输入信号（即被控变量的测量值）尽可能接近设定信号。

② 硬手动操作。将工作状态开关切换至“硬手动”位置，用内设定轮调整好设定信号，再用硬手动操作杆调节控制器的输出信号，控制器的输出以比例方式迅速达到操作杆指示的数值。

软手动操作较为精准，但操作所需时间较长；硬手动操作速度较快，但操作较为粗糙。

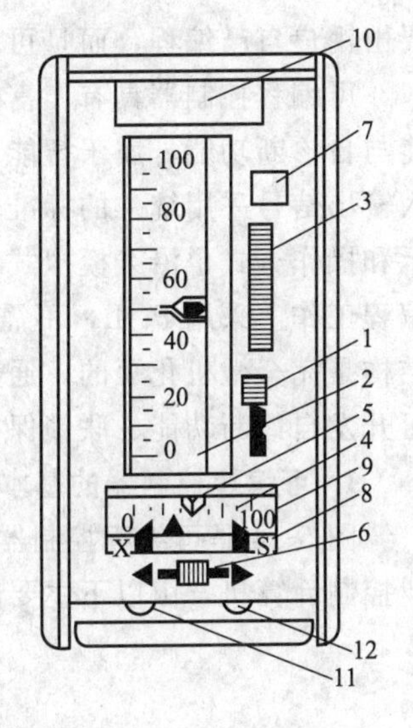

图 5-13　DTL-3110 基型控制器正面图

(3)“手动”与“自动”之间的切换（A/M/H）　在手动操作使输入信号接近设定值，待工况稳定后，即可将自动/手动开关切换到“自动”位置。在切换前，若已知 PID 参数值，可以直接调整 PID 旋钮到所需的数值。若不知 PID 参数值，应使控制器的 PID 参数分别为比例度最大、积分时间最长、微分开关断开，然后在“自动”状态下进行参数整定。

控制器工作状态间的切换要求无扰动。所谓“无扰动”，即不因为任何切换导致输出值（阀位）的改变，以免对生产过程造成扰动。

“自动”与“软手动”间的切换是双向无平衡（无需事先做平衡工作）无扰动的，由“硬手动”切换至“软手动”或“自动”都是单向无平衡无扰动。当“自动”和“软手动”要切换至“硬手动”时，需要事先进行平衡-预先调整硬手动操作杆，使之与“自动”或“软手动”操作时的输出值相等，才能实现无扰动切换。

(4) 自动控制　当控制器切换到“自动”工作状态后，需要进行 PID 参数的整定。整定前先把“自动/手动”开关拨到“软手动”位置，使控制器处于“保持”工作状态，然后再调整 PID 旋钮，以免因参数整定引起扰动。整定方法在不同类型控制系统中略有差别，在后续各控制系统的参数整定中讲解。经过整定、计算，并设置好控制器最佳参数后，控制器和控制系统就可以自动地运行了。

(5) 内/外设定的切换　内设定与外设定的切换也应该是无扰动的。方法是：当由内设定切换至外设定时，先让控制器处于“软手动”工作状态，使其输出保持不变，然后再将内设定切向外设定，并调整外设定值，使其和内设定值相等，最后将工作状态切至“自动”。当由外设定切向内设定时，也应按照上述过程操作，只是调整的是内设定值，使其和外设定值相等。

二、可编程控制器

数字式控制器种类很多，应用最多的是单回路控制器，其中功能最强的一类应属可编程控制器。可编程控制器是一种新型的数字控制仪表，通常一台可编程控制器可以控制一个乃至几个回路，如 DK 系列中的 KMM 可编程序控制器。可编程控制器的控制规律可以根据需要由用户自己编程，而且可以擦去改写，故称为可编程控制器。

可编程控制器具有丰富的运算和控制功能、良好的通信功能，大都具有停电恢复处理功能与自诊断功能，属于智能型仪表。控制器采用盘装方式和标准尺寸（国际 IEC 标准），输入输出信号采用统一的标准信号 1～5V DC 和 4～20mA DC，与模拟式仪表可以兼容。其显示和操作方式也沿袭模拟式仪表的人-机联系方式，易于被人们所接受，便于推广使用。在编程工作上采用 POL，不需要专门的软件知识，便于学习、易于掌握。这类控制器的内部结构是完全微机化了的，通过硬件和软件方面采取的系列措施，使硬件故障率降低，软件上可开发自诊断功能、联锁保护功能等，因此，控制器具有安全可靠、维护方便的优点。

1. 可编程控制器的基本构成及原理

图 5-14 是可编程控制器的一种典型原理方框图。可以看出，它实质上是一台微型的工业控制计算机，由以下主要部件构成。

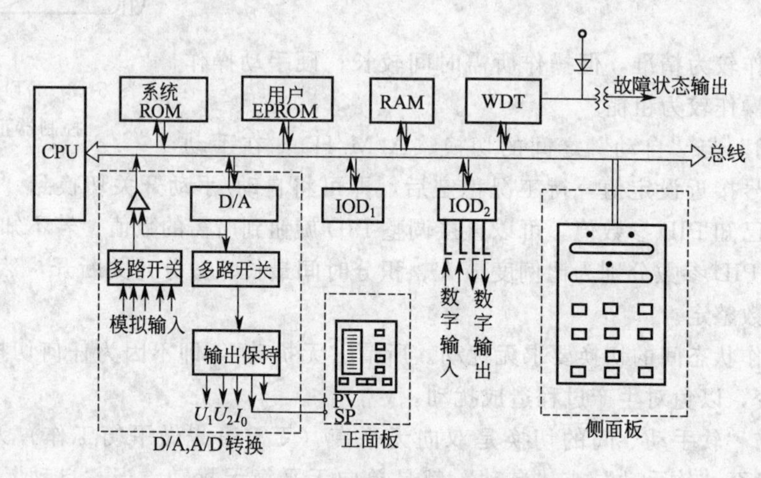

图 5-14 可编程控制器原理方框图

(1) 中央处理器（CPU） 可编程控制器的核心部件，它主要由运算器、控制器和时钟发生器组成，是控制器执行运算和控制功能的主要部件。

(2) 只读存储器（系统 ROM） 控制器的系统程序，即控制器功能模块的基本程序，由制造厂编制后固化在系统 ROM 中。主要包括输入、输出处理程序，自诊断程序，运算式程序（PID 和其他控制算法）等。

(3) 可擦可编存储器（用户 EPROM） 将各种模块按一定需要组合起来的程序是由用户自己编制的，存放于用户 EPROM 中，它是解决某一个控制问题的指令表。当用户的要求改变时，该程序可擦去重写。

(4) 随机存取存储器（RAM） 随机存储控制器与外部有关的参数及信息（如输入信号、通信数据、显示数据、输出信号、运算中间数据等），并可随时修改和存储控制器在运行过程中的可变参数（例 PID 参数等）。

(5) 模-数和数-模转换（A/D 和 D/A）及输入输出接口 IOD 当输入信号为模拟量时，需经过 A/D 转换为数字量。图中的类型是通过软件和 D/A 转换器来实现 A/D 转换的。D/A 转换则是通过硬件来完成的。

输入输出接口有 IOD_1 和 IOD_2 两种。IOD_1 是正面板操作开关量的输入输出接口，IOD_2 是外部数字量输入和控制器数字量输出的接口。

在正面板上，有测量值（PV）、设定值（SP）和输出值模拟量的显示，另外还有若干开关量的按钮和指示灯。

(6) 数据设定器　在侧面板上有两个5位数字显示窗口，用来显示输入、输出和运算结果等，并有许多按钮，可设定控制及运算所必需的参数。

(7) 监视定时器（WDT）　WDT用来执行自诊断功能。当出现异常情况时，WDT会做出临时处理，如保存当前值、切入手动或报警等。

(8) 总线和通信接口板　总线与一般的微型计算机相似，有地址总线、数据总线和控制总线。通信接口板（图中未画出）是用来把控制器挂到操作站或上位计算机上，成为集散控制系统的组成部分。

这种可编程控制器的工作过程为：现场变送器输出的模拟信号进入控制器后，经输入滤波，并经多路切换开关及A/D转换之后，转换为相应的数字量，存储于RAM的输入存储器中；对于数字信号的输入，则只需经输入滤波和整形，便可以通过IOD_2直接进入RAM的输入寄存器；CPU按照用户EPROM的程序（指令表），从系统ROM中依次读出有关的输入处理子程序和运算子程序，同时从RAM和用户EPROM中读出各种数据，实现各种输入处理和运算。如果运算的结果没有溢出，就作为存储单元的输出，并把该单元的数据刷新；若运算的结果溢出，则存储单元仍保存上周期的数据并进行报警，输出寄存器的数据，经D/A转换和输出保持电路之后，再经电压-电流转换为4～20mA的直流信号输出，送往现场执行机构，从而实现系统的闭环控制。

控制器在运行过程中，用户可根据需要，随时通过侧面板上的键盘，对RAM中的数据进行修改。而改变用户EPROM中的程序，就可以实现各种不同的控制方案。

可编程控制器的类型很多，其原理大同小异，下面以应用较多的KMM可编程控制器为例介绍其结构和操作。

2. KMM可编程控制器

KMM可编程序控制器是日本山武-霍尼韦尔公司DK系列仪表中的一个主要品种，是为把集散控制系统中的控制回路彻底分散为单一回路而开发的。

图5-15是KMM控制器的正面面板布置图，图5-16是其右侧面板布置图。

在正面板中，各部件的功能及其操作方法如下。

① 上、下限报警灯。用于被控变量的上限和下限报警，越限时灯亮。

② 仪表异常指示灯。灯亮表示控制器发生异常，此时内部的CPU停止工作，控制器转到“后备手操”运行方式。在异常状态下，各指针的示值均无效。

③ 通信指示灯。灯亮表示该控制器正在与上位系统通信。

④ 联锁状态指示灯和复位按钮　灯常亮，表示控制器已进入联锁状态。有三种情况可进入该状态：

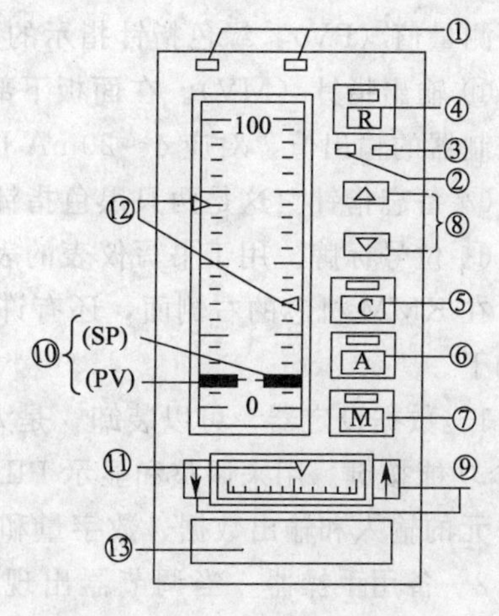

图5-15　KMM控制器正面面板

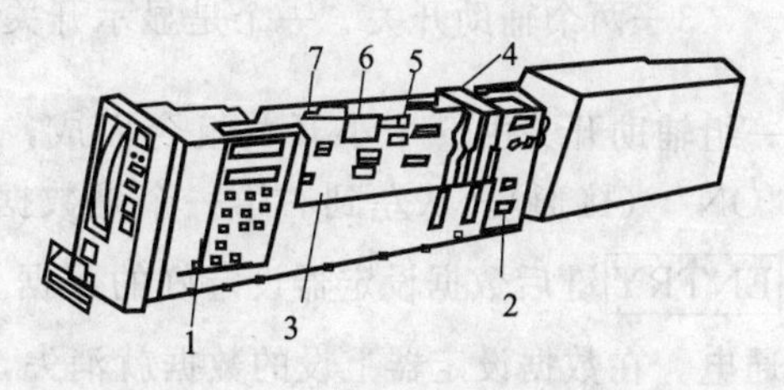

图5-16　KMM控制器右侧面板

一是控制器处于初始化方式；二是有外部联锁信号输入（灯闪亮）；三是控制器的自诊断功能检查出某种异常情况。一旦进入联锁状态，即使导致进入该状态的原因已经消除，控制器仍然不能脱离联锁状态，只能进行手动操作。要转变为其他操作方式，必须按下复位按钮R，使联锁指示灯熄灭才行。

⑤ 串级运行方式按钮和指示灯。按下C键，键上面的橙色指示灯亮，控制器进入“串级”（CAS）运行方式，由第一个PID1运算单元（控制器内有两个PID运算单元）的输出值或外来的设定值作为第二个PID2运算单元的目标值，进行PID运算控制。

⑥ 自动运行方式按钮和指示灯。按下A键，键上面的绿色指示灯亮，控制器进入“自动”（AUTO）运行方式。此时，控制器内的PID运算单元以面板上设定值按钮▲、▼所设定的值进行运算，实现定值控制。

⑦ 手动运行方式按钮和指示灯。按下M键，键上面的红灯亮，控制器进入“手动”（MAN）运行方式。此时，控制器的输出值由面板上的↑键和↓键调节，按↑键输出增加，按↓键输出减少。增加或减少的数值由面板下部的表头指示出。

⑧ 设定值（SP）调整按钮。用于调整本机的内设定值。当控制器是定值控制时，按下▲键增加设定值，按下▼键减少设定值，大小由设定指针指示出。在“手动”方式时，不能对SP值进行设定。

⑨ 手动输出操作按键。作用及操作方法见上面的⑦。

⑩ 给定指针（SP）和测量指针（PV）。在立式大表头动圈式指示计上，红色指针指示的是测量值（PV），绿色指针指示的是设定值（SP）。

⑪ 输出指针（MV）。在面板下部的卧式小表头动圈指示计上，在0～100%范围内指示出控制器的输出值，对应4～20mA DC。

⑫ 备忘指针。这是两只黑色指针，它们分别给出正常时的测量值和设定值。

⑬ 位号标牌。用于书写仪表的表号、位号或特征号。

在KMM机芯的右侧面，还有许多功能开关和重要的操作部件，如图5-16所示，其注释如下。

1—数据设定器　可以装卸，是人-机对话的装置之一。其上有两个显示窗、相应光标和13个功能按键。用来调整和显示PID参数、2个PID运算单元的测量值和设定值，30个运算单元的输入和输出数据、数字量和模拟量的输入和输出等，也可显示自诊断结果及报警。

2—备用手操器　当调节器出现异常时，会自动切换到后备手操状态，调节器前面的CPU灯亮，这时可用备用手操器输出控制信号来操作生产。

3—两个辅助开关　一个是显示开关 DSP/CHG 为按钮，用来切换输送到表头前面的信号；另一组辅助开关由5个小开关组合而成，功能各自分开，上拨是“OFF”（断开），下拨是“ON”（接通）。从左到右第一个是数据投入许可开关（处于“ON”时允许数据投入，按ENTRY键后数据设定器设定好的数据立即送入）；第二个是初始启动开关（在“ON”时通电，在数据设定器上设的数据就消失，预先在程序装入器上设定好的初始值被“读入”）；第三个是“写”许可开关，处于“ON”时，可以把从通信系统来的信息“写入”本调节器，处于“OFF”时，则禁止“写入”；第四个和第五个分别是确定控制模块 PID1 和 PID2 的“正/反”作用开关，当处于“ON”时为正作用（测量值 PV 大于设定值 SP 时，其输出增加）。

其余为：4—电源单元，5—BUF 板（前），6—IOC 板（中），7—CPU 板（后）。

KMM 的功能强大，可以接受 5 个模拟输入信号（1～5V DC），4 个数字输入信号；输出 3 个模拟信号（1～5V DC），其中一个可以为 4～20mA DC，输出 3 个数字信号。

在 KMM 投入运行前，要根据需要进行程序编制和种种设置，这些工作一般由仪表工作人员根据工艺要求来进行。工艺操作人员必须熟悉控制器的各标志部件和各功能部件的作用以及操作方法，这样才能在正常和非正常状态下进行正确的操作。

第三节　执　行　器

执行器在控制系统中的作用是接受控制器的输出信号，直接控制能量或物料等调节介质的输送量，以实现对工艺参数的控制作用。执行器的正确选择与维护，关系到整个控制系统的可靠性和控制品质，因此，工艺技术人员应和从事自动化工作的人员一样，给执行器以足够的重视。

在结构上，执行器由执行机构和调节机构两部分组成。执行机构是执行器的推动部分，它按照控制器所给信号的大小产生推力或位移；调节机构是执行器的调节部分，最常见的是控制阀，它接受执行机构的操纵，改变阀芯与阀座间的流通面积，调节工艺介质的流量。

根据执行机构使用的能源种类，执行器可分为气动、电动和液动三种。其中气动执行器具有结构简单、工作可靠、价格便宜、维护方便、防火防爆等优点，在化工生产中获得最普遍的应用。电动执行器的优点是能源取用方便、信号传输速度快和传输距离远，缺点是结构复杂、推力小、价格贵，适用于防爆要求不太高及缺乏气源的场所。液动执行器的特点是推力最大，但目前实际中使用不多。下面主要对气动执行器做较详细的讨论。

在生产过程自动化中，由于适应不同需要，有时也采用电-气复合控制系统，这时可以通过各种转换器或阀门定位器等进行转换。

一、气动执行器

气动执行器，习惯上也称为气动调节阀，一般由执行机构和调节机构两部分组成。执行机构根据控制信号的大小产生相应的推力，推动调节机构动作。调节机构直接与被控介质接触，控制介质的流量。

根据执行机构结构的不同，气动执行器有薄膜式和活塞式两种。下面以薄膜式为例，介绍其结构和工作原理。图 5-17 为薄膜式气动执行器的外形示意图。

1. 气动执行机构

执行机构主要由上下膜盖、膜片、弹簧和推杆等部件组成，图 5-18 为其结构原理图。来自控制器的统一标准信号经电气转换仪表转换成 0.02～0.1MPa 的气压信号，进入由上下膜盖与中间膜片组成的气室，在弹性膜片上产生一个向下（或向上——当信号由下膜盖引入时）的推力，使膜片和与之相连的推杆一起下（上）移，此时平衡弹簧因受到压缩而变形，产生一个反作用力，当这两个力平衡时，推杆便稳定在某个位置上，相应的阀门就有某个开度。阀杆的位移（或行程）与控制信号的大小成正比关系。当输入信号消失，在弹簧回复力作用下推杆恢复到原位置。

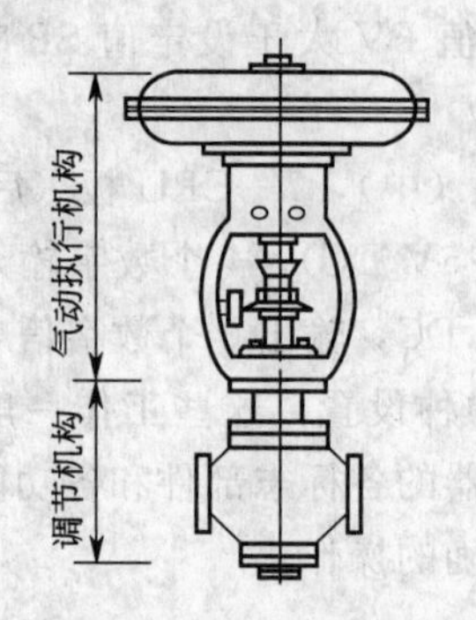

图 5-17　薄膜式气动执行器外形示意图

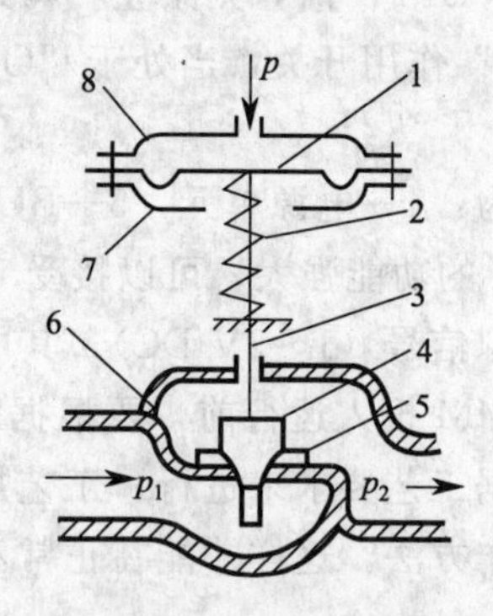

图 5-18　薄膜式气动执行器结构原理图

1—膜片；2—弹簧；3—推杆及阀杆；4—阀芯；5—阀座；6—阀体；7—下膜盖；8—上膜盖

执行机构有正作用式和反作用式两种。正作用执行机构的信号压力是从上膜盖引入，推杆随信号的增加向下产生位移；反作用执行机构的信号压力是从下膜盖引入，推杆随信号的增加向上产生位移。两者可以通过更换个别部件相互改装。

2. 调节机构

调节机构实际上就是一个阀门，是一个局部阻力可以改变的节流元件。常见的就是控制阀，它主要由阀体、阀芯和阀座等组成，如图 5-18 中的下半部分所示。阀芯由阀杆与上半部的推杆用螺母连接，使其可以随推杆一起动作，从而改变阀芯与阀座之间的流通面积，达到控制流经管道内流量的目的。

控制阀的结构形式很多，依据阀体及阀芯的型式，其主要类型有如图 5-19 所示几种。各种类型的特点见表 5-3。

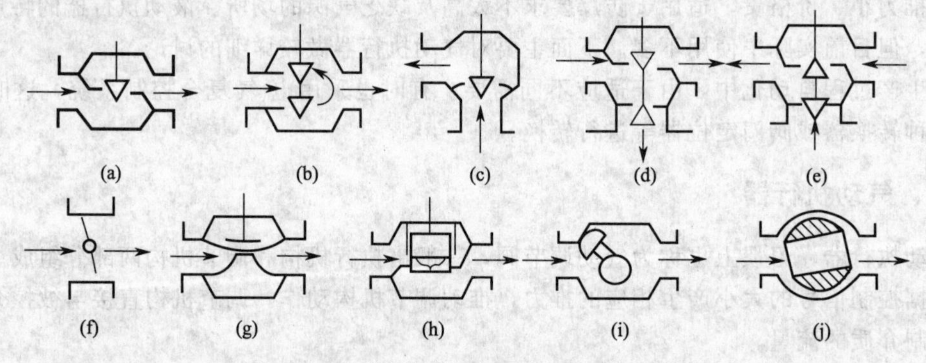

图 5-19　控制阀阀体及阀芯主要类型示意图

表 5-3　控制阀各种类型的特点

名　称	特　点
直通单座阀(a)	阀体内只有一个阀芯和阀座，其特点是结构简单、价格低廉、全关时的泄漏量小。但因阀座前后压力差造成不平衡力大，尤其在高压差大口径时的阀芯稳定性差。该阀仅适用于低差压的场合
直通双座阀(b)	阀体内有两个阀芯和阀座，两个阀芯所受不平衡力方向相反，几乎抵消，因此阀芯的稳定性比直通单座阀要好。因其不平衡力小，动作较灵敏，所以应用很普遍。但加工装配时，很难使两个阀芯同时关闭，全关时的泄漏量较大
角形阀(c)	流体的进出口成 90°，其余与单座阀相似。其流路简单、阻力小、易于清洗，阀体内不易积存污物，特别适合于高黏度以及含有悬浮颗粒介质的控制。流体的流向一般是底进侧出；在高压场合，为减少流体对阀芯的冲蚀，也可侧进底出

续表

名 称	特 点
三通阀(d)、(e)	分为分流式和合流式两种。分流式如图 5-19(d)所示，把一路流体分成两路。合流式如图 5-19(e)所示，将两路流体合成一路。工作时，阀芯移动，一路流量增加，另一路流量减少，两者成一定比例而总量不变。一般用于代替两个直通阀。
蝶形阀(f)	又称挡(反)板阀。它是通过杠杆再带动挡板偏转，进而改变流通面积。蝶形阀适用于低压差、大流量的气体控制，也可用于含少量悬浮物及纤维或黏度不高的液体控制，但泄漏量大
隔膜阀(g)	阀芯和阀座间装有耐腐蚀的隔膜，阀体内也采用了耐腐蚀的衬里。由阀芯带动隔膜上下动作，改变隔膜与阀体堰面间的流通面积。该阀流路简单，几乎无泄漏，适合于腐蚀性介质的控制
笼式阀(h)	又称为套筒阀。其外形与一般直通阀相似，在阀体内有一个圆柱形套筒(或笼子)，套筒内有阀芯，套筒壁上有许多不同形状的孔(窗口)。当阀芯在套筒内上下移动时，就改变了"窗口"的流通面积。笼式阀的可调比(控制阀所能控制的最大流量与最小流量之比)大、不平衡力小、振动小、结构简单，套筒的互换性好，部件所受的气蚀也小，更换不同的套筒即可得到不同的流量特性，是一种性能优良的控制阀，特别适用于差压较大以及需要降低噪声的场合。但要求流体洁净，不含有固体颗粒
凸轮挠曲阀(i)	又叫做偏心旋转阀。其阀芯呈扇形球面状，与挠曲臂和轴套一起铸成，固定在转轴上。凸轮挠曲阀的挠曲臂在压力作用下能产生挠曲变形，使阀芯球面与阀座密封圈紧密接触，密封性良好。同时，它的重量轻、体积小、安装方便。适用于既要求调节、又要求密封的场合
球阀(j)	阀芯有"V"形和"O"形两种开口形式。图(j)所示为"O"形阀芯的球阀，它一般用于双位式控制的切断场合；"V"形阀芯的球阀一般用于流量特性近似等百分比的控制系统

3. 气动执行器的工作方式

气动执行器的工作方式有气开式和气关式两种。

(1) 气开式　是指当输入的气压信号小于 0.02MPa 时，阀门关闭，当输入的气压增大时，阀门开度增加。即"有气则开，无气（≤0.02MPa）则关"。图 5-20(b)、(c) 为气开阀。其中图 5-20(b) 的执行机构为正作用，阀芯反装；图 5-20(c) 的执行机构则为反作用，阀芯正装。

(2) 气关式　当输入的气压信号小于 0.02MPa 时，阀门全开，当输入的气压增大时，阀门开度减小。即"有气则关，无气（≤0.02MPa）则开"。如图 5-20(a)、(d) 所示。其中图 5-20(a) 的执行机构为正作用，阀芯正装；图 5-20(d) 的执行机构则为反作用，阀芯反装。

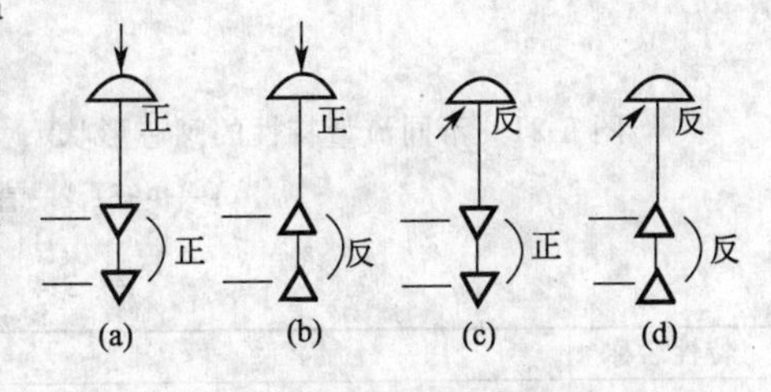

图 5-20　组合方式图

气开式和气关式控制阀的结构大体相同，只是输入信号引入的位置和阀芯的安装方向不同，但气开式、气关式两种类型的选择很重要。控制阀的气开、气关型式的选择主要从工艺生产上的安全要求出发。考虑原则是：万一输入到气动执行器的气压信号由于某种原因（例如气源故障、堵塞、泄漏等）而中断时，应保证设备和操作人员的安全。如果阀处于打开位置时危害性小，则应选用气关式，以使气源系统发生故障、气源中断时，阀门能自动打开，保证安全。反之阀处于关闭时危害性小，则应选用气开阀。例如，加热炉的燃料气或燃料油一般应选用气开式控制阀，即当信号中断时应切断进炉燃料，以免炉温过高造成事故。又如介质为易结晶物料，则一般应选用气关式，以防堵塞。

4. 控制阀的流量特性

控制阀流量特性是指流体介质流过阀门的相对流量与阀门的相对开度（相对位移）之间的关系，即

$$\frac{F}{F_{max}}=f\left(\frac{l}{L}\right) \tag{5-15}$$

式中 $\frac{F}{F_{max}}$—— 相对流量，即控制阀在某一开度时的流量 F 与全开时流量 F_{max} 之比；

$\frac{l}{L}$—— 相对开度，即控制阀在某一开度下的行程 l 与全开时行程 L 之比。

控制阀的流量特性主要有快开型、直线型、抛物线型和等百分比型等几种。部分数学式表示为：

直线型 $$\frac{d(F/F_{max})}{d(l/L)}=K$$

等百分比型 $$\frac{d(F/F_{max})}{d(l/L)}=K\left(\frac{F}{F_{max}}\right)$$

相应的阀芯形状和特性曲线分别如图 5-21 和图 5-22 所示。在特性图中流量接近零处，由于阀杆、阀芯与阀座间的弹性、摩擦与咬合，可调节的最小流量不为零，于是有可调比 $R=\frac{F_{max}}{F_{min}}$，普通控制阀的可调比在 30 以上。几种流量特性的特点见表 5-4。

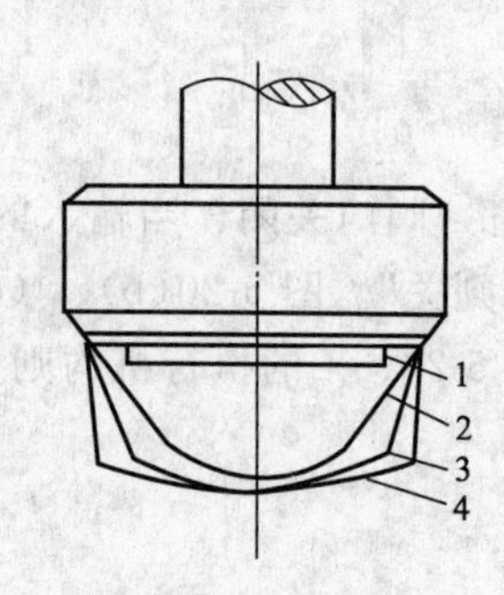

图 5-21 不同流量特性的阀芯形状

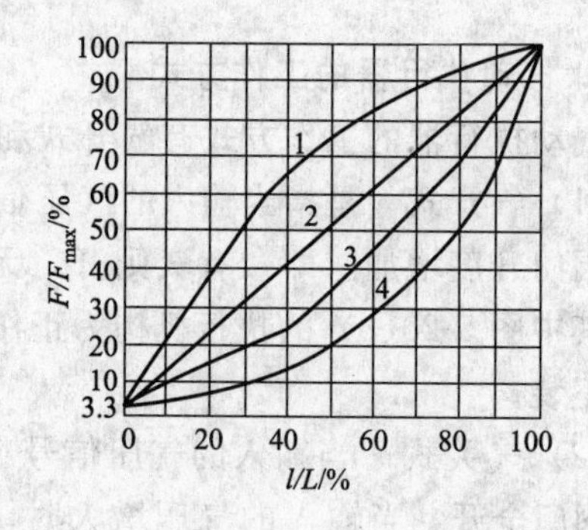

图 5-22 理想流量特性（$R=30$）

1—快开；2—直线；3—抛物线；4—等百分比

表 5-4 几种流量特性的特点

特性名称	特　点
快开型	阀芯端面最平的是快开型控制阀，对应特性曲线 1。在小开度时，流量就很大，随着行程增加，流量很快达到最大，“快开”由此得名。一般情况下，阀芯行程达到阀座口径的 1/4 时，流量就已经达到最大，再开也不会改变流量了。快开型多用于双位控制或程序控制等
直线型	指相对流量与相对开度成直线关系，即阀芯单位行程变化时引起的流量变化为常数，如曲线 2 所示。但在流量小（小开度）时流量的相对变化值大，在流量大（大开度）时流量变化相对值小。意味着小开度时控制作用太强，容易引起振荡；在大开度时控制作用太弱，调节缓慢，不够及时，不利于负荷变化大的对象控制
等百分比型	又称为对数型。它的单位行程变化所引起的相对流量变化与此点的相对流量成正比，即控制阀的放大倍数随相对流量增加而增加，如曲线 4 所示。其特点是：在行程变化相同的数值情况下，流量小时，流量变化量小，调节平稳缓和；流量大时，调节灵敏有效
抛物线型	抛物线型介于直线型和等百分比型之间，它的相对流量与相对开度之间成抛物线关系，如曲线 3 所示

5. 控制阀的选择与安装

(1) 控制阀的选择　控制阀的选择一般应考虑三个方面：气开/气关形式、结构形式和流量特性。气开/气关形式的选择前已述及。结构形式的选择首先要考虑工艺条件，如介质的压力、温度、流量等，其次考虑介质的性质，如黏度、腐蚀性、毒性、状态、洁净程度，还要考虑系统的要求，如可调比、噪声、泄漏量等。流量特性的选择要根据系统特性、负荷变化等因素来决定。对于控制阀口径的确定，一般由仪表工作人员按要求进行计算后再行确定。

(2) 控制阀的安装与维护　气动执行器正确地安装和维护，才能保证阀门发挥应有的效果。一般应注意下列问题。

a. 为便于维护检修，气动执行器应安装在靠近地面或楼板的地方。当装有阀门定位器或手轮机构时，更应保证观察、调整和操作的方便。手轮机构的作用，是在开停车或事故情况下，可以用它来直接人工操作控制阀，而不用气压驱动。

b. 应安装在环境温度不高于＋60℃和不低于－40℃的地方，并应远离振动较大的设备。为了避免膜片受热老化，控制阀的上膜盖与载热管道或设备之间的距离应大于200mm。

c. 阀的公称通径与管道公称通径不同时，两者之间应加一段异径管。

d. 应正立垂直安装于水平管道上。特殊情况下需要水平或倾斜安装时，除小口径阀外，一般应加支撑。即使正立垂直安装，当阀的自重较大和有振动场合时，也应加支撑。

e. 通过控制阀的流体方向在阀体上有箭头标明，不能装反。

f. 阀前后一般要各装一只切断阀，以便修理时拆下控制阀。考虑到发生故障或维修时，不影响工艺生产的继续进行，一般应装旁路阀。

g. 阀安装前，应对管路进行清洗，排去污物和焊渣。安装后还应再次对管路和阀门进行清洗，并检查阀门与管道连接处的密封性能。当初次通入介质时，应使阀门处于全开位置，以免杂质卡住。

h. 日常使用中，要经常维护和定期检修。应注意填料的密封情况和阀杆上下移动的情况是否良好，气路接头及膜片有否漏气等。检修时重点检查部位有阀体内壁、阀座、阀芯、膜片及密封圈、密封填料等。

二、阀门定位器与电/气转换器

气动执行器在使用中常配备一些辅助装置，常用的有电/气转换器和阀门定位器以及手轮机构。手轮机构是在开车或事故情况下用于人工操作控制阀；阀门定位器主要是用于改善控制阀的静态和动态特性，还可通过它实现“分程控制”，而电/气转换器主要将电信号转换成可以被气动控制阀接受的气信号。

1. 气动阀门定位器

气动阀门定位器与气动控制阀配套使用，组成闭环系统，利用反馈原理来改善控制阀的定位精度和提高灵敏度，并能以较大功率克服阀杆的摩擦力、介质的不平衡力等影响，从而使控制阀门位置能按控制仪表来的控制信号实现正确定位。定位器有正作用和反作用两种，前者当信号压力增加时，输出压力也增加；后者当信号压力增加时，输出压力则减少。

2. 电/气转换器

在电-气复合控制系统中，电/气转换器的作用是将4～20mA DC转换成0.02～0.1MPa的标准气信号以驱动气动执行器。

3. 电/气阀门定位器

电/气阀门定位器除了能起到电/气转换器的作用（即将4～20mA DC转换成0.02～0.1MPa的气信号）之外，还具有机械反馈环节，可以使阀门位置按照控制器送来的信号准确定位，其结构示意图如图 5-23 所示。

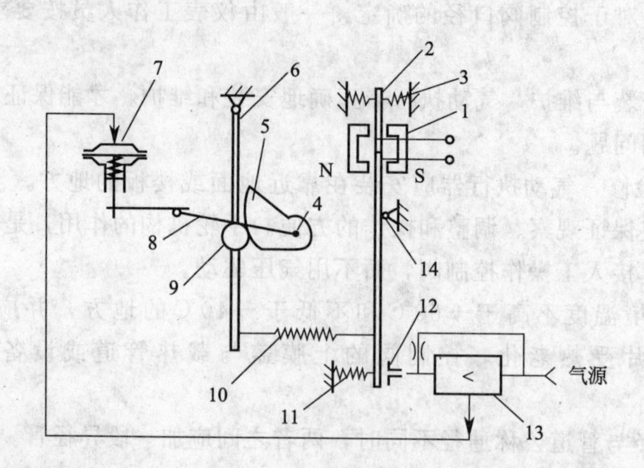

图 5-23　电/气阀门定位器结构示意图

1—电磁线圈；2—主杠杆；3—弹簧；4，14—支点；5—凸轮；6—副杠杆；7—薄膜气室；8—反馈杆；9—滚轮；10—反馈弹簧；11—调零弹簧；12—喷嘴；13—放大器

电/气转换器在很多方面都与电/气阀门定位器一样，通过“零点、量程”调整，将 4～20mA DC 转换成 0.02～0.1MPa 的标准气压信号输出。在“分程控制”时，可使用两台定位器（或转换器），只需通过调整它们的零点和量程，如使其中一台在输入 4～12mA DC 时，输出为 0.02～0.1MPa，而另一台输入为 12～20mA DC 时，输出也为 0.02～0.1MPa；用一台控制器通过这两个定位器（或转换器）控制两个执行器，就可实现“分程控制”。

控制阀的流量特性也可通过改变定位器中机械反馈机构中反馈凸轮的几何形状来改变。

三、电动执行器

电动执行器把来自控制仪表的 0～10mA 或 4～20mA 的直流统一电信号，转换成与输入信号相对应的转角或位移，以推动各种类型的控制阀连续调节生产工艺过程中的流量，或简单地开启和关闭阀门以控制流体的通断，从而达到自动控制生产过程的目的。

与气动执行器相比，电动执行器的特点是：电源取用方便；动作灵敏，精度较高，信号传输速度快，传输距离可以很长，便于集中控制；在电源中断时，电动执行器能保持原位不动，不影响主设备的安全；与电动控制仪表配合方便，安装接线简单。但体积较大、成本较高、结构复杂、维修麻烦，并只能应用于防爆要求不太高的场合。

电动执行机构根据不同的使用要求，在结构上有简有繁。最简单的就是电磁阀上的电磁铁，其余都是用电动机带动调节机构。调节机构的种类很多，有蝶阀、闸阀、截止阀、感应调压器等。

电动执行机构与调节机构的连接方法很多，两者可相对固定安装在一起，也可以用机械连杆把两者连接起来。电动控制阀就是将电动执行机构与控制阀固定连接在一起的成套电动执行器。

电动执行机构根据其输出形式不同，主要有角行程电动执行机构、直行程电动执行机构和多转式电动执行机构。它们在电气原理方面基本上是相同的。

具有角位移输出的叫做 DKJ 型角行程电动执行器，能将 4～20mA DC 输入电流转换成

0°～90°的角位移输出；具有直行程位移输出的叫做DKZ型直行程电动执行器，能将4～20mA DC的输入电流转换成推杆的直线位移；另外，还有一种多转式电动执行机构，它主要用来开启和关闭闸阀、截止阀等多转式阀门，一般多用作就地操作和遥控场合。这几种电动执行器都是以220V交流电源为能源、以两相交流电动机为动力，因此不属于安全火花型防爆仪表。

单元小结

基本控制规律	双位控制、比例(P)控制、积分(I)控制和微分(D)控制
常用控制规律	双位控制、比例控制、比例-积分(PI)控制、比例-微分(PD)控制、比例-积分-微分(PID)控制
控制规律及影响	比例控制依据“偏差的大小”来进行控制。δ越小，控制作用越强。比例作用太强时，会引起振荡，甚至不稳定。 积分控制依据“偏差是否存在”来进行控制。T_I越小，积分作用越强。积分作用太强时，也易引起振荡。 微分控制依据“偏差变化速度”来进行控制。T_D大，微分作用强；T_D太大，会引起振荡
气动执行器工作方式、选择原则	有气开式和气关式两种。输入到气动执行器的气压信号由于某种原因(例如气源故障、堵塞、泄漏等)而中断时，应保证设备和操作人员的安全
控制阀流量特性	有快开型、直线型、抛物线型和等百分比型等
控制阀选择	应考虑气开/气关形式、结构形式和流量特性

习题与思考题

1. 什么是控制规律？基本控制规律有哪几种？

2. 比例控制规律有何特点？为什么比例控制不能消除余差？

3. 一台比例控制器的量程为100～200℃，输出为0.02～0.1MPa。当仪表指示值从140℃升至160℃时，相应的输出从0.03MPa变至0.07MPa，求此时的比例度为多少？当指示值变化多少时控制器输出做全范围变化？

4. 试述三参数（δ、T_I、T_D）分别对控制器控制作用强弱的影响。对过渡过程指标如何影响？

5. 积分控制规律为什么能消除余差？为什么一般不单独使用积分控制规律？

6. PID三作用控制器如何分别实现P、PI、PD控制规律？

7. DDZ-Ⅲ型控制器（基型）有哪几种工作状态？不同工作状态间的切换要求是什么？如何操作？

8. KMM数字控制器面板上有哪些按键？各起什么作用？

9. 气动执行器由哪两部分组成？它的气开、气关是如何定义的？在实际应用中应如何选定？

10. 控制阀有哪几种常见的流量特性？各适用什么场合？控制阀的选择应考虑哪些问题？

11. 控制阀的安装维护要注意什么？

第六单元　简单控制系统

【单元学习目标】

1. 认知简单控制系统的组成，熟悉控制方案确定的内容，了解控制系统方案的实施。
2. 掌握系统投运的步骤、故障分析判断的方法。
3. 学会控制器参数整定的典型方法。

第一节　简单控制系统的构成

在生产过程中，随着工业技术的发展，各种控制系统越来越多，其复杂程度与差异也越来越大。在这些系统中，简单控制系统是使用最普遍、结构最简单的一种自动控制系统，其所需仪表数量少、投资小，操作维护也较方便，一般情况下都能满足生产过程中工艺对控制质量的要求。

简单控制系统在生产过程自动化中应用很普遍，占控制系统的大多数；同时，后续所要研究的各种复杂控制系统都是在简单控制系统的基础上构成的，因此，搞清楚简单控制系统的结构、原理及使用是十分重要的。

一、简单控制系统的组成

所谓简单控制系统，是指由一个测量元件（变送器）、一个控制器、一个执行器和一个被控对象所构成的一个回路的闭环控制系统，也称为单回路控制系统。图 6-1 的液位控制系统与图 6-2 的温度控制系统都是简单控制系统的例子。

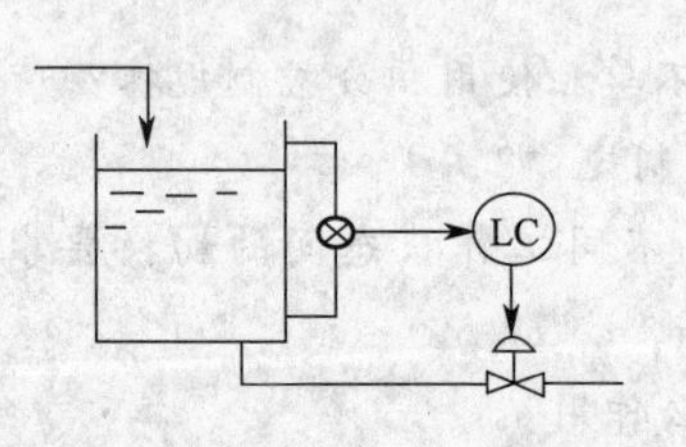

图 6-1　液位控制系统

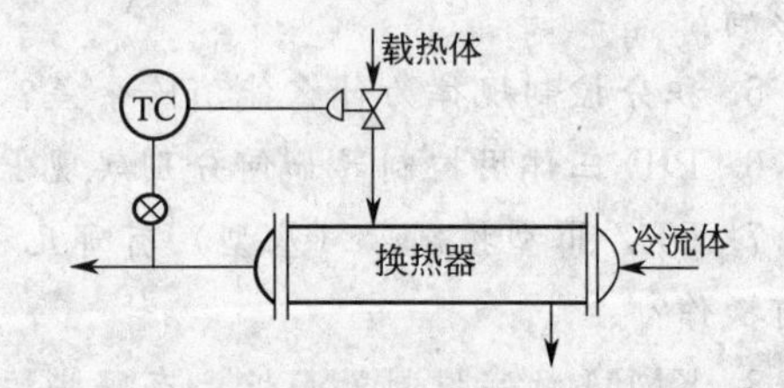

图 6-2　温度控制系统

图中，⊗表示测量元件及变送器；控制器用小圆圈表示，圆内写有两位字母（教材中不易混淆之处未标完整位号），第一位字母表示被测变量，后继字母表示仪表的功能。常用被测变量和仪表功能的字母代号已列于表 3-2。在一般的带控制点的工艺流程图中，变送器也用小圆圈表示，圆内分别写上表示被测变量和仪表功能的字母，如 LT 表示液位变送器，TT 表示温度变送器。

在液位控制系统中，储槽是被控对象，液位是被控变量，变送器将反映液位高低的信号送往液位控制器 LC，控制器的输出信号送往控制阀，控制阀开度的变化使储槽输出流量发生变化以维持液位稳定。在温度控制系统中，通过改变进入换热器的载热体流量，使换热器出口物料的温度维持在工艺规定的数值上。

简单控制系统可用方块图表示，如图 6-3 所示。

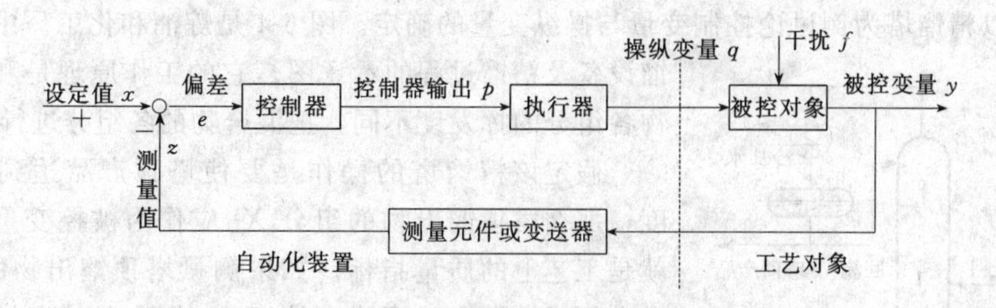

图 6-3　简单控制系统方块图

本单元介绍组成简单控制系统的基本原则、简单控制系统的分析方法、控制器控制规律的选择及控制器参数的工程整定、控制系统的投运及运行中的问题分析等。

二、控制方案的确定

对于简单控制系统来说，控制方案的确定包括系统被控变量的选择、操纵变量的选择、执行器的选择和控制规律的确定等内容。

1. 被控变量的选择

被控变量的选择是与生产工艺密切相关的，它对于提高产品质量、安全生产以及生产过程的经济运行等因素具有决定性的意义。因此，了解工艺机理，找出对产品质量、产量、安全、节能等方面具有决定性的作用，同时又要考虑人工难以操作，或者人工操作非常紧张、步骤较为繁琐的工艺变量作为被控变量。这里给出一般性的选择原则。

① 被控变量一定是反映工艺操作指标或状态的重要变量。

② 如果工艺变量本身（如温度、压力、流量、液位等）就是工艺要求控制的指标——直接指标，应尽量选用直接指标作为被控变量。

③ 如果直接指标无法获得或很难获得，则应选用与直接指标有“单值对应关系”的间接指标作为被控变量。

④ 被控变量应该是为了保持生产稳定而需要经常控制调节的变量。

⑤ 被控变量应该是独立可控的，不能因调整它而引起其他变量有明显变化。

⑥ 被控变量应该是易于测量、灵敏度足够大的变量。

了解被控变量选择的要求，合理选择，才能达到预期的控制目的，也才能使控制系统实现稳定的操作，这是控制方案成败的关键。

2. 操纵变量的选择

在过程生产中，扰动是客观存在的，它是影响控制系统平稳操作的一种消极因素，而操纵变量则是专门用来克服扰动的影响，使控制系统重新恢复稳定（即让被控变量回归其设定值）的因素。因此正确选择操纵变量，是十分重要的。操纵变量的选择应考虑以下原则。

① 操纵变量是工艺上合理且允许调整又可以控制的变量。

② 操纵变量一般应比其他扰动对被控变量的影响大，反应灵敏，且使控制通道的放大系数大，时间常数小，滞后小，并能保证对被控变量的控制作用有力、及时。应使扰动通道的时间常数尽量大，放大系数尽量小。

③ 把执行器（控制阀）尽量靠近扰动输入点，以减小扰动的影响。

④ 在选择操纵变量时，除了从自动化角度考虑外，还要考虑工艺的合理性与生产的经济性，尽可能地降低物料和能量的消耗。

下面以精馏塔为例讨论控制变量与操纵变量的确定。图 6-4 是炼油和化工厂中常见的精馏设备及精馏过程的示意图。它的工作原理是利用被分离物各组分的挥发度不同，把混合物的各组分进行分离。

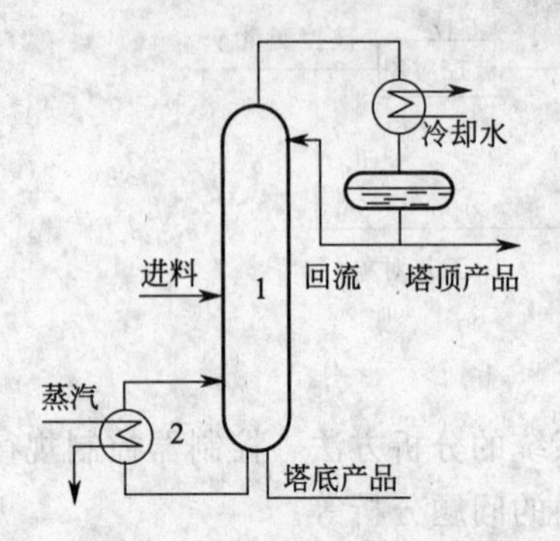

图 6-4 精馏过程示意图

1—精馏塔；2—再沸器

假定该精馏塔的操作是要使塔顶产品达到规定的纯度，那么塔顶馏出物的组分 X_D 应作为被控变量，因为它就是工艺上的质量指标。如果测量塔顶馏出物的组分 X_D 尚有困难，那么就不能直接以 X_D 作为被控变量进行直接指标控制，这时可以在与 X_D 有关的变量中找出合适的变量作为被控变量，进行间接指标控制。

在二元系统的精馏中，当气液两相并存时，塔顶易挥发组分的浓度 X_D、塔顶温度 T_D、压力 p 三者之间有一定关系。当压力恒定时，组分 X_D 和温度间存在着单值对应关系。图 6-5 所示为苯-甲苯二元系统中易挥发组分浓度与温度间的关系。易挥发组分的浓度越高，对应的温度越低；相反，易挥发组分的浓度越低，对应的温度越高。当温度 T_D 恒定时，组分 X_D 和压力之间也存在着单值对应关系，如图 6-6 所示。易挥发组分浓度越高，对应的压力也越高；反之，易挥发组分的浓度越低，与之对应的压力也越低。

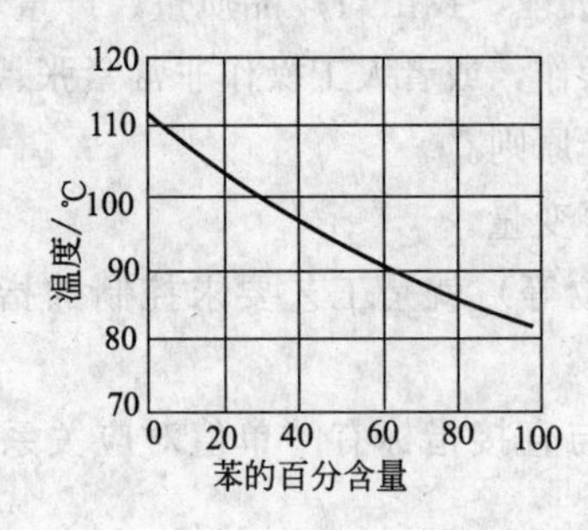

图 6-5 苯-甲苯溶液的 T-X 图

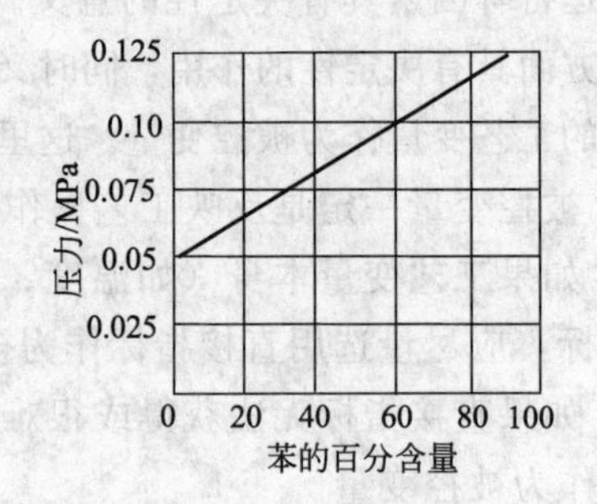

图 6-6 苯-甲苯溶液的 p-X 图

可见，在组分、温度、压力三个变量中，只要固定温度或压力中的一个变量，另一个变量就可以代替组分 X_D 作为被控变量。在温度和压力中，究竟选哪一个变量作为被控变量，应从工艺合理性考虑，常常选择温度作为被控变量。这是因为一方面，在精馏塔操作中，压力往往需要固定，只有将塔压操作在规定的压力下，才易于保证塔的分离纯度，保证塔的效率和经济性，如塔压波动，就会破坏原来的气液平衡，影响相对挥发度，使塔处于不良工况；同时，随着塔压的变化，往往还会引起与之相关的其他物料量（如进出量、回流量等）的变化；另一方面，在塔压固定的情况下，精馏塔各层塔板上的压力是基本一致的，这样各层塔板上的温度与组分之间就有一定的单值对应关系。由此可见，固定压力、选择温度作为被控变量，对精馏塔的出料组分进行间接指标控制是可能的，也是合理的。

此外，还应考虑被控变量的独立性。假如在精馏操作中，塔顶和塔底的产品纯度都需要控制在规定的数值，据上分析，可在固定塔压的情况下，塔顶与塔底分别设置温度控制系统。但这样一来，由于精馏塔各塔板上的物料温度相互之间有一定影响，塔底温度升高，塔顶温度相应也会升高；同样，塔顶温度升高，亦会使塔底温度相应升高，塔顶的温度与塔底的温度之间就存在关联问题，此时，以两个简单控制系统分别控制塔顶温度与塔底温度，必将造成相互干扰，使两个系统都不能正常工作。所以采用简单控制系统时，通常只能保证塔顶或塔底一端的产品质量。若工艺要求保证塔顶产品质量，则选塔顶温度为被控变量；若工艺要求保证塔底产品质量，则选塔底温度为被控变量。如果工艺要求塔顶和塔底产品纯度都要严格保证，则通常需要组成复杂控制系统，增加解耦装置，解决相互关联问题。

如果根据工艺要求，已选定提馏段（塔底）某块塔板（一般为温度变化最灵敏的板——灵敏板）上的温度作为被控变量，那么自动控制系统的任务就是通过维持灵敏板温度恒定，来保证塔底产品的成分满足要求。

分析可知，影响灵敏板温度 $T_{灵}$ 的因素主要有进入流量 $F_{入}$、成分 $X_{入}$、温度 $T_{入}$、回流的流量 $F_{回}$、加热蒸汽流量 $F_{蒸}$、冷凝器冷却温度 $T_{冷}$ 及塔压 p 等。这些因素都会影响被控变量 $T_{灵}$ 的变化。选择哪一个变量作为操纵变量呢？这些影响因素中，只有回流量 $F_{回}$ 和加热蒸汽量 $F_{蒸}$ 为可控因素，其他均为不可控因素。当然，在不可控因素中，有些也是可以调节的，如 $F_{入}$、塔压 p 等，只是工艺上不允许用这些变量去控制塔内的温度。在两个可控因素中，蒸汽流量的变化影响提馏段温度更迅速显著；同时，从经济角度来看，控制蒸汽流量比控制回流量所消耗的能量要小，所以通常应选择蒸汽流量作为操纵变量。

3. 执行器的选择

在过程控制中，使用最多的是气动执行器，其次是电动执行器。而气动执行器中主要是以气动薄膜控制阀为主，选用的原则主要是考虑“安全”准则。气动调节阀分气开、气关两种形式，主要根据控制器输出信号为零（或气源中断）时，工艺生产的安全状态是需要阀开或阀闭来选择气开、气关阀的。若气源中断时，工艺需要控制阀关死，则应选用“气开阀”；若气源中断时，工艺需要控制阀全开，则应选用“气关阀”。

4. 控制规律选择

控制器控制规律的选择对于系统的控制品质具有决定性的影响，所以选择合适的控制规律十分重要。工业上常用的控制器主要有比例控制规律、比例积分控制规律和比例积分微分控制规律三种控制规律。选择哪种控制规律主要是根据控制器的特性和工艺要求来决定。

① 对于对象控制通道滞后小，负荷变化不大，工艺要求不太高，被控变量可以有余差以及一些不太重要的控制系统，可以只用比例控制规律（P）。如中间储罐的液位、精馏塔塔釜液位等的控制。

② 对于控制通道滞后较小，负荷变化不大，而工艺变量不允许有余差的系统，如流量、压力和要求严格的液位控制，应当选用比例积分控制规律（PI）。

③ 由于微分作用对克服容量滞后有较好的效果，对于容量滞后较大的对象（如温度），一般引入微分规律，构成 PD 或 PID 控制规律。对于纯滞后，微分作用无效。对于容量滞后小的对象，可不必用微分规律。

当控制通道的时间常数或滞后时间很大，并且负荷变化也很大时，简单控制系统较难满足工艺要求，应当采用复杂系统来提高过程控制的质量。一般情况下，可按表 6-1 选用控制规律。

表 6-1　控制规律选择参考

变量	流量	压力	物位	温度
控制规律	PI	PI	P、PI	PID

三、控制系统的方案实施

控制系统的原理和结构在落实到生产上时，还要进一步考虑实际方案。无论用什么类型的仪表实施控制方案，都应力求方案简单可靠、仪表用量少，所用仪表调整方便、便于维修，而又能满足工艺要求、适应现代化生产的需要。方案实施一般有如下步骤。

1. 熟悉控制要求

熟悉生产工艺和控制方案要求，明确生产条件，进一步完善和细化控制方案，如增加人机对话等仪表（记录仪、打印机）、必要的数据通信设施及线路等。

2. 仪表选型

根据工艺条件、控制精度要求、工艺安全要求、经济投入情况，选择合适的仪表类型。比如，一般的化工生产控制可选择 DDZ-S 系列仪表，现场采用气动执行器，并根据参数范围合理选择仪表型号。

3. 绘制实施方案连接图

① 实施方案方块图。把确定的仪表，如变送器、指示仪、阻尼器、控制器、记录仪或打印机、电/气转换器（定位器）、执行器等，以方块图的形式绘制出连接关系。

② 实施方案连线图。在方块图的基础上，参考仪表的接线端子，参照仪表连线绘图规范，设计、绘制连线图，并标出合理的连线编号。包括仪表控制室平面布置图、控制室仪表电缆与导线连接图、盘面布置与盘内配线（管）图、现场仪表盘盘内配线图、管道仪表流程图、仪表导线敷设图，编制仪表位号、管道物料代号、仪表盘管线编号等。

4. 仪表安装

按照仪表、管线安装规范和要求，正确安装好各种仪表、管线，标注对应的编号，并对仪表、管线做好检查。

第二节　控制系统的投运与操作

一、控制系统的投运

一个自动控制系统设计并安装完毕后，如何投运是一项很重要的工作，投运准备工作做得不细或误操作造成事故的例子屡见不鲜。当然，一些次要的控制系统投运时可能很简单，个别系统甚至在工艺开车前就可以打在自动位置，但是，多数控制系统都需要按正常的程序将其投入自动。

下面讨论投运前及投运中的几个主要问题。

无论哪种控制系统，其投运一般都分三大步骤，即准备工作、手动投运、自动运行。

1. 准备工作

① 熟悉工艺过程。了解工艺机理、各工艺变量间的关系、主要设备的功能、控制指标和要求等。

② 熟悉控制方案。对所有的检测元件和控制阀的安装位置、管线走向等要做到心中有数，并掌握过程控制工具的操作方法。

③ 仪表检查。对检测元件、变送器、控制器、执行器和其他有关装置，以及气源、电源、管路等进行全面检查，保证处于正常状态。

④ 负反馈控制系统的构成。控制器的正、反作用与控制阀的气开、气关型式是关系到控制系统能否正常运行与安全操作的重要问题，投运前必须仔细检查。

过程控制系统应该是具有被控变量负反馈的闭环系统，即如果被控变量值偏高，则控制作用应该使之降低，或反之。“负反馈”的实现，取决于构成控制系统各个环节的作用方向。所谓作用方向，就是指输入变化后，输出变化的方向；当输入增加时，输出也增加，则称为“正作用”方向，反之，当输入增加时，输出减少的称为“反作用”方向，可用“+”、“−”号来表示。控制系统中的对象、变送器、控制器、执行器都有作用方向。为使控制系统构成负反馈，则四个环节的作用方向的乘积应为“−”。下面就各环节的作用方向进行分析。

a. 被控对象的作用方向。当控制阀开大（操纵变量增加）时，如果被控变量增加，则对象为“正作用方向”（记为“+”号），反之为“反作用方向”（记为“−”号）。

b. 变送器的作用方向。一般变送器的作用方向都是“正方向”，因为它要反映被控变量的大小，通常被控变量增加，其输出信号也自然增大，所以变送器总是记为“+”。

c. 执行器的作用方向（指阀的气开、气关形式）。前已述及，从安全角度要选择执行器的气开、气关形式。选用“气关阀”记为“−”号，选用“气开阀”记为“+”号。

d. 控制器的作用方向。前面三个环节的作用方向除了变送器是固定的以外，其余两个是随工艺和控制方案的确定而确定的，不能随意改变。这就希望控制器的作用方向能具有灵活性，可根据需要任意选择和改变。这就是控制器一定要有正/反作用选择功能的原因。控制器的作用方向要由其他几个环节来决定。其作用方向分析运算式为

$$“对象”\times“变送器”\times“执行器”\times“控制器”=“负反馈” \tag{6-1}$$

例 6-1 如图 6-7 所示的储槽液位控制系统，被控变量为储槽液位 L，操纵变量为流体流出的流量 F_o，当控制阀开大时，F_o 增大，L 下降，则该对象的作用方向为“反作用方向”（记为“−”号）。如果不允许物料溢流，则应选择“气关阀”（记为“−”号）。则依式(6-1)有：“−”×“+”×“−”×“控制器”=“−”，所以“控制器”=“−”，即该控制器必须为“反作用”才能实现“负反馈”控制。

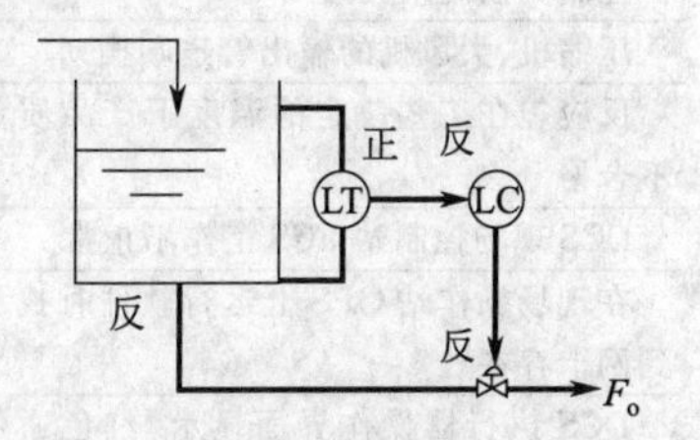

图 6-7 液位控制系统

⑤ 控制器控制规律的选择。控制规律对控制质量影响很大，必须根据不同的过程特性（包括对象、检测元件、变送器及执行器作用途径等）来选择相应的控制规律，以获得较高的控制质量，前面已经分析，这里不再重复。

2. 手动投运

① 通气、加电，首先保证气源、电源正常。

② 测量变送器投入工作，用高精度的万用表检测测量变送器信号是否正常。

③ 使控制阀的上游阀、下游阀关闭，手调旁路阀门，使流体从旁路通过，使生产过程投入运行。

④ 用控制器的手操电路进行遥控（或者用手动定值器），使控制阀达到某一开度。待生产过程逐渐稳定后，再慢慢开启上游阀，然后慢慢开启下游阀，最后协调关闭旁路阀，完成手动投运。

3. 切换到自动状态

在手动遥控状态下，一边观察仪表指示的被控变量值，一边改变手操器的输出信号（相

当于人工控制器）进行操作。待工况稳定后，即被控变量等于或接近设定值时，即可进行手动到自动的切换。

在控制系统投入自动运行以后，一般要先进行控制器的参数整定，也就是说，如果控制质量不理想，调整 PID 的 δ、T_I、T_D参数，使系统控制质量提高。参数设置合适后，控制系统就可以进入稳定运行状态。

4. 控制系统的停车

停车步骤与开车（投运）相反。控制器先切换到“手动”状态，从安全角度使控制阀进入工艺要求的关、开位置，即可停车。

二、控制系统的故障分析、判断与处理

控制系统投入运行后，经过一段时间的使用后会逐渐出现一些问题。工艺操作人员应掌握一些常见的故障分析和排除故障的诀窍，以维护生产过程的正常运行。下面简单介绍一些常见的故障判断和处理方法。

在过程控制系统中常见的故障见表 6-2。在工艺生产过程出现故障时，首先判断是工艺问题还是仪表本身的问题，这是故障判别的关键。一般故障的简单判别及处理方法如下。

表 6-2 常见故障的经验判断处理

故　障	原　因	排除方法
控制过程的控制质量变坏	对象特性变化，设备结垢	调整 PID 参数
测量不准或失灵	测量元件损坏，管道堵塞、信号线断	分段排查，更换元件
控制阀控制不灵敏	阀芯卡堵或腐蚀	更换
压缩机、大风机的输出管道喘振	控制阀全开或全闭	不允许全开或全闭
反应釜在工艺设定的温度下产品质量不合格	测量温度信号超调量太大	调整 PID 参数
DCS 现场控制站 FCS 工作不正常	FCS 接地不当	接地电阻小于 4Ω
在现场操作站 OPS 上运行软件时找不到网卡存在	工控机上网卡地址不对，中断设置有问题	重新设置
DCS 执行器操作界面显示“红色通信故障”	通信连线有问题或断线	按运行状态设置“正常通讯”
DCS 执行器操作界面显示“红色模板故障”	模板配置和插接不正确	重插模板，检查跳线、配置
显示画面各检测点显示参数无规则乱跳等	输入、输出模拟信号屏蔽故障	信号线、动力线分开；变送器屏蔽线可靠接地

1. 记录曲线比较法

① 记录曲线突变。工艺变量的变化一般是比较缓慢的、有规律的。如果曲线突然变化到“最大”或“最小”两个极限位置上，则很可能是仪表的故障。

② 记录曲线突然大幅度变化。各个工艺变量之间往往是互相联系的，一个变量的大幅度变化一般总是引起其他变量的明显变化。如果其他变量无明显变化，则这个指示大幅度变化的仪表（及其附属元件）可能有故障。

③ 记录曲线不变化（呈直线）。目前的仪表大多数很灵敏，工艺变量有一点变化都能有所反映。如果较长时间内记录曲线一直不动或原来的曲线突然变直线，可考虑仪表有故障。这时，可以人为地改变一点工艺条件，看看仪表有无反应，如果无反应，则仪表有故障。

2. 控制室仪表与现场同位仪表比较法

对控制室的仪表指示有怀疑时，可以去看现场同位置（或相近位置）安装的直观仪表的

指示值，两者的指示值应当相等或相近，如果差别很大，则仪表有故障。

3. 仪表同仪表之间比较法

对一些重要的工艺变量，往往用两台仪表同时进行检测显示，如果两者不同时变化，或指示不同，则其中一台有故障。

4. 典型问题经验判断法

利用一些有经验的过程工艺技术人员对控制系统及工艺过程中积累的经验来判别故障，并进行排故处理。

第三节　控制器的参数整定

当控制系统方案确定、设备安装完毕后，控制系统的品质指标就主要取决于控制器参数的数值了，控制质量主要取决于控制器参数的整定。

控制器参数整定，就是按照已定的控制方案求取使控制质量最好时的控制器参数值。具体来说，就是确定最合适的控制器比例度 δ、积分时间 T_I 和微分时间 T_D。在方法上，可通过微分方程、根轨迹、频率法等理论计算来获得控制器参数，但由于建模较难且计算繁杂，故在实际中多用工程整定方法，它可直接在闭合的控制回路中整定，简单、方便、易掌握，通用性强，适合在工程上实际应用。

简单控制系统中，较理想的控制质量一般是希望过渡过程有 4∶1 到 10∶1 的衰减比。常用的工程整定方法有经验法、临界比例度法、衰减曲线法、反应曲线法等。适用广、应用多的是衰减曲线法和经验法，下面加以重点介绍，其他方法除目标不同，在步骤、要求上类似。

一、经验凑试法

这是一种在实践中很常用的方法。具体做法是：在闭环控制系统中，根据控制对象的情况，先将控制器参数设在一个常见的范围内，见表 6-3，然后施加一定的干扰，以 δ、T_I 和 T_D 对过程的影响为指导，对 δ、T_I 和 T_D 逐个整定，直到满意为止。试凑的顺序有两种。

表 6-3　控制器参数的参考范围

被控变量	液　位	流　量	压　力	温　度
对象特点	时间常数范围较大，δ 可在一定范围内选取，一般不用微分	时间常数小，参数有波动，应 δ 大些 T_I 小些，不用微分	容量滞后一般不大，一般不加微分	容量滞后较大，即参数受干扰后变化迟缓，δ 应小 T_I 要长，一般需要加微分
比例度 δ/%	20～80	40～100	30～70	20～60
积分时间 T_I/min	1～5	0.3～1	0.4～3	3～10
微分时间 T_D/min	—	—	—	0.5～3

(1) 方法一　先试凑比例度，直到取得两个完整波形的过渡过程为止（衰减比 n 约为 4∶1）。然后，把 δ 稍放大 10%～20%，再把积分时间 T_I 由大到小不断凑试，直到取得满意波形。必要时，最后再类似步骤加入微分，进一步提高质量。

在整定中，若观察到曲线振荡频繁，应当增大比例度（目的是减小比例作用）以减小振荡；曲线最大偏差大且趋于非周期时，说明比例控制作用小了，应当加强，即应减小比例度；当曲线偏离设定值，长时间不回复，应减小积分时间；如果曲线一直波动不止，说明振荡严重，应当加长积分时间以减弱积分作用；如果曲线振荡的频率快，很可能是微分作用强了，应减小微分时间；如果曲线波动大而且衰减慢，说明微分作用较小，未能抑制住波动，应加长微分时间。总之，一面看曲线，一面分析和调整，直到满意为止。

(2) 方法二　从表6-3中取T_I的某个值；如果需要微分，则取$T_D=(1/3\sim1/4)T_I$。然后对δ进行凑试，也能较快达到要求。实践证明，对于很多系统，在一定范围内适当组合δ与T_I数值，可以获得相同的衰减比曲线。也就是说，δ的减小可用增加T_I的办法来补偿，而基本上不影响控制过程的质量。所以先确定T_I和T_D，再确定δ也是可以的。

二、衰减曲线法

衰减曲线法是当系统投运以后，在纯比例控制作用下，从大到小逐渐改变控制器的比例度，以4∶1（或10∶1）的衰减曲线作为整定目的，而直接求得控制器的比例度。步骤如下。

在系统闭环稳定工况下，将控制器T_I置最大，T_D置零，δ适当（一般为参考范围上限），从设定值加2%～5%的扰动，观察过渡过程曲线：如果$n>4:1$，则逐渐减小δ，每改变一次δ则通过改变设定值给系统施加一个阶跃干扰；当$n<4:1$，应适当增大δ，直到过渡过程呈现4∶1为止，记录比例度δ_s，在曲线上获取振荡周期T_s（目标为$n=10:1$时用达到最大值的上升时间T_s'），如图6-8所示。

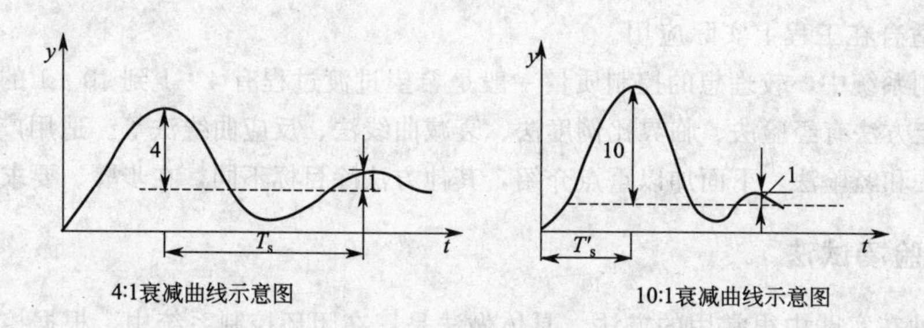

图6-8　衰减曲线示意图

按表6-4计算出系统希望使用的控制规律的比例度δ、积分时间T_I和微分时间T_D值。

表6-4　衰减曲线法参数计算表

4∶1计算表	δ/%	T_I	T_D	10∶1计算表	δ/%	T_I	T_D
P	δ_s			P	δ_s'		
PI	$1.2\delta_s$	$0.5T_s$		PI	$1.2\delta_s'$	$2T_s'$	
PID	$0.8\delta_s$	$0.3T_s$	$0.1T_s$	PID	$0.8\delta_s'$	$1.2T_s'$	$0.4T_s'$

然后将比例度放在一个较计算值略大的数值上（约1.2δ），按先比例、次积分、最后加微分的顺序设置T_I和T_D，最后再把比例度放回计算值上。给系统一个适当的阶跃干扰，观察过渡过程，根据此过程曲线进一步修正参数值，直到过渡过程达到满意为止。

值得注意的是，反应较快的被控变量，如压力、流量等，要看清过程较困难，工程上可看控制器输出信号指针，来回摆两次平稳下来即可认为近似4∶1衰减过程，来回摆一次平稳下来可认为近似10∶1衰减过程。

三、参数整定中应注意的问题

1. 明确整定目标

通过控制系统的工程整定使控制器获得最佳参数，对控制质量或过渡过程要有恰当的评价指标。通常在质量指标中，希望余差 C 越小越好（有时达到允许范围即可），最大偏差 A 或超调量 B 越小越好，衰减比 n 则以适当为宜（太大会使最大偏差增加，太小导致系统稳定性下降），过渡时间 t_s 越小越好，振荡周期 T 适当为宜。而这些参数之间是相互关联的，一个参数向好的方向变化，另一个参数就可能向坏的方向变化，工程整定中要分清主次，解决好主要矛盾，次要指标适当即可。

对简单控制系统，通常要求控制过程有较大的衰减比，超调量小一些，控制时间越短越好，没有余差。一般以衰减比 $n=4:1\sim10:1$ 为理想目标，有时允许有一定余差。

2. 正确把握方法步骤

控制器参数的工程整定通常是在控制系统投运以后，把控制器的作用形式、控制规律放在一定状态，把控制参数先设置在一定的经验值（初始值），再人为加一定扰动，观察其控制过程曲线，看控制效果，如果没达到目标曲线，则修改控制器参数，再加干扰进行试验，直到达到目标曲线。在整定实施中，要注意以下整定技巧与注意事项。

① 整定前要先确认好控制器作用方式、控制规律及相应参数的初始值，熟知整定的目标及参数值增减对质量指标的影响方向。控制器常用的 PID 控制规律的参数影响其控制作用的强弱、对质量指标的影响见表 6-5。

表 6-5 PID 控制参数及作用

基本控制规律	特性参数	作用描述
比例(P)	比例度 δ(%)越小，比例作用越强	控制作用强，系统灵敏度高，余差减小(有余差)，系统稳定性越差(n 减小)
积分(I)	积分时间 T_I(分/秒)越小，积分作用越强	控制作用强，克服余差能力增加(加积分即能消除余差)，系统稳定性下降(n 减小)
微分(D)	微分时间 T_D(分/秒)越大，微分作用越强	能克服容量滞后，减小超调量，对纯滞后无效。作用太强，易使干扰频繁的系统产生振荡

② 为了保证整定效果，应在系统稳定后、干扰因素较少的情况下进行。

③ 人为扰动是在原设定值基础上“阶跃式”变化，干扰量为设定值量程的 2%～5%，并根据系统的稳定性可加大或减小一些干扰量。

④ 为了较快地获得最佳参数值，PID 参数从初始值到选择下一个试验值时，可在参考值范围内采用等分法、等百分比法或黄金分割法来选取下一个试验值，且控制作用从弱向强的方向选取。当指标过调后，在待定范围内依此类推。

总之，控制器参数的工程整定方法有多种，分别适用于不同的对象、不同的系统特点及质量要求，整定中的目标曲线、获取参数、经验公式也不相同，但共有一个基本的思路，即：

① 根据对象特点、系统特点和质量、精度要求选取希望的控制规律，明确整定的目标；

② 依据干扰特点与允许误差情况选取整定方法；

③ 单一化控制规律，人为施加干扰试验，凑试整定曲线；

④ 获取该整定方法目标曲线及参数；

⑤ 经验公式推算希望的控制规律的参数，试验、微调以确定最佳效果。

在不同类型的控制系统中，除了整定的目标要求、曲线形状、经验公式不同外，其操作的步骤、注意的事项、整定的技巧都是可以相互借鉴的。

单元小结

简单控制系统组成	由一个测量元件(变送器)、一个控制器、一个执行器和一个被控对象所构成的一个回路的闭环控制系统,也称为单回路控制系统
控制方案确定	系统被控变量的选择、操纵变量的选择、执行器的选择和控制规律的确定等
控制系统的投运步骤	准备工作、手动投运、自动运行
负反馈系统的构成	“对象”×“变送器”×“执行器”×“控制器”=“负反馈”
系统故障判别及处理方法	记录曲线比较法、控制室仪表与现场同为仪表比较法、仪表同仪表之间比较法、典型问题经验判断法
常用工程整定方法	有经验法、临界比例度法、衰减曲线法、反应曲线法等
工程整定基本思路	①根据对象特点、系统特点和质量、精度要求选取希望的控制规律,明确整定的目标;②依据干扰特点与允许误差情况选取整定方法;③单一化控制规律,人为施加干扰试验,凑试整定曲线;④获取该整定方法目标曲线及参数;⑤经验公式推算希望的控制规律的参数,试验、微调以确定最佳效果

习题与思考题

1. 什么是简单控制系统?试画出其组成框图。

2. 被控变量的选择原则是什么?操纵变量的选择原则是什么?

3. 图 6-9 为某炼油厂的加热炉,工艺要求严格控制加热炉出口温度。如果以燃料油为操纵变量,试画出其简单的温度控制流程图,并按“负反馈”的准则分析判断各单元作用方向。

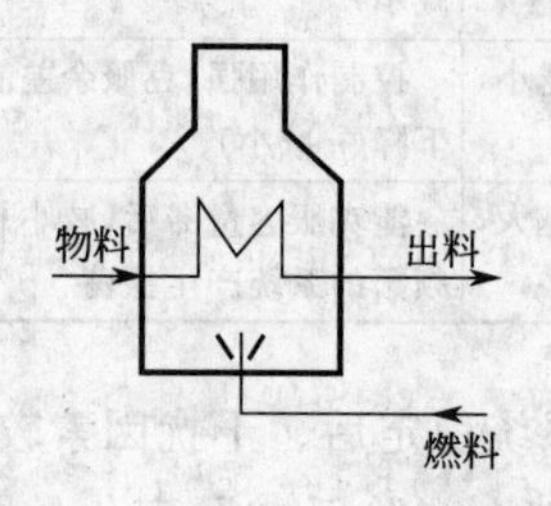

图 6-9 加热炉工艺流程图

4. 控制系统由手动切换为自动时要注意什么问题?为什么通常要求生产基本稳定后控制系统才能投入自动运行?

5. 什么是控制器参数整定?工程上常用的控制器参数整定有哪几种方法?为什么要考虑控制器的作用方向?如何选择?

6. 试总结衰减曲线法整定控制器参数的步骤及注意事项。

第七单元　复杂控制系统与计算机控制系统

【单元学习目标】

1. 认知复杂与计算机控制系统的构成，掌握串级控制系统、集散控制系统的基本原理与应用。

2. 熟悉其他复杂控制系统、FCS系统的应用情况。

在常规控制系统中，除了简单控制系统外，还有形式多样的复杂控制系统。如果用计算机来代替常规控制器，又可以构成计算机控制系统。这些都是本单元要学习的内容。

按照控制系统的结构特征分类，控制系统可分为简单控制系统和复杂控制系统两大类。所谓复杂，是相对简单而言的。一般来说，凡是结构上较为复杂或控制目的上较为特殊的控制系统，都可以称为复杂控制系统。通常复杂控制系统是多变量的，具有两个以上变送器、两个以上控制器或两个以上控制阀所组成的多个回路的控制系统。

复杂控制系统种类繁多，常见的复杂控制系统有串级、均匀、比值、分程、三冲量、前馈等系统。本单元主要介绍这些系统的结构、特点及应用场合。

第一节　串级控制系统

简单控制系统在生产中解决了大量的参数定值调节问题，它是控制系统中最基本且应用最广泛的一种形式。但是当对象的容量滞后较大，负荷或干扰变化比较剧烈、比较频繁，或是工艺对产品质量提出的要求很高（如有的产品纯度要求达99.99%）时，采用单回路控制的方法就不再有效了，于是就出现了一种所谓串级控制系统。

一、串级控制系统的组成及工作过程

1. 串级控制的目的

在复杂控制系统中，串级控制系统的应用是最广泛的。以如图7-1所示的精馏塔控制为例，精馏塔的塔釜温度是保证塔底产品分离纯度的重要依据，一般需要其恒定，所以要求有较高的控制质量。为此以塔釜温度为被控变量，以对塔釜温度影响最大的加热蒸汽为操纵变量组成“温度控制系统”，如图7-1(a) 所示。

但是如果蒸汽流量频繁波动，将会引起塔釜温度的变化。尽管图7-1(a) 的温度简单控制系统能克服这种扰动，可是这种克服是在扰动对温度已经产生作用，使温度发生变化之后进行的。这势必对产品质量产生很大的影响，所以这种方案并不十分理想，使蒸汽流量平稳就成了一个非解决不可的问题。希望谁平稳就以谁为被控变量是很常用的方法，图7-1(b) 的控制方案就是一个保持蒸汽流量稳定的控制方案。这是一种预防扰动的方案，就克服蒸汽流量影响这一点来说应该是很好的。但是对精馏塔而言，影响塔釜温度的不只是蒸汽流量，比如说进料流量、温度、成分的干扰，也同样会使塔釜温度发生改变，这是方案图7-1(b)

所无能为力的。

最好的办法是将两者结合起来，即将最主要、最强的干扰以图 7-1(b) 流量控制的方式预先处理（粗调），而其他干扰的影响最终用图 7-1(a)温度控制的方式彻底解决（细调）。但若将图 7-1(a)、(b) 机械地组合在一起，在一条管线上就会出现两个控制阀，这样就会出现相互影响、顾此失彼的现象（即关联）。所以将两者处理成图7-1(c)，即将温度控制器的输出串接在流量控制器的外设定上，由于出现了信号相串联的形式，所以就称该系统为“提馏段温度串级控制系统”。这里需要说明的是两者结合的最终目的是为了稳定主要变量（温度）而引入一个副变量（流量）。

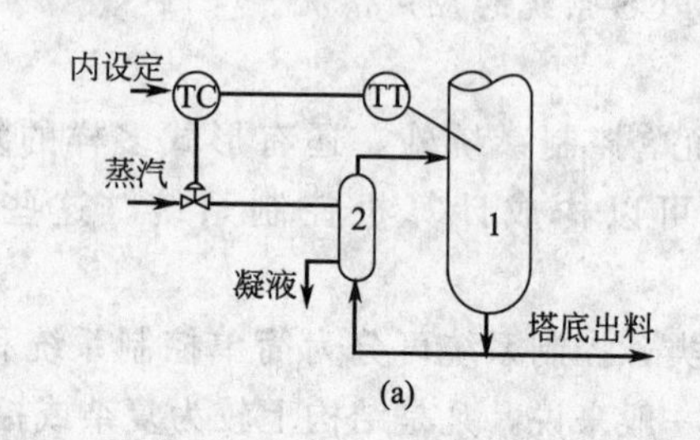

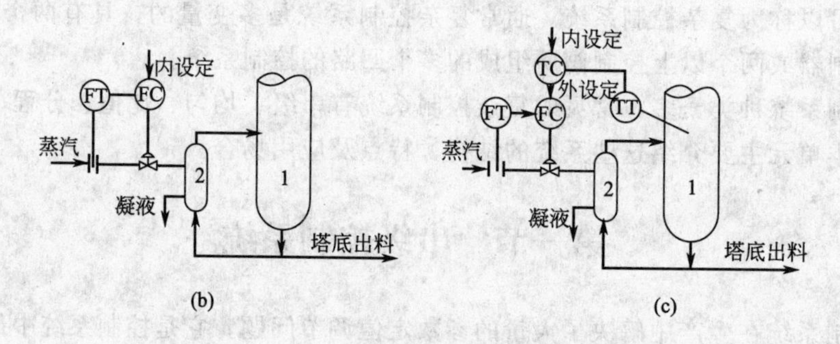

图 7-1 精馏塔塔釜温度控制

1—精馏塔塔釜；2—再沸器

2. 串级控制系统的组成

由前面的分析可知，串级控制系统中有两个测量变送器、两个控制器、两个对象、一个控制阀，其系统组成方框图如图 7-2 所示。由方框图可以看出，主控制器的输出即为副控制器的给定，而副控制器的输出直接送往控制阀以改变操纵变量。从系统的结构来看，这两个控制器是串联工作的，因而这样的系统是串级控制系统。

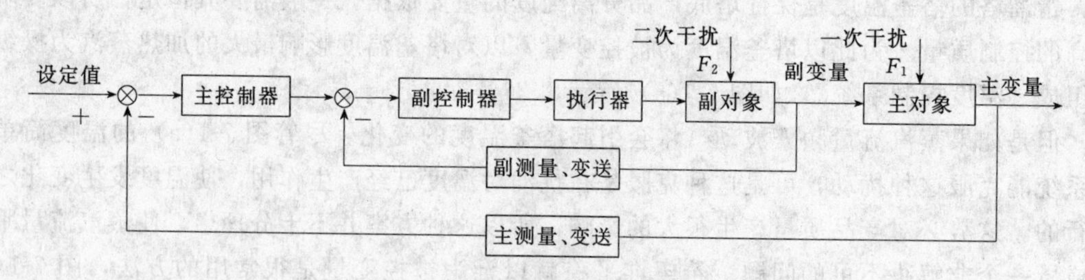

图 7-2 串级控制系统方框图

串级控制系统有两个回路：主回路和副回路，亦称主环或副环、外环或内环。主回路是以稳定被控变量值恒定为目的，主控制器的设定值是由工艺规定的，它是一个定值，因此，主回路是一个定值控制系统。而副控制器的设定值是由主控制器的输出提供的，它随主控制器输出变化而变化，因此副回路是一个随动系统。为便于分析串级控制系统的工作过程，先解释串级控制系统几个专用名词。

(1) 主回路

① 主变量。也称主被控变量，是生产过程中的重要工艺控制指标，在串级控制系统中起主导作用的被控变量，如上例精馏塔塔釜温度。

② 主变送器。串级控制系统中检测主变量的变送器，如上例中的 TT。

③ 主对象。生产过程中含有主变量的被控制的工艺生产设备，如上例中包括再沸器在内的精馏塔塔釜至温度检测点之间的工艺生产设备。

④ 主控制器。接受主变送器送来的主变量信号，与由工艺指标决定的设定值进行比较，其输出送给另一控制器作为设定值。因为这个控制器在串级控制系统中起主导作用，所以叫主控制器，如上例中的 TC。

⑤ 主回路。是由主测量、变送，主、副控制器，控制阀（调节阀）和主、副对象所构成的外回路，亦称外环或主环。

⑥ 一次干扰 F_1。是作用在主被控过程上的且不包括在副回路范围内的扰动。

(2) 副回路

① 副变量。也称副被控变量，串级控制系统中为了稳定主变量或因某种需要而引入的辅助变量，如上例中的蒸汽流量。

② 副变送器。串级控制系统中检测副变量的变送器，如上例中的 FT。

③ 副对象。生产过程中含有副变量的被控制的工艺生产设备。如上例中的蒸汽管道。由此可知，在串级控制系统中，被控对象被分为两部分——主对象与副对象，具体怎样划分，与主变量和副变量的选择有关。

④ 副控制器。接受副变送器送来的副变量信号与由主控制器输出决定的设定值进行比较，其输出直接操纵控制阀，如上例中的 FC。

⑤ 副回路。是由副测量、变送，副控制器，控制阀和副对象所构成的回路，亦称内环或副环。

⑥ 二次干扰 F_2。是作用在副被控过程上的，即包括在副回路范围内的扰动。

3. 串级控制系统工作过程分析

正常情况下，进料温度、压力、组分稳定，蒸汽压力、流量也稳定，则塔底温度也就稳定在设定值。

一旦扰动出现，上述平衡就会被破坏。下面就以扰动出现的位置不同来分别进行分析。

① 扰动进入副回路。如蒸汽流量（或压力）变化，这种扰动首先影响副回路，使副回路的测量值偏离外设定值，流量控制系统依据偏差进行工作，改变控制器的开度，从而使流量稳定。如果扰动幅度较小，流量控制系统会使主变量（塔釜温度）基本不受影响。若扰动幅度较大，由于有副环的控制作用，即使对主变量温度有些影响，也是很小的，也可以由主环进一步消除（细调）。

② 扰动进入主回路。如进料温度变化，该扰动直接进入主回路，使塔釜温度受到影响，偏离设定值，它与设定值的差值（偏差）使主控制器的输出发生变化，从而使副控制器的设定值发生改变。该设定值与副变量之间也出现偏差，该偏差可能很大，于是副控制器立刻采取较强的控制作用，使蒸汽流量大幅度变化，从而使主变量很快回到设定

值上。因此对于进入主回路的扰动，串级控制系统要比简单控制系统的控制作用更快、更有力。

③ 扰动同时进入主、副回路。如果上述的两种扰动同时存在，主控制器按“定值控制系统”工作，而副控制器既要克服副回路的扰动，又要跟随主控制器工作，使副控制器产生较大的偏差，于是产生比简单控制系统大几倍甚至几十倍的控制作用，使主变量的控制质量得到大大的改善。

综上所述，串级控制系统有很强的克服扰动的能力，特别是对进入副环的扰动，控制力度将更快、更大。

二、特点及应用场合

1. 串级控制系统结构特点

① 主回路为定值控制系统，而副回路是随动控制系统。

② 结构上主、副控制器串联，主控制器的输出作为副控制器的外设定，形成主、副两个回路，系统通过副控制器操纵控制阀以改变被控变量。

③ 抗干扰能力强，对进入副回路扰动的抑制能力更强，控制精度高，控制滞后小，特别适用于滞后大的对象，如温度控制系统。

2. 串级控制系统的应用场合

串级控制系统与单回路控制系统相比有许多优点，但所需仪表多，系统投运整定也较麻烦，这是它的缺点。因此必须坚持一个原则：能用简单控制系统解决问题时，就不要用复杂控制系统。串级控制系统也并不是到处都用，有些场合应用效果显著，而在另一些场合应用效果并不显著。它主要应用于以下几种场合。

① 对象的容量滞后较大，用单回路控制系统时过渡过程时间长，最大偏差大，调节质量不能满足要求时，可以采取串级控制系统。

② 系统内存在激烈且幅值较大的干扰作用时，为了提高系统的抗干扰能力，采用串级控制系统把这种大幅度激烈的干扰包括到副回路内，由于副回路的快速调节作用，可以把这类干扰对主变量的影响减小到最低限度。

③ 调节对象具有较大的非线性特性，而且负荷变化较大。一般工业对象的静态特性都有一定的非线性，负荷的变化会引起工作点的移动，导致静态放大倍数的变化。串级控制系统具有一定的自适应能力，当负荷变化而引起对象工作点变化时，主控制器的输出会重新调整副控制器的设定值，继而由副控制器的调节作用来改变控制阀的位置，这样虽然副回路的衰减比变化了，但它的变化对整个系统稳定性的影响是很小的。

三、回路和变量的选择

串级控制系统主、副回路的选择实质上是主、副变量的选择。主变量应是表征生产过程的重要指标，它的选择可以完全套用简单控制系统被控变量的选择原则。简单控制系统被控变量的选择原则前面有详细叙述，下面主要介绍有关副变量的选择的一般原则。

① 副回路应包括尽可能多的扰动，尤其是主要扰动。

② 副回路的时间常数要小，反应要快。一般要求副环要比主环至少快 3 倍。

③ 所选的副变量一定是影响主变量的直接因素。

④ 选择副变量应考虑工艺的合理性及实现的经济性。

第二节　其他复杂控制系统

一、均匀控制系统

1. 均匀控制系统的特点

(1) 均匀控制问题的提出　均匀控制系统是生产过程应用日益增多的一类自动控制系统。“均匀”控制这个名称并不像“串级”控制那样反映结构特点，而是以完成特殊控制任务来命名的。

“均匀”控制系统是为解决化工连续性生产中前、后设备供求之间的矛盾而设置的，前一设备的出料往往是后一设备的进料，而后者出料又源源不断地供给其他设备。在这些生产过程中，作为前者的设备都希望工作稳定，而作为后者的设备，又都希望进料量平稳。例如在图 7-3 中，甲塔为了保证生产过程的正常进行，要求将塔釜液位稳定在一定范围内，为此，设有液位控制系统。而乙塔又希望流量稳定，所以设有流量控制系统。显然，在一个管线上装有两个控制器是要出现矛盾的。当甲塔塔釜液位在干扰作用下上升时，液位控制器发出信号去开大塔底采出阀 1，从而引起乙塔进料的增加，于是流量控制器又发出信号去关小阀 2。这种供求之间的矛盾如果不能很好解决，就会顾此失彼，影响正常操作。

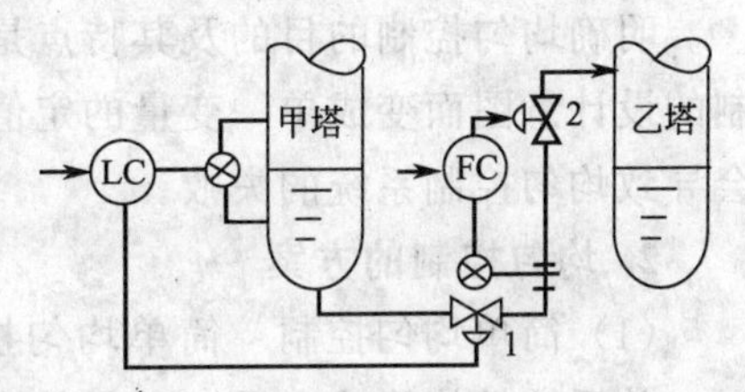

图 7-3　精馏塔不协调的控制方案

为了解决前后两个塔供求之间的矛盾，可以在两塔之间增加中间缓冲容器来克服，但这样势必增加投资，而且对于某些生产连续性很强的过程又不允许中间储存时间过长，因此还需从自动化方案的设计上寻求解决的方法。均匀控制系统就是为解决这个矛盾而产生的。所谓均匀控制系统就是使前、后两个设备被控变量均在一定范围内波动，但波动幅度都不超过允许值，就如同前、后设备之间增加缓冲容器一样。均匀控制系统把液位、流量统一在一个控制系统中，从系统内部解决工艺参数间的矛盾，具体来说，就是让甲塔的液位在允许的限度内波动，与此同时让流量做平稳缓慢的变化。所以，均匀控制是为了使前后设备在物料供求上互相均匀协调，统筹兼顾。

总之，生产过程中，凡是用来保持前后两个设备供求间的被控变量在规定的范围缓慢均匀变化的系统，都称为均匀控制系统。

(2) 均匀控制系统的特点　均匀控制系统在结构上与简单控制系统或串级控制系统很相似。但为了更好地运用好这类系统，很有必要仔细研究它的几个特点。

a. 均匀控制是指控制目的而言，作为表征前后供求的两个变量都应是缓慢变化的。因为均匀控制是指前后设备间物料供求之间的均匀，为此，表征这两个物料的变量都不应该稳定在某一固定的数值，应是均匀缓慢变化。图 7-4(a) 中若把液位控制成比较平稳的直线，下一设备的进料流量必然波动很大，这样的控制过程只能看作液位定值控制而不能看作均匀控制。反之，图 7-4(b) 中把后一设备的进料流量调成平稳的直线，那么，前一设备的液位就必然波动很厉害，又只能被看作是流量的定值控制。只有像图 7-4(c) 中的液位和流量的控制曲线才符合均匀控制的要求，两者都有一定程度的波动，但波动比较缓和。那种企图把两条曲线都调整成直线的想法是不可能实现的。

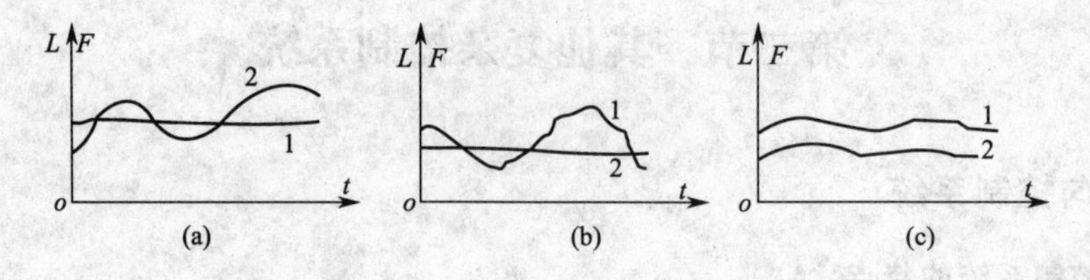

图 7-4　前设备的液位与后设备的流量关系

1—液位变化曲线；2—流量变化曲线

b. 两个相互关联的变量应保持在所允许的范围内波动。对于图 7-3 所示系统，甲塔塔釜液位的升降变化不能超过规定的上下限，否则就有出现生产事故的危险。同样，乙塔进料流量也不能超越它所能承受的最大负荷或低于最小处理量，否则就不能保证生产过程的正常进行。为此，均匀控制必须满足这两个限制条件。当然，这里的允许波动范围比定值控制过程的允许偏差要大得多。

明确均匀控制的目的及其特点是十分必要的。因为在实际运行中，有时因不清楚均匀控制的设计意图而变成单一变量的定值控制，或者想把两个变量都控制成很平稳，这样最终都会导致均匀控制系统的失败。

2. 均匀控制的方案

(1) 简单均匀控制　简单均匀控制系统采用单回路控制系统的结构形式，如图 7-5 所示。从系统结构形式上看，它与单回路液位定值控制系统没有什么不同，但由于它们的控制目的不同，因此在控制器的参数整定上有所不同。

通常，均匀控制系统不采用微分控制，因为微分作用对过渡过程的影响与均匀控制的要求是背道而驰的，而是采用大比例度加弱积分作用，一般比例度要大于 100%，以较弱的控制作用达到均匀控制的目的。

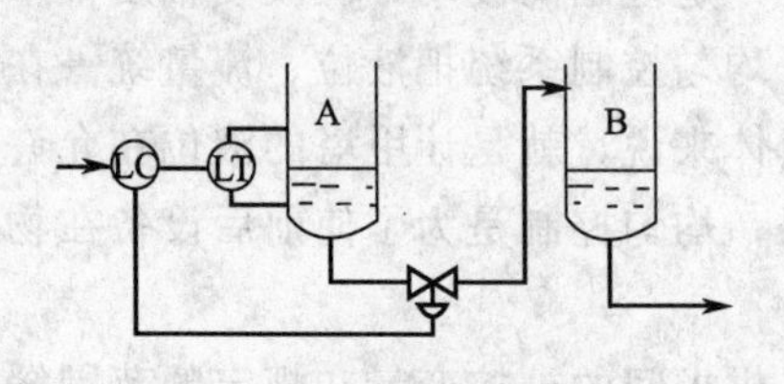

图 7-5　简单均匀控制方案

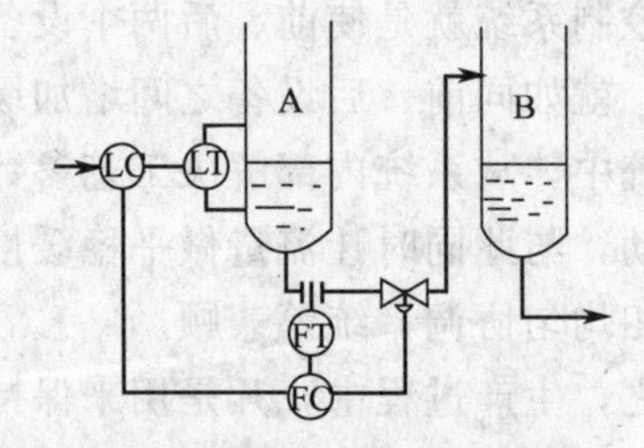

图 7-6　串级均匀控制方案

(2) 串级均匀控制　简单均匀控制系统结构非常简单，操作方便，但对于复杂工艺对象常常存在着控制滞后的问题。减小滞后的最好方法就是加副环构成串级控制系统，这就形成了串级均匀控制系统，如图 7-6 所示。

串级均匀控制系统在结构上与一般串级控制系统完全一样，但目的不一样，差别主要在于控制器的参数设置上。整个系统要求一个“慢”字，与串级系统的“快”要求相反。主变量和副变量也只是名称上的区别，主变量不一定起主导作用，主、副变量的地位由控制器的取值来确定。两个控制器参数的取值都是按均匀控制的要求来处理。副控制器一般选比例作用就行了，有时加一点积分作用，其目的不全是为了消除余差，而只是弥补一下为了平缓控制而放得较弱的比例控制作用。主控制器用比例控制作用，为了防止超出控制范围，也可适当加一点积分作用。主控制器的比例度越大，则副变量的稳定性就越高，实际工作中主控制器比例度可以足够大，只要不失控即可。在控制器参数整定时，先副后主，结合具体情况，用经验试凑法将比例度从小到大逐步调试，找出一个缓慢的衰减非周期过程为宜。

二、比值控制系统

在炼油、化工及其他工业生产过程中，经常要求两种或两种以上的物料按一定的比例混合或参加反应。生产上把实现两个或两个以上物料符合一定比例关系的控制系统称为比值控制系统。通常把保持两种或几种物料的流量为一定比例关系的系统，称之为流量比值控制系统。

在需要保持比值关系的两种物料中，必有一种物料处于主导地位，这种物料称之为主物料，表征这种物料的变量称之为主动量。在流量比值控制系统中主动量也称主流量，用 F_1 表示。另一种物料按主物料进行配比，在控制过程中随主物料而变化，因而称为从物料，表征其特征的变量称之为从动量或副流量，用 F_2 表示。且 F_1 与 F_2 的比值称为比值系数，用 K 表示，$K=F_1/F_2$。一般情况下，总以生产中的主要物料量为主物料，或者以不可控物料作为主物料，用改变可控物料及从物料来实现它们的比值关系。

比值控制系统有三种类型。

1. 开环比值控制系统

开环比值控制系统是最简单的比值控制方案，系统组成如图 7-7 所示，其中 F_1 是主物料或主动量，F_2 是从物料或从动量，整个系统是一个开环控制系统。当 F_1 变化时，F_2 随着变化，以满足 $F_1=KF_2$ 的要求。当 F_2 因管线两端压力波动而发生变化时，系统不起控制作用，此时难以保证 F_2 与 F_1 间的比值关系。也就是说开环比值控制方案对从物料本身无抗干扰能力，因此，只适用于从物料变化较平稳且比值要求不高的场合。

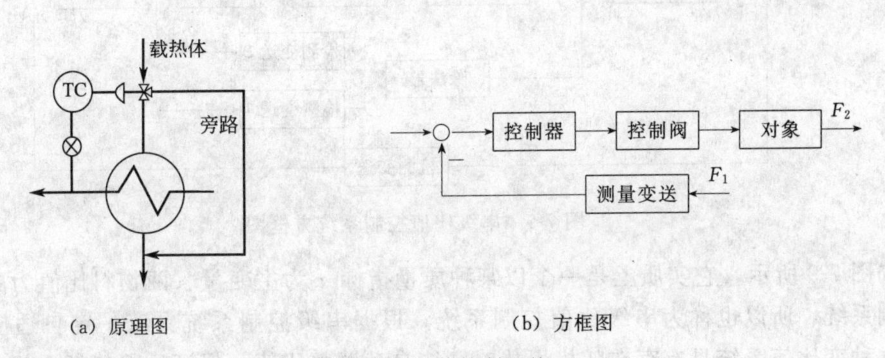

(a) 原理图　　(b) 方框图

图 7-7　开环比值控制系统

2. 单闭环比值控制系统

图 7-8(a) 所示为单闭环控制方案，由从物料流量的控制部分看，是一个随动的闭环控制回路，而主物料流量的控制部分则是开环的，方块图见图 7-8(b) 所示。主流量 F_1 经比值运算后使输出信号与输入信号成一定比例，并作为副流量控制器的设定信号值。

在稳定状态时，主、副物料流量满足工艺要求的比值，即 $K=F_1/F_2$ 为一常数。当主流量负荷变化时，其流量信号经变送器到比值器，比值器则按预先设置好的比值使输出成比例地变化，即成比例地改变了副流量控制器的设定值，则 F_2 经调节作用自动跟随 F_1 变化，

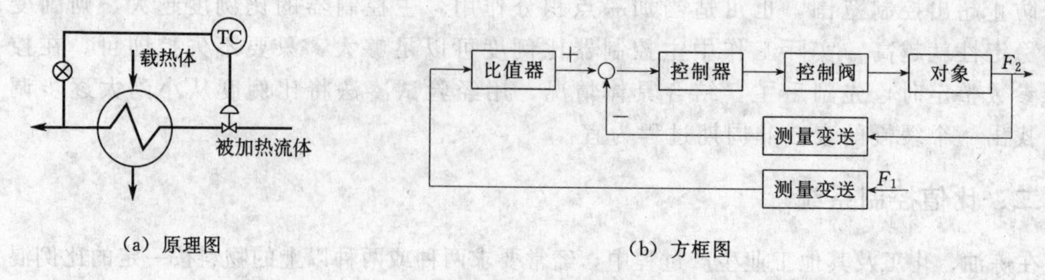

图 7-8　单闭环比值控制系统

使得在新稳态下比值 K 保持不变。当副流量由于扰动作用而变化时，因主流量不变，即 FC 控制器的设定值不变，这样，对于副流量的扰动，闭合回路相当于一个定值控制系统加以克服，使工艺要求的流量比值不变。

单闭环比值控制系统的优点是不但能实现副流量跟随主流量的变化而变化，而且可以克服副流量本身干扰对比值的影响，因此主、副流量的比值较为精确。它的结构形式简单，实施起来亦较方便，所以得到广泛的应用，尤其适用于主物料在工艺上不允许进行控制的场合。单闭环比值控制系统虽然两物料比值一定，但由于主流量是不受控制的，所以总物料量是不固定的。

3. 变比值控制系统

前面介绍的几种比值控制系统，其流量比是固定不变的，故称为定比值控制系统。然而实际生产中，以改变两种物料比值来维持某参数的恒定是应用极广的控制系统。所谓变比值控制系统是指两种物料的比值能灵活地随第三参数的需要而加以调整，最常见的是串级比值控制系统，如图 7-9 方框图所示。

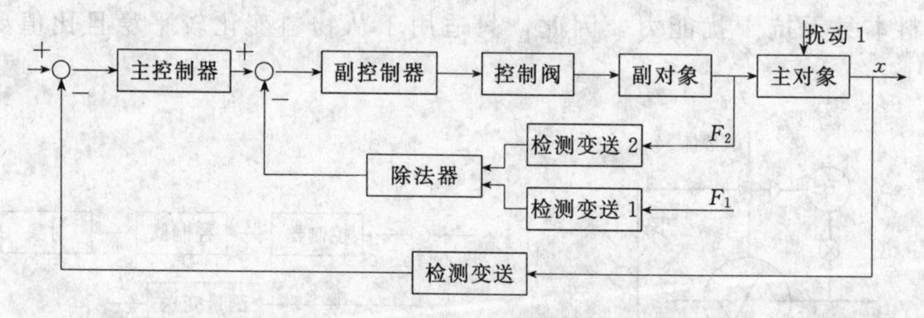

图 7-9　串级比值控制系统方框图

如图 7-9 所示，它实质上是一个以某种质量指标 x 为主变量、两物料比值为副变量的串级控制系统，所以也称为串级比值控制系统。根据串级控制系统具有一定自适应能力的特点，这种变比值系统具有存在随机干扰时，能自动调整比值，保证质量指标在规定范围内的自适应能力。

在变比值控制方案中，选取的第三参数主要是衡量质量的最终指标，而流量间的比值只是参考指标和控制手段。因此在选用这种方案时，必须考虑到作为衡量质量指标的第三参数是否可能进行连续的测量变送，否则系统将无法实施。由于变比值控制具有第三参数自动校正比值的优点，且随着质量检测仪表的发展，这种方案可能会越来越多地在生产上得到应用。

需要注意一点，上面提到的变比值控制方案中是用除法器来实施的，实际上还可采用其他运算单元如乘法器来实施。

三、前馈控制系统

1. 前馈控制的目的

大多数控制系统都是具有反馈的闭环控制系统，对于这种系统，不管什么干扰，只要引起被控变量变化，都可以消除掉，这是反馈（闭环）控制系统的优点。例如图 7-10(a) 中的换热器出口温度的反馈控制，无论是蒸汽压力、流量的变化，还是进料流量、温度的变化，只要最终影响到了出口温度，该系统都有能力进行克服。但是这种控制都是在扰动已经造成影响，被控变量偏离设定值之后进行的，控制作用滞后。特别是在扰动频繁、对象有较大滞后时，对控制质量的影响就更大了。所以如果预知某种扰动（如进料流量）是主要干扰，最好能在它影响到出口温度之前就将其抑制住。如图 7-10(b) 所示的方案，进料量刚一增大，FC 立即使蒸汽阀门开大，用增加的蒸汽来对付过多的冷物料。如果设计的好，可以基本保证出口温度不受影响，这就是前馈控制系统，所谓前馈控制系统是指按扰动变化的大小来进行控制的系统。其目的就是克服滞后，将扰动克服在其对被控变量产生影响之前。

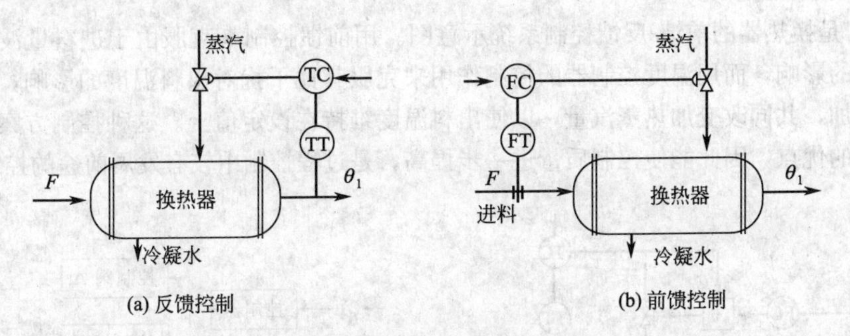

图 7-10　换热器的控制系统

2. 前馈控制系统的特点

为了对前馈控制有进一步的认识，列出前馈控制的特点，并与反馈控制做简单比较。

(1) 前馈控制是按照干扰作用的大小来进行控制的　当扰动一出现，前馈控制就能根据扰动的测量信号控制操纵变量，及时补偿扰动对被控变量的影响，控制是及时的，如果补偿作用完善，可以使被控变量不产生偏差。这个特点也是前馈控制的一个主要优点。

(2) 前馈控制属于“开环”控制系统　前馈控制系统是一个开环控制系统，这一点从某种意义上说是前馈控制的不足之处。反馈控制由于是闭环系统，控制结果能够通过反馈获得检验，而前馈控制的效果并不通过反馈加以检验，因此前馈控制对被控对象的特性掌握必须比反馈控制清楚，才能得到一个较合适的前馈控制作用。

(3) 前馈控制使用的是视对象特性而定的“专用”控制器　一般的反馈控制系统均采用通用类型的 PID 控制器，而前馈控制器是专用控制器，对于不同的对象特性，前馈控制器的形式将是不同的。

(4) 前馈控制对扰动的补偿是一一对应的　由于前馈控制作用是按干扰进行工作的，而且整个系统是开环的，因此根据一种干扰设置的前馈控制只能克服这一种干扰，而对于其他干扰，由于这个前馈控制器无法感受到，也就无能为力了。而反馈控制只用一个控制回路就可克服多个干扰，所以这一点也是前馈控制系统的一个弱点。

3. 前馈控制系统应用场合

实际生产中在下列情况下可考虑选用前馈控制系统。

① 对象的滞后或纯滞后较大（控制通道），反馈控制难以满足工艺要求时，可以采用前馈控制，把主要干扰引入前馈控制，构成前馈-反馈控制系统。

② 系统中存在着可测、不可控、变化频繁、幅值大且对被控变量影响显著的干扰，在这种情况下，采用前馈控制可大大提高控制品质。所谓可测，是指干扰量可以采用检测变送装置在线转化为标准的电或气的信号。因为目前对某些参数，尤其是成分量还无法实现上述转换，也就无法设计相应的前馈控制系统。所谓不可控，有两层含义：其一，指这些干扰难以通过设置单独的控制系统予以稳定，这类干扰在连续生产过程中是经常遇到的；其二，在某些场合，虽然设置了专门的控制系统来稳定干扰，但由于操作上的需要，往往要改变其设定值，也属于不可控的干扰。

③ 扰动对被控变量的影响显著，单纯的反馈控制难以达到控制要求时，可采用前馈控制。

4. 前馈-反馈控制系统

前面提到反馈控制能保证被控变量稳定在所要求的设定值上，但控制作用滞后。而前馈控制作用虽然超前，但又无法知道和保证控制效果，所以较理想的做法是综合两者的优点，构成前馈-反馈控制系统。

图 7-11 是换热器的前馈-反馈控制系统示意图。用前馈控制来克服由于进料量波动对被控变量出料温度的影响，而用温度控制器的控制作用来克服其他干扰对出料温度的影响，前馈与反馈控制作用相加，共同改变加热蒸汽量，以使出料温度维持在设定值上。这种控制方案综合了前馈与反馈两者的优点，因此能使控制质量进一步提高，是过程控制中较有发展前途的控制方案。

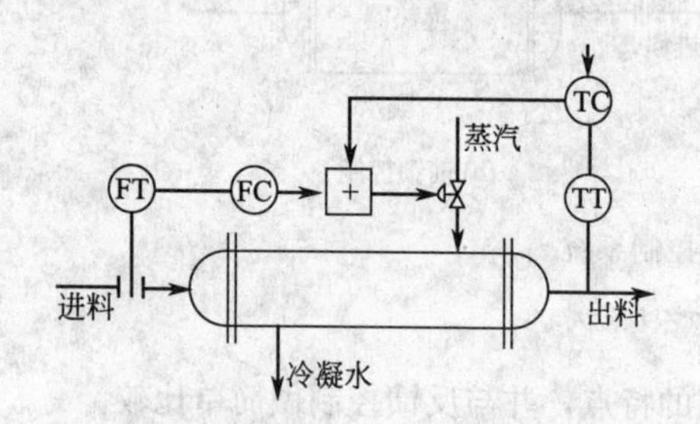

图 7-11 换热器的前馈-反馈控制系统

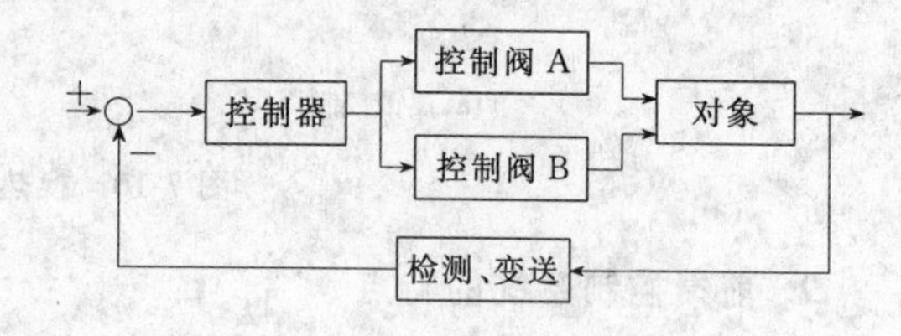

图 7-12 分程控制系统方框图

四、分程控制系统

1. 分程控制概述

简单控制系统是一个控制器的输出带动一个控制阀动作，而分程控制系统的特点是一个控制器的输出同时控制几个工作范围不同的控制阀。例如一个控制阀在0.02～0.06MPa 范围内工作，另一个控制阀在 0.06～0.1MPa 范围内工作，其方块图如图 7-12 所示。

分程是靠阀门定位器或电-气阀门定位器来实现的。如某控制器的输出信号范围是0.02～0.1MPa 气信号，要控制 A、B 两只控制阀，那么只要 A、B 控制阀上分别装上气动阀门定位器，A 阀上的定位器调整为：当输入 0.02～0.06MPa 时，输出为 0.02～0.1MPa；而 B 阀上的定位器调整为：当输入为 0.06～0.1MPa 时，输出为 0.02～0.1MPa。即当控制器输出在 0.02～0.06MPa 时，A 控制阀动作，而控制器输出在 0.06～0.1MPa 时，B 控制阀动作，从而达到了分程的目的。

2. 分程控制的应用场合

(1) 用于控制两种不同的介质，以满足生产的要求　图 7-13(a) 是热交换器分程控制系统示意图。在这个热交换器内，使用热水和蒸汽对物料进行加热。温度较低时使用蒸汽加热，以加速升温过程，当温度较高时使用热水加热，以节省蒸汽，为此在蒸汽与热水管道中各装有一个控制阀。设温度控制器为反作用式，其输出信号为0.02～0.1MPa。两个控制阀均为气开式，通过阀门定位器使其分别工作在 0.02～0.06MPa 与 0.06～0.1MPa 的范围内(即工作在控制器输出的 0～50%与 50%～100%范围内)。在生产正常的情况下，控制器的输出信号在 0.02～0.06MPa 间变化，此时热水阀工作，蒸汽阀关闭。当在干扰作用下使出口温度降低时，控制器的输出增加，使热水阀逐渐开大。当增加到 0.06MPa 时，热水阀已全部打开，这时如温度继续下降，控制器的输出继续增加，则蒸汽阀逐渐开启，使出口温度回到设定值。热水阀与蒸汽阀在控制器输出不同范围内的工作情况如图7-13(b) 所示。

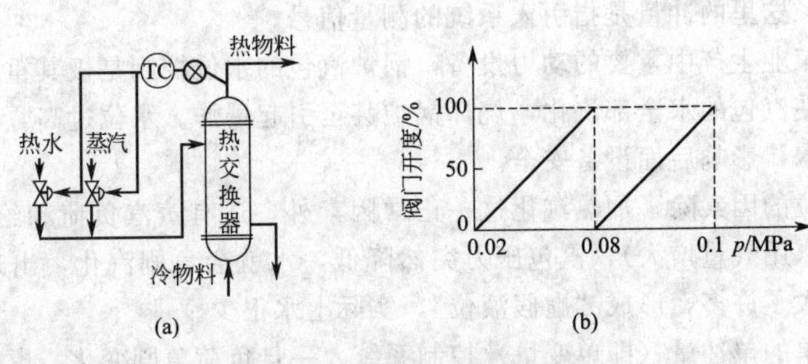

图 7-13　热交换器温度分程控制

在上例中，采用热水与蒸汽两种不同物料作为调节介质，这用一般控制系统是难于实现的，但在分程控制系统中，不仅充分利用了热水，而且节省了蒸汽，在使用多种控制介质的过程中，分程控制具有重要意义。

(2) 扩大控制阀的可调范围，改善控制系统的品质　在生产过程中，有时要求控制阀有很大的可调范围才能满足生产需求。如化学“中和过程”的 pH 值控制，有时流量有大幅度的变化，有时只有小范围的波动。用大口径阀不能进行精细调节，用小口径阀又不能适应大的变化。这时可用大小两个不同的控制阀，如图 7-14 所示。

(3) 用以补充控制手段，维持安全生产　有些生产过程在接近事故状态或某个参数达到极限值时，应当改变正常的控制手段，采用补充手段或放空来维持安全生产。一般控制系统很难兼顾正常与事故两种不同状态。采用分程控制系统，用不同的阀门分别使用在控制器输出信号的不同范围内，就可保证在正常或事故状态下系统都能安全运行。

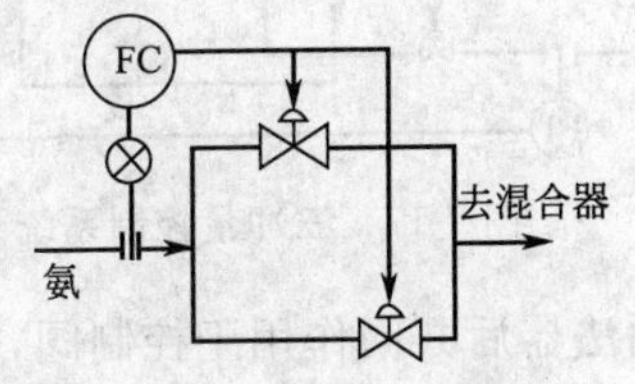

图 7-14　大小分程控制

3. 根据工艺要求选择同向或异向规律的控制阀

在分程控制系统中，控制阀的开关形式可分为两类。一类称同向规律控制阀，即随着控制阀输入信号的增加，两个阀门都开大或关小，如图 7-15 所示。另一类称异向规律控制阀，即随着控制阀输入信号的增加，一个阀门关闭，而另一个阀门开大，或者相反，如图 7-16 所示。

五、多冲量控制系统

生产过程中为提高控制品质，往往引入辅助冲量构成多冲量控制系统。所谓“冲量”，

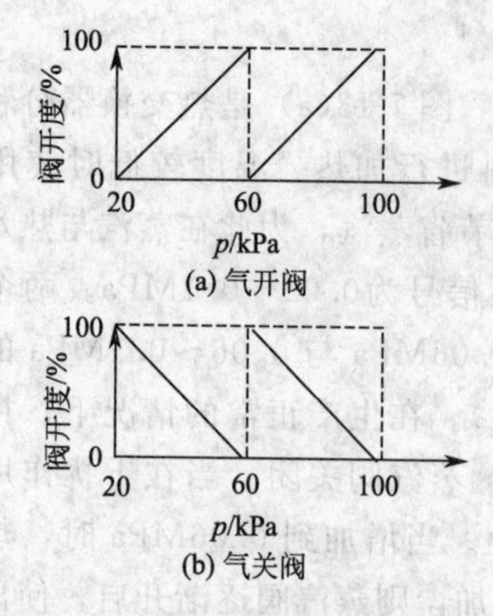

图 7-15　控制阀分程动作（同向）

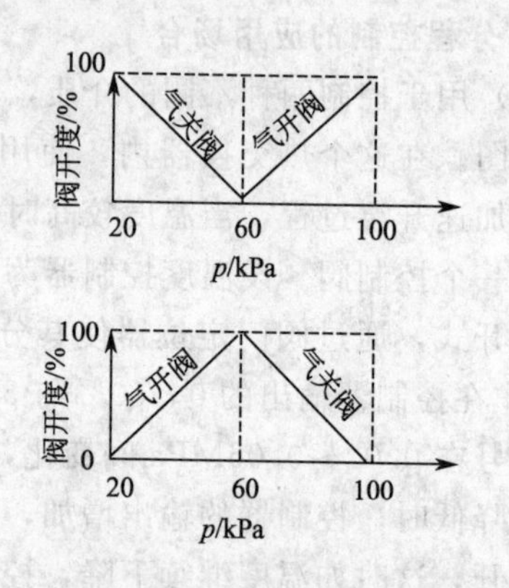

图 7-16　控制阀分程动作（异向）

实质上就是变量，这里的冲量是指引入系统的测量信号。

工业锅炉是工业生产中重要的动力设备，锅炉汽包的水位控制是极其重要的控制。如果水位过低，容易使汽包的水全部汽化，烧坏锅炉甚至引起爆炸。水位过高，则影响汽水分离效果，使蒸汽带水，影响后面设备安全。

影响汽包水位的因素除了加热汽化这一正常因素外，还有蒸汽负荷和给水流量的波动。当负荷突然增大（用气量增大），汽包压力突然降低，水就会急剧汽化，出现大量气泡，使水的体积似乎变大了许多，形成“虚假液位”，实际上水很少。

如果使用简单的单冲量（即单变量）控制系统，一旦负荷急剧变化，虚假液位出现，控制器就会误认为液位升高而关小供水阀。结果，使急需供水的汽包反而减小供水，势必影响生产甚至造成危险。

为此，可以采取双冲量控制，即在单冲量控制的基础上再加一个蒸汽冲量，以克服虚假液位的影响。当负荷突然变化时，蒸汽流量信号通过加法器与水位信号叠加，假水位出现时，液位信号企图关小给水阀，而蒸汽信号却要开大给水阀，这就可以克服虚假液位的影响。

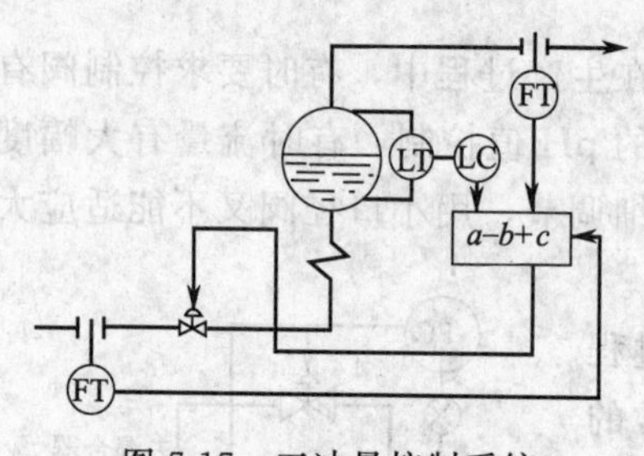

图 7-17　三冲量控制系统

实际工程中常用的是图 7-17 所示的三冲量控制系统，它是在双冲量控制的基础上再加一个给水流量的冲量，使它与液位信号的作用方向一致，用以克服给水压力波动的影响。液位信号 a、蒸汽流量 b、给水流量信号 c 经加法器后共同作用于控制阀，实现三冲量控制。

第三节　计算机控制系统

目前计算机技术越来越广泛地渗透到各个工业部门和生产过程，从生产过程的监视与控制到集散控制和现场控制系统的应用，使工业自动化技术发展到一个崭新的阶段。

一、认知计算机控制系统

1. 计算机控制系统的组成

所谓计算机控制系统，就是利用计算机实现工业生产过程的自动控制系统，图 7-18 是典型的计算机控制系统原理框图。不同于常规仪表控制系统，在计算机控制系统中，计算机的输入、输出信号都是数字信号，因此在典型的计算机控制系统中需要有输入与输出的接口装置(I/O)，以实现模拟量与数字量的转换，其中包括模/数转换器（A/D）和数/模转换器（D/A）。

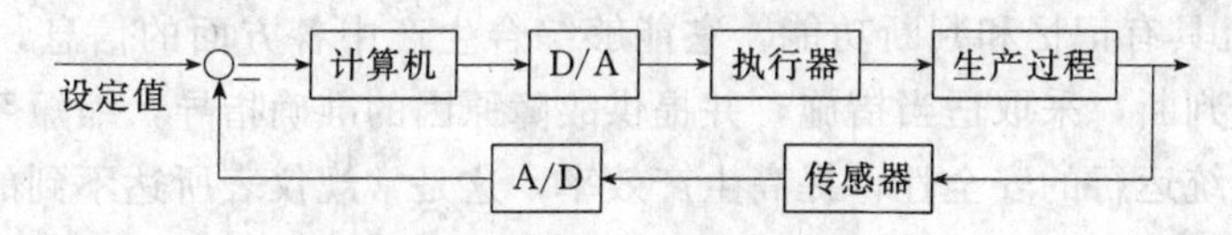

图 7-18 计算机控制系统原理框图

为了完成上述任务，计算机控制系统主要由传感器、过程输入输出通道、计算机及其外设、操作台和执行器等组成，图 7-19 是一般计算机控制系统的组成框图。

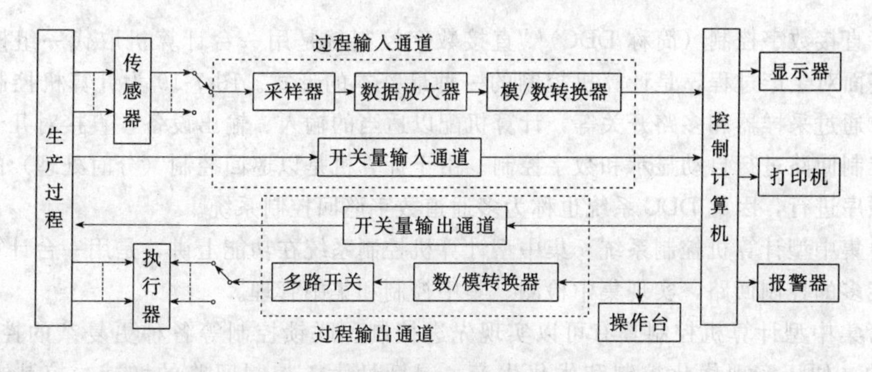

图 7-19 计算机控制系统组成框图

下面简介计算机控制系统中各组成部分的主要作用。

① 传感器。将过程变量转换成计算机所能接受的信号，如 4～20mA 或 1～5V。

② 过程输入通道。包括采样器、数据放大器和模/数转换器。接受传感器传送来的信号进行相关的处理（有效性检查、滤波等）并转换成数字信号。

③ 控制计算机。根据采集的现场信息，按照事先存储在内存中的依据数学模型编写好的程序或固定的控制算法计算出控制输出，通过过程输出通道传送给相关的接受装置。控制计算机可以是小型通用计算机，也可以是微型计算机。计算机一般由运算器、控制器、存储器以及输入、输出接口等部分组成。

④ 外围设备。外围设备主要是为了扩大主机的功能而设置的，它们用来显示、打印、存储及传送数据。一般包括打印机、显示器、报警器等。

⑤ 操作台。进行人机对话的工具。操作台一般设置键盘与操作按钮，通过它可以修改被控变量的设定值，报警的上、下限，控制器的参数 δ、T_I、T_D值，以及对计算机发出指令等。

⑥ 过程输出通道。将计算机的计算结果经过相应的变换送往执行机构，对生产过程进行控制。

⑦ 执行机构。接受由多路开关送来的控制信号，执行机构产生相应的动作，改变控制阀的开度，从而达到控制生产过程的目的。

2. 计算机控制系统的特点

① 计算机采用分时操作，用一台计算机可以代替许多台常规仪表，在一台计算机上进行操作与监视方便了许多。

② 计算机控制系统由于其所实现功能的软件化，易实现各种复杂控制系统，且修改控

制方案容易。

③ 计算机控制系统可以通过通信网络而互通信息，实现数据和信息共享，能使操作人员及时了解生产情况，改变生产控制和经营策略，使生产处于最优状态。

④ 计算机具有记忆和判断功能，它能够综合生产中各方面的信息，在生产发生异常情况下及时做出判断，采取适当措施，并提供故障原因的准确指导，缩短系统维修和排除故障时间，提高系统运行的安全性，提高生产效率，这是常规仪表所达不到的。

3. 计算机控制系统的发展过程

计算机控制系统的发展过程在很大程度上取决于计算机应用技术的发展，主要经过了直接数字控制、集中型计算机控制系统、分布式计算机控制系统和现场总线控制系统等发展过程。

(1) 直接数字控制（简称 DDC） 直接数字控制就是用一台计算机取代一组模拟控制器，直接面对生产过程，是计算机控制的一种最基本的形式。图 7-19 为计算机控制系统组成框图，通过采样器和多路开关等，计算机配以适当的输入、输出设备，直接对几十个甚至几百个控制回路进行自动显示和数字控制。由于计算机是以巡回控制（分时处理）的方式一路一路顺序进行，因此 DDC 系统也称为多通道数字巡回控制系统。

(2) 集中型计算机控制系统 集中型计算机控制系统在功能上讲，是用一台计算机来控制尽可能多的控制回路，实现集中检测、集中控制和集中管理。

尽管集中型计算机控制具有可以实现先进控制、联锁控制等各种更复杂的控制功能；信息集中，便于实现优化控制和优化生产；灵活性大，控制回路的增减、控制方案的改变由软件来方便实现等优点，但控制的集中也直接导致危险的集中，高度的集中使系统变得十分“脆弱”。具体表现在一旦计算机出现故障，甚至系统中某一控制回路发生故障，就可能导致生产过程的全面瘫痪。集中型计算机控制系统不仅没有给工业生产带来明显的好处，反而可能严重影响正常生产，因此这种危险集中的系统结构很难为生产过程所接受。

(3) 集散控制系统（简称 DCS） 人们意识到，要提高系统的可靠性，就要将危险分散，需要把控制功能分散到若干个控制站实现，不能采取控制回路高度集中的设计思想；此外，考虑到整个生产过程的整体性，各个局部的控制系统之间还应当存在必要的相互联系，即所有控制系统的运行应当服从工业生产和管理的总体目标。这种危险分散、控制分散、管理集中的基本设计思想，多层分级、合作自治的结构形式，直接推动了集散控制系统的发展，同时也为正在发展的先进的过程控制系统提供了必要的工具和手段。DCS 系统由于其突出的优越性，已在工业生产中得到广泛的运用。

(4) 现场总线控制系统（简称 FCS） 由现场总线组成的网络集成全分布控制系统，称为现场总线控制系统 FCS。现场总线是连接智能现场装置和自动化系统的数字式、双向传输、多分支结构的通信网络。现场总线在本质上是全数字式的，取消了原来 DCS 系统中独立的控制器，避免了反复进行 A/D、D/A 的转换。它有两个显著特点：一是双向数据通信能力；二是把控制任务下移到智能现场设备，以实现测量控制一体化，从而提高系统的固有可靠性。对于厂商来说，现场总线技术带来的效益主要体现在降低成本和改善系统性能，对于用户来说，更大的效益在于能获得精确的控制类型，而不必定制硬件和软件。

由于现场总线实现了彻底的分散控制，实现了系统的开放性，使得现场总线及由此而产生的现场总线智能仪表和控制系统成为全世界范围自动化技术发展的热点，这一涉及整个自动化和仪表的工业“革命”和产品全面换代的新技术在国际上引起人们广泛的关注。

二、集散控制系统（DCS）

分散控制系统 DCS（Distributed Control System）又名集中分散控制系统（简称集散控制系统），也叫分布式控制系统，是集计算机技术、控制技术、通信技术和 CRT 技术为一体的综合性高技术产品。DCS 通过操作站对整个工艺过程进行集中监视、操作、管理，通过控制站对工艺过程各部分进行分散控制，既不同于常规仪表控制系统，又不同于集中式的计算机控制系统，而是集中了两者的优点，克服了它们各自的不足。DCS 以可靠性、灵活性、人机界面友好性及通信的方便性等特点日益被广泛应用。

1. DCS 的基本构成

DCS 概括起来可分为集中管理部分、分散控制监视部分和通信网络三大部分。集中管理部分由操作站、工程师站和上位机组成；分散控制监测部分按功能由现场控制站和现场监测站组成；通信网络是连接集散系统各部分的纽带，是实现集中管理、分散控制的关键。如图 7-20 所示。

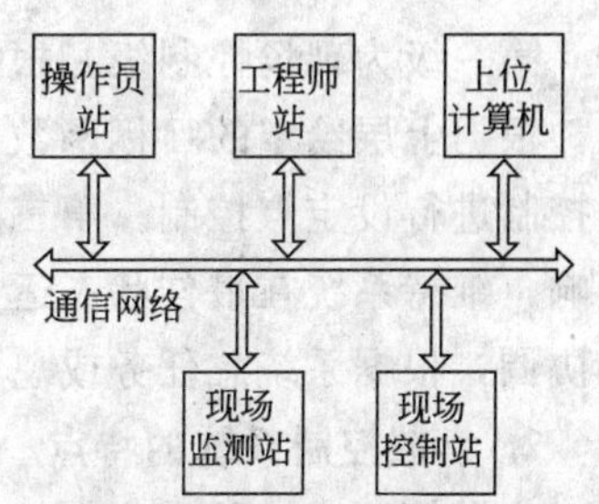

图 7-20　集散控制系统基本构成图

操作员站简称操作站，是操作人员进行过程监视、过程控制操作的主要设备。操作站提供良好的人机交互界面，用以实现集中显示、集中操作和集中管理等功能。有的操作站可以进行系统组态的部分或全部工作，兼具工程师站的功能。

工程师站主要用于对 DCS 进行离线的组态工作和在线的系统监督、控制与维护。工程师能够借助于组态软件对系统进行离线组态，并在 DCS 在线运行时实时地监视 DCS 网络上各站的运行情况。

上位计算机用于全系统的信息管理和优化控制，在早期的 DCS 中一般不设上位计算机。上位计算机通过网络收集系统中各单元的数据信息，根据建立的数学模型和优化控制指标进行后台计算，实现优化控制等功能。

现场监测站又叫数据采集站，直接与生产过程相连接，实现对过程变量进行数据采集。它完成数据采集和预处理，并对实时数据进一步加工，为操作站提供数据，实现对过程变量和状态的监视和打印，实现开环监视，或为控制回路运算提供辅助数据和信息。

现场控制站也直接与生产过程相连接，对控制变量进行检测、处理，并产生控制信号驱动现场的执行机构，实现生产过程的闭环控制。它可控制多个回路，具有极强的运算和控制功能，能够自主地完成回路控制任务，实现连续控制、顺序控制和批量控制等。

通信网络是集散控制系统的中枢，它连接 DCS 的监测站、控制站、操作站、工程师站和上位计算机等部分，各部分之间的信息传递均通过通信网络实现，完成数据、指令及其他信息的传递，从而实现整个系统协调一致地工作，进行数据和信息共享。

经过近 30 年的发展，集散型控制系统的结构不断更新。DCS 的层次化体系结构已成为它的显著特征，使之充分体现集散系统集中管理、分散控制的思想。若按照功能划分，可把集散型控制系统分成以下四层分层体系结构，如图 7-21 所示。

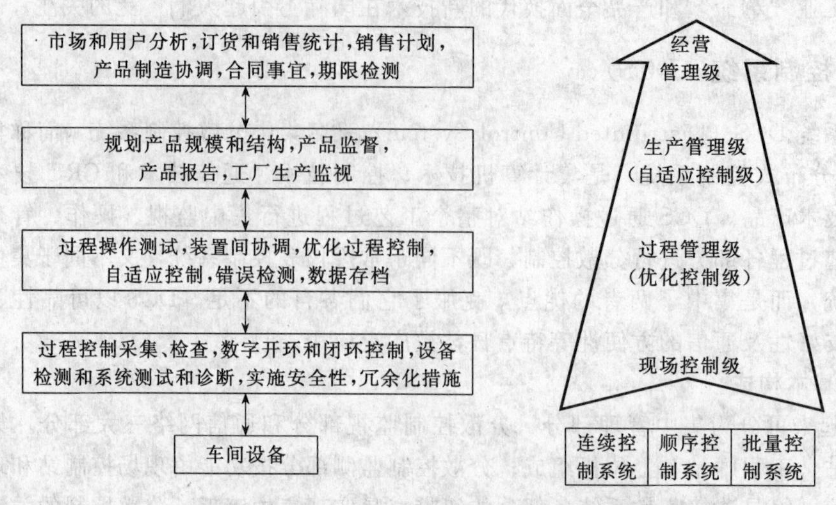

图 7-21　集散控制系统功能分层图

第一级为现场控制级，根据上层决策直接控制过程或对象；第二级为过程控制（管理）级，根据上层给定的目标函数或约束条件、系统辨识的数学模型，得出优化控制策略，对过程控制进行设定点控制；第三级为生产管理级，根据运行经验，补偿工况变化对控制规律的影响，维持系统在最佳状态运行；第四级为经营管理级，其任务是决策、计划、管理、调度和协调，根据系统总任务或总目标，规定各级任务并决策协调各级任务。

2. 集散控制系统的特点

集散控制系统具有集中管理和分散控制系统的显著特征。这种系统在信息上是集中管理的，在控制上是分散的。这种既集中又分散的控制方式，既具有计算机控制系统控制算法先进、精度高、响应速度快的优点，又具有常规仪表控制系统安全可靠、维护方便的特点。

集散控制系统具有如下特点。

① 控制功能多样化。DCS 的最低级为现场控制站或现场控制单元，一般都具有几十种运算控制算法或其他数学和逻辑功能，如四则运算、逻辑运算、前馈控制、PID 控制、自适应控制和滞后时间补偿等，还有顺序控制和各种联锁保护、报警功能。通过组态把以上功能有机地结合起来，形成各种控制方案，能方便地满足系统的要求。

② 监视操作简便。DCS 各级都配备了灵活且功能强的人机接口。操作员通过 CRT 显示器和键盘、鼠标，可以对被控变量的变化值及其变化趋势、报警情况、软硬件运行状况等进行集中监视，实施各种操作功能，画面形象简单。

③ 系统扩展灵活。DCS 系统采用标准化、模块化设计，可以根据不同规模的工程对象要求，硬件设计上采用积木搭接方式进行灵活配置，使系统扩展灵活方便。

④ 维护方便。组件之间采用多芯电缆、标准化接插件相连，与过程的连接采用规格化端子板，便于装配和维护更换。

⑤ 可靠性高。DCS 是监视集中而控制分散，故障影响面小，并且在设计时已考虑到有联锁保护功能、自诊断功能、冗余措施、系统故障人工手动控制操作措施等，使系统可靠性大大提高。

⑥ 便于与其他计算机联用。DCS 配备有高、中、低不同速率和不同模式的通信接口，可方便地与个人计算机或其他大型计算机联用，组成工厂自动化综合控制和管理系统。随着

DCS系统向开放系统发展，在符合开放系统的各制造厂产品间可以相互连接、相互通信和进行数据交换，第三方的应用软件也能在系统中应用，从而使DCS进入更高的阶段。

3. 集散控制系统的软件体系

集散控制系统的软件体系包括计算机系统软件、过程控制软件（应用软件）、通信管理软件、组态生成软件、诊断软件。其中系统软件与应用对象无关，是一组支持开发、生成、测试、运行和程序维护的工具软件。过程控制软件包括过程数据的输入/输出、实时数据库、连续控制调节、顺序控制、历史数据存储、过程画面显示和管理、报警信息的管理、生产记录报表的管理和打印、人-机接口控制等。

集散控制系统组态功能的应用方便程度、用户界面友好程度、功能的齐全程度是影响一个集散控制系统是否受用户欢迎的重要因素。集散控制系统的组态功能包括硬件组态（又称配置）和软件组态。

硬件组态包括的内容是：工程师站、操作员站的选择和配置，现场控制站的个数、分布，现场控制站中各种模块的确定、电源的选择等。

4. 集散控制系统的应用实例

CENTUM-CS系统是日本横河电机公司的产品，系统主要由工程师站WS、信息指令站ICS（即操作站）、双重化现场控制站FCS、通信接口单元ACG、双重化通讯网络V-net等构成。系统构成如图7-22所示。

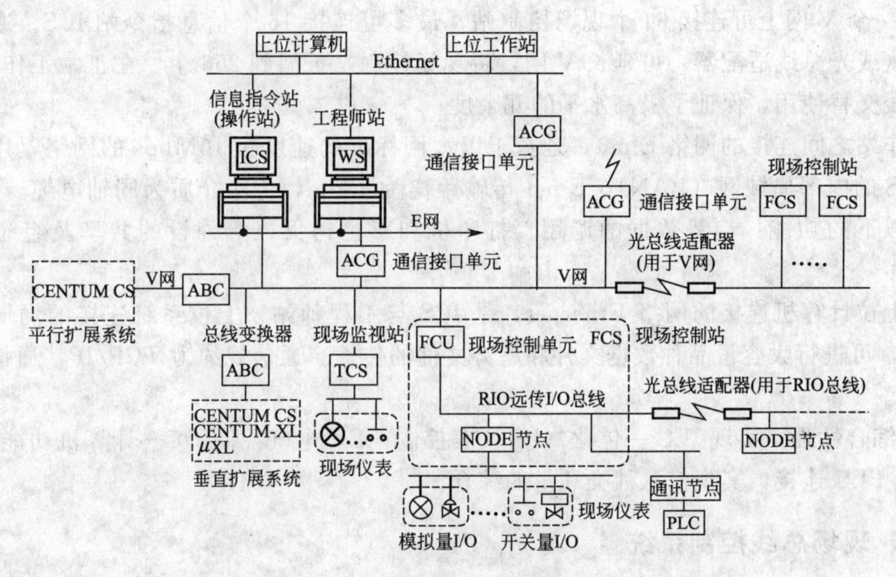

图7-22 CENTUM-CS系统构成图

(1) CENTUM-CS系统的组成

a. 信息指令站ICS具有监视操作、记录、软件生成、系统维护及与上位机通信等功能，是CS系统的人-机接口装置。

b. 工程师站WS完成对系统的组态、生成功能，并可实现对系统的远程维护。

c. 现场控制站FCS完成反馈控制、顺序控制、逻辑操作、报警、计算、I/O处理等功能，是具有仪表（I）、电气（E）控制及计算机（C）用户编程功能的IEC综合控制站，是CS系统实现自动控制的核心部分。

d. 现场监视站TCS是系统中非控制专用数据采集装置，专门用于对多路过程信号进行有效的收集和监测。它具有算术运算功能、线性化处理、报警功能、顺序控制功能等，可精确地实现输入信号处理和报警处理。

e. 总线变换器 ABC，也就是同种网之间的网桥，用于连接 CENTUM-CS 中 FCS 与 FCS 之间的 V-net 通信，或与 CENTUM-XL 或 μXL 连接。

f. 通信接口单元（又称网间连接器）ACG，是异种网间的网桥，用于 E-net 之间的连接，或用于控制通信网与上位计算机之间的连接，是纵向的网络接口单元。

（2）CENTUM-CS 系统的特点

① 开放性。CENTUM-CS 系统采用标准网络和接口：FDDI（光纤令牌环网）、Ethernet（以太网）、Fieldbus（现场总线）、RS-232C、RS-422、RS-485，采用标准软件：X-Windows、Motif 用户图像接口、Unix 操作系统，从而使操作和工程技术环境实现了标准化。

② 高可靠性。操作站 ICS 结构完善，每台均有独立的 32 位 CPU，2GB 硬盘。控制站为双重化，控制器的 CPU、存储器、通信、电源卡及节点通信全部是 1∶1 冗余，也就是说系统为全冗余。现场控制站采用 RISC 和"Pair and Spare"技术，即成对备用技术，解决了容错和冗余的问题，成为无停机系统。

③ 三重网络。操作站与控制站连接的实时通信网络 V-net，是一个基于 IEEE 802.4 标准（电气与电子工程师协会的标准，通信方式为令牌总线访问方式）的双重化冗余总线。通信速率为 10Mbps。V 网的标准长度为 500m，传输介质为同轴电缆，采用光纤可扩展至 20km。一个 V 网上可连接 64 个现场控制站，最多可连接 16 个信息指令站 ICS。通过总线变换器（或光总线适配器）可延长 V 网，将现场控制站扩展到 256 个。在正常工作情况下，两根总线交替使用，保证了极高水平的冗余度。

操作站之间连接的网络 E-net，是基于以太网标准的速度为 10Mbps 的网络，用于连接各个 ICS 的内部局域网（LAN）。E-net 传输距离为 185m，传输介质为同轴电缆。E-net 可以实现以下的功能：趋势数据的调用、打印机和彩色拷贝机等外设的共享及组态文件的下装。

与上位计算机连接的网络 Ethernet，是 ICS 与工程师站、上位系统连接的局域信息网（LAN），可进行大容量品种数据文件和趋势文件的传输。通信规约为 TCP/IP，通信速率为 10Mbps。

④ 综合性强。实现 IEC 一体化（I—仪表控制；E—电气控制；C—计算机功能），可与 PC 机及 PLC 连接，实现信息种类和量的综合。

三、现场总线控制系统

现场总线控制系统 Fieldbus Control System（简称 FCS）是计算机技术和网络技术发展的产物，是建立在智能化测量与执行装置的基础上发展起来并逐步取代 DCS 控制系统的一种新型自动化控制装置。

1. 现场总线的定义

现场总线（Field Bus）是用于现场仪表与控制系统和控制室之间的一种开放式、全分散、全数字化、智能、双向、多变量、多点、多站的通信系统。可靠性高、稳定性好、抗干扰能力强、通信速度快、系统安全、符合环境保护要求、造价低廉、维护成本低，是现场总线的特点。它可以用数字信号取代传统的 4～20mA DC 模拟信号，可对现场设备的管理和控制达到统一，使现场设备能完成过程的基本控制功能，增加非控制信息监视的可能性。

2. 现场总线控制系统的构成

传统的计算机控制系统广泛采用了模拟仪表系统中的传感器、变送器和执行机构等现场设备，现场仪表与位于控制室的控制器之间均采用一对一的物理连接，一只现场仪表需要一对传输线来单向传送一个模拟信号。这种传输方式一方面需要使用大量的信号线缆，另一方面模拟信号的传输和抗干扰能力低，如图 7-23 所示。

现场总线控制系统 FCS 是在 DCS 系统的基础上发展而成的，它继承了 DCS 的分布式特点，但在各功能子系统之间，尤其是在现场设备和仪表之间的连接上，采用了开放式的现场网络，从而使系统现场设备的连接形式发生了根本的改变，具有自己所特有的性能和特征。

现场总线采用数字信号传输取代模拟信号传输。现场总线允许在一条通信线上挂多个现场设备，而不需要 A/D、D/A 等 I/O 组件。这与传统的一对一的连接方式是不相同的，如图 7-23 所示。

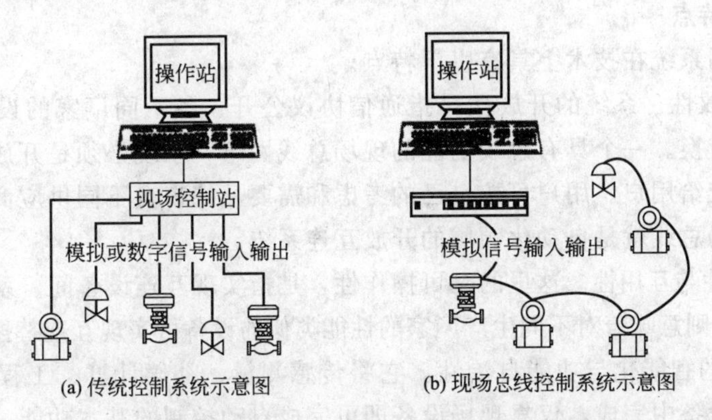

图 7-23　现场总线控制系统与传统控制系统结构对照

现场总线控制系统是以智能现场装置（测量变送、操作执行等单元）为基础的控制系统。除了满足对所有现场装置的共性要求外，FCS 系统中的现场装置还必须符合下列要求：第一，它必须与它所处的现场总线控制系统具有统一的总线协议，或者是必须遵守相关的通信规约，这是因为现场总线技术的关键就是自动控制装置与现场装置之间的双向数字通信现场总线信号制，只有遵守统一的总线协议或通信规范，才能做到开放、完全互操作；第二，现场装置必须是多功能、智能化的，这是因为现场总线的一大特点就是要增加现场一级的控制功能，大大简化系统集成，方便设计，利于维护。

3. 现场总线控制系统的拓扑结构

图 7-24 是现场总线控制系统的拓扑结构图。该拓扑结构类似于总线型分层结构，低级层采用低速总线 H1 现场总线，高级层采用高速总线 H2 现场总线。这个结构较为灵活，图 7-24 中示意了带节点总线型和树形两种结构，实际还可以有其他形式，以及几种结构组合在一起的混合型结构。

带节点的总线型结构或称之为带分支的总线型结构。在该结构中，现场总线设备通过一段称为支线的电缆连接到总线段上，支线电缆的长度受物理层对导线媒体定义的限制。该结构适用于设备物理位置分布比较分散、设备密度较低的场合。

在树形结构中，在一个现场总线段上的设备都是以独立的双绞线连接到网桥（公共的接线盒），适用于现场总线设备局部集中、密度较高以及把现有设备升级到现场总线等应用场合。这种拓扑结构，其支线电缆的长度同样要受物理层对导线媒体定义的限制。

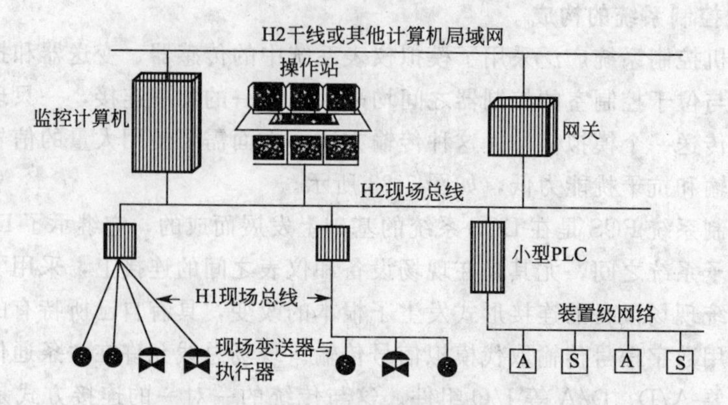

图 7-24 现场总线控制系统的拓扑结构

4. FCS 技术特点

现场总线控制系统在技术上具有以下特点。

① 系统的开放性。系统的开放性是指通信协议公开、各不同厂家的设备之间可互连为系统并实现信息交换。一个具有总线功能的现场总线网络，系统必须是开放的，开放系统把系统集成的权力交给用户。用户可按自己的考虑和需要，把来自不同供应商的产品组成大小随意的系统。现场总线就是自动化领域的开放互连系统。

② 互可操作性与互用性。这里的互可操作性，是指实现互连设备间、系统间的信息传送与沟通；而互用性则意味着对不同生产厂家的性能类似的设备可实现互连替换。

③ 现场设备的智能化与功能自治性。它将传感测量、补偿计算、工程量处理与控制等功能分散到现场设备中完成，仅靠现场设备即可完成自动控制的基本功能，并可随时诊断设备的运行状态。

④ 系统结构的高度分散性。现场总线已构成一种新的全分散性控制系统的体系结构，从根本上改变了现有 DCS 集中与分散相结合的集散控制系统体系，简化了系统结构，提高了可靠性和对现场环境的适应性。可支持双绞线、同轴电缆、光缆、射频、红外线、电力线等，具有较强的抗干扰能力。能采用两线实现送电与通信，并可满足安全防爆要求等。

5. FCS 与 DCS 的集成技术

虽然 FCS 是未来自动化发展的方向，但 DCS 发展比较成熟，有着自身的优点，如可靠性高等，用户大多希望对现有的仪表系统逐步进行增添和替换，所以 DCS 不会马上被 FCS 取代。DCS 技术的发展相对比较完善，已广泛应用于生产过程自动化，FCS 的发展要借助于 DCS。将 DCS 与 FCS 结合起来，工厂现场控制网络出现了多种现场总线并存、多种系统集成和多种技术集成的局面。FCS 与 DCS 的集成方式有三种：现场总线与 DCS 输入/输出总线的集成、现场总线与 DCS 网络的集成、FCS 与 DCS 的集成。

(1) 现场总线与 DCS 输入/输出总线的集成　DCS 的控制站主要由控制单元和输入/输出单元组成，它们之间通过 I/O 总线连接。控制单元的功能主要有：通过 I/O 总线与输入输出单元通信，建立 I/O 数据库；实现运算和控制功能，完成用户组态的控制策略；与 DCS 网络进行通信。

在输入/输出单元的 I/O 总线上挂接了各类 I/O 模板，常用的有模拟量输入、模拟量输出。通过数字量输出、数字量输入及数字量输出等模板，与生产过程建立 I/O 信号联系。在 I/O 总线上挂接现场总线接口板或现场总线接口单元，如图7-25所示。

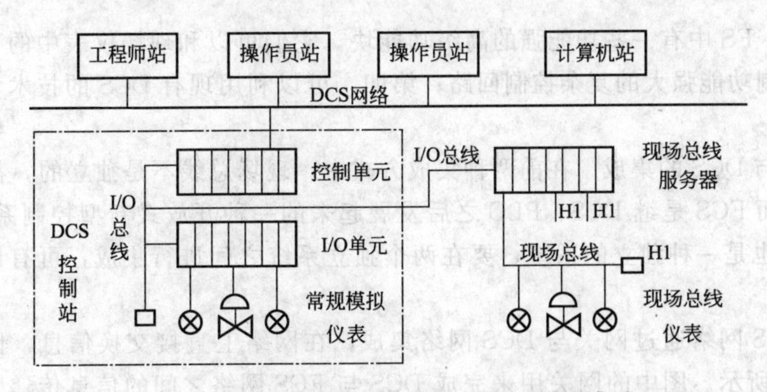

图 7-25　现场总线与 DCS 输入/输出总线的集成

现场仪表或现场设备通过现场总线与现场总线接口单元通信，现场总线接口单元再通过 I/O 总线与 DCS 的控制单元通信，使得在 DCS 控制器所看到的从现场总线来的信息就如同来自一个传统的 DCS 设备一样，这样便实现了现场总线和 DCS 输入/输出总线的集成。

现场总线与 DCS 输入/输出总线的集成具有以下三方面的特点：第一，只需要安装现场总线接口或现场总线接口单元，不需要对 DCS 再做其他变更；第二，可以充分利用 DCS 控制站的运算和控制功能块，由于初期开发的现场总线仪表中的功能块的数量和种类有限，这样就可以利用比较完善的 DCS 的功能块资源；第三，可以利用现有 DCS 的技术和资源，投资少，见效快，对推广现场总线的应用也是有利的。

(2) 现场总线与 DCS 网络的集成　第一种集成采取的只是一种初级的集成技术，FCS 与 DCS 的集成还可以采取在 DCS 的局部控制网络上集成现场总线，如图 7-26 所示。

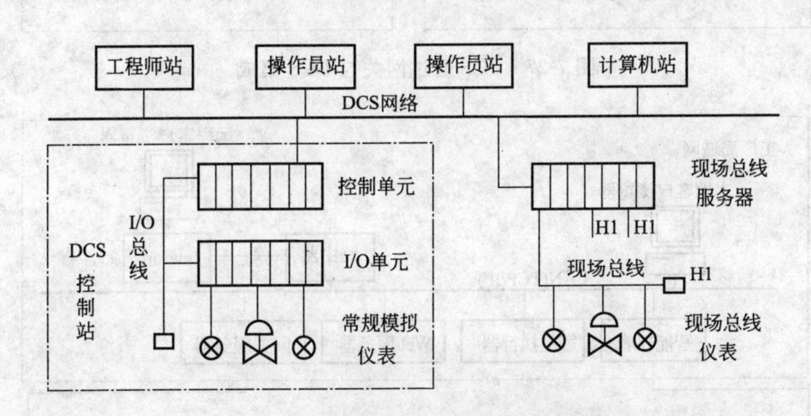

图 7-26　现场总线与 DCS 网络的集成

现场总线与 DCS 网络的集成就是在 DCS 的网络上挂接现场总线服务器。现场总线服务器（Fieldbus Server，FS）是一台安装了现场总线接口卡与 DCS 网络接口卡的完整的计算机。现场设备中的输入、输出、运算、控制等功能块可以在现场总线上独立构成控制回路，不必借用 DCS 控制站的功能。

现场设备通过现场总线与现场总线服务器上的接口卡进行通信。现场总线服务器通过它的 DCS 网络接口卡与 DCS 网络进行通信。FS 和 DCS 可以实现资源共享，FS 可以不配备操作员站或工程师站，直接借用 DCS 的操作员站和工程师站。

现场总线与 DCS 网络的集成具有以下四方面的特点：第一，只需安装现场总线服务器，不必对 DCS 做任何其他变更；第二，在现场总线上可以独立构成控制回路，实现彻底的分散控制；第三，FS 中有一些功能强的高级功能块，它们可以和现场仪表中的基本功能统一组态，构成控制功能强大的复杂控制回路；第四，可以利用现有 DCS 的技术和资源，投资少，见效快。

（3）FCS 与 DCS 的集成　在前两种集成方式中，现场总线不是独立的，都要借用 DCS 的某些资源。而 FCS 是继 DCS、PLC 之后发展起来的一种开放式新型控制系统，是完整、独立的。DCS 也是一种独立的系统，要在两个独立系统之间进行集成，可有以下两种集成方式。

一种是 FCS 网络通过网关与 DCS 网络集成，在网络上直接交换信息，也称为并行集成，如图 7-27 所示。图中的网关用来完成 DCS 与 FCS 网络之间的信息传递。现场总线与 DCS 的并行集成，可完成整个工厂的控制系统与信息系统的集成统一，并且可以通过 Web 服务器实现 Intranet 与 Internet 的互连。

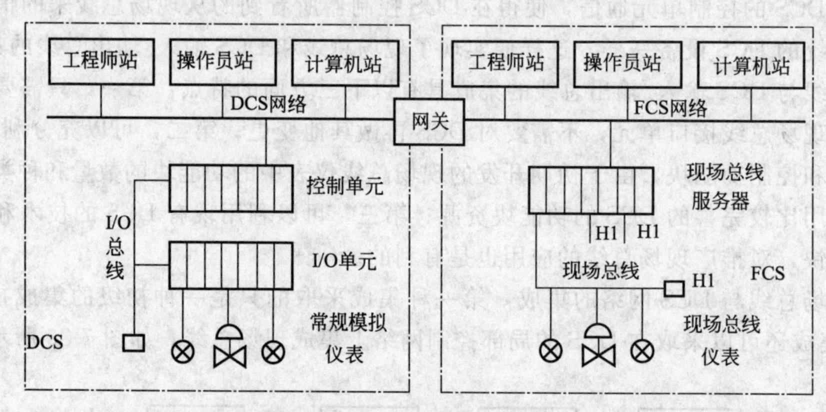

图 7-27　FCS 通过网关与 DCS 集成

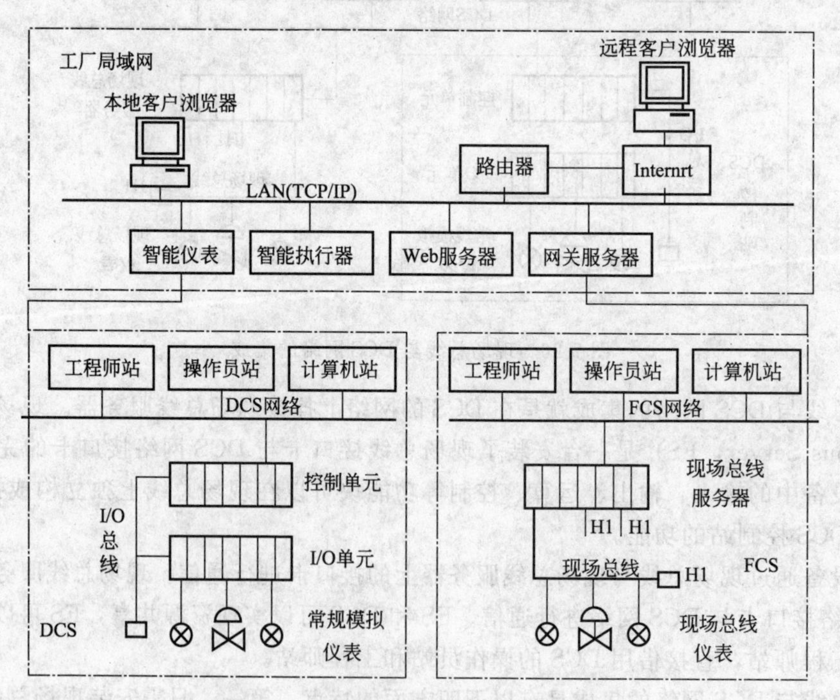

图 7-28　FCS 通过网关与 DCS 网络集成

另一种是FCS和DCS分别挂接在企业局域网上，通过局域网间接交换信息，如图7-28所示。FCS与DCS的集成具有以下特点：第一，FCS与DCS分别独立安装，对两种系统不需做任何改动，只需要在两种系统之间安装一台网关；第二，FCS是一个独立、完整的系统，不必再借用DCS的资源；第三，既有利于FCS的发展和推广，又有利于充分利用现有DCS的资源；第四，系统投资较大，适用于新建系统。

单元小结

常见复杂控制系统	有串级、均匀、比值、分程、三冲量、前馈等系统
串级控制系统组成	两个测量变送器、两个控制器、两个对象、一个控制阀
串级控制应用场合	对象的容量滞后较大，系统内存在激烈且幅值较大的干扰作用，调节对象具有较大的非线性特性，而且负荷变化较大
比值控制系统类型	开环比值控制系统、闭环比值控制系统、变比值控制系统
前馈控制应用场合	对象的滞后或纯滞后较大(控制通道)，反馈控制难以满足工艺要求；系统中存在着可测、不可控、变化频繁、幅值大且对被控变量影响显著的干扰；扰动对被控变量的影响显著，单纯的反馈控制难以达到控制要求
分程控制应用场合	用于控制两种不同的介质，以满足生产的要求；扩大控制阀的可调范围，改善控制系统的品质；用以补充控制手段，维持安全生产
计算机控制系统组成	主要有传感器、过程输入输出通道、计算机及其外设、操作台和执行器等
DCS的基本构成	集中管理部分、分散控制监视部分和通信网络三大部分。集中管理部分由操作站、工程师站和上位机组成；分散控制监视部分按功能由现场控制站和现场监测站组成；通信网络是连接集散系统各部分的纽带，是实现集中管理、分散控制的关键
DCS的特点	控制功能多样化，监视操作简便，系统扩展灵活，维护方便，可靠性高，便于与其他计算机联用

习题与思考题

1. 什么叫串级控制系统？画出一般串级控制系统的典型方块图。
2. 串级控制系统有哪些特点？主要使用在哪些场合？
3. 为什么说串级控制系统中的主回路是定值控制系统，而副回路是随动控制系统？
4. 均匀控制系统的目的和特点是什么？
5. 什么是比值控制系统？比值控制系统有哪些类型？
6. 试画出开环比值控制系统的原理图，并说明其使用场合。
7. 试画出单闭环比值控制系统的原理图，并说明其与串级控制系统的本质区别。
8. 什么是分程控制系统？分程控制系统常应用在哪些场合？
9. 什么是前馈控制系统？它有什么特点？
10. 前馈控制的主要形式有哪几种？主要应用在什么场合？
11. 什么是三冲量控制系统？为什么要引入三个冲量？
12. 说明集散控制系统由几部分组成？各起什么作用？
13. 简述集散控制系统的特点。
14. 什么是现场总线？简述现场总线控制系统的构成。
15. 简述FCS技术特点。

＊第八单元　典型单元控制方案

【单元学习目标】

1. 认知多种流体输送设备，熟悉其控制目的。

2. 了解各种控制方案的基本原理、适用特点，对接岗位工作内容。

控制方案的确定是实现生产过程自动化的首要环节。要确定出一个好的控制方案，就要深入了解生产工艺，按生产过程的内在机理来探讨其自动控制方案。化工单元操作按其物理和化学实质来分，有流体流动过程、热量传递、质量传递和化学反应过程等。操作单元设备很多，控制方案各种各样，这里以一些典型化工单元为例，从自动控制的角度出发，根据对象特性和控制要求，分析单元操作的控制方案，从中阐明确定控制方案的共同原则和方法。

第一节　流体输送设备的自动控制

一、离心泵的自动控制方案

离心泵是最常见的液体输送设备。它的压头是由旋转翼轮作用于液体的离心力而产生的。转速愈高，则离心力愈大，压头也愈高。离心泵流量控制的目的是要将泵的排出流量恒定于某一给定的数值上。其控制大体有三种方法。

1. 控制泵出口阀门开度

通过控制泵出口阀门开度来控制流量，如图 8-1 所示。当干扰作用使被控变量（流量）发生变化偏离给定值时，控制器发出控制信号，阀门动作，控制结果将使流量回到给定值。改变出口阀门的开度就是改变管路上的阻力，从而引起流量的变化。

采用本方案，要注意控制阀一般应该装在泵的出口管线上，而不应该装在泵的吸入管线上。控制泵出口阀门开度的方案简单可行，是应用最为广泛的方案。但此方案总的机械效率较低，特别是控制阀开度较小时，阀上压降较大，对于大功率的泵，损耗的功率就相当大，因此是不经济的。

2. 控制泵的转速

这种方案从能量消耗角度衡量最为经济，机械效率较高，但调速机构一般较复杂，所以多用在蒸汽透平驱动离心泵的场合，此时仅需控制蒸汽量即可控制转速。

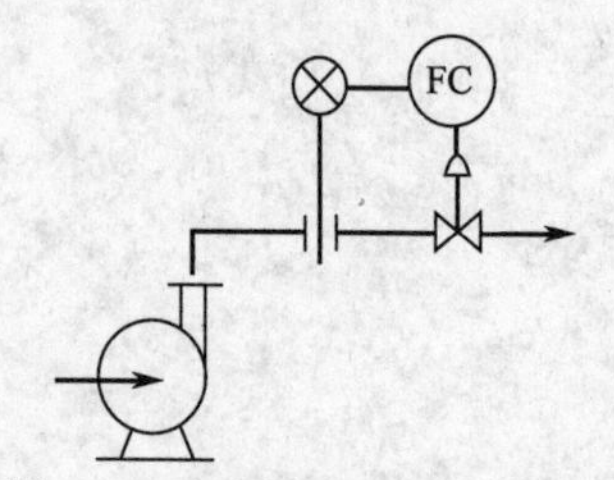

图 8-1　改变泵出口阻力调流量

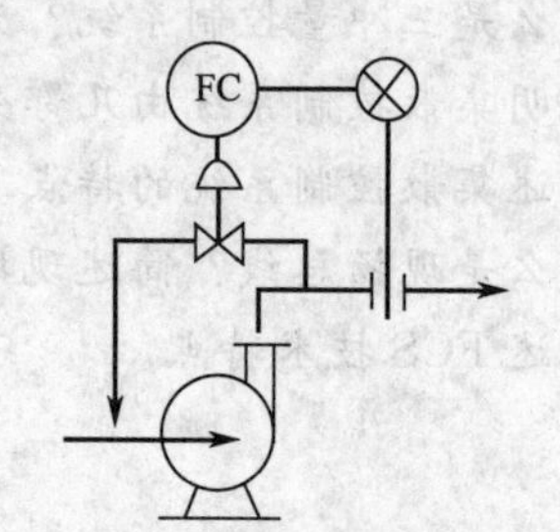

图 8-2　改变旁路阀调流量

3. 控制泵的出口旁路

如图 8-2 所示，将泵的部分排出量重新送回到吸入管路，用改变旁路阀开度的方法来控制泵的实际排出量。控制阀装在旁路上，由于压差大、流量小，所以控制阀的通径可以选得比装在出口管道上的小得多。但是这种方案不经济，因为旁路阀消耗一部分高压液体能量，使总的机械效率较低，故很少采用。

二、压缩机的自动控制方案

压缩机和泵同为输送流体的机械，其区别在于压缩机是提高气体的压力，气体是可以压缩的，所以要考虑压力对密度的影响。压缩机的种类很多，按其作用原理不同，可分为离心式和往复式两大类；按进出口压力差别，又可分为真空泵、鼓风机等类型。在制定控制方案时必须考虑到各自的特点。压缩机的控制方案与泵的控制方案有很多相似之处，被控变量同样是流量或压力，控制手段大体上可分三类。

1. 直接控制流量

对于低压的离心式鼓风机，一般可在其出口直接控制流量，由于管径较大，执行器可采用蝶阀。其余情况下，为了防止出口压力过高，通常在入口端控制流量。因为气体的可压缩性，所以这种方案对于往复式压缩机也是适用的。在控制阀关小时，为防止压缩机效率降低，可采用分程控制方案，如图 8-3 所示。

为了减少阻力损失，对大型压缩机往往不用控制吸入阀的方法，而用控制导向叶片角度的方法。

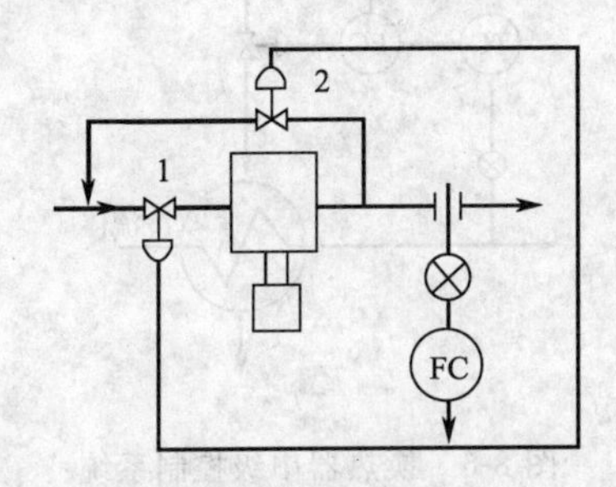

图 8-3　分程控制方案

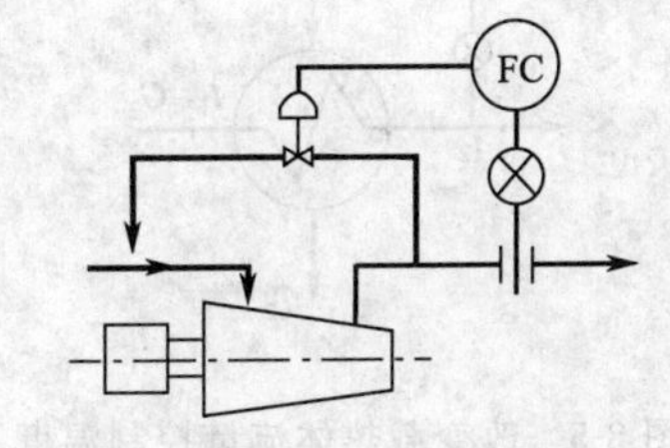

图 8-4　控制压缩机旁路方案

2. 控制旁路流量

它和泵的控制方案相同，如图 8-4 所示。对于压缩比很高的多段压缩机，从出口直接旁路回到入口是不适宜的，这样控制阀前后压差太大，功率损耗太大。可从中间某段设置旁路阀，使其回到入口端，用一只控制阀可满足一定工作范围的需要。

3. 控制转速

压缩机的流量控制可以通过控制转速来达到。这种方案效率最高，只是调速机构比较复杂，没有前两种方法简便。

对于这类压缩机的控制，还有一个特殊的问题，就是“喘振”现象。当负荷降低到一定程度时，气体的排送会出现强烈的振荡，从而引起机身的剧烈振动。这种现象称为“喘振”。喘振会造成事故，操作中必须防止喘振现象产生。防喘振的控制方案有很多种，其中最简单的是旁路控制方案。即当压缩机的入口流量低于临界值时，另一个流量控制器打开旁路阀，使一部分气体返回输入端，以保持入口流量不低于安全保护临界值，以避免了“喘振”的产生。

第二节　传热设备的自动控制

化工生产过程中传热设备的种类很多，主要有换热器、蒸汽加热器、再沸器、冷凝器及加热炉等。由于传热的目的与方式不相同，被控变量的选择也不完全一样。在多数情况下，被控变量是温度。这里只讨论以温度为被控变量时的各种控制方案，按传热的两侧有无相变化的不同情况分别介绍。

一、两侧均无相变化的换热器控制方案

换热器的目的是为了使工艺介质加热（或冷却）到某一温度，自动控制的目的就是要通过改变换热器的热负荷，以保证工艺介质在换热器出口的温度恒定在给定值上。当换热器两侧流体在传热过程中均不起相变化时，常采用下列几种控制方案。

1. 控制载热体的流量

图 8-5 为利用控制载热体流量来稳定被加热介质出口温度的控制方案，这是应用最为普遍的控制方案，适用于载热体流量变化对温度影响较灵敏的场合。如果载热体压力不稳定，可另设稳压系统，或者采用以温度为主、流量为副的串级控制系统，如图 8-6 所示。

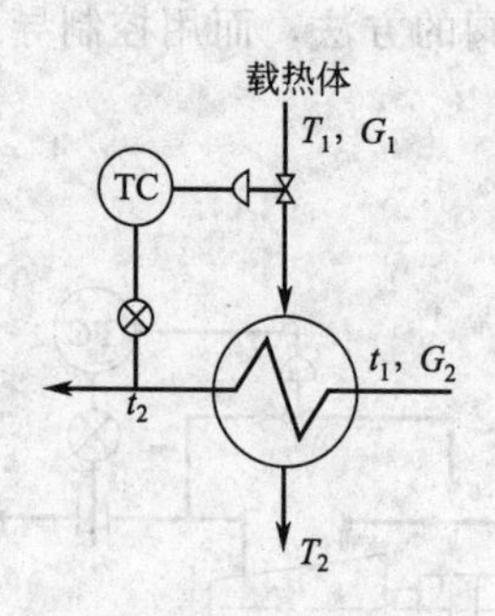

图 8-5　改变载热体流量控制温度

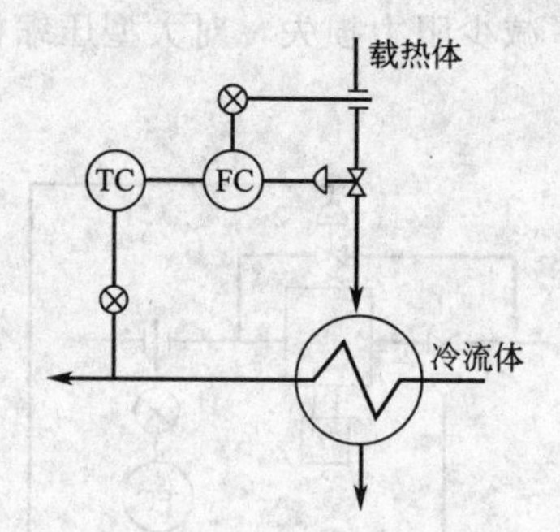

图 8-6　换热器串级控制系统

2. 控制载热体旁路

当载热体是工艺流体，其流量不允许变动时，可用图 8-7 所示的控制方案。这种方案的控制原理与前一种方案相同，也是利用改变温差的手段来达到温度控制的目的。这里，采用三通控制阀来改变进入换热器的载热体流量及其旁路流量的比例，既可控制进入换热器的载热体流量，又可保证载热体总流量不受影响。这种方案在载热体为工艺介质时极为常见。

旁路的流量一般不用直通阀来直接进行控制，这是由于在换热器流体阻力小的时候，控制阀前后压降很小，这样就使控制阀的口径要选得很大，而且阀的流量特性易发生畸变。

3. 控制被加热流体自身流量

如图 8-8 所示，控制阀安装在被加热流体进入换热器的管道上。被加热流体流量愈大，出口温度就愈低，这是因为流体的流速愈快，与热流体换热不充分的原因。这种控制方案只能用在工艺介质的流量允许变化的场合，否则可考虑采用下一种方案。

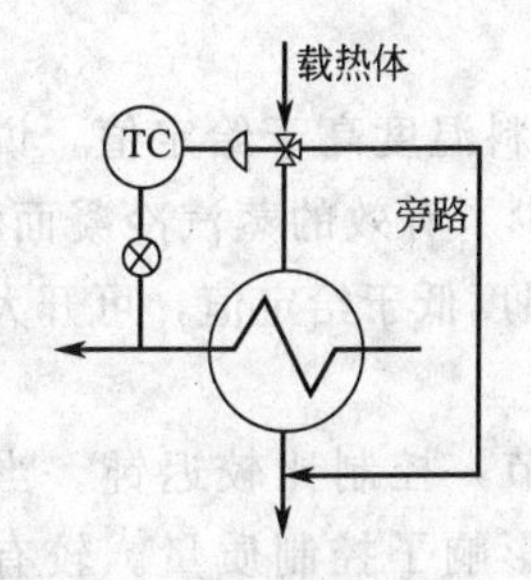

图 8-7 载热体旁路控制温度

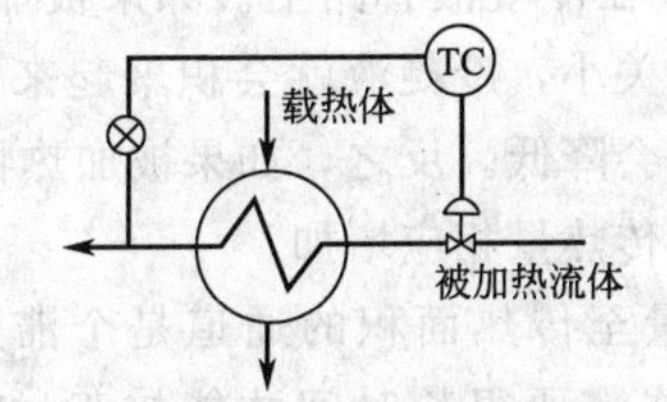

图 8-8 用介质自身流量调温度

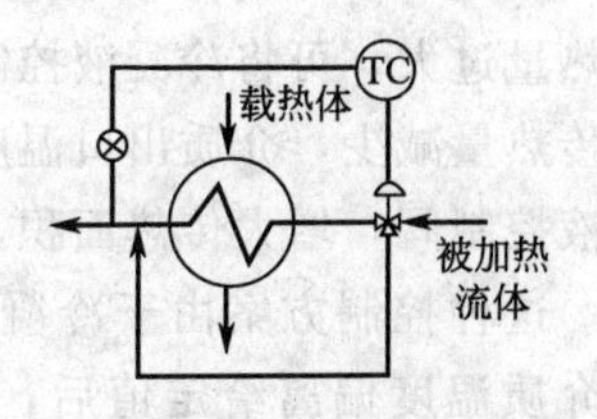

图 8-9 用介质旁路调温度

4. 控制被加热流体自身流量的旁路

当被加热流体的总流量不允许变化，而且换热器的传热面积有余量时，可将一小部分被加热流体由旁路直接流到出口处，使冷热物料混合来控制温度，如图 8-9 所示。这种控制方案从控制原理来说同第三种方案，都是通过改变被加热流体自身流量来控制出口温度的，但在调流量的方法上采用三通控制阀，控制进入换热器的被加热介质流量与旁路流量的比例，这一点与第二种方案相似。

由于载热体一直处于最大流量，且要求传热面积有较大的余量，因此在通过换热器的被加热介质流量较小时不太经济，这是其缺点。

二、载热体进行冷凝的加热器自动控制

利用蒸汽冷凝的加热器十分常见，蒸汽冷凝的传热过程不同于两侧均无相变的传热过程，蒸汽在整个冷凝过程中温度保持不变，直到蒸汽将所有冷凝潜热释放完毕为止，若还需继续换热，凝液才进一步降温。因此，这种传热过程分两段进行，先冷凝后降温。但在一般情况下，由于蒸汽冷凝潜热比冷凝液降温的显热要大得多，所以有时为简化起见，不考虑显热部分的热量。

当以被加热介质的出口温度 t_2 为被控变量时，常采用下面两种控制方案：控制进入的蒸汽流量或通过改变冷凝液排出量以控制冷凝的有效面积。

1. 控制蒸汽流量

这种方案最为常见。当蒸汽压力稳定时，可采用如图 8-10 所示的简单控制方案。通过改变加热蒸汽量来稳定被加热介质的出口温度。当阀前蒸汽压力有波动时，可对蒸汽总管加设压力控制，或者采用温度与流量（或压力）的串级控制。一般设压力控制比较方便，但采用温度与流量的串级控制的好处是它对于副环内的其余干扰，或者阀门特性不够完善的情况也能有所克服。

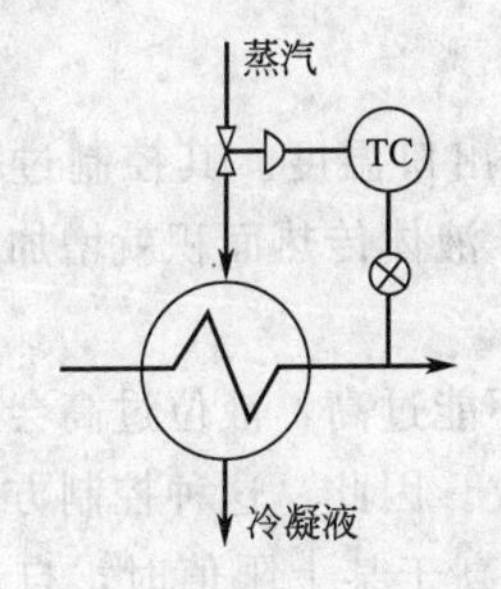

图 8-10 用蒸汽流量调温度

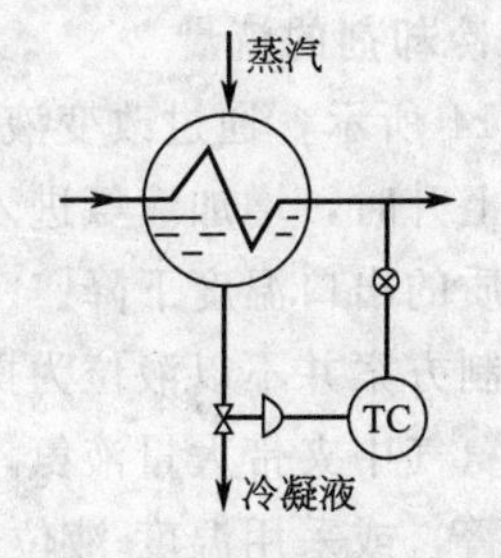

图 8-11 用冷凝液排出量调温度

2. 控制换热器的有效换热面积

如图 8-11 所示，将控制阀装在冷凝液管路上。如果被加热物料温度高于给定值，说明传热量过大，可将冷凝液控制阀关小，冷凝液就会积聚起来，减少了有效的蒸汽冷凝面积，使传热量减少，介质出口温度就会降低。反之，如果被加热物料温度低于给定值，可开大冷凝液控制阀，增大传热面积，使传热量相应增加。

这种控制方案由于冷凝液量至传热面积的通道是个滞后环节，控制比较迟钝。当工艺介质温度偏离给定值后，往往需要很长时间才能校正过来，影响了控制质量。较有效的克服办法为采用串级控制。串级控制有两种方案，图 8-12 为温度与冷凝液的液位串级控制，图 8-13 为温度与蒸汽流量的串级控制，它们各有优缺点。控制蒸汽流量的方案简单易行，过渡过程时间短，控制迅速；缺点是需用较大的蒸汽阀门，传热量变化比较剧烈，有时冷凝液冷到 100℃以下时加热器内蒸汽一侧会产生负压，造成排液不连续，影响均匀传热。控制冷凝液排出量的方案，调节通道长，变化迟缓，且需要有较大的传热面积裕量；但由于变化和缓，有防止局部过热的优点，所以对一些过热后会起化学变化的热敏性介质较适用。另外，由于蒸汽冷凝后冷凝液的体积比蒸汽体积小得多，所以可以选用尺寸较小的控制阀门。

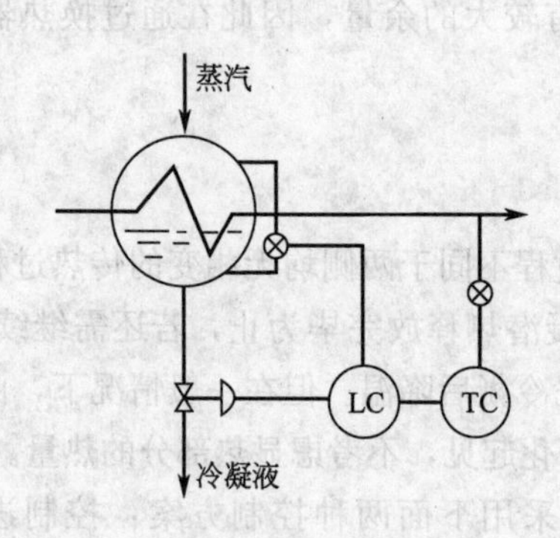

图 8-12 温度-液位串级系统

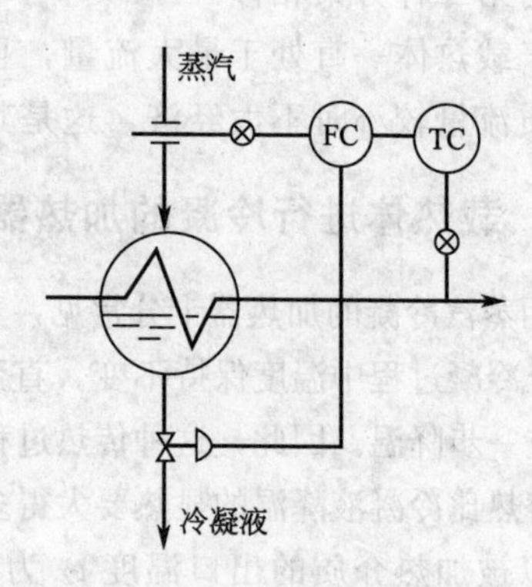

图 8-13 温度-流量串级系统

三、冷却剂进行汽化的冷却器自动控制

当用水或空气作为冷却剂不能满足冷却温度的要求时，需要用其他冷却剂。这种冷却剂有液氮、乙烯、丙烯等。这些液体冷却剂在冷却器中由液体汽化为气体时带走大量潜热，从而使另一种物料得到冷却。在这类冷却器中，以氨冷器最为常见，下面以它为例介绍几种控制方案。

1. 控制冷却剂的流量

如图 8-14 所示，通过改变液氨的进入量来控制介质的出口温度。其控制过程为：当工艺介质温度上升时，增加液氨进入量使氨冷器内液位上升，液体传热面积就增加，而使传热量增加，介质的出口温度下降。

这种控制方案并不以液位为操纵变量，但要注意液位不能过高，液位过高会造成蒸发空间不足，使氨气中夹带大量液氨，引起氨压缩机的操作事故。因此，这种控制方案往往带有上限液位报警，或采用温度-液位自动选择性控制，当液位高于某上限值时，自动把液氨阀暂时切断。

2. 温度与液位的串级控制

如图 8-15 所示，被控变量仍是液氨流量，但以液位作为副变量、以温度作为主变量构成串级控制系统。应用此方案时可以限制液位的上限，以保证足够的蒸发空间。

方案实质仍然是改变传热面积，但由于采用了串级控制，将液氨压力变化而引起液位变化的这一主要干扰包括在副环内，提高了控制质量。

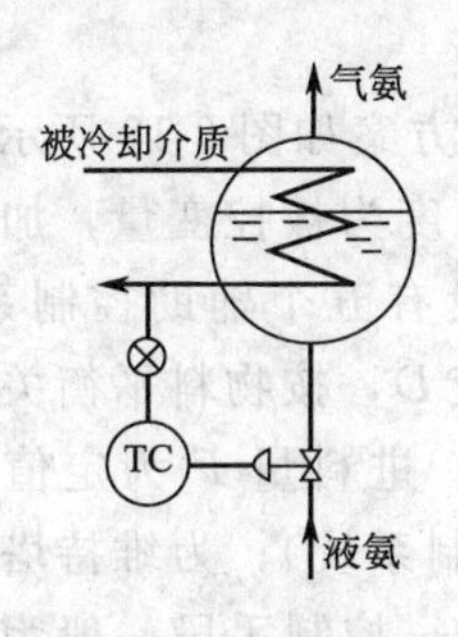

图 8-14 用冷却剂流量调温度

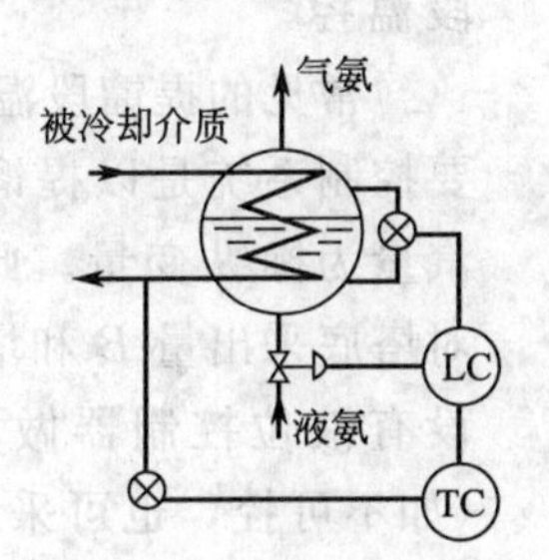

图 8-15 温度-液位串级控制

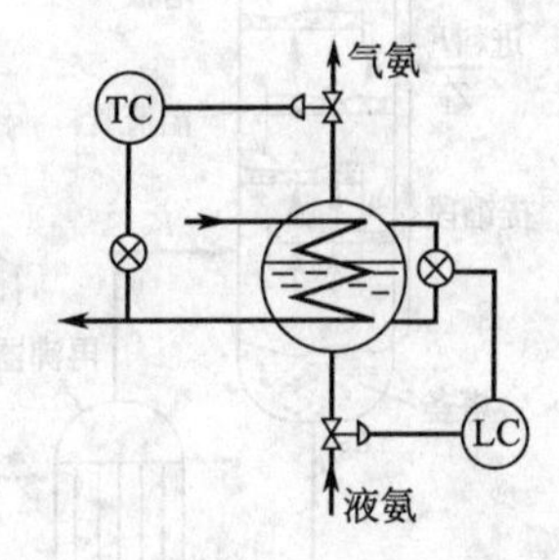

图 8-16 用汽化压力调温度

3. 控制汽化压力

由于氨的汽化温度与压力有关，所以可以将控制阀装在气氨出口管道上，阀门开度改变时，引起氨冷器内的汽化压力改变，相应的汽化温度也就改变了，如图 8-16 所示。其控制过程为：当工艺介质温度升高偏离给定值时，开大氨气出口处的控制阀门，使氨冷器内压力下降，液氮温度也就下降，冷却剂与工艺介质间的温差增大，传热量就增大，工艺介质温度就会下降。为了保证液位不高于允许上限，在该方案中还设有辅助液位控制系统。

这种方案控制作用迅速，只要汽化压力稍有变化就能很快影响汽化温度，达到控制工艺介质温度的目的。但由于控制阀安装在气氨出口管道上，故要求氨冷器要耐压，并且当气氨压力由于整个制冷系统的统一要求不能随便加以控制时，这个方案就不能采用了。

第三节　精馏塔的自动控制

精馏塔是精馏过程的关键设备，它是一个非常复杂的对象。精馏塔的组成示意图如图 8-17 所示。精馏塔进料入口以下至塔底部分称为提馏段，进料口以上至塔顶称为精馏段。塔内有若干层塔板，每块塔板上有适当高度的液层，回流液经溢流管由上一级塔板流到下一级塔板，蒸汽则由底部上升，通过塔板上的小孔由下一塔板进入上一塔板，与塔板上的液体接触。在每块塔板上同时发生上升蒸汽部分冷凝和回流液体部分汽化的传热过程，更重要的还同时发生易挥发组分不断汽化，从液相转入汽相，难挥发组分不断冷凝，由汽相转入液相的传质过程。整个塔内，易挥发组分浓度由下而上逐渐增加，而难挥发组分浓度则由上而下逐渐增加。适当控制好塔内的温度和压力，则可在塔顶或塔底获取人们所期望的物质组分。

精馏塔内的通道很多，内在机理复杂，参数之间互相关联，反应迟缓，但对它的控制要求却日益提高。为了满足精馏塔对自动控制的要求，可以采用各种控制方案。这里只择其有

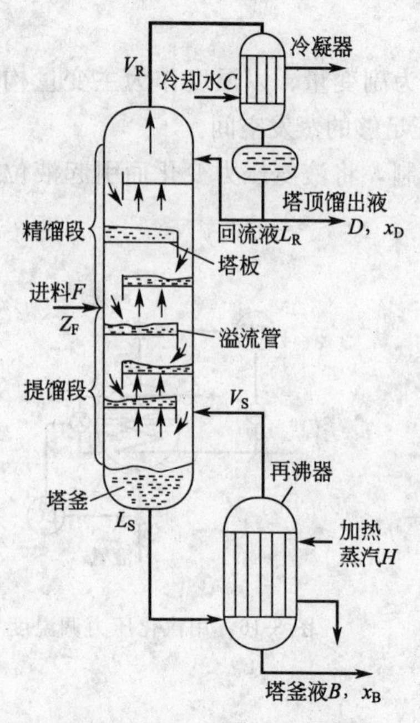

图 8-17　精馏塔组成示意图

代表性的、常见的原则方案介绍。

一、精馏塔的提馏段温度控制

采用以提馏段温度作为衡量质量指标的间接变量，以改变加热量作为控制手段的方案，称为提馏段温控。

常见的提馏段温控的一种方案如图 8-18 所示。主要控制系统是以提馏段塔板温度为被控变量，加热蒸汽量为操纵变量。此外，还设有五个辅助控制系统：对塔底采出量 B 和塔顶馏出液 D，按物料平衡关系各设有液位控制器做均匀控制；进料量 F 为定值控制（如不可控，也可采用均匀控制系统）；为维持塔压恒定，在塔顶设置压力控制系统，控制手段一般为改变冷凝器的冷剂量；提馏段温控时，回流量采用定值控制，而且回流量应足够大，以便当塔的负荷最大时，仍能保持塔顶产品的质量指标在规定的范围内。

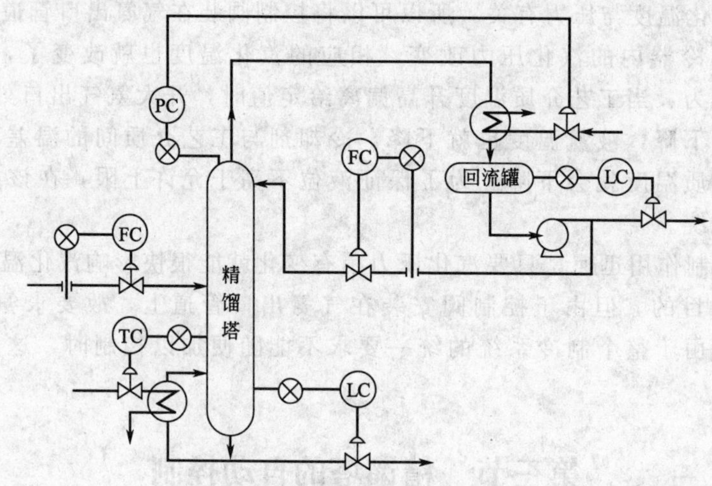

图 8-18　提馏段温控方案示意图

提馏段温控的主要特点与使用场合如下。

① 由于采用了提馏段温度作为间接质量指标，因此，它能较直接地反映提馏段产品情况；将提馏段温度恒定后，就能较好地保证塔底产品的质量达到规定值，所以，在以塔底采出为主要产品，对塔釜成分要求比馏出液为高时，常采用提馏段温控方案。

② 当干扰首先进入提馏段时，例如在液相进料时，进料量或进料成分的变化首先要影响塔底的成分，故用提馏段温控就比较及时，动态过程也比较快。由于提馏段温控时回流量是足够大的，因而仍能使塔顶产品保持在规定的纯度范围内。

二、精馏塔的精馏段温度控制

如采用以精馏段温度作为衡量质量指标的间接变量，而以改变回流量作为控制手段的方案，称为精馏段温控。

常见的精馏段温控的一种方案如图 8-19 所示。它的主要控制系统是以精馏段塔板温度为被控变量，而以回流量为操纵变量。

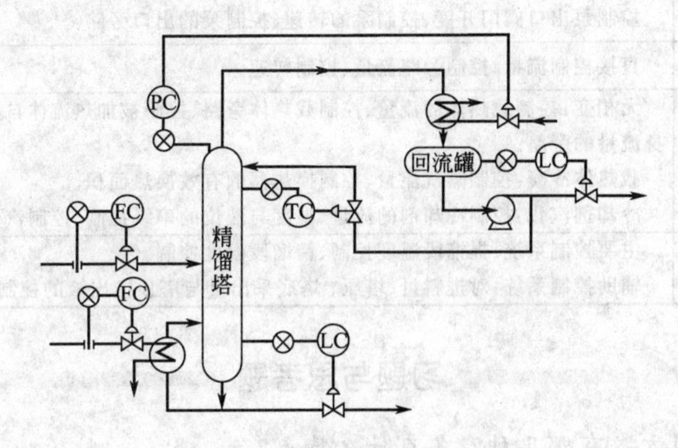

图 8-19　精馏段温控方案示意图

除了上述主要控制系统外，精馏段温控方案还设有五个辅助控制系统。对进料量、塔压、塔底采出量与塔顶馏出液的控制方案与提馏段温控时相同。在精馏段温控时，再沸器加热量应维持一定，而且足够大，以使塔在最大负荷时仍能保证塔底产品的质量指标在一定范围内。

精馏段温控的主要特点与使用场合如下。

① 由于采用了精馏段温度作为间接质量指标，因此，它能较直接地反映精馏段的产品情况，当塔顶产品纯度要求比塔底严格时，宜采用精馏段温控方案。

② 如果干扰首先进入精馏段，例如气相进料时，由于进料量的变化首先影响塔顶的成分，所以采用精馏段温控就比较及时。

在采用精馏段温控或采用提馏段温控时，当分离的产品较纯时，由于塔顶或塔底的温度变化很小，对测温灵敏度和控制精度都提出了很高的要求，但实际上却很难满足。解决这一问题的方法，是将测温元件安装在塔顶以下或塔底以上几块塔板的灵敏板上，以灵敏板的温度作为被控变量。

三、精馏塔的其他控制方案

1. 精馏塔的温差控制

在精密精馏时，产品纯度要求很高，而且塔顶、塔底产品的沸点差又不大时，应当采用温差控制，以进一步提高产品的质量。值得注意的是，温差与产品纯度之间并非单值关系，在使用温差控制时，控制器的给定值不能太大，干扰量（尤其是加热蒸汽量的波动）不能太大。

2. 按产品成分或物性的直接控制

如果能利用成分分析器，例如红外分析器、色谱仪、密度计、干点和闪点以及初馏点分析器等，分析出塔顶（或塔底）的产品成分并作为被控变量，用回流量（或再沸器加热量）作为控制手段组成成分控制系统，可实现按产品成分的直接控制。

按产品成分的直接控制方案是最直接、也是最有效的，但由于目前对成分参数测量的仪表一般准确度较差，滞后时间较长，维护比较复杂，致使控制系统的控制质量受到很大影响，因此目前这种方案使用还不普遍。但是在成分分析仪表的性能不断得到改善以后，按产品成分的直接控制方案还是很有前途的。

单元小结

离心泵控制方案	控制泵出口阀门开度、控制泵的转速、控制泵的出口旁路
压气机控制方案	直接控制流量、控制旁路流量、控制转速
换热器控制方案	无相变:控制载热体的流量、控制载热体旁路、控制被加热流体自身流量、控制被加热流体自身流量的旁路。 载热体冷凝:控制蒸汽流量、控制换热器的有效换热面积。 冷却剂汽化:控制冷却剂的流量、温度与液位的串级控制、控制汽化压力
精馏塔控制方案	主要控制系统:提馏段温度控制、精馏段温度控制。 辅助控制系统:对进料量、塔压、塔底采出量与塔顶馏出液的控制等

习题与思考题

1. 离心泵的控制方案有哪几种?各有什么特点?

2. 两侧均无相变的热交换器常采用哪几种控制方案?各有什么特点?

3. 如图 8-20 所示列管式换热器,工艺要求出口物料温度稳定、无余差、超调量小,已知主要干扰量为蒸汽的压力不稳定,试确定一个控制方案,画出自动控制系统的原理图和方块图,说明所选控制器的控制规律和作用方式(假定介质的温度不允许过高,否则易分解)。

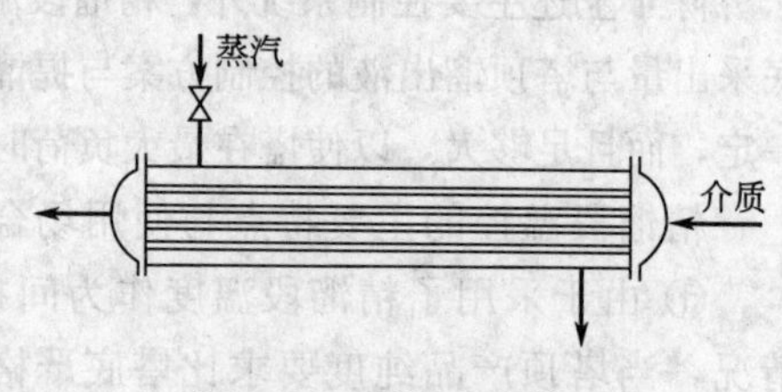

图 8-20 列管式换热器

4. 分别叙述精馏塔提馏段温控和精馏段温控方案的特点与适用场合。

第九单元　综 合 训 练

【单元学习目标】

通过8个典型任务，熟练本课程内容的实际操作，熟悉与专业技能的有机融合，对接所学专业内容，提升岗位工作综合技能。

任务一　常用电工工具及使用训练

一、训练目的

1. 熟悉常用工具，熟练使用方法。
2. 熟练导线的连接技能，支撑后继训练内容。
3. 培养操作技术规范，养成文明生产习惯。

二、常用电工工具

（1）钢丝钳　钢丝钳又称为钳子（图9-1）。钢丝钳的用途是夹持或折断金属薄板以及切断金属丝（导线）。

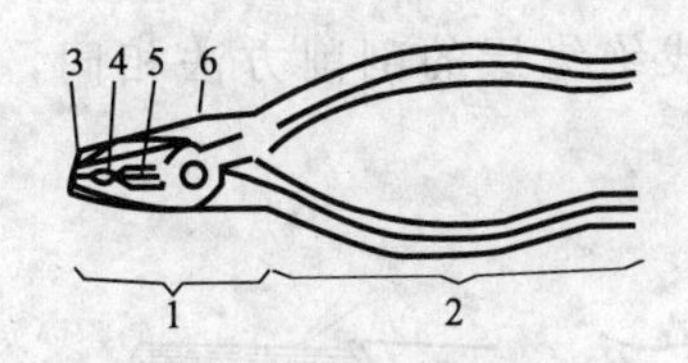

图9-1　钢丝钳

1—钳头部分；2—钳柄部分；3—钳口；4—齿口；5—刀口；6—铡口螺丝刀

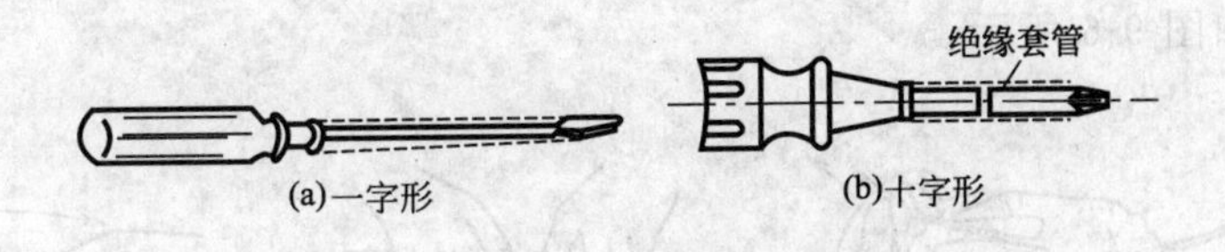

图9-2　螺丝刀

（2）螺丝刀　又称“起子”、螺钉旋具等。其头部形状有一字形和十字形（图9-2）两种。

（3）电工刀　电工刀（图9-3）适用于电工在装配维修工作中割削导线绝缘外皮，以及割削木桩和割断绳索等。

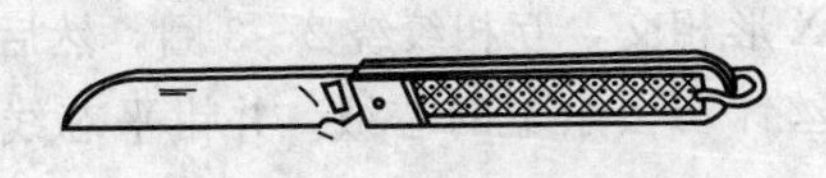

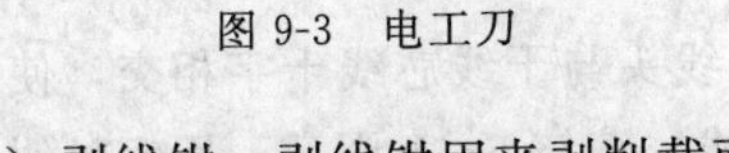

图9-3　电工刀

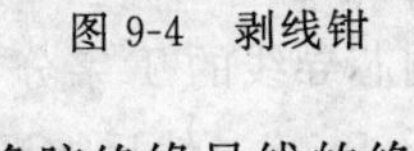

图9-4　剥线钳

（4）剥线钳　剥线钳用来剥削截面积6mm^{2}以下塑料或橡胶绝缘导线的绝缘层，由钳口和手柄两部分组成，其外形如图9-4所示。

三、导线的连接及绝缘的恢复的操作

1. 剥离线头绝缘层

① 塑料绝缘硬线。用钢丝钳剖削塑料硬线绝缘层，用电工刀剖削塑料硬线绝缘层。

② 塑料软线绝缘层的剖削。塑料软线绝缘层剖削除用剥线钳外，还可用钢丝钳直接剖削截面为 $4mm^2$ 及以下的导线，方法与用钢丝钳剖削塑料硬线绝缘层相同，如图 9-5 所示。

③ 塑料护套线绝缘层的剖削。塑料护套线只有端头连接，不允许进行中间连接。其绝缘层分为外层的公共护套层和内部芯线的绝缘层。公共护套层通常都采用电工刀进行剖削。

④ 花线绝缘层的剖削。花线的结构比较复杂，多股铜质细芯线先由棉纱包扎层裹捆，接着是橡胶绝缘层，外面还套有棉织管（即保护层）。剖削时先用电工刀在线头所需长度处切割一圈拉去，然后在距离棉织管 10mm 左右处用钢丝钳按照剖削塑料软线的方法将内层的橡胶层勒去，将紧贴于线芯处棉纱层散开，用电工刀割去。

⑤ 橡套软电缆绝缘层的剖削。用电工刀从端头任意两芯线缝隙中割破部分护套层，然后把割破已分成两片的护套层连同芯线（分成两组）一起进行反向分拉来撕破护套层，直到所需长度。再将护套层向后扳翻，在根部分别切断。

⑥ 铅包线护套层和绝缘层的剖削。铅包线绝缘层分为外部铅包层和内部芯线绝缘层。剖削时先用电工刀在铅包层上切下一个刀痕，再用双手来回扳动切口处，将其折断，将铅包层拉出来。内部芯线的绝缘层的剖削与塑料硬线绝缘层的剖削方法相同，如图 9-6 所示。

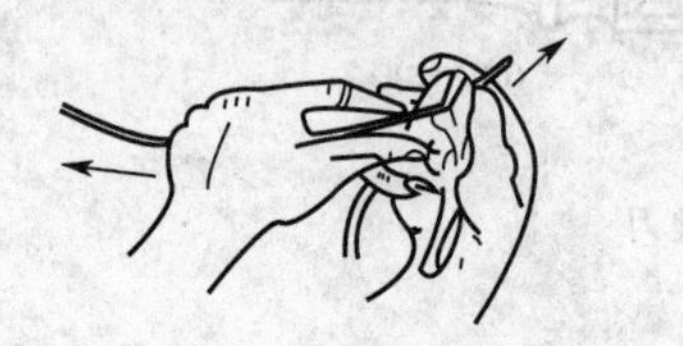

图 9-5 剥离线头绝缘层

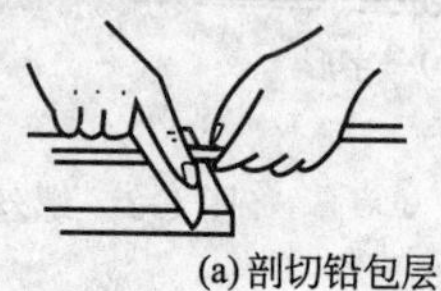

(a)剖切铅包层

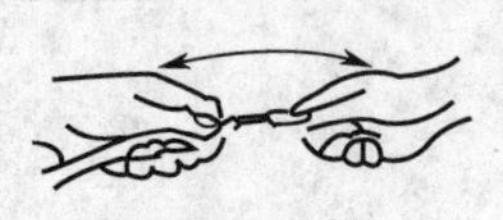

(b)折扳和拉出铅包层

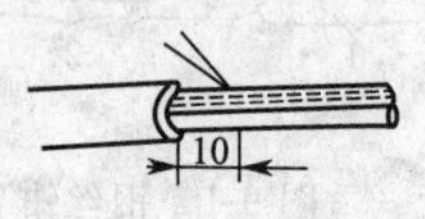

(c)剖削芯线绝缘层

图 9-6 铅包线护套层和绝缘层的剖削

2. 导线的连接

当导线不够长或要分接支路时，就要将导线与导线连接。常用导线的线芯有单股、7 股和 19 股多种，连接方法随芯绒的股数不同而异。

铜芯导线的连接方式如下 。

① 单股铜芯线的直接连接。把两线头的芯线成 X 形相交，互相绞绕 2～3 圈，然后扳直两线头。将每个线头在芯线上紧贴并绕 6 圈，用钢丝针切去余下的芯绒，并钳平芯线的末端，如图 9-7 所示。

② 单股铜芯导线的 T 字分支连接。将支路芯线的线头与干线芯线十字相交，使支路芯线根部留出 3～5mm，然后按顺时针方向缠绕支路芯线。缠绕 6～8 圈后，用钢丝钳切去余下的芯线，并钳平芯线末端。较小截面芯线可按图方法环绕成结状，然后将支路芯线扳直，

紧密地缠绕 6～8 圈，剪去多余芯绒，钳平切口毛刺。

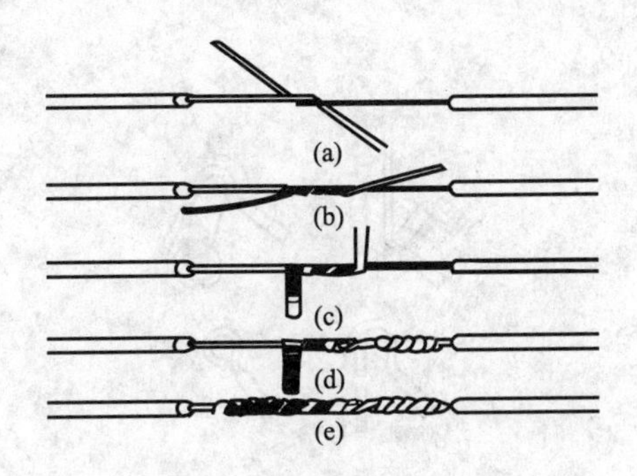

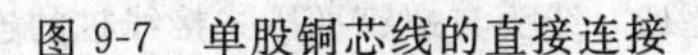

图 9-7　单股铜芯线的直接连接

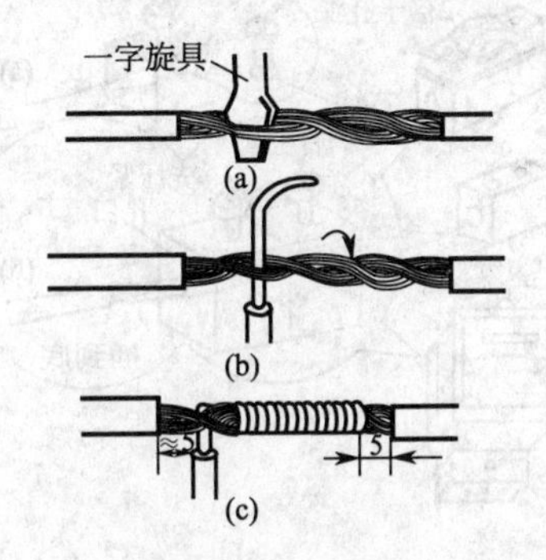

图 9-8　单股铜芯线与多股铜芯线的分支连接

③ 7 股铜芯导线的直线连接。先将削去绝缘层的芯线头散开并拉直，接着把近绝缘层 1/3 线段的芯线绞紧，然后把余下的 2/3 芯线头分散成伞状，并将每根芯线拉直。把两个伞状芯线线头隔根对叉，并捏平两端芯线。把一端的 7 股本线按 2、2、3 根分成三组，接着把第一组 2 根芯线扳起，垂直于芯线，并按顺时针方向缠绕。缠绕 2 圈后，将余下的芯线向右扳直，再把下边第二组的 2 根芯线扳直，也按顺时针方向紧紧压着前 2 根扳直的芯线缠绕。绞绕两圈后，也将余下的芯线向右扳直，再把下边第三组的 3 根芯线扳直，按顺时针方向紧紧压着前 4 根扳直的芯绒向右缠绕。缠绕 3 圈后，切去每组多余的芯线，钳平线端。用同样方法再缠绕另一边芯线。

④ 单股铜芯线与多股铜芯线的分支连接如图 9-8 所示。

⑤ 多股铜芯线与多股铜芯线的分支连接如图 9-9 所示。

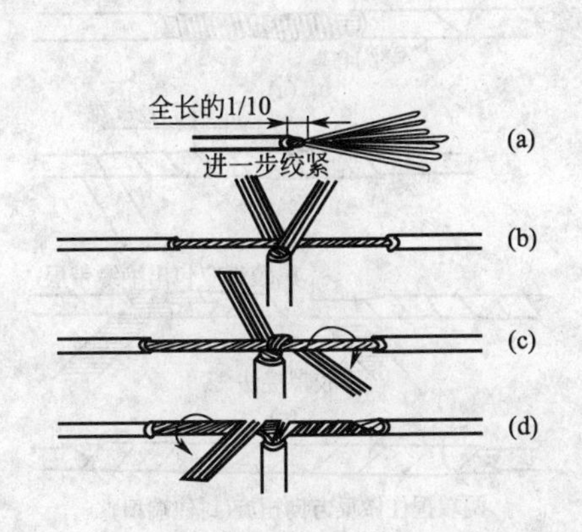

图 9-9　多股铜芯线与多股铜芯线的分支连接

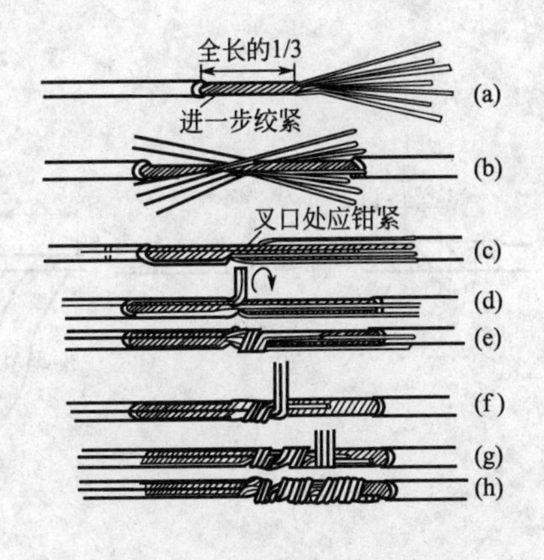

图 9-10　多股铜芯线的直接连接

⑥ 多股铜芯线的直接连接如图 9-10 所示。

⑦ 导线与针孔接线柱的连接如图 9-11 所示。

⑧ 线头与螺钉平压式接线桩的连接如图 9-12 所示。

⑨ 导线的封端。安装好的配线最终要与电气设备相连，为了保证导线线头与电气设备接触良好并具有较强的力学性能，对于多股铝线和截面大于 2.5mm^2 的多股铜线，都必须在导线终端焊接或压接一个接线端子，再与设备相连。这种工艺过程叫做导线的封端。

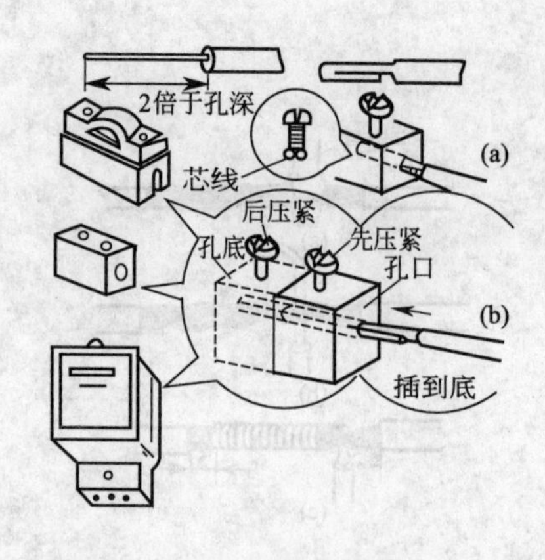

图 9-11　导线与针孔接线柱的连接

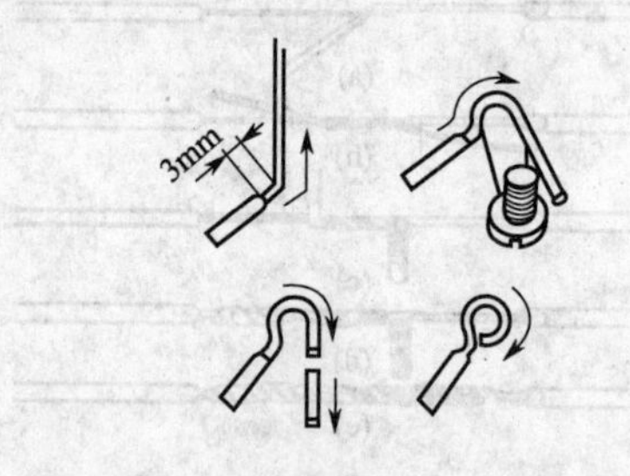

图 9-12　线头与螺钉平压式接线柱的连接

3. 绝缘层的恢复

① 导线绝缘层的恢复。绝缘导线的绝缘层，因连接需要被剥离后或遭到意外损伤后，均需恢复绝缘层，而且经恢复的绝缘性能不能低于原有的标准。在低压电路中，常用的恢复材料有黄蜡布带、聚氯乙烯塑料带和黑胶布等多种。

② 对接接点绝缘层的恢复。导线的绝缘层破损后必须恢复，导线连接后也须恢复绝缘。恢复后的绝缘强度不良于原有绝缘层。

③ 绝缘带的包缠方法。将黄蜡带从导线左边完整的绝缘层上开始包缠，包缠两根带，方可进入无绝缘层的芯线部分。如图 9-13 所示，包缠时，黄蜡带与导线保持约 55°的倾角，每圈压叠带宽的 1/2。

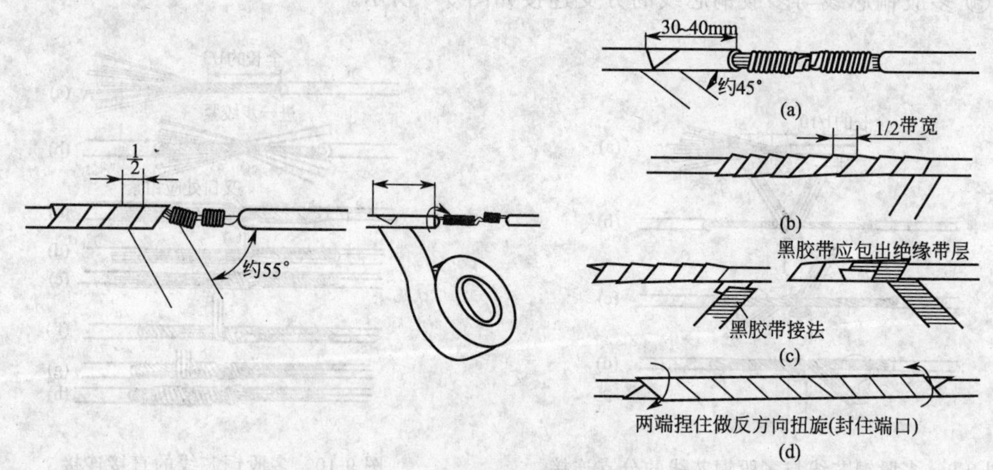

图 9-13　对接接点绝缘层的恢复

任务二　照明线路安装训练

一、训练目的

1. 熟悉常用照明灯具、开关、插座等，并掌握其安装方法。
2. 熟练掌握日光灯照明电路的安装方法。

二、训练装置及原理

1. 训练器材

常用灯具日光灯、灯座、插座、开关等1套，照明电路安装训练板（自制木台）1块，电工工具1套，万用表1块，导线若干。

2. 日光灯照明电路的结构

日光灯又叫荧光灯，是应用较普遍的一种照明灯具。荧光灯照明电路由灯管、启辉器、镇流器、灯架和灯座（灯脚）等组成。

① 灯管。由玻璃管、灯丝和灯丝引出脚等组成。玻璃管内抽成真空，充入少量汞（水银）和氩等惰性气体，管壁涂有荧光粉。灯丝由钨丝制成，在灯丝上涂有电子粉，用以发射电子。常用灯管的功率有6W、8W、12W、15W、20W、40W等规格。

② 启辉器（又叫启动器）。由氖泡（也叫跳泡）、纸介质电容、出线脚和铝外壳等组成。氖泡内装有一个固定的静触片和一个双金属片制成的n型动触片。双金属片由两种膨胀系数差别很大的金属薄片焊制而成。动触片和静触片平时分开，两者相距1/2mm左右。与氖泡并联的纸介质电容容量在5000pF。启辉器的规格有4～8W、15～20W、30～40W以及通用型4～40W等。

③ 镇流器。主要由铁芯和线圈等组成。镇流器有单线圈式和双线圈式。镇流器的选用必须与灯管配套，否则会烧坏日光灯，即灯管的功率必须与镇流器的功率相同，常用的有6W、8W、15W、30W、40W等规格（电压均为220V）。

④ 灯座。灯座有开启式及弹簧式（也叫插入式）两种，图9-14为弹簧式灯座。一对绝缘灯座将荧光灯管支撑在灯架上，再用导线连接成荧光灯的完整电路。

灯座的规格有大型的和小型两种，大型的适用15W以上的灯管，小型的适用6W、8W、12W的灯管。

⑤ 灯架。灯架用来固定灯座、灯管、启辉器等荧光灯零部件，有木制、铁皮制、铝制等几种，规格应配合灯管长度使用。

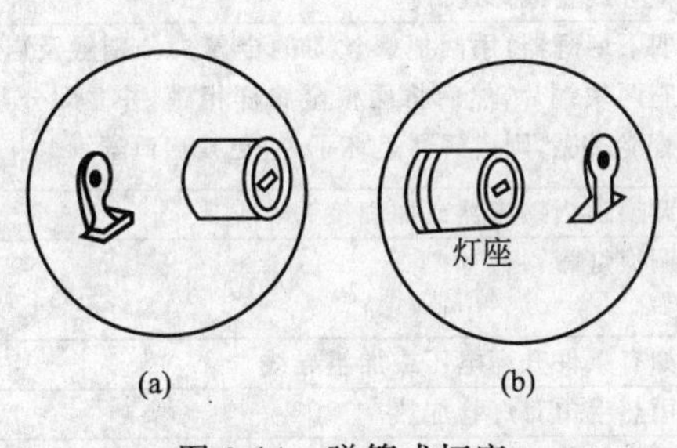

图9-14 弹簧式灯座

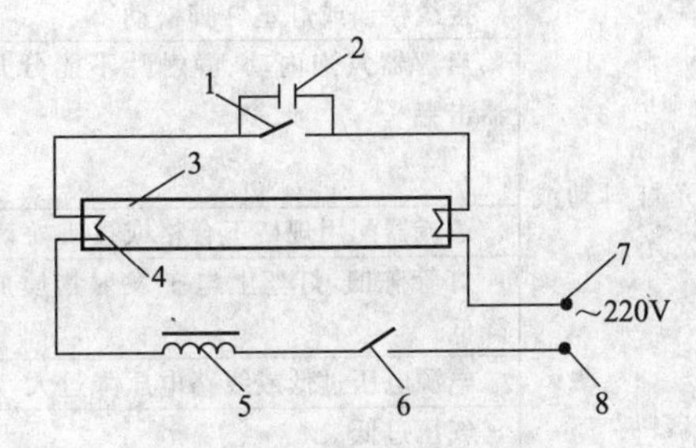

图9-15 荧光灯的电路图

1，2—启辉器；3—灯管；4—灯座；
5—镇流器；6—开关；7，8—电源

三、操作步骤及内容

1. 荧光灯照明线路的安装方法

① 启辉器座上的两个接线桩分别与两个灯座中的一个接线桩连接。

② 一个灯座中余下的一个接线桩与电源的中性线（地线）连接，另一个灯座中余下的

一个接线桩与镇流器的一个线头相连，而镇流器的另一个线头与开关的一个接线桩连接，开关的另一个接线桩与电源的相线（火线）连接，如图 9-15 所示。

2. 实训要求

① 将训练设备、日光灯座、单相闸刀开关以及插座等先固定在方木板上。

② 按训练线路接线，自我检查。

③ 经教师检查后，合上单相闸刀开关，接通电源，观察照明电路的变化情况。

④ 排除照明电路故障。

3. 重点、难点

① 照明电路的安装应采用标准工艺进行。

② 训练过程中时刻提醒注意安全和不损坏元件。

③ 安装元件过程中不可用力过猛。

④ 在读懂训练线路的基础上检查接线情况。

⑤ 通电时注意安全。

四、荧光灯照明电路常见故障分析

荧光灯照明电路故障率比白炽灯更高一些，常见故障与处理方法见表 9-1。

表 9-1 荧光灯照明电路常见故障与处理方法

故障现象	产生原因	处理方法
荧光灯管不发光	电源无电	检查电源电压
	灯丝已断	用万用表测量,若已断应更换灯管
	灯脚与灯座接触不良	转动灯管,压紧灯管电极与灯座之间接触
	启辉器与启辉器座接触不良	转动启辉器,使电极与底座接触
	启辉器损坏	将启辉器取下,用电线把启辉器底座内两个接触簧片短接,若灯管两端发亮,说明底座已坏,应更换
	镇流器线圈短路或断线	修理或更换镇流器
	新装荧光灯线路接线错误	重新正确接线
	线路断线	查找短线处并接通
日光灯抖动或两头发光	接线错误或灯座灯脚松动	检查线路或修理灯座
	启辉器氖泡内动、静触片不能分开或电容器击穿	取下启辉器,用两把螺丝刀的金属头分别触及启辉器底座两块铜片,然后将两根金属杆相碰,并立即分开,如灯管能跳亮,则启辉器是坏了,应更换启辉器
	镇流器配用规格不合格或接头松动	调换适当镇流器或加固接头
	灯管陈旧,灯丝上电子发射物质放电作用降低	调换灯管
	电源电压过低或线路电压降过大	如有条件升高电压或加粗导线
	气压过低	用热毛巾对灯管加热
灯管两端发黑或生黑斑	灯管陈旧,寿命将终的现象	调换灯管
	如果为新灯管,可能因启辉器损坏使灯丝发射物质加速挥发	调换启辉器
	管内水银凝结(中细灯管常见现象)	灯管工作后即能蒸发或灯管旋转 180°
	电源电压太高或镇流器配用不当	调整电源电压或调换适当镇流器
灯光闪烁或光在管内滚动	新灯管暂时现象	开用几次或对调灯管两端
	灯管质量不好	换一根灯管试一试有无闪烁
	镇流器配用规格不符或接线松动	调换合适的镇流器或加固接线
	启辉器损坏或接触不好	调换启辉器或加固启辉器

续表

故障现象	产生原因	处理方法
灯管光度减低或色彩转差	灯管陈旧的必然现象	调换灯管
	电源电压太低或线路电压降太大	调整电压或加粗导线
	气温过低，冷风直吹灯管	加防护罩或避开冷风
镇流器有杂音或电磁声	镇流器质量较差或其铁芯的硅钢片未加紧	调换镇流器
	镇流器过载或其内部短路	调换镇流器
	镇流器受热过度	检查受热原因
	电源电压过高引起镇流器发出声音	如有条件设法降压
	启辉器不好可引起开启时辉光杂音	调换启辉器
	启辉器有微弱声，但影响不大	是正常现象，可用橡皮垫衬，以减少震动
镇流器过热或冒烟	电源电压过高或容量过低	有条件可调低电压或换容量较大的镇流器
	镇流器内线圈短路	调换镇流器
	灯管闪烁时间长或使用时间太长	检查闪烁原因或减少连续使用时间

任务三　智能 1151 型差压变送器的调校

一、训练目的

1. 熟悉智能型 1151 差压变送器的整体结构及各部分的作用，进一步理解差压变送器工作原理及整机特性。

2. 掌握智能型差压变送器的调校方法、零点迁移方法及精度测试方法。

3. 会智能差压变送器的使用方法。

二、训练装置及接线

1. 训练装置（表 9-2）

表 9-2　训练装置一览表

序号	名　称	数量及要求
1	智能型 1151 差压变送器	1 台，0.2 级，1151DP（配三阀组）
2	标准电阻箱	1 台
3	标准电流表	1 只
4	直流稳压电源	1 台
5	智能手操器	1 只
6	标准压力发生器（或标准气源压力组）	1 台

2. 实训原理

电容式差压变送器是一种没有杠杆系统和整机负反馈环节的开环仪表，它采用差动电容作为检测元件，整体结构无机械传动、调整装置，各项调整都是由电气元件调整来实现的。实质上仍然是一种将输入差压信号线性地转换成标准的 4～20mA 直流电流信号输出转换器。结构上主要有三个部件：敏感部件（测量部件）、放大板和调校板。

变送器在投运前必须对各项性能及指标进行全部调校。可以通过外给标准的差压值看其输出值的方法检查其精度或通过手操器改变量程来判定其精确度。1151DP 型差压变送器的主要技术指标（详见设备铭牌与说明书）：型号、基本误差、测量范围、输出电流、负载电阻、工作电源、线性误差、变差、阻尼时间常数等。

3. 实训装置连接图（图 9-16）

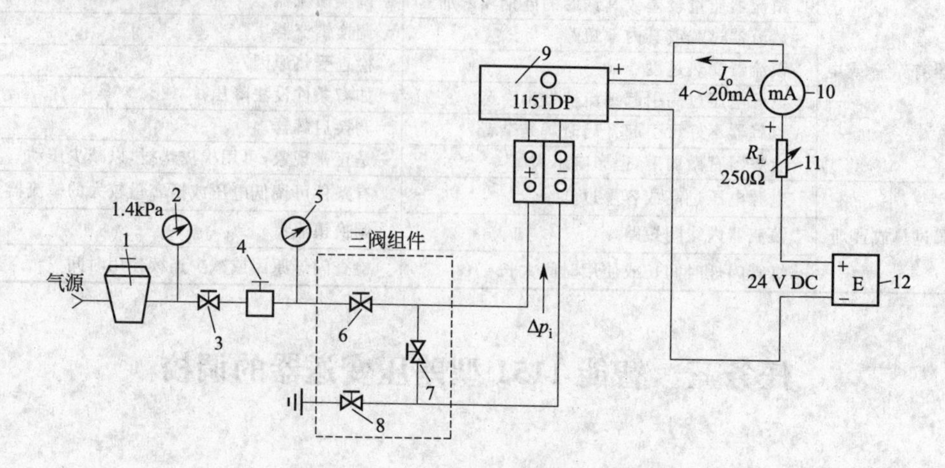

图 9-16　1151 型差压变送器校验接线图

1—过滤器；2，5—标准压力表；3—截止阀；4—气动定值器；6—高压阀；7—平衡阀；8—低压阀；9—1151 型差压变送器；10—标准电流表；11—标准电阻箱；12—稳压电源

4. 实训注意事项

① 接线时，要注意电源极性。在完成接线后，应检查接线是否正确，气路有无泄漏，并确认无误后，方能通电。

② 没通电，不加压；先卸压，再断电。

③ 一般仪表应通电预热 15min 后再进行调校。

5. 实训要求

① 对差压变送器进行调校前，应先把阻尼关闭。

② 在对变送器进行零点、量程调校前，应将迁移取消，然后再进行零点、量程调整。

③ 对变送器进行迁移时，注意迁移后的被测压力不得超过该仪表允许测量范围上限值的绝对值，也不能将量程压缩到该表所允许的最小量程。

④ 不要把电源信号线接到测试端子，否则会烧坏内部二极管。

三、操作步骤及内容

1. 接线

按图 9-16 正确接线。

2. 一般检查

① 在校验前，应先观察仪表的结构，熟悉零点、量程、阻尼调节、正负迁移等调整位置。

② 零点和量程电位器调整螺钉位于变送器电气壳体的铭牌后面，移开铭牌即可进行调校。当顺时针转动调整螺钉，使变送器输出增大。标记 Z 为调零螺钉，标记 R 为调量程螺钉，标记 L 为线性调整，标记 D 为阻尼调整。

③ 零点迁移插头位于放大器板元件侧。当插件插在 SZ 侧，则可进行正迁移调整，当插件插在 EZ 侧，则可进行负迁移调整。

3. 通过手操器对零点和量程进行调整

① 关闭阻尼。将阻尼电位器 W_4（标记 D）按逆时针方向旋到底。

② 调校训练取消迁移。将迁移插件插到无迁移的中间位置。

③ 零点调整。关闭阀 6，打开阀 7、8，调整定值器，使输入压差信号 Δp_i 为零，调整零点电位器 W_2（标记 Z），使输出电流为 4mA（1V）。

④ 满量程调整。关闭阀 7，打开阀 6，调整定值器，使输入压差 Δp_i 为满量程值，调整量程电位器 W_3（标记 R），使输出电流为 20mA（5V）。

因为调整量程螺钉 R（电位器 W_3）时会影响零点输出信号，调整零点螺钉 Z（电位器 W_2）不仅改变了变送器的零点，同时也影响了变送器的满度输出（但量程范围不变），因此，零点和满度要反复调整，直至都符合要求为止。

4. 仪表精度的调校

① 将输入差压信号 Δp_i 的测量范围平均分成 5 点（测量范围的 0、25%、50%、75%、100%），对仪表进行精度测试。

② 相对应的输出电流值 I_0 应分别为 0mA、4mA、8mA、12mA、16mA、20mA。

③ 测试方法为：用定值器缓慢加压力产生相应的输入差压信号 Δp_i，防止发生过冲现象。先依次读取正行程时对应的输出电流值 $I_{o正}$，并记录；再缓慢减小压力，读取反行程时相对应的输出电流值 $I_{o反}$，并记录。

5. 零点迁移调整及改变量程

① 如果零点迁移量<300%，则可直接调节零点螺钉电位器 W_2；如果迁移>300%，则将迁移插件插至 SZ（或 EZ）侧。

② 调整气动定值器，使输入压差信号 Δp_i 为测量范围下限值 $\Delta p_{i下}$，调整零点螺钉，使输出电流 I_o 为 4mA。

③ 调整气动定值器，使 Δp_i 为测量范围上限值 $\Delta p_{i上}$，调整量程调节螺钉（电位器 W_3），使输出电流 I_o 为 20mA。然后，零点、满量程反复调整，直到合格为止。

④ 零点迁移、改量程调整好以后，再进行一次精度检验，方法同前，并画出变送器迁移后的输入-输出特性曲线。

6. 阻尼调整

① 放大板上的电位器 W_4 是阻尼调整电位器。调整 W_4，可使阻尼时间常数在 0.2～1.67s 之间变化。

② 通常阻尼的调整可在现场进行。在使用时，按仪表输出的波动情况进行调整。由于调整阻尼并不影响变送器的静态精度，所以最好选择最短的阻尼时间常数，以使仪表输出的波动尽快地稳定下来。

③ 调整方法如下：输入一个阶跃负跳变差压信号，例如将输入压力由量程的最大值突然降至 0，同时用秒表测定当输出电流由 20mA 下降到 10mA 时所需的时间，即为阻尼时间常数。本变送器的阻尼时间常数在 0.2～1.67s 之间连续可调。

④ 调节时可用小螺丝刀插入阻尼调节孔内（D 标记），顺时针方向旋转时，其阻尼时间将增大。

四、实训报告

1. 仪表调校记录单填写（表 9-3 和表 9-4）

表 9-3 实训用主要仪器、设备技术参数一览表

项目	被校仪表	标准仪器				
名称						
型号						
规格						
精度						
数量						
制造厂						
出厂日期						

表 9-4 变送器实训数据记录表

<table>
<tr><td rowspan="2">输入</td><td colspan="2">输入信号刻度分值</td><td>0</td><td>25%</td><td>50%</td><td>75%</td><td>100%</td></tr>
<tr><td colspan="2">输入信号</td><td></td><td></td><td></td><td></td><td></td></tr>
<tr><td rowspan="3">输出</td><td colspan="2">输出信号标准值</td><td></td><td></td><td></td><td></td><td></td></tr>
<tr><td rowspan="2">实测值</td><td>正行程</td><td></td><td></td><td></td><td></td><td></td></tr>
<tr><td>反行程</td><td></td><td></td><td></td><td></td><td></td></tr>
<tr><td rowspan="5">误差</td><td rowspan="2">实测值</td><td>正行程</td><td></td><td></td><td></td><td></td><td></td></tr>
<tr><td>反行程</td><td></td><td></td><td></td><td></td><td></td></tr>
<tr><td colspan="2">实测变差</td><td></td><td></td><td></td><td></td><td></td></tr>
<tr><td colspan="2">实测基本误差</td><td></td><td></td><td></td><td></td><td></td></tr>
<tr><td colspan="2">最大变差</td><td colspan="2"></td><td colspan="3" rowspan="2">结论：</td></tr>
<tr><td colspan="3">实测精度等级</td><td colspan="2"></td></tr>
</table>

2. 数据处理

数据处理时应注意的问题如下。

① 实训前拟好实训记录表格。

② 实训时一定要等现象稳定后再读数、记录，否则因滞后现象会给实训结果带来较大的误差。

③ 运用正确的公式进行误差运算。

④ 整理实训数据并将结果填入表格。

⑤ 分析变送器的静态特性，画出变送器输入-输出静态特性曲线（包括正、反行程），求出最大非线性误差。

3. 报告结论及总结

① 绘制仪表校验线路连接图。

② 得出调校结论。总结实训体会。

任务四 智能数字显示仪表调校

一、训练目的

1. 了解智能数字显示仪表相关性能指标的含义及其测试方法。

2. 掌握智能数字显示仪表的调整及校验方法。

二、训练装置及接线

1. 主要调校装置及其作用

① 配用热电偶和热电阻的数字显示仪表各一台，型号 XMZ-101、XMZ-102。

② 精密直流手动电位差计一台，型号 UJ-36、37，替代热电偶提供 XMZ-101 所需的校验信号。

③ 精密电阻箱一只，型号 ZX-38/A，替代热电阻进行 XMZ-102 型仪表的校验。

④ 数字电压表一只。

2. 调校装置连接图

① 配用热电偶的数显仪表线路连接图（图 9-17）。

② 配用热电阻的数显仪表线路连接图（图 9-18）。

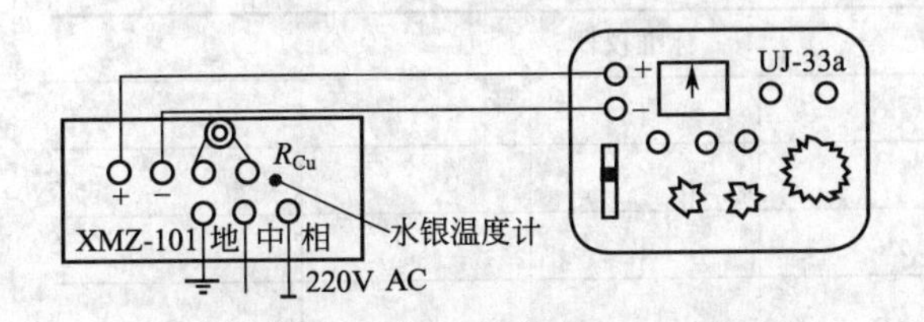

图 9-17　XMZ-101 数显仪表校验线路连接图

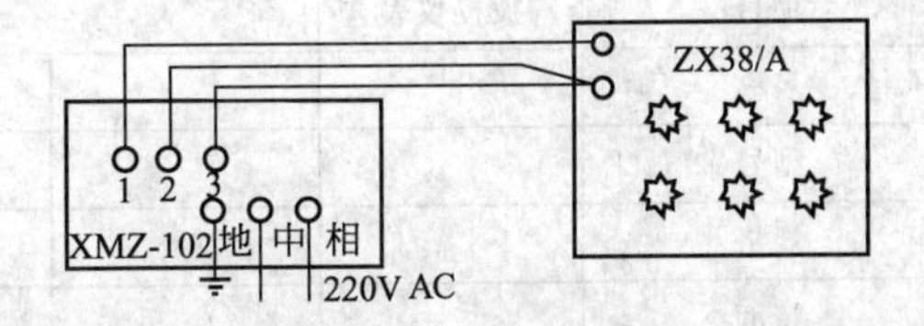

图 9-18　XMZ-102 数显仪表校验线路连接图

三、操作步骤及内容

1. 零位与满度的调整

① 分别按图进行调校训练装置连接，接线经检查无误后通电预热 30min。

② 将标准仪器（手动电位差计或标准电阻箱）的信号调至被校仪表的下限信号，调整零位电位器使数显仪表显示“000.0”。

③ 将标准仪器（手动电位差计或电阻箱）的信号调至被校仪表的上限信号（上限值见标注，信号值查分度表可得），调整量程电位器使仪表显示上限刻度值（以上两项对 XMZ-101 而言均需考虑环境温度）；在数显仪表的正面面板左下方有一锁紧螺钉“OPEN”，按标注方向旋动它可抽出表芯。表芯内的印刷线路板上装有零点及量程调整电位器，可分别调整仪表的零位和量程。

④ 复查零位和量程，调整合格后装上表芯。

2. 示值校验

采用“输入被校验点标称电量值法”（即“输入基准法”），校验方法如下。

先选好校验点，校验点不应少于 5 点，一般应选择包括上、下限在内的整十或整百摄氏度点。

从下限开始增大输入信号（正行程时），分别给仪表输入各被校验点温度所对应的标准电量值，读取被校仪表指示的温度值，直至上限（上限值只进行正行程的校验）。把在各校验点读取的温度值记入相应表格。

减小输入信号（反行程校验），分别给仪表输入各被校验点温度所对应的标准电量值，读取被校仪表显示的温度值，直至下限（下限值只进行反行程校验）。把各实测温度值记入表格。

3. 分辨率的测试

分辨率的测试点可以与示值校验点相同，但不包含上、下限值。分辨率的测试方法如下：

从下限开始增大输入信号，当仪表刚能够稳定地显示被校验点的温度值时，把此时的输入信号称为 A_1，再增大输入信号，使显示值最末位发生一个字的变化（包括显示值在两值之间波动），这时的输入信号值称为 A_2。按上述方法，依次对各测试点进行测试并记录数据，并按有关要求处理数据。

四、实训报告

1. 仪表调校记录单填写（表 9-5 和表 9-6）

表 9-5　主要仪器、设备技术参数一览表

<table>
<tr><td>项目</td><td>被校仪表</td><td colspan="5">标准仪器</td></tr>
<tr><td>名称</td><td></td><td></td><td></td><td></td><td></td><td></td></tr>
<tr><td>型号</td><td></td><td></td><td></td><td></td><td></td><td></td></tr>
<tr><td>规格</td><td></td><td></td><td></td><td></td><td></td><td></td></tr>
<tr><td>精度</td><td></td><td></td><td></td><td></td><td></td><td></td></tr>
<tr><td>数量</td><td></td><td></td><td></td><td></td><td></td><td></td></tr>
<tr><td>制造厂</td><td></td><td></td><td></td><td></td><td></td><td></td></tr>
<tr><td>出厂日期</td><td></td><td></td><td></td><td></td><td></td><td></td></tr>
</table>

表 9-6　显示仪基本误差测试记录表

<table>
<tr><td colspan="3">输入信号调校点</td><td></td><td></td><td></td><td></td><td></td></tr>
<tr><td rowspan="4">输出</td><td colspan="2">输出信号刻度</td><td></td><td></td><td></td><td></td><td></td></tr>
<tr><td colspan="2">输出信号标准值</td><td></td><td></td><td></td><td></td><td></td></tr>
<tr><td rowspan="2">实际测量值</td><td>正行程</td><td></td><td></td><td></td><td></td><td></td></tr>
<tr><td>反行程</td><td></td><td></td><td></td><td></td><td></td></tr>
<tr><td rowspan="6">误差</td><td rowspan="2">实际误差</td><td>正行程</td><td></td><td></td><td></td><td></td><td></td></tr>
<tr><td>反行程</td><td></td><td></td><td></td><td></td><td></td></tr>
<tr><td colspan="2">正、反行程差值</td><td></td><td></td><td></td><td></td><td></td></tr>
<tr><td colspan="2">实际基本误差</td><td>%</td><td colspan="3">被校表允许基本误差</td><td></td></tr>
<tr><td colspan="2">实测变差</td><td>%</td><td colspan="3">被校表允许变差</td><td></td></tr>
<tr><td colspan="2">仪表精度等级</td><td colspan="5"></td></tr>
</table>

2. 数据处理

① 绝对误差的计算：

$$绝对误差 = t_{实} - t_{标}$$

式中　$t_{实}$——被校表显示温度值，℃；

$t_{标}$——标准仪器输入的名义电量值所对应的被校点温度值，℃。

② 实际最大误差的计算：

$$实际最大误差 = (t_{实} - t_{标})_{max} \pm b$$

式中　$(t_{实}-t_{标})_{max}$——绝对误差中的最大值，℃；

$\pm b$——仪表的标称分辨率，+、-符号应与$(t_{实}-t_{标})_{max}$的符号相一致。

③ 计算得到的实际最大误差应小于仪表的允许误差。

3. 报告结论及总结

① 绘制仪表校验线路连接图。

② 如实、准确地反映出校验表格（略）所要求的各项内容，并以文字形式表达计算过程和调校结论。

任务五　气动薄膜调节阀的测试与调校

一、训练目的

1. 熟悉气动薄膜调节阀整体结构及各部分的作用。
2. 掌握气动薄膜调节阀非线性偏差、变差及灵敏限的测试方法。
3. 了解执行机构测试、调节阀的测试。
4. 学会气动膜薄调节阀的校验。

二、训练装置及接线

1. 气动薄膜调节阀主要技术性能指标

① 最大供气气源压力为0.24MPa。

② 标准输入信号压力为0.02～0.1MPa。

③ 基本误差限（或线性误差）。

④ 始、终点偏差；允许泄漏量。

2. 校验接线图（图9-19）

三、操作步骤及内容

气动薄膜调节阀是工艺生产过程自动调节系统中极为重要的环节。为了确保其安全正常运行，在安装使用前或检修后应根据实际需要进行必要的检查和校验。

1. 执行机构测试

(1) 薄膜气室密封性检查　当调节阀铭牌信号压力范围为0.02～0.1MPa时，将0.08MPa压力的压缩空气通入薄膜气室，切断气源，持续5min，薄膜气室内压力下降不应超过0.007MPa（5mmHg）。

(2) 推杆动作与行程检查

① 用0.02～0.1MPa范围的信号压力输入薄膜气室，往复增加和降低信号压力，推杆移动应均匀灵活，无卡滞跳动现象。

② 调整压缩弹簧预压力，使信号压力为0.015MPa时推杆开始启动（与阀门定位器配用时启动信号压力为0.02MPa）。

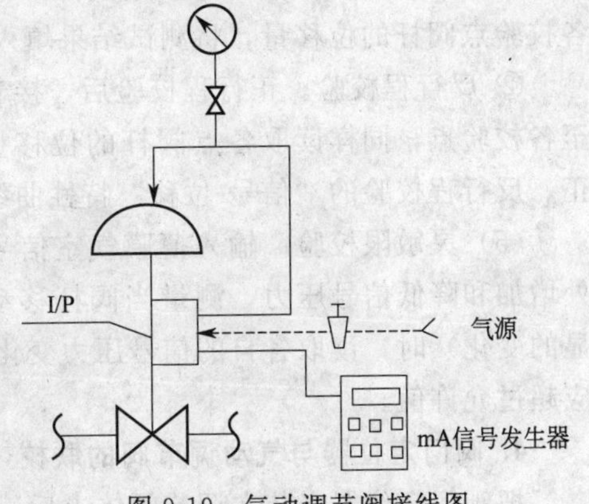

图9-19　气动调节阀接线图

③ 以 0.02～0.1MPa 压力范围增加和降低信号压力，推杆行程应满足调节阀最大行程。

2. 调节阀的测试

(1) 密封填料函及其他连接处的渗漏测试　将温度为室温的水，以调节阀公称压力的 1.1 倍或最大操作压力的 1.5 倍的压力，按打开阀芯的方向通入调节阀的一端，另一端封闭。保持压力 10min，同时阀杆每分钟做 1～3 次往返移动。密封填料函及其他部件连接处不应有渗漏现象。

(2) 关闭时的泄漏测试

① 注水法泄漏测试。对于双座调节阀一般可用简易的注水法检查泄漏情况。向薄膜气室输入信号压力，使调节阀关闭（气关阀输入 1.2MPa 信号压力，气开阀信号压力为零）。向调节阀进口处注入温度为室温的水，在不加压的情况下另一端应无显著滴漏现象。

② 水压法泄漏量测试。对于事故切断用的或要求关闭严密的单座调节阀、角形调节阀、隔膜阀可用此法。

3. 气动膜薄调节阀的校验

(1) 始终点偏差校验　将 0.02MPa 的信号压力输入薄膜气室，然后增加信号压力至 0.1MPa，阀杆应走完全行程，再降低信号压力至 0.02MPa。在 0.1MPa 和 0.02MPa 处测量阀杆行程，其始点偏差和终点偏差不应超过允许值。

(2) 全行程偏差校验　将 0.02MPa 的信号压力输入薄膜气室，然后增加信号压力至 0.1MPa，阀杆应走完全行程。测量全行程偏差不超过允许值。

(3) 非线性偏差校验　将 0.02MPa 的信号压力输入薄膜气室，然后以同一方向增加信号压力至 0.1MPa，使阀杆做全行程移动，再以同一方向降低信号压力至 0.02MPa，使阀杆反向做全行程移动。在信号压力升降过程中逐点记录每隔 0.008 MPa 的信号压力时相对应的阀杆行程值（平时校验时可取 5 点）。输入信号压力-阀杆行程的实际关系曲线与理论直线之间的最大非线性偏差不应超过允许值。

(4) 正反行程变差校验　校验方法与非线性偏差校验方法相同，按照正反信号压力-阀杆行程实际关系曲线，在同一信号压力值时阀杆正反行程值的最大偏差不应超过允许值。

① 正行程校验。选取 20kPa、40kPa、60kPa、80kPa、100kPa 5 个输入信号校验点，输入信号从 20kPa 开始，依次增大加入膜头的输入信号的压力至校验点，在百分表上读取各校验点阀杆的位移量，将测试结果填入表 9-7 的相应栏目内。

② 反行程校验。正行程校验后，接着从 100kPa 开始，依次减加入膜头的输入信号压力至各校验点，同样读取各点阀杆的位移量，将测试结果填入表 9-7 的相应栏目内，并绘制正、反行程校验的“信号-位移”特性曲线。

(5) 灵敏限校验　输入薄膜气室信号压力，在 0.03MPa、0.06MPa、0.09MPa 的行程处增加和降低信号压力，测量当阀杆移动 0.01mm 时信号压力变化值（百分表的指示有明显的变化）时，读取各自的信号压力变化值，填入表 9-7 中的相应栏目内。其最大变化值不应超过允许值。

4. 阀门定位器与气动调节阀的联校

把阀门定位器安装在调节阀体上后，如图 9-20 所示接好气动信号管线。在去调节阀膜

表 9-7　非线性偏差、变差及灵敏限校验记录表

非线性偏差及变差测试记录					
校验点		阀杆位置		阀杆位移量	
百分值/%	信号值/kPa	正行程/%	反行程/%	正行程/%	反行程/%
0					
25					
50					
75					
100					
	非线性偏差		%		
	变差		%		
灵敏限测试记录					
测试点		阀杆移动 0.01mm 时信号变化量		减少信号变化量/ kPa	
百分值/%	信号值/ kPa	增加信号变化量/ kPa		减少信号变化量/ kPa	
10					
50					
90					
灵敏限		%			
校验结论：					

头的一侧安装一块标准压力表，可选用 0.16MPa，用标准信号发生器给阀门定位器依次加 4～20mA 的电信号，观测标准压力表示值和调节阀的行程，根据执行机构的作用形式判断动作方向是否正确，如果方向正确而示值有偏差，可通过调整执行机构的工作弹簧或电气阀门定位器的零点和量程螺钉来校正。

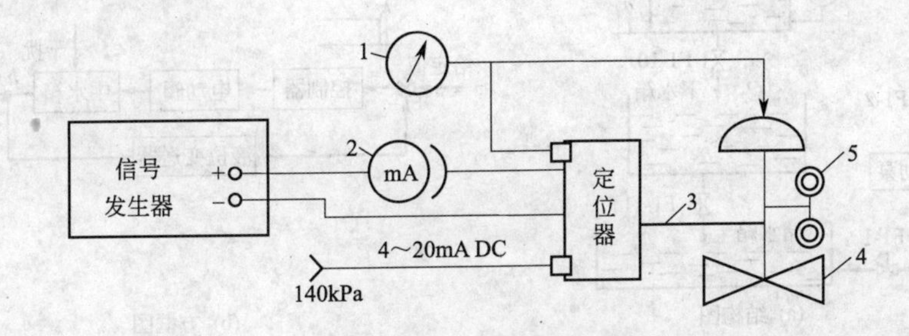

图 9-20　调节阀与定位器联校连接图

1—精密压力表；2—直流毫安表；3—反馈杆；4—调节阀；5—百分表

① 零点调整。给阀门定位器输入 4mA DC 信号，其输出气压信号应为 20kPa，调节阀阀杆应刚好启动。如不符，可调整阀门定位器中的零点调节螺钉来满足。

② 量程调整。给阀门定位器输入 20mA DC 信号，输出气压信号应为 100kPa，调节阀阀杆应走完全行程（100%处），否则调节量程螺钉使之满足要求。

零点和量程应反复调整，直至两项均符合要求为止。然后再看一下中间值，不超过精度要求，即联校完成，否则要进行非线性和变差校验。

任务六　单容水箱液位定值控制系统

一、训练目的

1. 了解单闭环液位控制系统的结构与组成。
2. 掌握单闭环液位控制系统调节器参数的整定。
3. 研究调节器相关参数的变化对系统动态性能的影响。

二、训练装置及原理

1. 训练装置

①THJ-3 型高级过程控制系统装置。

②计算机、上位机 MCGS 组态软件、RS232-485 转换器 1 只、串口线 1 根。

③万用表 1 只。

2. 装置原理

本实训系统结构图和方框图如图 9-21 所示。被控变量为中水箱（也可采用上水箱或下水箱）的液位高度，实训要求中水箱的液位稳定在给定值。将压力传感器 LT2 检测到的中水箱液位信号作为反馈信号，在与给定量比较后的差值通过控制器控制电动调节阀的开度，以达到控制中水箱液位的目的。为了实现系统在阶跃给定和阶跃扰动作用下的无静差控制，系统的控制器应为 PI 或 PID 控制。

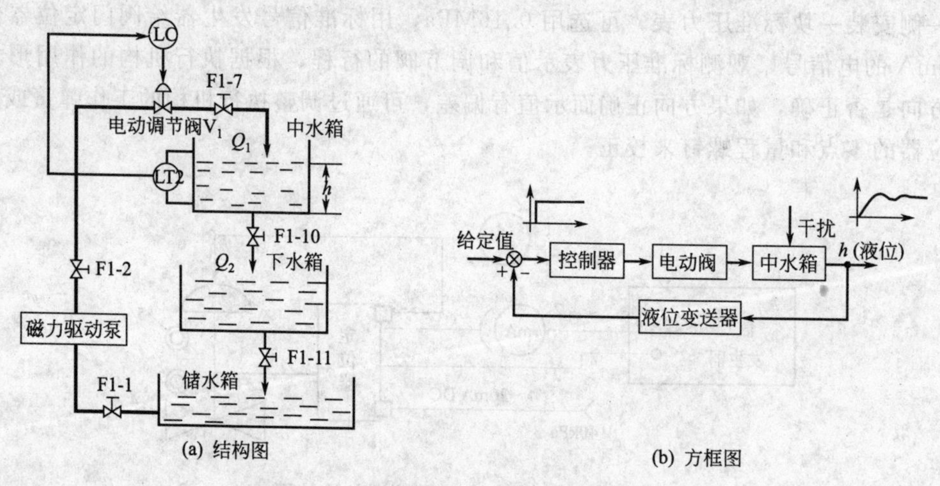

图 9-21　中水箱单容液位定值控制系统

3. 接线图（图 9-22）

三、操作步骤及内容

1. 参数设置

控制器选用 AI 系列仪表。

设定值：S_v＝10cm

比例度：P＝10～30；积分时间：T_I＝10～30；微分时间：T_D＝0（参考值）。

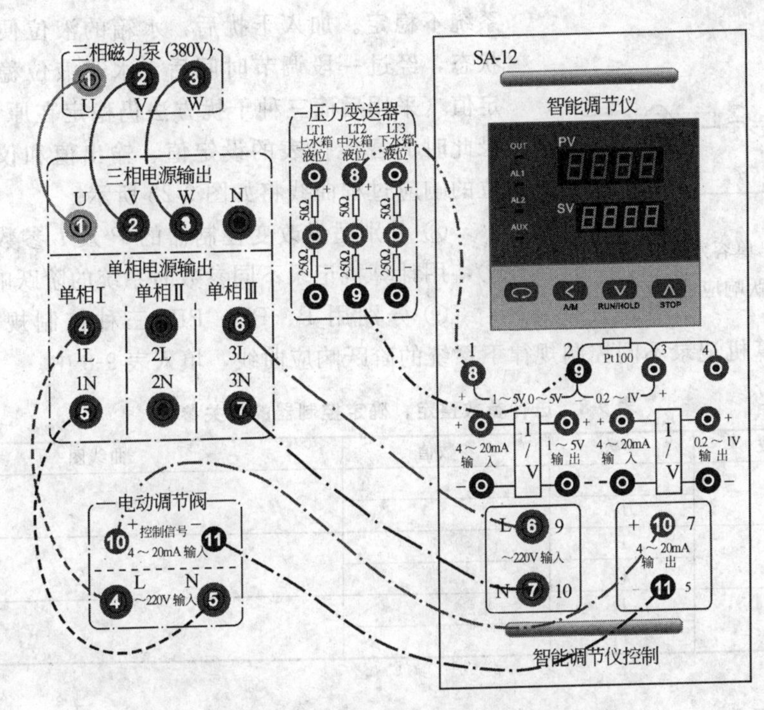

图 9-22　智能仪表控制单容液位定值控制实训接线图

2. 操作步骤

本实训选择中水箱作为被控对象。实训之前先将储水箱中储足水量，然后将阀门 F1-1、F1-2、F1-7、F1-11 全开，将中水箱出水阀门 F1-10 开至适当开度，其余阀门均关闭。

① 按照结构图进行接线，将“LT2 中水箱液位”钮子开关拨到“ON”的位置。

② 接通总电源空气开关和钥匙开关，按下启动按钮，合上单相Ⅰ、单相Ⅲ空气开关，给智能仪表及电动阀上电。

③ 启动 MCGS，并进入相应实训界面。

④ 在上位机监控界面中点击“启动仪表”。将智能仪表设置为“手动”，并将设定值和输出值设置为一个合适的值，此操作可通过调节仪表实现。

⑤ 合上三相电源空气开关，磁力驱动泵上电打水，适当增加/减少智能仪表的输出量，使中水箱的液位平衡于设定值。

⑥ 选用单回路控制系统中所述的某种控制器参数的整定参数的整定方法整定控制器的相关参数 δ、T_I。

⑦ 待液位稳定于给定值后，将控制器切换到“自动”控制状态，待液位平衡后，通过以下几种方式加干扰。

a. 突增（或突减）仪表设定值的大小，使其有一个正（或负）阶跃增量的变化（此法推荐，后面三种仅供参考）。

b. 将电动调节阀的旁路阀 F1-3 或 F1-4（同电磁阀）开至适当开度。

c. 将下水箱进水阀 F1-8 开至适当开度（改变负载）。

d. 接上变频器电源，并将变频器输出接至磁力泵，然后打开阀门 F2-1、F2-4，用变频器支路以较小频率给中水箱打水。

以上几种干扰均要求扰动量为控制量的 5%～15%，干扰过大可能造成水箱中水溢出或

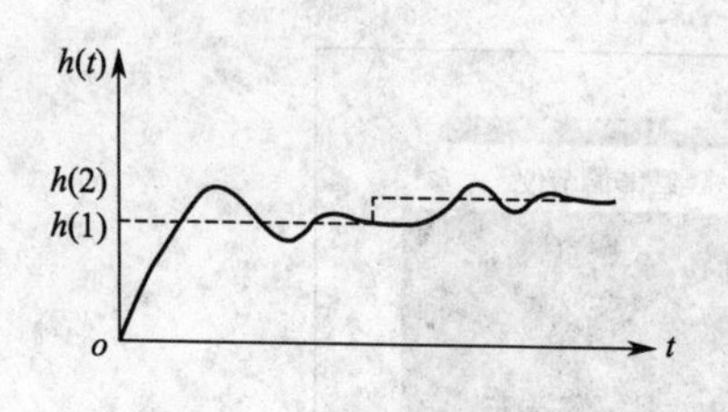

图 9-23 单容水箱液位的阶跃响应曲线

系统不稳定。加入干扰后，水箱的液位便离开原平衡状态，经过一段调节时间后，水箱液位稳定至新的设定值（采用后面三种干扰方法仍稳定在原设定值），记录此时的智能仪表的设定值、输出值和仪表参数，液位的响应过程曲线将如图 9-23 所示。

⑧ 分别适量改变控制器的 P 及 I 参数，重复步骤⑦，用计算机记录不同参数时系统的阶跃响应曲线。

⑨ 分别用 P、PD、PID 三种控制规律重复步骤④～⑧，用计算机记录不同控制规律下系统的阶跃响应曲线，填入表 9-8 中。

表 9-8 进行参数整定，确定控制器的相关参数

参数调整次数	参数	参数值	曲线图
1	P		
	T_I		
2	P		
	T_I		
3	P		
	T_I		

四、实训报告

① 完成常规实训报告内容。

② 总结单回路参数整定的方法。

实 训 报 告 单

科 目 名 称	过程控制系统	指导教师	
课 题 名 称	单容水箱液位定值控制系统	学 时	
时 间	— 学年度 第 学期 第 周 星期 第 节		
实 训 目 的			
实 训 设 备			
报 告 内 容			

序号	质 检 内 容	考 核 要 求	评 分 标 准	配分	扣分	得分
1	控制接线图	正确连接控制线路；开启计算机调用相应监控程序，做好控制准备	操作规范、正确得 20 分；操作基本正确得 12～16 分；操作不熟练或有缺陷得 7～12 分；操作错误不得分；违反操作规程，损坏设备不得分	20		
2	控制器参数整定	按照控制要求熟练设置控制器参数，进行系统投运、参数整定	操作规范、正确、熟练，控制器参数整定合理得 50 分；操作基本正确，但数据有偏差得 30～45 分；操作不熟练，数据有较大偏差或缺陷得 20～30 分；操作错误不得分	50		

续表

序号	质检内容	考核要求	评分标准	配分	扣分	得分
3	数据处理	对测试数据进行科学处理，以得到最佳系统参数	方法正确，数据处理合理得 20 分；方法正确，但数据处理有缺陷得 10～15 分；方法错误不得分	20		
4	善后工作	停止系统运行，并做好善后工作	正确处理得分，否则不得分	10		

教师批语：

成绩		指导教师		年　月　日

任务七　典型集散系统操作训练——锅炉内胆水温位式控制实训

一、训练目的

1. 了解温度位式控制系统的结构与组成。
2. 掌握位式控制系统的工作原理及其调试方法。
3. 了解位式控制系统的品质指标和参数整定方法。
4. 分析锅炉内胆水温定值控制与位式控制的控制效果有何不同之处。

二、训练装置及原理

1. 主要装置

① THJDS-1 型集散过程控制系统装置。

② 计算机，上位机 MCGS 组态软件，RS232-485 转换器 1 只，串口线 1 根。

2. 装置原理

本实训系统的结构图和方框图如图 9-24 所示。本实训的被控对象为锅炉内胆，系

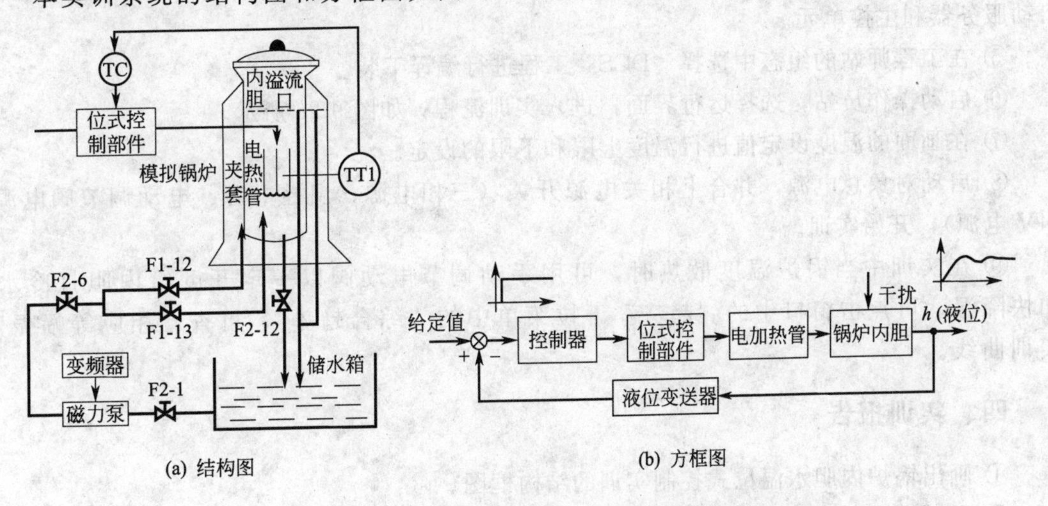

图 9-24　锅炉内胆水温位式控制系统图

统的被控变量为内胆的水温。由于实训中用到的控制器输出只有“开”或“关”两种极限的工作状态，故称这种控制器为二位式控制器。温度变送器把铂电阻TT1检测到的锅炉内胆温度信号转变为反馈电压V_i。它与二位控制器设定的上限输入V_{max}和下限输入V_{min}比较，从而决定二位控制器输出继电器是闭合或断开，即控制位式接触器的接通与断开。图9-25为位式控制器的工作原理图。

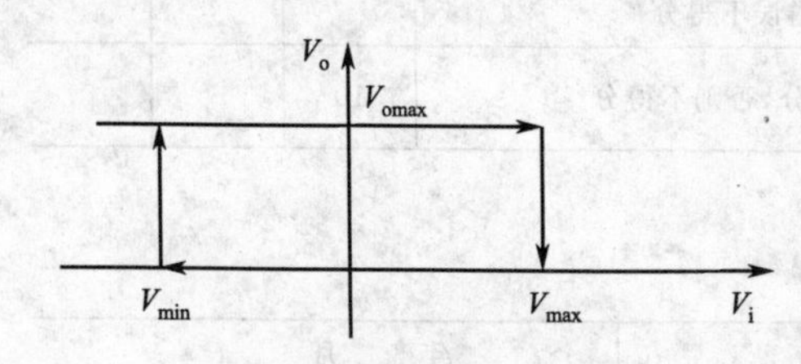

图9-25 位式控制器的输入-输出特性

V_o—位式控制器的输出；V_i—位式控制器的输入；V_{max}—位式控制器的上限输入；V_{min}—位式控制器的下限输入

由图9-25可见，当被控制的锅炉水温T减小到小于设定下限值时，即$V_i \leqslant V_{min}$时，位式调节器的继电器闭合，交流接触器接通，使电热管接通三相380V电源进行加热（图9-24）。随着水温T的升高，V_i也不断增大，当增大到大于设定上限值时，即$V_i \geqslant V_{max}$时，则位式调节器的继电器断电，交流接触器随之断开，切断电热丝的供电。由于这种控制方式是断续的二位式控制，故只适用于对控制质量要求不高的场合。

位式控制系统的输出是一个断续控制作用下的等幅振荡过程，因此不能用连续控制作用下的衰减振荡过程的温度品质指标来衡量，而用振幅和周期作为控制品质的指标。一般要求振幅小，周期长。然而对于同一个位式控制系统来说，若要振幅小，则周期必然短；若要周期长，则振幅必然大。因此可通过合理选择中间区以使振幅保持在限定范围内，而又尽可能获得较长的周期。

三、操作步骤及内容

① 按上述要求连接实训系统，打开对象相应的水路（打开阀F1-1、F1-2、F1-3、F1-5、F1-14，其余阀门均关闭）。

② 用电缆线将对象和DCS控制柜连接起来。

③ 利用电动调节阀支路将锅炉内胆及夹套打满水。

④ 合上DCS控制柜电源（控制站电源、电动调节阀电源、24V电源和主控单元电源），启动服务器和主控单元。

⑤ 在工程师站的组态中选择“DCS”工程进行编译下装。

⑥ 启动操作员站，选择运行界面，进入实训流程，如图9-26所示。

⑦ 在画面的温度设定值进行温度上限和下限的设定。

⑧ 启动对象总电源，并合上相关电源开关（三相电源、温控电源、电动调节阀电源、24V电源），开始实训。

⑨ 在实训中当锅炉温度散热时，可用手动调节电动阀以一定开度给内胆打冷水，加快降温。可点击窗口中的“趋势”下拉菜单中的“综合趋势”，可查看相应等幅振荡实训曲线。

四、实训报告

① 画出锅炉内胆水温位式控制实训的结构框图。

② 试评述温度位式控制的优缺点。

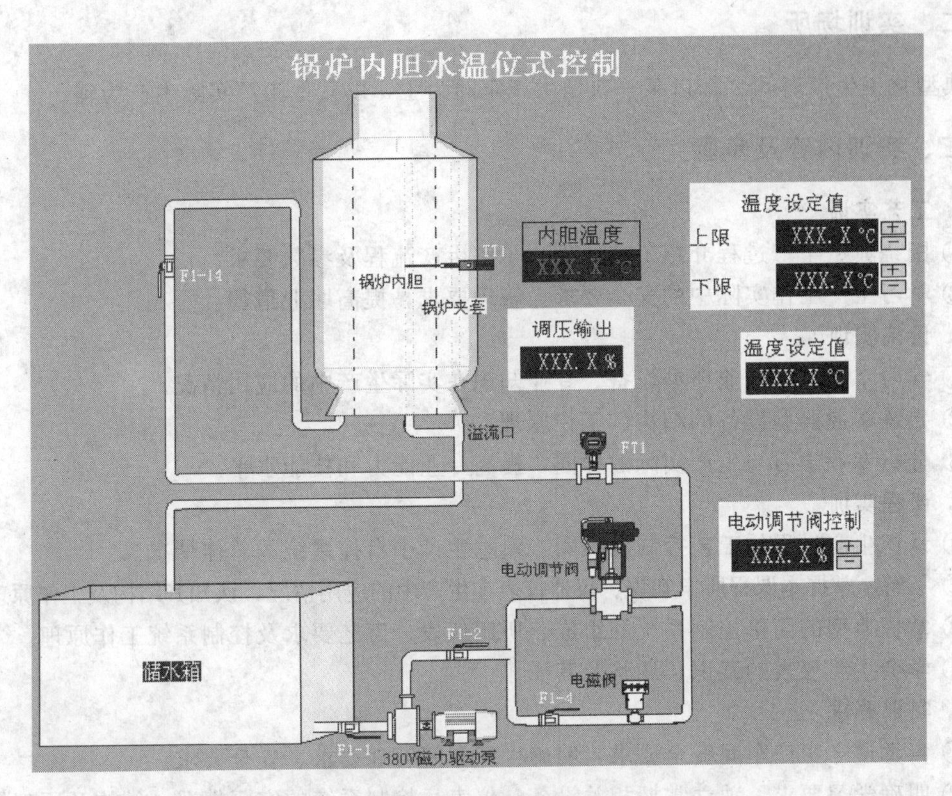

图 9-26　实训流程图

③ 根据实训数据和曲线，分析系统在阶跃扰动作用下的静、动态性能。进行参数整定，确定控制器的相关参数。

参数调整次数	参数	参数值	曲线图
1	P		
	T_I		
2	P		
	T_I		
3	P		
	T_I		

任务八　专业课程生产实训

一、实训目的

1. 了解典型生产过程的工艺原理，掌握化工生产的基本要求。
2. 掌握所学专业设备、专业知识在生产过程中的应用情况。
3. 掌握本课程的知识、仪器仪表在生产过程中的应用情况。

二、实训场所

典型化工生产车间。如以某一典型生产车间为主，以其他工厂实际生产为辅。

三、实训内容及步骤

1. 工艺实训

① 围绕典型生产过程介绍工艺原理，了解生产流程及参数要求。

② 学习工厂工作实际中的安全要求、管理要求，提高职业道德。

2. 设施实训

① 学习掌握所学专业典型设备、专业知识在实际生产中的应用情况。

② 熟练掌握典型设备的结构、工作原理。

③ 分析专业学习与生产实际的异同，提高专业能力和技能水平。

3. 课程实训

① 认识生产过程的工艺控制流程图，熟悉生产中自控系统的总体情况。

② 了解、掌握本课程所学知识、仪器仪表在生产中的应用情况，认知其结构及工作原理。

③ 掌握典型的简单控制系统的组成、所用仪表、工艺要求及控制系统工作原理。

④ 学会主要仪表的读识、调整及其操作。

4. 实训要求

① 自觉遵守生产车间安全要求，明确生产车间管理要求、安全要求。

② 明确学习要求，独立掌握相关设备、仪表、控制系统的实际情况、结构及原理等。

③ 不随意走动，禁止自行操作。经教师允许后方可操作有关仪表。

四、实训报告

① 按要求学会、总结每单元实训内容。

② 完成实训报告内容。总结学习体会。

③ 填写《生产实训报告单》。

生 产 实 训 报 告 单

课程名称	自动化及仪表技术基础	姓名、学号	
任务名称	______车间生产实训	指导教师	
实训时间	～　学年度　第　学期　第　周　星期　第　节		
同组人员			
实训目的			

实 训 报 告 内 容 目 录

（按要求内容撰写实训报告，具体内容另附页）

续表

序号	内容	考核要求	评分标准	配分	扣分	得分
1	目的及要求	规定的内容,及车间安全要求、管理要求	缺一项扣5分	10		
2	工艺实训	典型生产过程工艺原理、生产流程及参数要求	图形、数据缺项扣5分	10		
3	设施实训	所学专业典型设备、专业知识在实际生产中的应用情况。典型设备的结构、工作原理。专业学习与生产实际的异同	典型设备缺项扣10分,内容缺项扣5分	20		
4	课程实训	生产过程的工艺控制流程图,自控系统的总体情况。本课程仪器仪表在生产中的应用情况、结构及工作原理。典型的简单控制系统的组成、所用仪表、工艺要求及控制系统工作原理。仪表的读识、调整及其操作	典型自控系统总结缺项扣10分,典型仪表缺项扣5分	50		
5	总体评价	写出实训总结及体会。遵守教学要求及车间要求。报告完整、整洁	违纪、抄袭不得分	10		

教师批语:

成绩			指导教师:	年 月 日

附 录

附录一 热电偶、热电阻型号与主要规格

1. 部分常用普通型工业用热电偶型号规格

热电偶名称	型号		分度号		规格及主要技术数据				
	现用	原用	现用	原用	结构特征	测量范围/℃	保护管材料	总长 L/mm	插入长度 L/mm
铂铑-铂铑	WRR 120 —121	WRLL	B	LL-2	无固定装置、普通接线盒,120型保护管外径16mm,191型保护管外径25mm	0~1600	高纯氧化铝	300,500,750,1000,1250,1500	
铂铑-铂	WRP 120 —121	WRLB	S	LB-3	无固定装置、普通接线盒,120型保护管外径16mm,121型保护管外径25mm	0~1300	耐火陶瓷	300,500,750,1000,1250,1500	
镍铬-镍硅	WRN 120 —121	WREU	K	EO-2	无固定装置、普通接线盒,120型保护管外径16mm,121型保护管外径25mm	0~1000	Cr25Ti	300,500,750,1000,1250,500,1750,2000	
						0~800	1Cr18Ni9Ti		
						0~600	碳钢20		
	WRN 130 —101				131型保护管外径20mm,其他同上	0~1000	耐温瓷	300,450,650,900,1150,400,1650	150,300,500,750,1000,1250,1500

2. 部分普通热电阻型号规格

热电偶名称	型号		分度号		规格及主要技术数据				
	现用	原用	现用	原用	结构特征	测量范围/℃	保护管材料	总长 L/mm	插入长度 L/mm
铜电阻	WZC-220	WZC	Cu50	G	固定螺纹防溅式	—50~+100	黄铜,碳钢,不锈钢	300,350,450,550,650,900,1150,1400,1650,2150	150,200,300,400,500,750,1000,1250,1500,2000
	WZC-230				固定螺纹防水式				
	WZC-240				固定螺纹防爆式		碳钢,不锈钢		
	WZC-320				可动法兰,插入长度可调				
	WZC-420				固定法兰				
铂电阻	WZP-220	WZB	Pt50 Pt100	BA1 BA2	固定螺纹防溅式	—200~+500	黄铜,碳钢,不锈钢	150,200,300,400,500,750,1000,1250,1500,2000	
	WZP-230				固定螺纹防水式				
	WZP-320				可动法兰,插入长度可调		碳钢,不锈钢		
	WZP-420				固定法兰				

附录二　标准化热电偶分度表

1. 铂铑$_{10}$-铂热电偶　分度号：S（参比端温度：0℃）

温度/℃	热电动势/μV									
	0	10	20	30	40	50	60	70	80	90
0	0	55	113	173	235	299	365	432	502	573
100	645	719	795	872	950	1029	1109	1190	1273	1356
200	1440	1525	1611	1698	1785	1873	1962	2051	2141	2232
300	2323	2414	2506	2599	2692	2786	2880	2974	3069	3164
400	3260	3356	3452	3549	3645	3743	3840	3938	4036	4135
500	4234	4333	4432	4532	4632	4732	4832	4933	5034	5136
600	5237	5339	5442	5544	5648	5751	5855	5960	6064	6169
700	6274	6380	6486	6592	6699	6805	6913	7020	7128	7236
800	7345	7454	7563	7672	7782	7892	8003	8114	8225	8336
900	8448	8560	8673	8786	8899	9012	9126	9240	9355	9470
1000	9585	9700	9816	9932	10048	10165	10282	10400	10517	10635
1100	10754	10872	10991	11110	11229	11348	11467	11587	11707	11827
1200	11947	12067	12188	12308	12429	12550	12671	12792	12913	13034
1300	13155	13276	13397	13519	13640	13761	13883	14004	14125	14247
1400	14368	14489	14610	14731	14852	14973	15094	15215	15336	15456
1500	15576	15697	15817	15937	16057	16176	16296	16415	16534	16653
1600	16771	16890	17008	17125	17245	17360	17477	17594	17711	17826
1700	17924	18056	18170	18282	18394	18504	18612			

2. 镍铬-镍硅热电偶　分度号：K（参比端温度：0℃）

温度/℃	热电动势/μV									
	0	10	20	30	40	50	60	70	80	90
0	0	397	798	1203	1611	2022	2436	2850	3266	3681
100	4095	4508	4919	5327	5733	6137	6539	6939	7338	7737
200	8137	8537	8938	9341	9745	10151	10560	10969	11381	11793
300	12207	12623	13039	13456	13874	14292	14712	15132	15552	15974
400	16395	16818	17241	17664	18088	18513	18938	19363	19788	20214
500	20640	21066	21493	21919	22346	22772	23198	23624	24050	24476
600	24902	25327	25751	26176	26599	27022	27445	27867	28288	28709
700	29128	29547	29965	30383	30799	31214	31629	32042	32455	32866
800	33277	33686	34095	34502	34909	35314	35718	36121	36524	36925
900	37325	37724	38122	38519	38915	39310	39703	40096	40488	40879
1000	41269	41657	42045	42432	42817	43202	43585	43968	44349	44729
1100	45108	45486	45863	46238	46612	46985	47356	47726	48095	48462
1200	48828	49192	49555	49916	50276	50633	50990	51344	51697	52049
1300	52398	53093	53093	53439	53782	54125	54466	54807		

3. 铂铑-铂铑热电偶　分度号：B（参比端温度：0℃）

温度/℃	热电动势/μV									
	0	10	20	30	40	50	60	70	80	90
0	0	−2	−3	−2	0	2	6	11	17	25
100	33	43	53	65	78	92	107	123	140	159
200	178	199	220	243	266	291	317	344	372	401
300	431	462	494	529	561	596	632	669	707	746
400	786	827	870	913	957	1002	1048	1095	1143	1192
500	1241	1292	1344	1397	1450	1505	1560	1617	1674	1732
600	1791	1851	1912	1974	2036	2100	2164	2230	2296	2363
700	2430	2499	2569	2639	2710	2782	2855	2928	3003	3078
800	3154	3231	3308	3387	3466	3546	3626	3708	3790	3873
900	3957	4041	4126	4212	4298	4386	4474	4562	4652	4742
1000	4833	4924	5016	5109	5202	5297	5391	5487	5583	5680
1100	5777	5875	5973	6073	6172	6273	6374	6475	6577	6680
1200	6783	6887	6991	7096	7202	7308	7414	7521	7628	7736
1300	7845	7953	8063	8172	8283	8393	8504	8616	8727	8839
1400	8952	9065	9178	9291	9405	9519	9634	9748	9863	9979
1500	10094	10210	10325	10441	10558	10674	10790	10907	11024	11141
1600	11257	11374	11491	11608	10725	11842	11959	12076	12193	12310
1700	12436	12543	12659	12776	12892	13008	13124	13239	13354	13470
1800	13585	13699	13814							

附录三　标准化热电阻分度表

1. 铂热电阻　分度号：Pt100　$R(0℃)=100.00\Omega$

温度/℃	热电阻值/Ω									
	0	10	20	30	40	50	60	70	80	90
−100	60.25	56.19	52.11	48.00	43.87	39.71	35.53	31.32	27.08	22.80
−0	100.00	96.09	92.16	88.22	84.27	80.31	76.33	72.33	68.33	64.30
0	100.00	103.9	107.79	111.67	115.54	119.4	123.24	127.08	130.9	134.71
100	138.51	142.29	146.07	149.83	153.58	157.33	161.05	164.77	168.48	172.17
200	175.86	179.53	183.19	186.84	190.47	194.1	197.71	201.31	204.9	208.48
300	212.05	215.61	219.15	222.68	226.21	229.72	233.21	236.7	240.18	243.64
400	247.09	250.53	253.96	257.38	260.78	264.18	267.56	270.93	274.29	277.64
500	280.98	284.3	287.62	290.92	294.21	297.49	300.75	304.01	307.25	310.49
600	313.71	316.92	320.12	323.3	326.48	329.64	332.79	335.93	339.06	342.18
700	345.28	348.38	351.46	354.53	357.59	360.64	363.67	366.7	369.71	372.71
800	375.70	378.68	381.65	384.6	387.55	390.48				

2. 铜热电阻　分度号：Cu50　$R(0℃)=50.000\Omega$

温度/℃	热电阻值/Ω									
	0	10	20	30	40	50	60	70	80	90
−0	50.00	47.85	45.70	43.55	41.40	39.24				
0	50.00	52.14	54.28	56.42	58.56	60.70	62.84	64.98	67.12	69.26
100	71.40	73.54	75.68	77.83	79.98	82.13				

3. 铜热电阻　分度号：Cu100　$R(0℃)=100.00\Omega$

温度/℃	热电阻值/Ω									
	0	10	20	30	40	50	60	70	80	90
−0	100.00	95.70	91.40	87.10	82.80	78.49				
0	100.00	104.29	108.57	112.85	117.13	121.41	125.68	129.96	134.24	138.52
100	142.80	147.08	151.37	155.67	159.96	164.27				

附录四 部分习题参考答案

第一单元

1. $U=-10V$，$I=-1A$，$U=10V$
2. $I_1=-1A$，$I_2=1.6A$，$I_3=0.6A$
3. $R_1=2.5\Omega$，$R_2=22.5\Omega$，$R_3=1.22k\Omega$
4. ①$U=5.5V$ ②$U=5.94V$ 电压表内阻越高，测量结果越准确。
5. ①$T=0.02s$，$\omega=314rad/s$ ②$u=10\sin(314t-30°)V$
6. $I=0.44A$，$U=132V$
7. ①$I_l=27.3A$，$I_0=0A$ ②$I_A=27.3A$，$I_B=18.2A$，$I_C=9.1A$
8. 可接166个；$I_{1N}\approx 3A$，$I_{2N}\approx 45.5A$
10. $n_1=1000 r/min$，$P=3$，$s_N=0.025$

第二单元

4. 1—e，2—c，3—b；NPN型；硅管
5. B
9. 100mA，50V，0mA，0V
11. $U_0=67.5V$，$I_o=675mA$
12. 只有②是合理的，①为负载开路，③为电容开路，④为半波整流且无滤波
13. ①$R_P=437.5k\Omega$ ② $R_P=500k\Omega$
14. ①$u_o=-u_i$ ②$u_o=u_i$ ③$u_o=u_i$ ④$u_o=-u_i$

第四单元

7. 不满足要求，应选1.5级
20. 127.8℃

第五单元

3. 40%，40℃

参 考 文 献

[1] 化学工业部教育培训中心．化工与测量仪表．北京：化学工业出版社，1997.

[2] 张宝芬等．自动检测技术及仪表控制系统．北京：化学工业出版社，2000.

[3] 厉玉鸣．化工仪表及自动化．第 4 版．北京：化学工业出版社，2006.

[4] 翁维勤．过程控制系统．第 2 版．北京：化学工业出版社，2002.

[5] 陆建国．工业电器与自动化．第 2 版．北京：化学工业出版社，2013.

[6] 乐嘉谦．仪表工手册．第 2 版．北京：化学工业出版社，2003.

[7] 薄永军等．仪表维修工工作手册．北京：化学工业出版社，2007.

[8] 候志林．过程控制与自动化仪表．北京：机械工业出版社，1998.